오분만
네일
미용사 필기

감수 김종숙 교수
편저 마수진, 강혜영, 박수정

씨마스

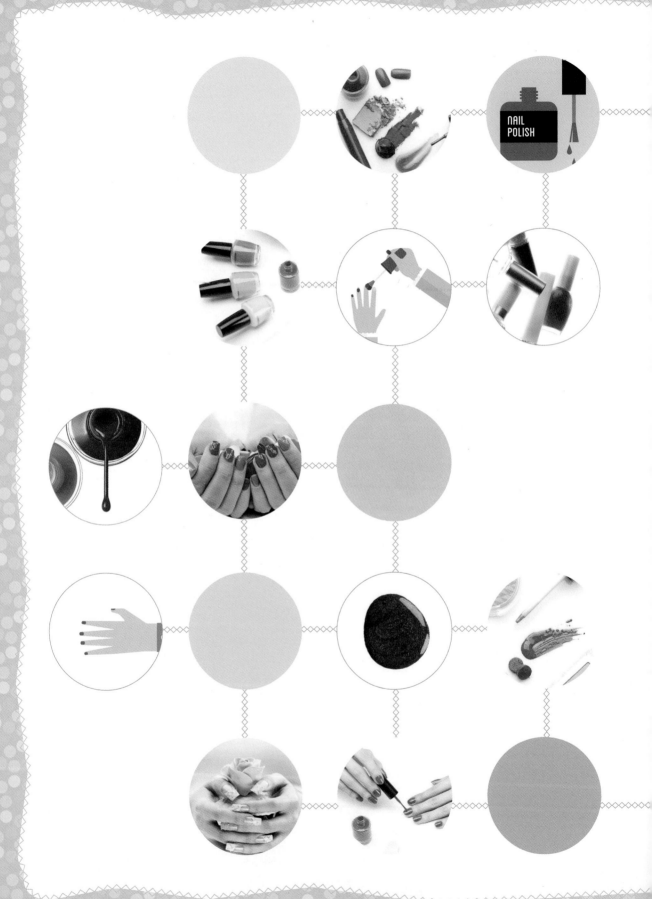

NAIL
POLISH

머리말

네일미용의 역사는 기원전 3000년경부터 시작되었습니다. 네일 미용은 신분 표시, 주술적 의미, 전장에서 용맹함을 표현하는 수단으로 쓰였으며 오늘날에는 미적표현과 아울러 케어 수단으로 발전하였습니다. 특히, 현대인은 과감하고 솔직한 자기표현과 다양한 개성미를 추구하는 경향이 뚜렷하여 네일 미용이 창의적인 조형예술의 한 장르로 확대되고 있습니다.

네일미용 분야는 헤어, 피부, 메이크업과 함께 뷰티시장을 이끄는 중요한 성장 동력이며 지속적으로 성장, 발전하고 있습니다.

이러한 추세에 발맞추어 한국산업인력공단은 민간 자격으로만 존재했던 네일미용사를 국가자격으로 승격하여 2014년 하반기에 검정 시험을 실시하였습니다. 제1회 네일미용사 시험에는 약 3만 5천 명이 응시하여 대규모 시험 종목임을 확인할 수 있었습니다.

이 책은 네일미용사 기출 시험문제를 철저히 분석하고 출제기준안을 면밀하게 검토한 후 다음과 같이 몇 가지 기본원칙을 정하여 집필하였습니다.

1. 출제기준안에 따라 네일개론, 공중위생관리학, 네일미용기술 등 전 과목과 세세항목을 다루되 수험생들의 시험준비 시간을 고려하여 400면 이하로 압축·요약한다.
2. 네일미용사 기출문제를 철저하게 분석하여 시험에 출제되는 대표적인 유형을 정리하여 평가문제를 구성한다.
3. 모의고사 문제는 기출문제의 유형과 난이도에 근접하게 구성하여 실전 시험에 대한 적응성을 높이도록 한다.
4. 과목별 핵심요약에는 세부적인 설명이 끝난 뒤에 기출문제를 배치하여 이론구성과 기출문제를 모듈화함으로써 시험에 적합한 연계학습이 되도록 한다.
5. 과목별로 중요한 키포인트나 체크포인트 등은 별도의 박스로 처리하여 시각적으로 중요함이 드러나도록 한다.
6. 시험 현장에서 실제로 유용하게 사용할 수 있는 오답노트와 기출문제 정리노트를 구성한다.

끝으로 이 책으로 공부한 여러분께 합격률의 영광을 기원 드립니다.

편저자 씀

CBT 시험방법 미리 체험하기

2016년 제5회 기능사 검정시험부터 한국산업인력공단 시행
상시 기능사 필기시험은 CBT(컴퓨터 기반 시험)를 운용하고 있으며
앞으로 다른 종목으로 확대하여 시행할 예정입니다.
CBT 시험방법 미리 체험해 볼까요?

 자격검정 CBT 체험 바로가기

01 Q-net 홈페이지에서 웹체험 클릭

02 CBT 필기 자격시험 체험하기

❗ 자격검정 CBT 웹체험 서비스 안내

웹체험 서비스는 실제 컴퓨터 필기 자격시험 환경과 동일하게 구성하여 누구나 쉽게 자격검정 CBT(컴퓨터 기반 시험)을 볼 수 있도록 하는 가상 체험 서비스입니다.

수록된 문제는 정보처리기능사 샘플 5문제이며 동영상·듣기 문제 음량 설정과 연습문제 풀이는 체험하기에서 제외하였습니다.

시행 일시 : 2014년 10월 이후 상시 기능사 필기시험
시행 종목 : 정보기기운용기능사, 정보처리기능사, 굴삭기운전기능사, 지게차운전기능사,
　　　　　　제과기능사, 제빵기능사, 한식조리기능사, 양식조리기능사, 일식조리기능사,
　　　　　　중식조리기능사, 미용사(일반), 미용사(피부) 등 12 종목

CBT 필기 자격시험 체험하기

03 수험자 접속 대기

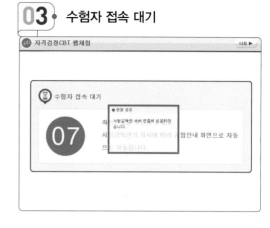

04 수험자 정보 확인

05 안내사항

06 유의사항

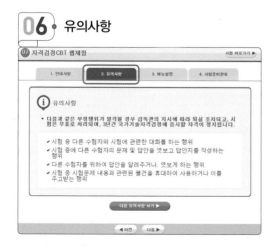

07 메뉴설명

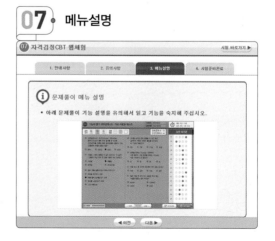

08. 시험준비 완료

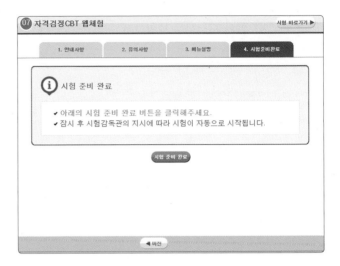

09. 잠시 후 시험이 시작됩니다.

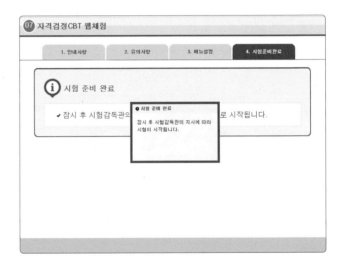

10. 문제풀이 방식 선택하기

선택 가능

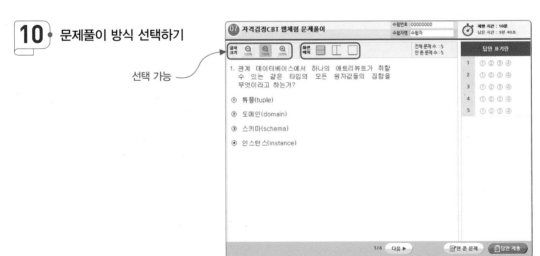

11 안 푼 문제 확인하기

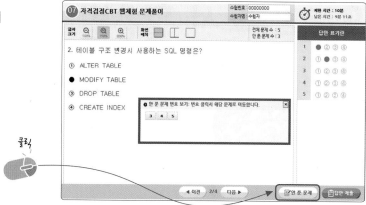

12 답안 제출

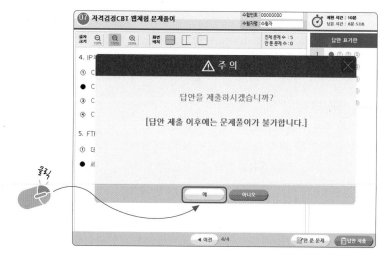

13 시험 완료

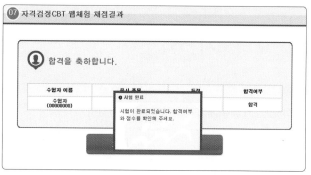

14 CBT 테스트

쇼핑몰(cmass21.net)
[CBT 테스트] 메뉴를
클릭하고, [네일미용사]
CBT 모의고사로
자가 진단해 보세요.

오분만 도서 활용법

올인원 (All 1n One) 합격 비법! → 핵심 이론 + 직전 모의고사 + CBT 모의고사 + 오답 노트

핵심이론

최근 발표된 출제기준을 100% 반영한 이론으로 출제위원급 저자진이 직접 핵심만 골라 요약·집 필하였습니다. 실제 시험에 자주 출제되는 유형 의 문제와 핵심이론이 연계되도록 구성하였습니 다. 실무에서 경험한 이론을 직접 체험할 수 있도 록 질 좋은 컬러 책을 구성함으로써 눈의 피로를 덜고 생생한 실무를 간접경험할 수 있습니다. 처 음 학습을 시작하는 수험생도 쉽고 빠르게 습득 할 수 있는 구성이 이 책의 강점입니다.

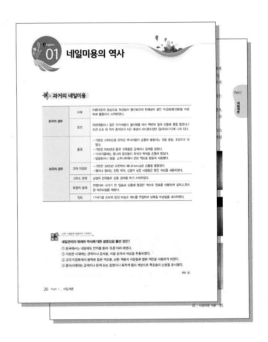

모의고사 5회

네일미용사는 2014년 처음 국가자격으로 시행된 시험으로 기출문제가 1회분만 공개되었습니다. 씨마스에서는 친절한 해설과 정확한 분석을 수록 하고, 그에 맞는 모의고사를 구성하였습니다. 그 리고 기출문제를 분석하여 예상문제를 뽑아서 만 든 5회분 모의고사 문제를 실제 시험처럼 풀어봄 으로써 좀더 다양한 문제 형태를 접할 수 있는 기 회가 될 것입니다.

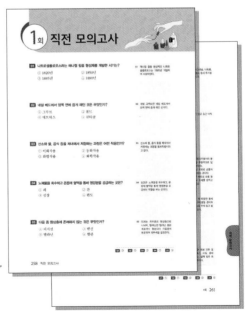

CBT 모의고사 CD

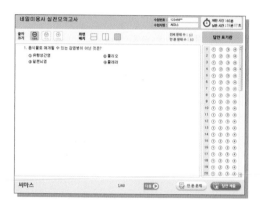

한국사업인력공단은 기능사 필기시험을 2016년
제5회 기능사검정시험부터 컴퓨터 기반 시험
(CBT ; Computer Based Testing)으로 실시하고
있습니다. 씨마스에서는 Self-CBT형 실전모의고
사 프로그램을 개발하여, CBT로 시험을 보는 수
험생들이 실제 시험과 동일한 환경에서 익숙하게
대비할 수 있도록 하였습니다. www.cmass21.net
에서 자신의 실력을 자가진단해 보십시오.

오답노트

이 책에 수록한 나만의 오답노트는 최근 기출문
제를 중심으로 구성되었습니다.
'오분만 오답노트'는 시험에 자주 나오는 한 문장
만 외울 수 있는 최선의 공부방법을 안내해드립
니다. 학습 마무리 시간에 괄호 넣기로 실력을 점
검해 보고, 틀린 문제를 메모하여 모르는 문제를
하나씩 줄여나가야 합니다. 시험 현장에서 불안
함을 달래줄 소중한 '오분만 오답노트'와 마지막
까지 꼭 함께하세요!

필기시험 안내

○ **자격명** : 미용사 네일(Nail Technician)

○ **관련부처** : 보건복지부

○ **시행기관** : 한국산업인력공단

○ **개요**

네일 미용에 관한 숙련기능을 가지고 현장 업무를 수행할 수 있는 능력을 가진 전문기능인력을 양성하고자 자격제도를 제정

○ **수행직무**

손톱 · 발톱을 건강하고 아름답게 하기 위하여 적절한 관리법을 알고 기기 및 제품을 사용하여 네일 미용 업무 수행

○ **진로 및 전망**

네일미용사, 미용강사, 화장품 관련 연구기관, 네일 미용업 창업, 유학 등

○ **출제경향**

손톱 · 발톱 관리, 네일 시술 · 교정, 일반 네일장식 등 네일 미용 작업의 숙련도 평가

○ **검정방법**

• 필기 : 객관식 4지 택일형, 60문(60분)

• 실기 : 작업형(2~3시간)

○ **합격기준** : 100점 만점에 60점 이상

○ **응시자격** : 제한 없음

직무 분야	이용 · 숙박 · 여행 · 오락 · 스포츠	중직무 분야	이용 · 미용	자격 종목	미용사(네일)	적용 기간	2016. 7. 1. ~ 2020. 12. 31.

• **직무 내용** : 네일에 관한 이론과 기술을 바탕으로 고객의 건강하고 아름다운 네일을 유지 · 보호하고 다양한 기능과 아트기법을 수행하여 고객에게 서비스를 제공하는 직무 수행

필기검정방법	객관식	문제수	60	시험시간	1시간

필기과목명	문제수	주요항목	세부항목	세세항목
• 네일 개론 • 피부학 • 공중위생 관리학 • 화장품학 • 네일미용 기술	60	1. 네일 개론	1. 네일미용의 역사	1. 한국의 네일미용 2. 외국의 네일미용
			2. 네일미용 개론	1. 네일 미용의 위생 및 안전 2. 네일 미용인의 자세 3. 네일의 구조와 이해 4. 네일의 특성과 형태 5. 네일의 병변 6. 고객 응대 및 상담
			3. 손 · 발의 구조와 기능	1. 뼈(골)의 형태 및 발생 2. 손과 발의 뼈대(골격) 구조 · 기능 3. 손과 발의 근육의 형태 및 기능 4. 손 · 발의 신경조직과 기능
		2. 피부학	1. 피부와 피부 부속 기관	1. 피부구조 및 기능 2. 피부 부속기관의 구조 및 기능
			2. 피부유형분석	1. 정상피부의 성상 및 특징 2. 건성피부의 성상 및 특징 3. 지성피부의 성상 및 특징 4. 민감성피부의 성상 및 특징 5. 복합성피부의 성상 및 특징 6. 노화피부의 성상 및 특징
			3. 피부와 영양	1. 3대 영양소, 비타민, 무기질 2. 피부와 영양 3. 체형과 영양
			4. 피부장애와 질환	1. 원발진과 속발진 2. 피부질환
			5. 피부와 광선	1. 자외선이 미치는 영향 2. 적외선이 미치는 영향
			6. 피부면역	1. 면역의 종류와 작용
			7. 피부노화	1. 피부노화의 원인 2. 피부노화현상

필기과목명	문제수	주요항목	세부항목	세세항목
• 네일 개론 • 피부학 • 공중위생 관리학 • 화장품학 • 네일미용 기술	60	3. 공중위생 관리학	1. 공중보건학	1. 공중보건학 총론 2. 질병관리 3. 가족 및 노인보건 4. 환경보건 5. 식품위생과 영양 6. 보건행정
			2. 소독학	1. 소독의 정의 및 분류 2. 미생물 총론 3. 병원성 미생물 4. 소독방법 5. 분야별 위생 · 소독
			3. 공중위생관리법규 (법, 시행령, 시행규칙)	1. 목적 및 정의 2. 영업의 신고 및 폐업 3. 영업자준수사항 4. 면허 5. 업무 6. 행정지도감독 7. 업소 위생등급 8. 위생교육 9. 벌칙 10. 시행령 및 시행규칙 관련사항
		4. 화장품학	1. 화장품학 개론	1. 화장품의 정의 2. 화장품의 분류
			2. 화장품 제조	1. 화장품의 원료 2. 화장품의 기술 3. 화장품의 특성
			3. 화장품의 종류와 기능	1. 기초 화장품 2. 메이크업 화장품 3. 모발 화장품 4. 바디(body)관리 화장품 5. 네일 화장품 6. 방향 화장품 7. 에센셜(아로마) 오일 및 캐리어 오일 8. 기능성 화장품
		5. 네일미용 기술	1. 손톱, 발톱 관리	1. 재료와 도구의 2. 습식매니큐어(손톱, 발톱) 3. 매니큐어 컬러링 4. 페디큐어 5. 페디큐어 컬러링
			2. 인조네일 관리	1. 재료와 도구 활용 2. 네일 팁 3. 네일 랩 4. 아크릴릭 네일 5. 젤 네일 6. 인조네일(손, 발톱)의 보수와 제거
			3. 네일 제품의 이해	1. 용제의 종류와 특성 2. 네일 트리트먼트의 종류와 특성 3. 네일폴리시의 종류와 특성 4. 인조네일 재료의 종류와 특성 5. 네일기기의 종류와 특성

실기시험 안내

직무 분야	이용 · 숙박 · 여행 · 오락 · 스포츠	중직무 분야	이용 · 미용	자격 종목	미용사(네일)	적용 기간	2016. 70. 1 ∼ 2020. 12. 31

- ●직무내용 : 손톱 · 발톱을 건강하고 아름답게 하기 위하여 적절한 관리법과 기기 및 제품을 사용하여
  네일 미용을 수행하는 직무
- ●수행준거 : 1. 손톱, 발톱 관리의 기본을 알고 시술할 수 있다.
  2. 컬러링의 기본을 알고 시술할 수 있다.
  3. 스컬프처의 기본을 알고 시술할 수 있다.
  4. 팁 네일의 기본을 알고 시술할 수 있다.
  5. 인조손톱을 제거할 수 있다.

실기검정방법	작업형	시험시간	2시간 30분(150분) 정도

과제유형	제1과제(60분)		제2과제(35분)	제3과제(40분)	제4과제(15분)
	매니큐어 및 페디큐어		젤 매니큐어	인조네일	인조네일 제거
셰이프	라운드 셰이프 (매니큐어)	스퀘어 셰이프 (페디큐어)	라운드 셰이프	스퀘어 셰이프	3과제 때 선택된 인조네일 제거
대상부위	오른손 1~5지 손톱	오른발 1~5지 발톱	왼손 1~5지 손톱	오른손 3, 4지 손톱	오른손 3지 손톱
세부과제	① 풀코트 레드	① 풀코트 레드	① 풀컬러 레드	① 내추럴 팁위드랩	인조네일 제거
	② 프렌치 화이트 스마일라인 넓이 0.3 ∼ 0.5cm	② 딥프렌치	② 젤 마블링1	② 젤원톤 스컬프처	
	③ 딥프렌치 화이트 스마일라인 폭 손톱 전체 길이의 1/2 이상 시술	③ 그라데이션	③ 부채꼴 마블링	③ 아크릴 프렌치 스컬프처	
				④ 네일 랩 익스텐션	
	④ 그라데이션 화이트			프리에지 두께 0.5~1mm 미만	
배점	20	20	20	30	10

※ 총 4과제로 시험 당일 각 과제가 랜덤 방식으로 아래와 같이 선정됩니다.
- 1과제 : 매니큐어 ① ∼ ④ 과제 중 1과제 선정, 페디큐어 ① ∼ ③ 과제 중 1과제 선정
- 2과제 : 젤 매니큐어 ① ∼ ③ 과제 중 1과제 선정
- 3과제 : 인조네일 ① ∼ ③ 과제 중 1과제 선정
- 4과제 : 3과제 시 선정된 인조네일 제거

※ 각 과제 작업 종료 후 다음 과제를 위한 준비시간이 부여될 예정입니다.
※ 인조네일 과제의 프리에지 C-커브는 원형의 20~40% 비율까지 허용됨을 참고하시기 바랍니다.
  (인조네일 과제의 길이 : 프리에지 중심기준으로 0.5 ∼ 1cm 미만)

라운드 셰이프 (매니큐어)

❶ 풀컬러 레드

풀 코트 매니큐어 정면

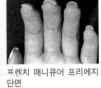

풀 코트 매니큐어 프리에지 단면

❷ 프렌치 화이트 스마일라인 넓이: 0.3 ~ 0.5cm

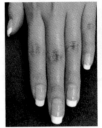

프렌치 매니큐어 정면

프렌치 매니큐어 프리에지 단면

❸ 딥프렌치 화이트 스마일라인 넓이: 손톱 전체 길이의 1/2 이상

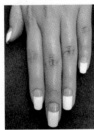

딥 프렌치 매니큐어 정면

딥 프렌치 매니큐어 프리에지 단면

❹ 그라데이션 화이트

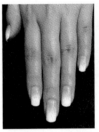

그라데이션 매니큐어 정면

그라데이션 매니큐어 프리에지 단면

스퀘어 셰이프 (페디큐어)

❶ 풀컬러 레드

풀 코트 페디큐어 정면

풀 코트 페디큐어 프리에지 단면

❷ 딥프렌치 화이트

딥 프렌치 페디큐어 정면

딥 프렌치 페디큐어 프리에지 단면

❸ 그라데이션 화이트

그라데이션 페디큐어 정면

그라데이션 페디큐어 프리에지 단면

**라운드
셰이프**

① 풀컬러 레드

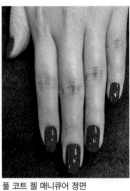

풀 코트 젤 매니큐어 정면

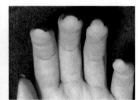

풀 코트 젤 매니큐어 프리에지 단면

② 젤 마블링 1(선긋기, 레드&화이트)

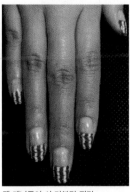

젤 매니큐어 선 마블링 정면

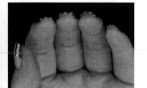

젤 매니큐어 선 마블링 프리에지 단면

③ 젤 마블링 2(부채꼴, 레드&화이트)

젤 매니큐어 부채꼴 마블링 정면

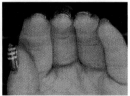

젤 매니큐어 부채꼴 마블링 프리에지
단면

3과제
(40분)

인조네일

스퀘어 셰이프

❶ 내추럴 팁위드랩

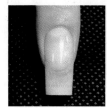  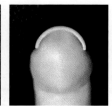 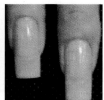

정면 예시 사진　　측면 예시 사진　　앞면 예시 사진　　전체 예시 사진

❷ 젤원톤 스컬프처

 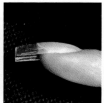 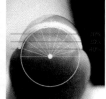 

정면 예시 사진　　측면 예시 사진　　앞면 예시 사진　　전체 예시 사진

❸ 아크릴 프렌치 스컬프쳐

정면 예시 사진　　측면 예시 사진　　앞면 예시 사진　　전체 예시 사진

아래 사항을 준수하여 실기시험에 임하여 주십시오. 만약 이러한 여러 가지 사항을 지키지 않을 경우, 시험장의 입실 및 수험에 제한을 받는 불이익이 발생할 수 있다는 점 인지하여 주시고, 감독위원의 지시가 있을 경우, 다소 불편함이 있더라도 적극 협조하여 주시기 바랍니다.

1. 수험자와 모델은 감독위원의 지시에 따라야 하며, 지정된 시간에 시험장에 입실해야 합니다.
2. 수험자는 수험표 또는 신분증(본인임을 확인할 수 있는 사진이 부착된 증명서)을 지참해야 합니다.
3. 수험자는 반드시 흰색위생복(반팔 또는 긴팔 가운), 운동화, 긴바지(색상 무관)를 착용하여야 하며, 복장에 소속을 나타내거나 암시하는 표식이 없어야 합니다.
4. 수험자는 눈에 보이는 표식[예 : 문신, 헤나, 컬러링(지정색 외), 디자인, 손톱장식 등]이 없어야 하며, 표식이 될 수 있는 액세서리(예 : 반지, 시계, 팔찌, 발찌, 목걸이, 귀걸이 등)를 착용할 수 없습니다.(단, 문신, 헤나 등의 범위가 작은 경우 살색의 의료용 테이프 등으로 가릴 수 있음.)
5. 수험자가 머리카락 고정용품(머리핀, 머리띠, 머리망 등)을 착용할 경우 검은색만 허용합니다.
6. 수험자는 시험 중에 관리상 필요한 이동을 제외하고 지정된 자리를 이탈하거나 모델 또는 다른 수험자와 대화할 수 없습니다.
7. 과제별 시험 시작 전에 시험 과제의 모든 준비물을 정리함(바구니)에 담아 세팅하여야 하며, 시험 중에는 도구 또는 재료를 꺼낼 수 없습니다.
8. 지참하는 준비물은 시중에서 판매되는 제품이면 무방하며, 브랜드를 따로 지정하지 않습니다.
9. 수험자가 도구 또는 재료에 구별을 위해 표식(스티커 등)을 만들어 붙일 수 없습니다.
10. 수험자는 위생봉투(투명비닐)를 준비하여 쓰레기봉투로 사용할 수 있도록 작업대에 부착합니다.
11. 수험자 또는 모델은 스톱워치나 핸드폰을 사용할 수 없습니다.
12. 시험 종료 후 소독제, 폴리시 리무버 등의 용액은 반드시 다시 가져가야 합니다.(쓰레기통이나 화장실에 버릴 수 없습니다.)
13. 모델은 만 15세 이상의 신체 건강한 남·여(연도기준)로 아래의 조건에 해당하지 않아야 합니다.
    ① 자연 손·발톱이 열 개가 아니거나 열 개를 다 사용할 수 없는 자
    ② 손·발톱 미용에 제한을 받는 손·발톱 질환을 가진 자 (물어뜯는 손톱, 파고드는 발톱, 멍든 발톱, 손·발톱 무좀 등의 손·발톱 질환)
    ③ 호흡기 질환, 민감성 피부, 알레르기 등이 있는 자
    ④ 임신 중인 자
    ⑤ 정신질환자
14. 모델은 눈에 보이는 표식(예 : 문신, 헤나 등)이 없어야 하며, 표식이 될 수 있는 액세서리(예 : 반지, 시계, 팔찌, 발찌, 목걸이, 귀걸이 등)를 착용할 수 없습니다.(문신, 헤나 등의 범위가 작은 경우 살색의 의료용 테이프 등으로 가릴 수 있음.)
15. 모델이 머리카락 고정용품(머리핀, 머리띠, 머리망 등)을 착용할 경우 검은색만 허용하며 신분증[주민등록증, 여권, 외국인등록증, 학생증(미성년의 경우) 등]을 지참해야 하며, 흰색 라운드 티셔츠와 긴바지(색상 무관)를 착용해야 합니다.
16. 모델의 손·발톱 상태는 자연 손·발톱 그대로여야 하며, 손·발톱이 보수되어 있을 경우 오른손, 왼손, 오른발 각 부위별 2개까지 허용합니다(단, 오른손 3, 4지는 제외).
17. 모델의 오른손 1~5지의 손톱은 일주일 이상 정리되어 있지 않은 상태로 스퀘어 또는 오프스퀘어형이어야 하며, 오른손 1~5지와 오른발 1~5지의 손·발톱은 펄이 미 함유된 빨간색 네일 폴리시가 사전 도포되어 있어야 합니다.
18. 제2과제 젤 매니큐어 과제는 습식케어가 생략되므로 모델의 왼손 1~5지의 손톱은 큐티클 정리 등의 사전 준비 작업이 미리 되어 있어야 하며, 손톱 프리에지 형태는 스퀘어 또는 오프스퀘어형이어야 합니다.
19. 제1과제 페디큐어 시 분무기를 이용하여 습식케어를 하며, 신체의 손상이 있는 등 불가피한 경우 왼발로 대체 가능합니다.
20. 제1과제 매니큐어 작업(30분) 종료 후 감독위원의 지시에 따라 모델은 작업대 위에 앉은 후 의자에 앉아 있는 수험자의 무릎에 작업대상 발을 올리는 자세로 페디큐어 작업(30분)을 할 수 있도록 준비해야 합니다.
21. 다음의 경우에는 득점과 관계없이 불합격 처리합니다. ① 시험의 전체과정을 응시하지 않은 경우 ② 시험 도중 시험장을 무단이탈하는 경우 ③ 부정한 방법으로 타인의 도움을 받거나 타인의 시험을 방해하는 경우 ④ 무단으로 모델을 수험자 간에 교환하는 경우 ⑤ 국가자격검정 규정에 위배되는 부정행위 등을 하는 경우
22. 수험 중에 지정된 자리를 이탈하거나 다른 수험자와 대화 등을 할 수 없으며, 질문이 있는 경우는 손을 들고 감독위원이 올 때까지 기다려야 합니다.
23. 작업 시 사용되는 일회용 재료 및 도구는 반드시 새 것을 사용하고, 과제 시작 전 사용에 적합한 상태를 유지하도록 미리 준비합니다.
24. 큐티클 정리 시 사용도구(큐티클 니퍼와 푸셔 등)를 적합한 자세와 안전한 방법으로 사용하여야 하며, 멸균 거즈를 보조용구로 사용할 수 있습니다.
25. 출혈이 있는 경우 소독된 탈지면이나 거즈 등으로 출혈부위를 소독해야 합니다.
26. 작업 시 네일 주변 피부에 잔여물이 묻지 않도록 하여야 하며, 손·발 및 네일 표면과 네일 아래의 거스러미, 분진 먼지, 불필요한 오일 등은 깨끗이 제거되어야 합니다.
27. 제시된 시험시간 안에 모든 작업과 마무리 및 주변정리정돈을 끝내야 하며, 시험시간을 초과하여 작업하는 경우는 해당 과제를 0점 처리합니다.
28. 각 과제별 작업을 위한 모델의 준비가 적합하지 않을 경우 감점 혹은 과제 0점 처리될 수 있으며, 모델을 데려오지 않거나 조건에 부합되지 않는 모델을 데려온 경우, 수험에 필요한 재료를 지참하지 않은 경우 등은 시험대상에서 제외됩니다.
29. 길이를 잴 수 있게 눈금 등이 표시되어 있는 재료 및 기구는 사용할 수 없습니다.

일련 번호	지참 공구명	규 격	단 위	수 량	비 고
1	모델		명	1	모델기준 참조
2	위생 가운		개	1	흰색, 시술자용(1회용 가운 불가)
3	보안경(투명한 렌즈)		개	1	안경으로 대체 가능(3교시에 착용)
4	마스크(흰색)		개	각1	모델, 수험자
5	손목 받침대 또는 타월(흰색)	40×80cm 내외	개	1	손목 받침용
6	타월(흰색)	40×80cm 내외	개	1	작업대 세팅용
7	소독제	액상 또는 젤	개	l	도구 · 피부 소독용
8	소독용기		개	1	도구 · 피부 소독용
9	탈지면 용기		개	1	뚜껑이 있는 용기
10	위생봉지(투명비닐)		개	1	쓰레기 처리용(투명비닐)
11	페이퍼타월		개	1	흰색
12	핑거볼		개	1	
13	큐티클 푸셔		개	1	스테인리스스틸
14	큐티클 니퍼		개	1	스테인리스스틸
15	클리퍼		개	1	스테인리스스틸
16	인조손톱용 파일		개	1	미사용품
17	샌딩파일		개	1	미사용품
18	광택용 파일		개	1	미사용품
19	더스트 브러시		개	1	네일용
20	분무기		개	1	페디큐어용
21	토우 세퍼레이터		개	1	발가락 끼우개용
22	아크릴브러시	8~10호 정도	개	1	본인 필요 수량
23	아트용 세필브러시		개	1	본인 필요 수량
24	젤램프기기		개	1	젤네일 경화용(UV 또는 LED 등)
25	팁커터		개	1	
26	탈지면(화장솜)		개	1	소독용 솜
27	큐티클 오일		개	1	
28	지혈제		개	1	소독용
29	실크가위		개	1	
30	다펜 디쉬		개	1	아크릴스컬프처용

일련 번호	지참 공구명	규 격	단 위	수 량	비 고
31	큐티클 연화제		개	1	큐티클 오일 또는 큐티클 크림 또는 큐티클 리무버 등
32	베이스코트		개	1	네일용
33	탑코트		개	1	네일용
34	네일 폴리시(빨간색)		개	1	네일용
35	네일 폴리시(흰색)		개	1	네일용
36	폴리시 리무버		개	1	디스펜서 가능
37	네일용 글루		개	1	투명
38	네일용 젤글루		개	1	투명
39	글루 드라이어		개	1	글루 엑티베이터
40	필러파우더		개	1	파우더형
41	네일팁	웰선이 있는 형	개	1	내추럴 하프웰팁(스퀘어)
42	실크		개	1	재단하지 않은 상태
43	아크릴릭 리퀴드		개	1	
44	아크릴릭 파우더(투명 또는 핑크)		개	1	
45	아크릴릭 파우더(흰색)		개	1	
46	네일 폼		개	1	재단하지 않은 상태
47	젤(투명)	하드젤 또는 소프트젤	개	1	스컬프처용
48	젤 클렌저		개	1	젤네일용
49	베이스 젤		개	1	젤네일용
50	탑젤		개	1	젤네일용
51	젤네일 폴리시(빨간색)	통젤 제외	개	1	젤네일용
52	젤네일 폴리시(흰색)	통젤 제외	개	1	젤네일용
53	젤브러시		개	1	젤 오버레이용
54	정리함(바구니)	20×30cm 이하 정도	개	1	흰색, 도구·재료 수납용
55	스폰지		개	필요량	그라데이션용
56	오렌지 우드스틱		개	필요량	
57	멸균 거즈		개	필요량	네일관리용
58	보온병(미온수 포함)		개	1	매니·패디큐어용
59	쏙 오프 전용 리무버		개	1	
60	호일	8×8cm 이하 정도	개	필요량	쏙 오프용
61	자연손톱용 파일		개	1	미사용품

※타월류의 경우는 비슷한 크기이면 무방합니다.

※네일 전처리제(프라이머, 프리프라이머 등) 및 기타 필요한 재료는 지참할 수 있습니다.

※수험자 복장 : 상의 - 흰색 위생가운, 하의 - 긴바지(색상 무관)

※모델 복장 : 상의 - 흰색 라운드 티셔츠(남방류 및 니트류 허용) 하의 - 긴바지(색상 무관)

- 학습을 완료한 챕터를 체크합니다.
- 한 권을 다 풀어도 부족한 부분은 **오분만**으로 마무리 합니다.

Part	Chapter	습득 완료	시험 전 5분만 확인
네일개론 (15문제)	1. 네일미용의 역사		
	2. 네일미용 개론		
	3. 해부생리학		
피부학 (7문제)	1. 피부와 피부 부속기관		
	2. 피부유형 분석		
	3. 피부와 영양		
	4. 피부장애와 질환		
	5. 피부와 광선		
	6. 피부면역		
	7. 피부노화		
공중위생 관리학 (21문제)	1. 공중보건학		
	2. 소독학		
	3. 공중위생관리법규		
화장품학 (7문제)	1. 화장품학 개론		
	2. 화장품 제조		
	3. 화장품의 종류와 기능		
네일미용 기술 (10문제)	1. 손톱 및 발톱 관리		
	2. 인조 네일		
직전 모의고사	1회 직전 모의고사		
	2회 직전 모의고사		
	3회 직전 모의고사		
	4회 직전 모의고사		
	5회 직전 모의고사		
기출문제	2014년 시행		
	2015년 시행		
	2016년 시행		
	2017년 시행		

차 례

PART

I

네일 개론

네일미용의 역사

 과거의 네일미용

한국의 경우	고려	아름다움의 풍습으로 여성들이 봉선화과의 한해살이 풀인 지갑화(봉선화)를 이용하여 물들이기 시작하였다.
	조선	어린이들이나 젊은 아가씨들이 봉선화를 따서 백반에 찧어 손톱에 물을 들였다고 조선 순조 때 학자 홍석모가 지은 해설서 세시풍속집인 〈동국세시기〉에 나와 있다.
외국의 경우	중국	• 기원전 3000년경 유목민 부녀자들이 손톱에 물들이는 것을 홍장, 조장으로 하였다. • 기원전 600년경 중국 귀족들은 금색이나 은색을 발랐다. • 15세기쯤에는 명나라 왕조들이 흑색과 적색을 손톱에 발랐다. • 달걀흰자나 벌꿀, 고무나무에서 얻은 액으로 물들여 사용했다.
	고대 이집트	• 기원전 3000년 이전부터 헤나(Henna)로 손톱을 물들였다. • 왕이나 왕비는 진한 적색, 신분이 낮은 사람들은 옅은 색상을 사용하였다.
	그리스 로마	남성의 전유물로 손톱 관리를 하기 시작하였다.
	유럽의 중세	전쟁터에 나가기 전 입술과 손톱에 동일한 색으로 염료를 이용하여 칠하고, 특이한 머리모양을 하였다.
	인도	17세기경 조모에 문신 바늘로 색소를 주입하여 상류층 여성임을 과시하였다.

 | 진짜 기출문제 명확하게 기억하기

네일 관리의 유래와 역사에 대한 설명으로 틀린 것은?

① 중국에서는 네일에도 연지를 발라 '조홍'이라 하였다.

② 기원전 시대에는 관목이나 음식물, 식물 등에서 색상을 추출하였다.

③ 고대 이집트에서 왕족은 짙은 색으로, 낮은 계층의 사람들은 옅은 색만을 사용하게 하였다.

④ 중세시대에는 금색이나 은색 또는 검정이나 흑적색 등의 색상으로 특권층의 신분을 표시했다.

정답 ④

네일미용의 발전

네일미용은 1800년대부터 본격적으로 발전하여 대중화되기 시작하였다.

1800	붉은색 오일로 샤미스(염소나 양의 가죽)를 이용하여 광택을 내고 색을 내기 시작했으며 아몬드 형태가 유행하기 시작하였다.
1830	유럽 의사 시트가 치과용 기구에 착안하여 오렌지 우드스틱을 네일 관리 도구로 이용하기 시작하였다.
1885	니트로셀룰로오스라는 에나멜 필름 형성제를 개발하였다.
1892	발 전문 의사 시트의 조카에 의해 여성들의 직업으로 네일 관리사가 미국에 도입되었다.
1900	유럽에서 네일 관리가 본격적으로 시작되었고, 에나멜을 브러시로 칠하면서 금속 파일 및 가위 등을 손톱 손질에 사용하였다.
1910	뉴욕에 플라워리(Flowery)라는 매니큐어 제조회사가 설립되었고, 금속과 사포로 된 파일을 제작하였다.
1925	네일 에나멜 시장이 본격적으로 시작되었다.
1927	흰색 에나멜, 큐티클 크림, 큐티클 리무버 등 프렌치 매니큐어에 사용되는 도구가 만들어졌다.
1930	폴리시 리무버, 워머로션, 큐티클 오일 등이 최초로 등장하였다.
1932	립스틱과 어울리는 네일 컬러를 미국의 레브론사에서 최초로 출시하였고, 다양한 에나멜이 제조되기 시작하였다.
1935	인조 네일이 개발되기 시작하였다.
1940	• 빨간 컬러의 손톱이 유행하기 시작하였고, 네일 패션이 여배우 리타 헤이워드에 의해 시작되었다. • 이발소에서 남성들의 습식 손톱관리가 시작된 시기이다.
1948	미국의 노린 레호(Noreen Reho)에 의해 매니큐어 시술에 기구를 이용하기 시작하였다.
1950	자연적인 색상이 다양하게 유행하였다.
1956	헬렌 걸리(Helen Gouley)가 미용학교에서 네일케어를 최초로 가르치기 시작하였다.
1957	근대적인 페디큐어가 등장한 시기이다.
1960	약한 손톱을 강하게 하기 위해 실크(Silk)와 린넨(Linen)을 이용하기 시작하였다.
1967	트리트먼트로 손과 발을 가꾸기 시작하였다.
1970	미국 서부에서 아크릴 네일을 시작으로 중부 쪽으로 인조 네일이 유행하였다.
1973	미국의 네일 제조회사 IBD에서 네일 접착제와 접착식 인조 네일이 개발되었다
1975	• 미국식품의약국(FDA)에서는 메틸메타크릴레이트가 인체에 해를 끼친다고 사용을 금지하였다. • 에나멜, 리퀴드 파이버 랩(Liquid Fiber Wrap), 리지 필러(Ridge Filler), 프라이머(Primer), 베이스코트 등을 올리 인터내셔널(Orly International) 회사에서 제조하기 시작하였다. • 네일아티스트협회 NANA(National Association of Nail Artist)가 만들어졌다.
1976	미국 사회에 네일아트가 정착하기 시작하면서 스퀘어 손톱 모양이 유행하였고, 네일 팁, 아크릴릭 네일, 파이버 랩(Fiber Wrap) 등이 등장하기 시작하였다.
1981	에시(Essie), 오피아이(OPI), 스타(Star) 등의 제조회사가 활동하기 시작하면서 네일 전문제품을 출시하였고, 액세서리가 등장하기 시작하였다.
1989	네일 시장이 급성장하는 시기이다.
1992	• NIA(The Nails Industry Association)가 설립되고 네일 산업이 정착되면서, 인기 스타들에 의해 대중화가 시작되었다. • [한국] 최초의 전문 네일샵인 그리피스 네일 살롱이 이태원에 오픈하였다.
1994	라이트 큐어드 젤 시스템(Light Cured Gel System)이 등장하였고, 네일 전문가 면허제도가 뉴욕 주에 도입되었다.
1996	[한국] 압구정동에 네일 전문 샵인 세씨 네일, 헐리우드 네일 등이 오픈하였고 미국 키스사 제품이 국내에 수입되었다.
1997	[한국] 미국의 크리에이티브 네일사의 고급 전문가 용품의 우수 제품들이 대중화되기 시작하였다.
2014	[한국] 국가자격시험에 네일 부문이 신설되었다.

Chapter 02 네일미용 개론

 네일미용의 안전관리

1 네일미용

1) 네일미용의 개념
① 네일이란 피부의 변성물로 헤어처럼 손·발톱을 지칭하며 매니큐어와 페디큐어를 총칭한다.
② 네일 서비스업에 종사하는 사람을 네일 아티스트(Nail Artist), 네일리스트(Nailist) 또는 매니큐어리스트(Manicurist)라고 지칭한다.
③ 네일 숍(Nail Shop), 네일 살롱(Nail Salon), 네일 바(Nail Bar) 등은 네일 서비스가 이루어지는 장소를 뜻한다.

2) 네일미용의 목적
① 인간의 아름다움을 돋보이게 한다.
② 지속적인 관리로 손·발톱의 건강을 증진시키고, 심리적으로 만족을 준다.
③ 개성을 나타내며 미적 수단의 도구로 사용된다.

3) 네일미용의 종류
① 매니큐어(Manicure)
• 라틴어에서 손을 뜻하는 마누스(Manus)와 관리를 뜻하는 큐라(Cura)에서 파생된 단어이다.
• 손톱, 큐티클, 마사지와 컬러링 등 전 과정을 뜻하는 손 관리 방식이다.
② 페디큐어(Pedicure)
• 신체의 발을 대상으로 네일케어와 같은 과정을 진행한다.
• 발과 발톱을 건강하게 가꾸고 개성을 표현한다.

4) 네일미용의 영역
① 네일케어 : 매니큐어와 페디큐어를 통해 컬러링하고 관리한다.
② 인조 네일 : 자연손톱과 별도로 인조 팁이나 랩, 아크릴과 젤 등으로 표현한다.
③ 아트 네일 : 여러가지 방법으로 디자인 요소를 접목시켜 손톱 위에 표현하는 방법이다.

매니큐어의 어원으로 손을 지칭하는 라틴어는?

① 페디스(Pedis)   ② 마누스(Manus)

③ 큐라(Cura)   ④ 매니스(Manis)

정답 ②

② 안전관리

1) 네일 작업 시의 안전관리

① 손을 알코올로 소독하여 시술 전후 항상 청결을 유지해야 한다.

② 도구 사용 시 날카로운 것에 주의하여 상처를 최소화한다.

③ 호흡기 감염이나 접촉성 감염에 주의하여 마스크 착용과 출혈 후 소독을 철저히 한다.

④ 물 묻은 손으로 전기를 만지지 않도록 한다.

⑤ 감염성 질환이 시술자와 고객 사이에 전염되지 않도록 한다.

2) 화학물질 취급 시 안전관리

① 작업장의 공기를 자주 환기시켜 냄새가 머물지 않도록 한다.

② 피부에 직접 닿지 않도록 주의하며 호흡 중 흡입되지 않도록 한다.

③ 라벨링을 통해 제품을 혼동하지 않고, 사용 후 마개를 닫아서 보관한다.

④ 화기성 제품이 화재에 노출되지 않도록 주의한다.

⑤ 사용방법과 주의사항을 반드시 확인하고 유해정보를 숙지한다.

✿ 네일미용인의 자세

① 고객을 대하는 자세

① 업무를 시작하면 공과 사를 구별하여 다른 고객이나 동료들에게 피해를 주지 않도록 프로다운 모습을 보인다.

② 고객과 신뢰감을 쌓는 서비스업이므로 고객과의 상담을 통하여 지속적으로 관리한다.

③ 불편해하는 고객이 있으므로 사생활(종교, 경제, 정치, 가족사 등)을 캐묻지 않는다.

④ 주기적인 가글을 통하여 입냄새 제거에 신경쓰고, 시술 시 고객에게 불쾌감이 전달되지 않도록 한다.

⑤ 고객의 행동이나 말투 등이 마음에 들지 않더라도 고객응대를 잘 하여 프로의식을 갖도록 한다.

⑥ 다른 사람의 의견도 수용하고 받아들여 배울 수 있는 자세를 갖추고 원만한 관계를 유지
하도록 한다.

2 네일 전문가로서의 자세

① 네일 아티스트는 손과 발 각 부위에 맞는 컬러링 및 관리를 통하여 아름다움과 건강을 유
지시켜주는 전문가이므로 훈련을 통하여 기술을 정확히 습득해야 한다.
② 네일에 쓰이는 제품의 안전성, 유효성 등을 정확히 알아야 한다.
③ 고객에게 최선의 서비스를 제공하기 위해 직업이나 취향, 피부색 등을 고려한다.
④ 관리에 필요한 도구들은 소독이 되어 있는지, 제품은 모두 준비가 되어 있는지 사전 준비
를 철저히 해야 한다.

 진짜 기출문제 명확하게 기억하기

고객을 위한 네일미용인의 자세가 아닌 것은?

① 고객의 경제 상태 파악   ② 고객의 네일 상태 파악
③ 선택 가능한 시술방법 설명   ④ 선택 가능한 관리방법 설명

정답 ①

네일의 구조와 이해

1 네일의 구조와 기능

1) 네일의 구조

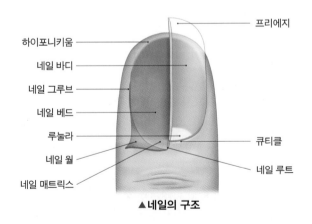

▲ 네일의 구조

2) 네일의 각 부분별 기능

① 네일 바디(Nail Body, 조체) : 손톱 자체를 말하며, 아랫부분은 약하고 윗부분으로 갈수록 단단한 보호작용을 해주는 각질세포이다.

② 네일 루트(Nail Root, 조근) : 손톱이 자라나기 시작하는 부분으로 손톱의 근원이며 피부밑에 있다.

③ 프리에지(Free Edge, 자유연) : 네일의 끝 부분에 베드 없이 네일만 자라는 곳으로 네일아트를 할 때 사용된다.

④ 네일 베드(Nail Bed, 조상) : 네일 밑에 위치하여 바디를 받치고 있으며, 신경세포와 혈관이 분포되어 신진대사와 수분을 공급하는 역할을 한다.

⑤ 네일 매트릭스(Nail Matrix, 조모) : 루트 밑에 위치하여 혈관과 신경, 림프관 등이 분포되어 있으며 각질세포를 생산하고 성장을 조절한다. 손톱의 성장이 진행되는 곳으로 이상이 생기면 손톱의 변형을 가져온다.

⑥ 루눌라(Lunula, 반월) : 케라틴화가 완전하게 되지 않은, 바디의 베이스에 있는 반달모양의 백색 부분이다.

⑦ 하이포니키움(Hyponychium, 하조피) : 손톱 아래 살과 연결된 끝부분으로 외부에서 침입하는 세균으로부터 피부를 보호한다.

② 손톱 주위의 피부

① 큐티클(Cuticle, 조소피) : 네일의 주위를 덮고 있는 피부로서 각질세포의 생산과 성장 조절에 관여하며 병균 및 미생물의 침입으로부터 보호한다.
② 네일 폴드(Nail Fold, 조주름) : 네일 루트가 묻혀 있는 네일의 베이스에 피부가 깊게 접혀 있는 부분을 말한다.
③ 네일 그루브(Nail Grooves, 조구) : 네일 베드 양쪽 측면의 패인 곳을 말한다.
④ 네일 월(Nail Wall, 조벽) : 네일 그루브 위에 있는 네일의 양쪽 피부를 말한다.
⑤ 에포니키움(Eponychium, 조상피) : 네일의 베이스에 있는 가는 선의 피부를 말한다.
⑥ 페리오니키움(Perionychium, 조상연) : 손톱 전체를 에워싼 피부의 가장자리 부분이다.

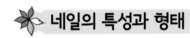

네일의 특성과 형태

① 네일의 특성

① 손톱은 표피의 투명층과 각질층의 반투명 각질판으로 이루어져 있다.
② 손톱은 수분을 12~18% 함유하고 있고, 아미노산과 시스테인이 많이 포함되어 있다.
③ 손톱은 수분이나 단백질, 케라틴 조성에 따라 경도와 물리적 성질이 다르다.
④ 조모와 조소피는 산소를 필요로 하고, 조체(Nail Body)는 산소를 필요로 하지 않는다.
⑤ 기본적으로 단백질로 구성되어 있으며, 비타민이나 미네랄이 부족하면 이상 현상이 발생한다.
⑥ 손톱은 산소를 조상(Nail Bed)의 모세혈관으로부터 공급받는다.
⑦ 손톱에는 촉각에 해당하는 지각신경이 집중되어 있다.
⑧ 손톱은 피부의 부속물이며, 신경이나 혈관, 털 등은 없다.
⑨ 태아의 손톱은 10주 이후에 손톱 판이 생기고, 14주쯤에 만들어지며, 21주 이후에 완성된다.

② 네일의 형태

1) 네일의 구성성분

섬유단백질 중 케라틴(Keratin)으로 구성되어 있으며, 탄소 51.9%, 산소 22.39%, 질소 16.09%, 황 2.80%, 수소 0.82% 등으로 구성된다.

▶ **손톱의 생리적인 특성에 대한 설명으로 틀린 것은?**

① 손톱의 본체는 각질층이 변형된 것으로 얇은 층이 겹으로 이루어져 단단한 층을 이루고 있다.

② 손톱의 성장은 조소피의 조직이 경화되면서 오래된 세포를 밀어내는 현상이다.

③ 일반적으로 1일 평균 0.1~0.15mm 정도 자란다.

④ 주로 경단백질인 케라틴과 이를 조성하는 아미노산 등으로 구성되어 있다.

정답 ②

▶ **손톱의 특징에 대한 설명으로 틀린 것은?**

① 네일 바디와 네일 루트는 산소를 필요로 한다.

② 지각신경이 집중되어 있는 반투명의 각질판이다.

③ 손톱의 경도는 함유된 수분의 함량이나 각질의 조성에 따라 다르다.

④ 네일 베드의 모세혈관으로부터 산소를 공급받는다.

정답 ①

Part I

네일개론

2) 네일의 형태

① 네일의 생태적 형태

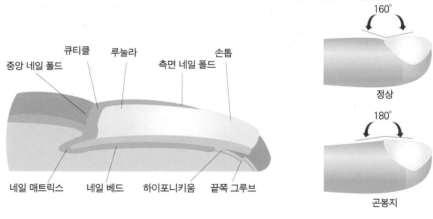

▲네일의 생태적 구조

▲조상의 변형 각도

② 네일의 디자인 모형

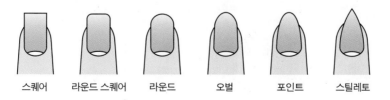

스퀘어　　라운드 스퀘어　　라운드　　오벌　　포인트　　스틸레토

3 건강한 네일

① 핑크빛을 띄며 탄력이 있고 단단하다.

② 12~18% 정도의 수분과 0.15~0.75%의 유분을 포함한다.

③ 바디에 결이 없고 윤기가 있어야 한다.

4 네일의 성장

① 매트릭스에서 손톱의 세포를 생산하여 성장한다.

② 한 달에 3~4mm 정도 자라며, 하루에 0.1mm 정도 자라는데 환경에 따라 차이가 있다.

③ 손톱이 빠지면 다시 자라는 데 약 4~6개월 정도 소요된다.

| 진짜 기출문제 명확하게 기억하기

건강한 손톱의 특성이 아닌 것은?
① 매끄럽고 광택이 나며 반투명한 핑크빛을 띤다.
② 약 8~12%의 수분을 함유하고 있다.
③ 모양이 고르고 표면이 균일하다.
④ 탄력이 있고 단단하다.

정답 ②

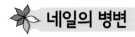 **네일의 병변**

1 네일 시술이 가능한 손톱

① 퍼로우(Furrow, Corrugations) : 표면에 가로, 세로로 골이 지고 능선이 생긴 손톱으로 영양 결핍, 고열, 아연결핍, 위장장애, 순환계의 이상, 임신, 홍역 등 건강상태가 좋지 않을 때 나타난다. 불규칙한 손톱 표면은 파일로 부드럽게 갈아서 관리해 준다.

② 조갑변색(Discolored Nail, 변색된 손톱) : 베이스코트를 생략하고 유색 에나멜을 바른 경우, 빈혈이나 심장질환, 혈액순환이 좋지 못한 경우 손톱의 색깔이 자색이나 황색, 푸른색, 적색 등으로 변하는 것이다.

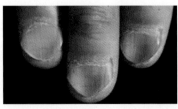
▲퍼로우

▲멍든 손톱

③ 에그 셸 네일(Egg Shell Nail, 달걀껍질 손톱) : 질병이나 신경계통 이상, 다이어트 등으로 손톱이 굴곡지고, 가늘고 하얗게 달걀껍질처럼 되는 현상이다.

④ 행 네일(Hang Nail, 거스러미 손톱) : 건조한 손톱 주변에 큐티클이 갈라지고 거스러미가 일어나는 상태를 말하며, 큐티클을 보습처리해주는 핫크림 매니큐어나 파라핀 매니큐어로 시술하면 효과적이다.

⑤ 멍든 손톱(Bruised Nail, 혈종) : 외부의 충격에 의하거나, 네일 베드에 어떤 손상을 받았을 때 네일 플레이트 밑에 피가 응결된 상태이므로 손톱에 무리가 가지 않도록 하며 인조 네일은 하지 않는 것이 좋다.

⑥ 니버스(Nevus, 모반점) : 멜라닌 색소가 착색되어 손톱에 밤색이나 검은색으로 얼룩이 생기는 현상으로 손톱이 자라면서 없어진다.

⑦ 테리지움(Pterygium, 표피조막) : 질이 떨어지는 네일제품을 사용하였을 때 큐티클이 과잉성장하여 손톱 위로 자라는 것이다. 주기적으로 건조한 큐티클을 제거하고, 핫 크림 매니큐어 등으로 관리한다.

⑧ 오니코파지(Onychophagy, 교조증) : 심리적으로 불안한 상태일 때 습관적으로 손톱을 심하게 물어뜯어 생기는 현상으로 인조 네일을 붙이거나 꾸준하게 매니큐어링을 하며 관리한다.

⑨ 스푼형 손톱(Spoon-shaped Nail) : 손톱 가운데 부분이 수저나 쟁반 모양으로 움푹 들어가며 얇아지는 현상으로 빈혈이나 건선 등이 있을 때 발생한다.

⑩ 오니코크립토시스(Onychocryptosis, 조내생) : 손톱이나 발톱의 그루브 사이를 파고 자라는 네일 모양으로 작은 신발을 신거나 잘못된 파일링 시 생길 수 있다.

⑪ 오니콕시스(Onychauxis, 조갑비대증) : 작은 신발을 장시간 신거나, 손 · 발톱의 과잉 성장으로 인해 비정상적으로 두꺼워지는 현상으로 부드러운 파일로 파일링하고 부석가루로 문지르며 관리한다.

⑫ 오니코아트로피(Onychaotrophy, 조갑위축증) : 손톱이 부서져 없어지는 경우로 네일 매트릭스가 손상되거나 내과적 질병에 의해 발생한다. 강한 세제를 사용하지 않고 부드럽게 파일링하여 관리한다.

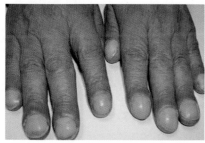

▲에그 셸 네일

▲행 네일

⑬ 오니코렉시스(Onychorrhexis, 조갑종렬증) : 큐티클 솔벤트나 폴리시 리무버 과다 사용으로 손톱이 갈라지거나 부서지는 상태를 말하며, 폴리시 리무버 사용을 금하고 인조 네일이나 실크랩으로 솔벤트가 닿는 것을 보호해 준다.

⑭ 루코니키아(Leuconychia, 조백반증) : 매트릭스에 충격이 생기거나 유전적 요인으로 손톱에 하얀 반점이 생기는 백색조갑으로 손톱이 자라면서 없어지지만, 큐티클을 과하게 밀어올리지 않고 부드럽게 관리해 준다.

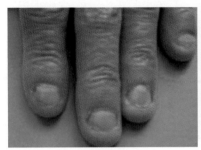
▲오니코파지

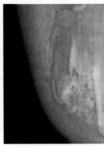
▲오니코아트로피

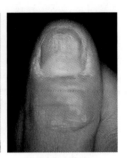
▲오니코렉시스

 | 진짜 기출문제 명확하게 기억하기

▶ 변색된 손톱(Discolored Nails)의 특성이 아닌 것은?

① 네일 바디에 퍼런 멍이 반점처럼 나타난다.
② 혈액순환이나 심장이 좋지 못한 상태에서 나타날 수 있다.
③ 베이스코트를 바르지 않고 유색 네일 폴리시를 바를 경우 나타날 수 있다.
④ 손톱의 색상이 청색, 황색, 검푸른색, 자색 등으로 나타난다.

정답 ①

▶ 큐티클이 과잉 성장하여 손톱 위로 자라는 질병은?

① 표피조막(테레지움)
② 교조증(오니코파지)
③ 조갑비대증(오니콕시스)
④ 고랑 파진 손톱(퍼로우 네일)

정답 ①

② 네일 시술이 불가능한 손톱

① 몰드(Mold, 사상균증) : 자연손톱과 인조손톱 사이에 습기가 스며들어 생기는 진균염증으로 처음 황록색에서 점차 검은색으로 바뀌는데, 곰팡이 발견 즉시 인조손톱을 제거하고 관리해 주어야 한다.

② 오니키아(Onychia, 조갑염) : 위생적이지 않은 네일 도구 사용 시 생길 수 있는 질병으로 손톱 밑 살이 붉어지거나 고름이 생긴다.

③ 오니코그라이포시스(Onychogryphosis, 조갑구만증) : 손톱의 만곡이 커지고, 손톱이 두꺼워지며 구부러지고 손가락 밖으로 확장되는 상태로 피부 속으로 파고들면 통증이 생긴다.

④ 오니코마이코시스(Onychomycosis, 조갑진균증) : 황색의 줄무늬가 생기거나 희미한 패치가 생기는 현상으로 프리에지로 식물성균이 감염되어 뿌리로 퍼져나가 네일 베드까지 감염된다.

⑤ 오니코리시스(Onycholysis, 조갑박리증) : 프리에지에서 발생하여 루놀라까지 번지는데 감염이나 내과적 진료에 의해 발생한다.

⑥ 오니콥토시스(Onychoptosis) : 손톱의 일부분 혹은 전체가 주기적으로 떨어져 나가는 상태로 매독이나 고열, 약물반응 등에 의해 일어난다.

⑦ 파로니키아(Paronychia, 조갑주위증) : 손 주위 조직이 박테리아 감염에 의해 빨갛게 부어오르며 살이 물러지는 현상으로 위생처리 되지 않은 도구 사용 시 발생한다.

⑧ 파이로제닉 그래뉴로마(Pyrogenic Granuloma, 화농성 육아종) : 네일 베드에서 네일바디로 심한 염증상태의 붉은 살이 자라 나온다. 손톱 주위에 박테리아 감염 시 또는 비위생적인 도구로 시술 시에 나타난다.

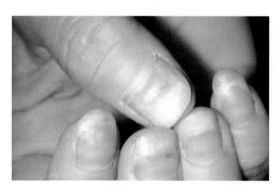

▲오니코리시스

네일 기기 및 재료

1 네일 기기

테이블		• 시술을 받는 고객이 편리하도록 전용 테이블을 사용한다. • 시술에 필요한 재료를 진열하고, 수납할 수 있는 공간과 서랍이 있는 테이블을 선택한다.	
의자	시술자용	바퀴가 달려 편리하게 움직일 수 있고, 매니큐어가 묻으면 쉽게 제거 가능한 소재로 선택한다.	
	고객용	고객이 편리함을 느낄 수 있도록 안락한 의자를 선택한다.	시술자용 고객용
조명		각도 조절이 가능한 것이 좋고, 40룩스 이상의 조도가 나와야 한다.	
파라핀 워머		손을 보습하고 팩을 관리하는 데 사용되는 기구로 응고된 파라핀을 녹여주는 기계이다.	
네일 드라이		시술 후 에나멜을 건조시키기 위해 사용하는 기구이다.	
페디스파기		페디큐어를 시술할 때 사용하는 기기로 각탕기와 의자가 일체형으로 되어 있다.	
각탕기		페디큐어를 시술할 때 발을 불리거나 피로를 풀어주는 용도로 사용하는 기기이다.	
습식소독기		시술 도구의 살균과 소독을 위해 소독액을 담는 용기로 투명하며 뚜껑이 있어야 한다.	
젤큐어링 라이트기		젤 시술할 때 젤을 응고시켜 주는 기기이다.	
자외선 살균소독기		시술 도구를 소독하고 살균하기 위해 넣어두는 기기이다.	
재료 받침대		필요한 재료를 정리해 놓는 것이다.	
솜 용기		시술 시 사용하기 위해 솜을 잘라 보관하는 용기로 뚜껑이 있다.	
왁싱 워머		제모 시 왁스를 녹이기 위해 사용하는 기기이다.	
컴프레서		공기 압축을 위한 기구이다.	

❷ 네일 도구

니퍼	손톱 주변의 굳은살 및 거스러미를 제거하는 도구이다.	
푸셔	큐티클을 45° 각도로 밀어 올릴 때 사용하며, 손톱 표면이 상하지 않도록 힘을 조절한다.	
네일 클리퍼	손톱의 길이를 조절할 때 사용하며, 일자형과 둥근형이 있다.	
팁 커터기	인조 네일을 자를 때 사용한다.	
랩 가위(실크가위)	린넨이나 실크 등을 재단할 때 사용하는 작은 가위를 말한다.	
네일 브러시	시술할 때 생기는 먼지가루 등을 털어내는 것으로 더스트 브러시라고도 한다.	
오렌지 우드스틱	손톱 주변에 묻은 에나멜을 제거하거나, 큐티클을 밀어 올릴 때 사용한다.	
콘커터(크레도)	발바닥의 굳은살을 제거해 주는 것이다.	
페디파일	발바닥의 굳은살을 제거하고, 콘커터 사용 후 부드럽게 하기 위한 것이다.	
토우 세퍼레이터	페디큐어 시술 시 편리하게 컬러링을 하기 위하여 발가락 사이에 끼워 분리해 주는 도구이다.	
핑거볼	습식 시술 시 큐티클을 빨리 제거하기 위해 미온수에 손을 담가 불리는 도구이다.	
디스펜서	리무버를 리필용으로 담는 펌프식 용기이다.	
디펜디쉬	아크릴을 시술할 때 리퀴드를 덜어서 사용하는 작은 용기이다.	
파일	손톱 모양을 다듬을 때 사용하는 도구로서 그리트로 용도를 구분한다. 숫자가 작을수록 입자가 거친데, 거친 파일은 인조 네일, 부드러운 파일은 주로 자연손톱에 사용한다.	

샌딩블록	손톱 표면을 매끄럽게 정리해 주는 것으로 버퍼라고도 한다.		
3-Way	손톱의 표면에 광택을 내기 위해 사용하는 것으로 거칠기가 다른 3면으로 되어 있다.		
라운드 패드	파일링한 뒤 손톱의 부스러기나 거스러미를 제거한다.		
브러시	아크릴	아크릴 파우더로 인조 네일을 만들 때 사용하는 브러시를 말한다.	
	젤	젤로 인조 네일을 만들 때 사용하는 브러시를 말한다.	
에어브러시 건	공기를 압축하여 물감을 분사시키는 것이다.		
스텐실 칼	스텐실을 제작할 때 사용하는 칼이다.		
유리보드	스텐실을 제작할 때 사용하는 받침대이다.		

 | 진짜 기출문제 명확하게 기억하기

다음 (   ) 안의 a와 b에 알맞은 단어를 바르게 짝지은 것은?

(a)는 폴리시 리무버나 아세톤을 담아 펌프식으로 편하게 사용할 수 있다.
(b)는 아크릴 리퀴드를 덜어 담아 사용할 수 있는 용기이다.

① a - 다크디쉬, b - 작은종지
② a - 디스펜서, b - 다크디쉬
③ a - 다크디쉬, b - 디스펜서
④ a - 디스펜서, b - 디펜디쉬

정답 ④

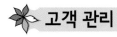 **고객 관리**

① 고객의 취향이나 특징 등을 파악해서 차별화된 서비스를 제공한다.
② 고객관리 카드를 작성하여 시술 내용이나 부작용 등을 관리한다.
③ 시술과 함께 관리와 정보를 제공하면서 고객과 친밀감을 형성한다.
④ 차별화된 서비스를 마련하여 기존 고객의 이탈을 막고 고객의 충성도를 높인다.
⑤ 종업원의 교육을 강화하여 고객응대와 서비스에 차질이 없도록 한다.
⑥ 이벤트나 사은품을 활용하여 신규 고객의 유치에 힘쓴다.
⑦ 회원카드와 포인트 등을 통해 단골 고객을 확보하도록 한다.

Chapter 03

해부생리학

 세포의 구조 및 작용

1 세포(Cell)

1) 세포의 구조
세포는 모든 살아 있는 물체의 구조적, 기능적 단위이다.

2) 세포 구조의 부분별 작용

① 핵(Nucleus) : 세포의 조절중추로 DNA를 함유하고 있으며 생식에 중요한 역할을 하며 세포의 신진대사를 조절한다. 혈소판과 적혈구를 제외한 세포가 존재한다.

② 세포막(Cell Membrane) : 제일 바깥쪽을 구성하는 막으로 세포를 보호하고 형태를 유지하며, 세포가 일정하게 유지되도록 확산, 이동, 삼투압, 여과 등을 통하여 물질을 운반한다.

③ 세포질(Cytoplasm) : 영양 물질을 저장하며 성장, 재생, 교정에 사용하는 세포막의 안쪽 부분이다.

④ 중심체(Centrosome) : 세포가 분열할 때 염색체를 끌어당기는 역할을 한다.

⑤ 리소좀(Lysosome) : 미토콘드리아보다 약간 작은 공 모양 형태로 3대 영양소를 분해하는 효소를 갖고 있다. 탄수화물은 포도당, 단백질은 아미노산, 지질은 지방산과 글리세롤로 분해하고, 백혈구의 거대식세포에 많이 발달되어 있으며 세포 내 이물질을 분해 처리한다.

⑥ 염색질(Chromatin) : 유전자 정보를 갖고 있는 가장 중요한 부분으로 세포가 분열할 때 염색체로 되었다가, 분열 후 염색질로 된다.

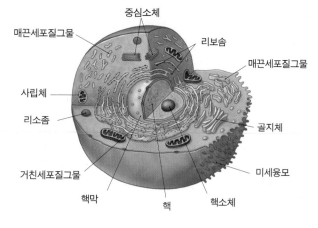

| 중심소체 |
| 매끈세포질그물 |
| 리보솜 |
| 매끈세포질그물 |
| 사립체 |
| 리소좀 |
| 골지체 |
| 거친세포질그물 |
| 미세융모 |
| 핵막 |
| 핵 |
| 핵소체 |

▲ 세포의 구조

2 세포의 분열과 신진대사

1) 세포의 분열

① 세포분열의 정의 : 일정한 크기에서 세포가 분열하여 수가 증가되는 현상이다.

② 세포분열의 종류

- 유사 분열 : 핵이 먼저 분열하고 세포질이 갈라지는 현상이다.
- 무사 분열 : 세포질이나 핵의 구별이 없이 두 덩어리로 갈라지는 현상이다.
- 감수 분열 : 성적으로 성숙한 난자와 정자에서 생식세포가 일어나는 유사분열의 특수적인 현상이다.

2) 세포의 신진대사

① 이화작용(Catabolism) : 근육을 수축하거나 열을 발생하는 등의 에너지를 소모하는 과정이며 세포 조직을 분해한다.

② 동화작용(Anabolism) : 영양이나 산소, 수분 등을 흡수하고 에너지를 생산하는 과정이며 세포 조직을 형성한다.

🌸 조직구조 및 작용

1 상피조직(Epithelial Tissue)

① 동물체 내외의 표면을 모두 덮은 조직이다.

② 내배엽, 중배엽, 외배엽에서 유래하며, 체강 표면을 층으로 덮고 있다.

③ 세포끼리 밀착되어 있어 세포 사이에는 물질이 존재하지 않고, 혈관이 없다.

④ 인체의 장기를 보호하는 보호작용, 대사과정을 통한 흡수 및 배출을 하는 흡수 · 배출작용, 삼투, 확산, 여과, 감각작용 등을 한다.

2 신경조직

① 핵(Nucleus), 세포체(Cell Body), 수상돌기(Dendrite), 축삭돌기(Axon)로 구성된 신경원(Neuron)이라는 구성단위를 갖는다.

② 어떤 자극을 받았을 때 전달하는 기능을 내외적으로 담당한다.

❸ 결합조직(Connective Tissue)

1) 결합조직의 정의
뼈와 근육, 신경, 피부 등에 조직을 형성하고 있으며, 신체의 형태를 유지하고 지지하는 조직으로 가장 많이 볼 수 있다.

2) 결합조직의 종류
① 소성조직(Areolar Tissue) : 엉성한 조직으로 대부분의 장기에 있으며, 섬유나 세포가 적고 기질이 많아 다른 조직을 연결시켜 주고 조직 간 마찰을 감소시켜 준다.
② 세망조직(Reticular Tissue) : 세망섬유와 세망세포가 그물모양을 하고 있으며 비장이나 골수, 림프절 등 림프조직에서 볼 수 있다.
③ 지방조직(Adipose Tissue) : 대부분 지방세포이며, 영양소를 저장하고 주요한 장기를 보호하며, 체온을 유지한다.
④ 치밀결합조직(Dense Connective Tissue) : 건, 건막, 인대 등의 규칙형과 진피, 피막 등의 불규칙형으로 나누며, 교원섬유가 많다.
⑤ 혈액(Blood) : 혈장과 혈구로 구성되어 있다.

❹ 근육조직(Muscular Tissue)

① 근육조직은 매우 가늘고 긴 형태의 근세포로 구성된 근섬유로 이루어져 있다.
② 신체 위치에 따른 분류 : 골격근(Skeletal Muscle), 심장근(Cardiac Muscle), 평활근(Smooth Muscle) 등
③ 무늬 방향에 따른 분류 : 횡문근(Striated Muscle), 평활근(Smooth Muscle)

🌸 뼈(골)의 형태 및 발생

❶ 뼈의 구조

1) 골막(Periosteum)
① 이중막으로 뼈의 표면을 구성하고, 성장과 재생의 기능을 하며, 뼈를 보호한다.
② 운동조절 근육이 부착하는 곳이다.

2) 내·외원주층판(Inner, Outer Circumferential Lamella)
① 뼈의 조직을 싸고 있는 막이다.
② 외원주층판은 골막의, 내원주층판은 치밀질 및 해면질의 경계면이다.

3) 하버스계(Haversian System)

① 골원(Osteon)이라고 불린다.

② 치밀골의 신경과 혈관을 지나가는 하버스관을 중심으로 하버스 층판으로 구성된다.

4) 골수(Bone Marrow)

① 뼈의 가장 중앙에 위치한다.

② 조혈작용으로 적혈구와 백혈구를 만든다.

③ 조혈작용 시에는 적색골수로 있다가 노화됨에 따라 지방세포가 증가하면서 황색골수가 된다.

④ 혈액이 필요해지면 황색골수가 적색골수로 바뀌며, 활발한 조혈작용을 한다.

5) 골소주(Trabecula)

① 뼈 내측의 해면질을 구성하고 있다.

② 불규칙한 작은 가지모양으로 구성된다.

③ 뼈의 무게를 가볍게 하고, 외부 압력에 잘 견딜 수 있도록 구성되어 있다.

② 뼈의 조직과 기능

1) 뼈의 조직

① 뼈 : 몇 개의 세포가 석회화 과정을 거치면서 단단한 뼈가 만들어진다.

② 골모세포(Osteoblast) : 새롭게 뼈를 만들어야 할 경우 표면에 나타나는 뼈를 만드는 세포이다.

③ 골세포(Osteocyte) : 골조직의 제조자, 즉 골조직의 기본세포이다.

④ 파골세포(Osteoclast) : 불필요한 골조직을 파괴하며, 파괴된 뼈에서 칼슘과 인을 혈액으로 보낸다.

⑤ 골기질(Bone Matrix)

• 골조직에서 골세포를 제외한 뼈를 형성하는 기질이다.

• 50~60% 칼슘과 인 등의 무기질과 콜라겐, 다당류로 구성된다.

2) 뼈의 기능

① 혈관과 신경이 분포되어 있고, 인체 중 가장 단단한 부분이다.

② 인체 형태를 만들어 주고, 지지해 준다.

③ 주요 장기와 뇌, 척수 등을 보호해 준다.

④ 뼈의 중앙에 있는 골수(적색골수)는 혈액을 만드는 조혈작용을 한다.

⑤ 신진대사에 필요한 무기질을 저장하는 기능을 한다.

❸ 뼈의 형태별 분류

장골 (Long Bone)	• 긴 장축을 가진 뼈이다. • 뼈 속 공간인 골수강(Medully Cavity) 때문에 관상골(Tubular Bone)이라고 한다. • 인체의 장골은 상완골, 요골, 척골, 대퇴골, 경골, 비골 등이다.
단골 (Short Bone)	• 폭과 길이가 비슷한 입방형태이다. • 인체의 단골은 손목뼈(수근골), 발목뼈(족근골) 등이다.
편평골 (Flat Bone)	• 넓고 편평하게 생긴 뼈를 말한다. • 인체의 편평골은 두개골, 견갑골, 늑골 등이다. • 골수강은 없다
불규칙골 (Irregular Bone)	• 뼈가 일정한 형태가 없이 불규칙하다. • 인체의 불규칙골은 추골과 관골 등이다.
종자골 (Sesamoid Bone)	• 관절낭이나 근육 위 건 속에 있는 뼈이다. • 식물의 씨앗 모양과 비슷하여 종자골이라고도 불린다. • 대표적인 종자골은 슬개골이다. • 마찰을 적게 하고 인접한 뼈와 관절을 이루어 활차 역할을 한다.
함기골 (Air Bone)	• 뼈 속 공간에 공기를 함유한 뼈이다. • 대표적인 함기골은 두개골이며 인체에는 상악골, 전두골, 접혈골, 사골, 측두골 등이 해당한다.

❹ 관절

① 2개 이상의 뼈가 만나면 원활하게 움직이기 위하여 관절을 형성한다.

② 관절은 가동성 있는, 즉 움직일 수 있는 기능을 담당한다.

③ 관절을 형성하는 골단은 볼록한 관절두와, 오목한 관절와로 이루어진다.

❺ 뼈의 위치에 따른 분류

1) 상지골

① 쇄골(Clavicle, 빗장뼈) : 가슴 가운데 있는 긴 뼈로 피부 가까이 위치하므로 충격에 쉽게 손상을 입기 쉽다.

② 견갑골(Scapula, Shoulder Bone) : 체간과 상지 사이에 있는 뼈로 삼각형 편평골 모양의 어깨 기초 뼈이다.

③ 상완골(Humerus) : 인체에서 비교적 장골에 속한다.

④ 척골(Ulna) : 아래팔을 구성하는 뼈 중 안쪽에 위치한 길이가 긴 뼈이다.

⑤ 요골(Radius) : 척골과 나란히 있는 길이가 짧은 뼈로 바깥쪽을 구성한다.

⑥ 수근골(Carpal Bone) : 작은 뼈들이 모여 손목을 구성하는 뼈이다.

⑦ 중수골(Metacarpal Bone) : 손바닥과 손등을 구성하는 가늘고 긴 뼈이다.

⑧ 수지골(Phalange Bone) : 손가락을 구성하는 뼈이다.

2) 하지골

대퇴골 (넙다리뼈, Femur)	• 인체에서 가장 크고 긴 뼈이다. • 관골과 관절로 구성되어 있으며 고관절을 형성한다.	
슬개골 (무릎뼈, Patella)	• 대퇴사두근의 건 속에 형성되어 있다. • 인체에서 가장 큰 종자골이다. • 삼각형의 편평골로 대퇴골 슬개면 위에 있다.	
경골(정강뼈, Tibia)	비골과 같이 하퇴를 구성하는 내측에 위치한 뼈이다.	
비골 (종아리뼈, Fibula)	경골과 반대로 외측에 위치한 가늘고 긴 뼈이다.	
족근골 (발목뼈, Tarsals)	• 발목을 이루는 뼈를 말한다. • 근위족근골 : 거골(Talus), 종골(Calcaneus), 주상골(Navicular) 등 • 원위족근골 : 설상골(Cuneiform Bone) 3개, 입방골(Cuboid Bone) 등 • 종골 : 족근골 중 가장 큰 뼈로 발 뒤꿈치를 만든다. • 거골 : 종골 위에 위치하며 경골을 지탱한다.	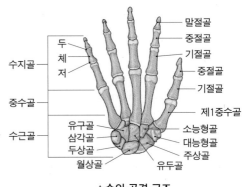
중족골 (발허리뼈, Metatarsal Bones)	• 발등과 발바닥을 구성하는 총 5개의 뼈이다. • 제1중족골은 가장 강하고, 제2중족골은 길이가 가장 길다.	
족지골 (발가락뼈, Phalanges)	• 발가락을 구성하는 뼈로 손가락 구성과 같은 원리이다. • 총 14개의 발가락뼈가 있다.	

✿ 손과 발의 뼈대(골격)

1 손의 뼈

① 손의 뼈는 오른손 27개, 왼손 27개로, 양손 54개의 뼈로 구성되어 있다.

② 수근골(Carpal Bones, 손목뼈) : 8개의 불규칙하고 작은 뼈인 손배뼈, 반달뼈, 콩알뼈, 세모뼈, 큰마름뼈, 작은마름뼈, 알머리뼈, 갈고리뼈가 인대로 결합되어 있다.

③ 중수골(Metacarpal Bones, 손허리뼈) : 5개의 장골로 구성되며, 위쪽은 손목뼈, 아래쪽은 손가락뼈와 관절로 연결된다.

▲손의 골격 구조

④ 수지골(Phalange, 손가락뼈) : 손가락을 이루는 뼈는 첫마디 기절골, 중간마디 중절골, 끝마디 말절골로 각각 3개씩 이루어져 있다.

2 손의 혈관

1) 혈액의 순환

① 순환 : 크게 체순환과 폐순환으로 나뉜다.

② 체순환(대순환) : 좌심실 → 대동맥 → 몸 전체의 기관과 조직 → 모세혈관 → 대정맥 → 우심방 순서로 돈다.

③ 폐순환(소순환) : 우심실 → 폐동맥 → 폐정맥 → 좌심방 순서로 돈다.

2) 혈관의 종류

① 동맥 : 심장에서 나온 혈액을 모세혈관까지 운반하는 혈관이며, 대동맥, 동맥, 소동맥, 모세혈관 등이 있다.

② 정맥 : 동맥과 반대로 모세혈관에서 심장으로 돌아오는 통로 역할로 대정맥, 정맥, 소정맥 등이 있다.

③ 모세혈관 : 주변 조직들에 산소와 영양분을 공급하며 혈액과 모세혈관의 벽의 얇은 조직 사이에 쉽게 물질교환이 이루어지도록 한다. 이산화탄소와 노폐물을 배출한다.

3) 혈액의 기능과 구성

① 혈액의 기능 : 조절작용, 보호작용, 운반작용, 지혈작용을 한다.

② 혈액의 구성

• 적혈구 : 혈색소가 있고 산소와 이산화탄소를 운반한다.

• 백혈구 : 혈색소가 없고 박테리아를 파괴한다.

• 혈소판 : 혈액을 응고(지혈효과)시킨다.

• 혈장 : 혈액의 55%를 차지하는데, 그중 90%는 수분, 10%는 단백질로 이루어져 있다.

❸ 손의 근육과 신경

1) 손 근육의 구성과 기능
　① 손은 관절과 관절 사이에 겹치는 여러 개의 작은 근육들로 이루어져 있다.
　② 손등은 근육이 미약하게 발달되어 있는데, 무지굴근, 중수근, 소지굴근으로 나누어진다.
　③ 근육들은 손의 힘과 강도, 그리고 유연성 등에 사용된다.

2) 손 근육의 구성
　① 무지굴근(Thenar Muscle) : 무지굴근은 단무지외전근, 장무지굴근, 무지대립근, 무지내전근의 4개 근으로 구성된다.
　② 중수근(Intermediate Muscle) : 중수근은 충양근, 장측골간근, 배측골간근으로 손바닥을 이루는 작은 근육으로 구성된다.
　③ 소지굴근(Hypothenar Muscle) : 소지외전근, 단소지굴근, 소지대립근으로 구성된다.

> 하나 더
>
> • **충양근** : 벌레근인 충양근은 제2~5 손허리 손가락 관절을 구부러지게 하며 손가락뼈 사이 관절을 구부리도록 메워주는 근육이다.

3) 손의 신경
　① 신경 계통은 중추신경과 말초신경, 자율신경으로 구성된다.
　② 손의 신경을 이해하기 위해서는 말초신경 중에서 척수신경을 중심으로 알아야 한다.
　③ 액와(겨드랑이)신경 : 삼각근의 운동과 소원근, 삼각근 상부의 피부를 지배한다.
　④ 근피(근육)신경 : 팔의 굴근, 운동을 지배한다.
　⑤ 정중신경 : 손바닥 외측과 팔에 전체적으로 분포되어 있다.
　⑥ 요골신경 : 요골과 손등의 외측에 분포되어 있다.
　⑦ 척골신경 : 척골과 손바닥 내측에 분포되어 있다.

❹ 발의 골격과 근육

1) 발의 골격
　① 발에 있는 뼈는 한쪽 발에 26개씩, 양발 모두 52개로 구성된다.
　② 족근골(발목뼈, Tarsal Bones) : 발목을 구성하고, 몸무게 지탱에 관여하는 7개의 뼈로 거골, 종골, 주상골, 입방골, 외측설상골, 중간설상골, 내측설상골로 이루어진다.
　③ 종족골(발바닥뼈, Metatarsal Bones) : 발바닥에서는 가로궁, 발의 안팎에서는 세로궁을 형성하는 5개의 뼈로 발의 아치 형태를 잡아준다.

④ 족지골(발가락뼈, Phalange Bones) : 발가락을 형성하는 축소된 장골로 기절골과 말절골 2개의 지골이 엄지발가락에, 기절골, 중절골, 말절골 등 3개의 뼈가 나머지 발가락에 있다.

2) 발의 근육

① 족배근(발등을 이루는 근육, Dorsal Muscle of Foot) : 발가락 신전에 관여하는 짧고 작은 2개의 근육으로 종골에서 기절골까지의 단지신근과 단무지신근이 있다.

② 족척근(발바닥을 이루는 근육, Plantar Muscle of Foot) : 엄지두덩근, 새끼발가락두덩근, 발바닥근육 등으로 발바닥을 이루는 9개의 근육이다.

5 다리의 근육

① 활동하기 적합하도록 발달되어 있고 체형을 유지한다.

② 위치에 따라 장골부의 근육, 대퇴의 근육, 둔부의 근육, 하퇴의 근육 및 발의 근육으로 구분한다.

③ 전하퇴근(앞종아리 근육, Anterior Crural Muscles) : 깊은 비골실경의 지배하에 발목의 운동과 발가락의 퍼짐에 관여하는 긴발가락폄근, 긴엄지폄근, 셋째비골근, 앞정강근 등 4개의 근육이다.

④ 외측 하퇴근(Lateral Crural Muscles) : 발목을 굽히거나 젖히는 작용을 하는 긴비골근과 짧은 비골근이다.

⑤ 후하퇴근(Posterior Crural Muscles) : 천층근과 심층근으로 분류되며 종아리를 만드는 강력한 근육이다. 하퇴 세갈래근은 무릎관절과 발바닥을 굽히며 발의 뒤축을 올리는 작용을 한다.

둘째~다섯째 손가락에 작용을 하며 손 허리뼈의 사이를 메워주는 손의 근육은?

① 벌레근(충양근)　　　　② 뒤침근(회의근)

③ 손가락폄근(지신근)　　④ 엄지맞섬근(무지대립근)

정답 ①

✳ 손과 발 근육의 형태 및 기능

1 근육계

① 근육은 인체의 약 40~50%를 차지하며 650여 개로 이루어져 있다.

② 형태로 구분 : 평활근(무늬가 없음), 횡문근(무늬가 있음)

③ 위치로 구분 : 골격근(뼈, 안면근, 피부에 부착), 심장근(심장 구성), 내장근(평활근)

④ 근육 수축 : 골격근의 수축으로 수축 시 근육의 길이가 50% 단축된다.

⑤ 근육의 피로 : 체내에서 일어나는 골격근의 수축인 강축이 오래될수록 수축력이 약해지는 것이다.

⑥ 생리적 특성 : 수축성, 탄력성, 전도성, 흥분성

2 각 근육의 형태와 기능

골격근 (Skeletal Muscle)	• 체중의 40~50%를 차지한다. • 가늘고 긴 근세포 수천 개가 다발로 형성되어 있다. • 운동신경의 지배를 받아 수의적으로 수축하는 수의근이다. • 섬세한 섬유가 어두운 띠로 배열된 횡문근이다.
내장근 (Smooth Muscle)	• 척추동물의 내장과 혈관벽 등을 이루는 평활근이다. • 불수의 근으로 자율신경의 지배를 받아 자신의 의지대로 움직일 수 없다.
심장근 (Cardiac Muscle)	• 심장벽을 구성하는 특수한 근육이다. • 골격근같이 횡문을 이룬다. • 횡문불수의근으로 자신의 의지대로 움직일 수 없다.
등·둔부 근육	• 천배근군 : 모근(Trapezius Mscle), 배근(Latissimus Dorsi), 능형근(Rhomboideus), 견갑거근 (Lavator Scapulae), 극하근(Infraspinatus) • 중간배근군 : 극돌기에서 늑골로 뻗어 있고, 광배근과 능형근으로 덮이는 얇은 근육이다. • 심배근군 : 척추기립근(Erector Spinae), 판상근(Splenius) • 둔근 : 대둔근(큰볼기근), 중둔근(중간 볼기근), 이상근, 소둔근
흉부근육	• 목(경근) : 광경근, 흉쇄유돌근, 후두근 • 가슴 : 대흉근(큰가슴근), 소흉근(작은가슴근) • 복부 : 복직근, 외복사근, 내복사근, 복황근
팔 근육	• 전완근(아래팔 손목부터 팔꿈치 전까지) = 손목신근 : 완요골근, 요측수근굴근, 장장근, 척측수 근신근, 척측수근굴근, 장요측수근신근, 총지신근, 단요측수근신근 • 상완근(위팔 어깨에서 팔꿈치까지) : 상완이두근, 상완삼두근, 삼각근
다리 근육	대내전근, 반건양근, 반막양근, 대퇴이두근(슬와근), 박근(두덩정간근), 비복근(장단지근육), 가자미 근(종아리근육), 장비골근, 단비골근, 대퇴근막장근, 장요근, 대내전근, 대퇴직근, 장내전근, 외측 광근, 내측광근, 봉공근, 장지신근, 장무지신근, 전경골근(앞정강근)

🌸 신경조직과 기능

1 신경원의 분류

1) 원심성 신경원(Efferent Neuron)
① 운동신경세포이다.
② 중추신경계에서 운동조절 신호가 근육이나 심장 등으로 전달되는 세포이다.

2) 구심성 신경원(Afferent Neuron)
① 감각신경세포이다.
② 말초기관에서 중추신경계로 감각정보를 전달한다.

3) 시냅스(Synapse)
① 두 개의 신경원이 만나 형성되는 접합부이다.
② 시냅스 전 뉴런(Presynaptic Neuron) : 스냅스 쪽으로 신호를 전달해 주는 신경
③ 시냅스 후 뉴런(Postynaptic Neuron) : 시냅스로부터 자극을 받아 다른 곳으로 전달하는 신경

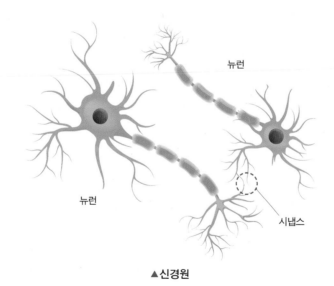

뉴런

뉴런

시냅스

▲신경원

2 중추신경계

① 뇌(Brain) : 무게는 1,200~1,400g 정도로 두개골 내에 위치한다.
② 대뇌(Cerebrum)
- 전체 뇌의 80% 정도를 차지한다.
- 전두엽 : 동기유발, 운동기능, 공격성, 분위기 등의 조절 중추
- 두정엽 : 중심 중추

- 후두엽 : 시각을 받아들이고 통합하는 기능
- 측두엽 : 후각, 청각, 기억 중추

③ 소뇌(Cerebellum)
- 무게는 150g 정도로 전체 뇌의 10% 정도를 차지한다.
- 대뇌의 뒤쪽 아랫부분에 위치한다.
- 조화롭고 정밀한 운동이 가능하도록 운동기능을 조절한다.

④ 간뇌(Diencephalon)
- 중뇌와 대뇌반구 사이에 위치한다.
- 제3뇌실(Third Ventricle)이 들어 있다.
- 시상과 시상하부로 구성되어 있고, 시상하부에는 자율성 반사중추가 분포되어 있다.

⑤ 중뇌(Midbrain)
- 뇌간 중 가장 작다.
- 간뇌와 뇌교, 소뇌를 연결하는 부분이다.
- 청각과 시각의 중추신경이다.

⑥ 연수(Medulla Oblongata)
- 위로는 뇌교, 아래로는 척수와 연결되어 있다.
- 생명유지에 직접적인 영향을 미치는 자율신경계와 관련이 있다.
- 호흡기능을 조절하는 중추이다.

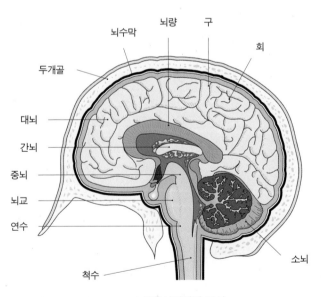

▲ 중추신경계의 구성

⑦ 척수(Spinal Cord)

- 길이 40~50cm 정도의 긴 타원체로 뇌간 연수의 끝에서 척주까지 이어져 있다.
- 수막으로 쌓여 있고, 경막으로 보호되어 있으며, 그 사이에는 척수액이 있다.
- 척수신경 : 경척수, 흉척수, 요척수, 엉치척수 등

3 말초신경계(PNS ; Peripheral Nervous System)

① 감각신경 : 자극이나 메시지를 감각기관으로부터 뇌에 전달한다.

② 운동신경 : 뇌에서 받은 신호를 근육에 전달하여 인체를 움직이는 총 12쌍의 신경이다.

③ 혼합신경 : 운동신경과 감각신경이 함께 작용하여 혼합신경이 작용된다.

4 자율신경계(Autonomic Nervous System)

① 말초신경계에 해당하는 신경계이다.

② 내분비기관과 함께 신체 내부환경 유지에 필요한 조절기능을 적절하고 광범위하게 한다.

③ 연결신경 세포, 들신경 세포, 날신경 세포로 구성된다.

 | 진짜 기출문제 명확하게 기억하기 |

▶ 신경조직과 관련된 설명으로 옳은 것은?

① 말초신경은 외부나 체내에 가해진 자극에 의해 감각기에 발생한 신경흥분을 중추신경에 전달한다.

② 중추신경계의 체성신경은 12쌍의 뇌신경과 31쌍의 척수신경으로 이루어져 있다.

③ 중추신경계는 뇌신경, 척수신경 및 자율신경으로 구성된다.

④ 말초신경은 교감신경과 부교감신경으로 구성된다.

정답 ①

▶ 골격근에 대한 설명으로 틀린 것은?

① 인체의 약 60%를 차지한다

② 횡문근이라고도 한다.

③ 수의근이라고도 한다.

④ 대부분이 골격에 부착되어 있다.

정답 ①

01 네일아트 역사에 대한 설명과 거리가 먼 것은?

① 그리스 로마시대 남성들은 손톱관리를 전유물로 생각하여 시작하였다.

② 1800년대 이후 네일이 대중화되기 시작하였다.

③ B.C 3000년경 신분과는 관계없이 손톱에 염색이 허용되었다.

④ 1957년 근대적 페디큐어가 등장하였다.

02 손톱 관리를 남자의 전유물로 취급한 시기는?

① 그리스, 로마시대   ② 중세시대

③ 고대   ④ 근대

03 고대 이집트나 중국에서 손톱에 컬러링을 위해 사용하였던 추출물이 아닌 것은?

① 고무액

② 코코넛

③ 달걀흰자

④ 헤나

04 B.C. 3000년경 손 관리가 최초로 행해졌다고 기록된 나라는?

① 그리스   ② 로마

③ 이집트   ④ 중국

05 네일의 색상을 표현하기 위해 고대 이집트에서 사용된 추출물은?

① 관목에서 추출한 헤나

② 달걀의 흰자위

③ 고무나무 추출액

④ 황토 빛의 흙

---

01 B.C. 3000년경에 신분이 높은 상류층부터 손톱의 염색이 허용되었다.

02 남자의 전유물로 손톱을 관리한 시기는 그리스와 로마시대이다.

03 고대 이집트와 중국에서는 손톱에 색상을 표현하기 위해 고무액과 헤나, 달걀흰자 등을 사용하였다.

04 B.C. 3000년 이전부터 이집트에서는 헤나로 손톱을 물들였다.

05 관목에서 추출한 헤나(Henna)를 사용하여 붉은 오렌지색으로 손톱을 염색하였다.

01 ③   **02** ①   **03** ②   **04** ③   **05** ①

06 최초로 네일을 시작한 나라는?

① 일본 ② 중국
③ 한국 ④ 고대 이집트

07 손·발 관리의 역사에 대한 설명으로 옳지 않은 것은?

① 이집트에서는 상류층은 짙은색, 하류층은 옅은색으로 발랐다.
② 인도 상류층 여성이 반월판에 문신바늘로 색소를 주입한 것은 17세기였다.
③ 다양한 색상의 손톱용액으로 홍화, 밀랍, 아라비아고무나무 수액, 난백 등을 사용하였다.
④ 전쟁에 나가는 군사들이 입술과 손톱에 같은 색을 칠한 것은 승리를 기원하기 위함이었다.

08 조모에 문신바늘로 물감을 주입하여 상류층임을 과시한 나라는?

① 인도 ② 이집트
③ 그리스 ④ 로마

09 미적 감각을 위해 홍화, 밀랍, 난백, 아라비아고무나무 수액 등을 사용하였던 나라는?

① 로마 ② 인도
③ 중국 ④ 일본

10 손톱에 바르는 페인트로 홍화, 밀랍, 난백 등을 사용하여 칠하였던 나라는?

① 미국 ② 이집트
③ 중국 ④ 그리스

06 ④ **07** ② **08** ① **09** ③ **10** ③

11 1930년대부터 사용되기 시작한 용품과 거리가 먼 것은?

① 에나멜 리무버   ② 큐티클 오일

③ 워머 로션   ④ 금속파일

12 아몬드형 손톱 모양이 유행했던 시대는?

① 1300년대   ② 1500년대

③ 1800년대   ④ 1950년대

13 니트로셀룰로오스라는 폴리시의 주원료인 필름 형성제가 개발된 시기는 언제인가?

① 1885년   ② 1892년

③ 1935년   ④ 1973년

14 인조 네일이 개발된 시기는?

① 1935년   ② 1940년

③ 1850년   ④ 1800년

15 미용학교에서 헬렌 걸리(Helen Gerly)가 손톱 관리 교습을 시작한 시기는?

① 1930년대   ② 1940년대

③ 1950년대   ④ 1980년대

---

11 금속파일과 가위 등은 1900년대부터 손톱을 손질하는 데 사용하였다.

12 1800년대 손톱을 짧고 뾰족한 아몬드 모양으로 만들고 붉은색 기름과 가죽을 이용하여 광택을 냈다.

13
- 1892년 : 매니큐어는 유럽에서 발 전문의인 시트의 조카에 의해 여성들에게 새로운 직업으로 창출되었다.
- 1935년 : 인조 네일이 등장한 시기이다.
- 1973년 : 처음으로 접착식 인조 네일을 미국의 네일 제조회사 IBD가 개발하였다.

14 1935년이 인조 네일이 개발된 시기이다.

15 헬렌 걸리가 미용학교에서 1956년에 손톱 관리 교습을 시작하였다.

---

11 ④   **12** ③   **13** ①   **14** ①   **15** ③

16 손톱 관리로 약한 네일을 보강하기 위하여 실크나 린넨을 이용하기 시작한 시기는?

① 1800년도   ② 1885년도

③ 1856년도   ④ 1960년도

16 • 1800년도 : 손톱화장이 점차 대중화된 시기이다.
• 1885년도 : 폴리시의 필름 형성제인 니트로셀룰로오스가 개발되었다.
• 1856년도 : 헬렌 걸리가 미용학교에서 손톱 관리 교습을 시작하였다.

17 손 관리의 기술은 몇 년에 걸쳐 변화되었는가?

① 3000년   ② 4000년

③ 5000년   ④ 6000년

17 5000년에 걸쳐 변화된 손 관리 기술은 B.C. 3000년경 이집트와 중국에서부터 시작되었다.

18 미국 식품의약국에서 메틸 메타크릴레이트가 인체에 해를 끼친다고 사용을 금지시킨 시기는?

① 1935년

② 1940년

③ 1973년

④ 1975년

18 1975년 미국 식품의약국은 메틸 메타크릴레이트가 인체에 해를 끼친다고 하여 사용을 금지하였다.

19 네일 테크니션 면허제도가 뉴욕주에 도입된 시기는?

① 1992년

② 1994년

③ 1996년

④ 1998년

19 1992년 네일 테크니션 면허제도인 NIA(The Nails Industry Association)가 창립되면서 네일산업이 정착되고, 인기스타들에 의해 대중화가 이루어졌다.

20 매니큐어에 관한 설명으로 적당한 것은?

① 매니큐어는 3000년에 걸쳐 지금까지 변화되어 왔다.

② 최초로 손톱관리가 로마와 이집트의 상류층에서 시작되었다.

③ 라틴어의 마누스(손)와 큐라(관리)에서 매니큐어라는 단어가 파생되었다.

④ 매니큐어란 말은 색상이나 폴리시를 의미한다.

20 ① 매니큐어는 5000년에 걸쳐 지금까지 변화되어 왔다.
② 최초의 손톱 관리는 중국과 이집트에서 시작되었다.
④ 매니큐어란 말은 색상이나 폴리시를 의미하는 것이 아니라 손 관리를 뜻한다.

16 ④   **17** ③   **18** ④   **19** ②   **20** ③

21 라틴어에서의 마누스(Manus)의 뜻은 무엇인가?

① 발
② 손
③ 관리
④ 매니큐어

21 매니큐어(Manicure)란 라틴어의 손을 뜻하는 마누스(Manus)와 관리의 뜻인 큐라(Cura)에서 파생되었다.

22 라틴어에서 유래된 마누스(Manus)와 큐라(Cura)의 용어는?

① 페디큐어   ② 매니큐어
③ 페디스   ④ 마누스

22 매니큐어는 마누스(Manus)와 큐라(Cura)라는 라틴어에서 유래된 용어이다.

23 라틴어에서 손과 관리를 뜻하는 매니큐어의 어원은?

① 손 - 마누스(Manus), 관리 - 큐라(Cura)
② 손 - 마누스(Manus), 관리 - 케어(Care)
③ 손 - 페디스(Pedis), 관리 - 케어(Care)
④ 손 - 페디스(Pedis), 관리 - 큐라(Cura)

23 매니큐어라는 단어는 라틴어의 손을 뜻하는 마누스(Manus), 관리를 뜻하는 큐라(Cura)에서 파생된 합성어이다.

24 네일 아티스트와 같은 관련 종사자의 자세로 바르지 못한 것은?

① 고객과의 신뢰감이 향상되도록 노력한다.
② 고객의 취향을 상담하고 고려하여 시술한다.
③ 음식물 섭취 후에는 꼭 가글을 하여 청결을 유지한다.
④ 아티스트는 늘 화려하게 큰 액세서리를 착용하여 개인적 미를 뽐낸다.

24 고객관리는 네일 아티스트 관련 종사자 모두 공동체 의식을 갖고 상호관리를 해야 한다.

25 네일아트에 대한 설명으로 옳지 않은 것은?

① 손톱이라는 좁은 공간 위에서 하는 창조적인 예술 작업이다.
② 손의 아름다움을 위한 미적 효과만을 말한다.
③ 손끝을 보호하며 손톱의 건강을 유지한다.
④ 손 · 발톱의 미용과 디자인 모두 포함한다.

25 네일아트는 손톱에 예술을 창조하며, 건강을 유지시켜 주는 것으로 아름다움의 미적 효과만을 위하지는 않는다.

21 ② **22** ② **23** ① **24** ④ **25** ②

26 네일 종사자로서의 자세로 옳지 않은 것은?

① 고객과의 신뢰감이 높아지도록 노력한다.
② 필요한 제품이 모두 준비되어 있는지 확인한다.
③ 고객 관리는 원장 혼자만의 의무이다.
④ 고객 응대를 잘하는 사람이 프로라고 할 수 있다.

27 매니큐어 관리 영역에 포함되지 않는 것은?

① 컬러링
② 큐티클 정리
③ 마사지
④ 네일아트

28 다음 중 공통점이 없는 단어는?

① 오닉스 ② 손톱
③ 네일 ④ 매니큐어

29 매니큐어를 바르는 순서가 옳은 것은?

① 네일 에나멜 → 베이스코트 → 탑코트
② 베이스코트 → 네일 에나멜 → 탑코트
③ 탑코트 → 네일 에나멜 → 베이스코트
④ 네일 표백제 → 네일 에나멜 → 베이스코트

30 손톱의 특성에 대한 설명으로 옳지 않은 것은?

① 촉각에 해당하는 지각신경이 집중되어 있다.
② 조상의 모세혈관으로부터 산소를 공급받는다.
③ 조체, 조모, 조소피는 산소를 필요로 한다.
④ 피부의 부속물이며 신경이나 혈관, 털은 없다.

26 고객 관리는 원장 혼자만의 문제가 아니라, 직원 모두 하나의 공동체 의식을 갖고 상호관리가 이루어져야 한다.

27 매니큐어 영역에는 손 마사지, 컬러링, 손톱모양의 정리, 큐티클 관리 등을 포함한 전체적인 손 관리를 말한다. 네일아트는 디자인을 총괄하는 독립적인 분야이다.

28 오닉스나 네일은 손톱을 말하는 같은 뜻의 용어이다.

29 매니큐어는 베이스코트로 기본을 바르고, 색상이 있는 에나멜을 바른 다음, 탑코트로 마무리한다.

30 조모, 조소피는 산소를 필요로 하지만, 조체는 산소가 필요하지 않다.

Part I

네일개론

26 ③ **27** ④ **28** ④ **29** ② **30** ③

31 건강한 손톱의 조건이 아닌 것은?

① 시스테인이 포함되어 있다.
② 매끄럽고 광택이 난다.
③ 수분을 40% 정도 함유하고 있다.
④ 둥근 아치 모양을 형성한다.

31 손톱은 시스테인과 아미노산이 많이 포함되어 있으며, 수분은 15~18% 정도 함유하고 있다.

32 손톱의 성장이 시작되는 곳은?

① 조모
② 조근
③ 반월
④ 조체

32 네일 루트라고 부르는 조근은 피부 밑에 묻혀 있는데 세포를 새로 만들어 네일의 성장이 시작되는 곳이다.

33 손·발톱을 생산해 내기 위해 세포분열을 하는 곳은?

① 조체　　　　② 조모
③ 조소피　　　④ 조체막

33 조모란 손톱 뿌리 밑에서 손톱을 생산해 내는 곳으로 성장을 맡은 부분이다.

34 손톱 밑 구성요소가 아닌 것은?

① 네일 베드
② 루눌라
③ 프리에지
④ 네일 매트릭스

34 프리에지(Free Edge)는 자유연이라고 하는 네일의 끝 부분으로 베드 없이 네일만 자라난 부분이다.

35 네일 바디에 관한 설명으로 잘못된 것은?

① 다른 명칭으로는 조체라고 한다.
② 백색의 반달 모양을 말한다.
③ 아랫부분은 약하고 윗부분으로 갈수록 단단해진다.
④ 손톱 자체를 말한다.

35 네일 바디는 손톱 자체를 가리키며, 보호작용을 하는 각질세포로서, 아랫부분은 약하고 윗부분으로 갈수록 단단하다. 백색의 반달 모양은 반월이라 부르는 루눌라를 말한다.

31 ③　　**32** ②　　**33** ②　　**34** ③　　**35** ②

36 손톱 밑 구조로 짝지어진 것은?

① 조상, 조모, 반월
② 조상, 반월, 조체
③ 조근, 조체, 조모
④ 조체, 자유연, 조근

37 다음 중 명칭이 다르게 짝지어진 것은?

① 조소피 – 네일 폴드
② 조구 – 네일 그루브
③ 상조피 – 에포니키움
④ 하조피 – 하이포니키움

38 조소피에 관한 설명으로 옳지 않은 것은?

① 큐티클이라고도 말한다.
② 네일 주위를 덮고 있다.
③ 네일 루트 밑에 위치하고 있다.
④ 혈관, 신경, 림프관으로 구성되어 있다.

39 조소피를 부르는 다른 명칭은 무엇인가?

① 큐티클
② 네일 폴드
③ 네일 월
④ 에포니키움

40 손톱의 성장이 시작되는 곳은 어디인가?

① 네일 바디(조체)
② 네일 루트(조근)
③ 네일 매트릭스(조모)
④ 네일 베드(조상)

Part I

네일개론

36 • 조상 : 네일 밑에 위치하며 네일 바디를 받치고 있는 것이다.
• 조모 : 네일 루트 밑에 위치하며 각질세포를 생산하고 성장을 조절하는 곳이다.
• 반월 : 백색의 반달 모양으로 바디의 베이스에 있는 부분이다.

37 네일 폴드(Nail Fold)는 조주름으로 네일의 베이스에 피부가 깊게 접혀 있는 네일 루트가 묻혀 있는 것이다.

38 큐티클(Cuticle)이라고도 부르는 조소피는 각질세포의 생산과 성장 조절에 관여하는 네일의 주위를 덮고 있는 피부로, 혈관, 신경, 림프관으로 구성되어 있다.

39 큐티클(Cuticle)이라고도 부르는 조소피는 네일 주위를 덮는 피부로 각질세포를 생산하고 성장을 조절한다.

40 • 네일 바디(조체) : 신경이나 혈관이 없이 여러 층으로 구성된 손톱 자체를 말한다.
• 네일 매트릭스(조모) : 손톱의 각질 세포를 생산하고 성장을 조절하는 곳이다.
• 네일 베드(조상) : 조체를 받치고 있는 부분으로 혈관과 신경이 분포되어 있다.

36 ① 37 ① 38 ③ 39 ① 40 ②

41 손톱의 구조와 기능으로 바르게 연결된 것은?

① 루눌라 - 백색 반달 모양
② 네일 매트릭스 - 조상
③ 네일 베드 - 조모
④ 네일 루트 - 조체

41 네일 매트릭스는 조모, 네일 베드는 조상, 네일 루트는 조근을 뜻한다.

42 손톱의 특징에 대한 설명으로 옳지 않은 것은?

① 손톱은 시스테인과 아미노산이 많이 포함되어 있다.
② 촉각에 해당하는 지각신경이 집중되어 있다.
③ 손톱은 수분을 40% 정도 함유하고 있다.
④ 피부의 부속물로 신경이나 혈관, 털은 없다.

42 손톱은 시스테인과 아미노산이 많이 포함되어 있으며, 수분을 15~18% 함유하고 있다.

43 이상 손톱과 증상과의 연결이 잘못 설명된 것은?

① 조백반증 - 손톱 내 백색 반점
② 행 네일 - 거스러미와 건조한 손톱
③ 조갑위축증 - 손톱을 물어뜯어 없어지는 현상
④ 모반점 - 밤색이나 검은색 등의 점이 있는 손톱

43 조갑위축증은 윤기가 없어지면서 손톱이 부서지는 현상으로 오그라들거나 떨어져 나가는 현상이다.

44 손톱 주변 큐티클에서 피부 진균증이 퍼져 나오는 손톱 질환은?

① 손톱 무좀
② 행 네일
③ 니버스
④ 오니콕시스

44 진균증 중에는 사상균인 효모와 곰팡이, 두부백선, 조갑백선, 무좀, 칸디다증 등이 있다.

45 손톱의 길이를 조절할 때 사용하는 줄은?

① 큐티클 푸셔
② 오렌지 우드스틱
③ 에머리 보드
④ 네일 브러시

45 손톱 줄 중 에머리 보드를 사용하여 손톱의 길이를 조절한다.

41 ① **42** ③ **43** ③ **44** ① **45** ③

46 손톱이 손상되는 요인으로 가장 거리가 먼 것은?

① 에나멜   ② 리무버
③ 비누, 세제   ④ 네일 트리트먼트

46 네일 트리트먼트는 손톱에 영향을 주는 에센스를 말한다.

47 베이스코트에 관한 설명으로 거리가 먼 것은?

① 폴리시를 바르기 전에 손톱 표면에 발라주는 것이다.
② 손톱 표면이 착색되는 것을 방지하기 위해 바른다.
③ 손톱이 찢어지거나 갈라지는 것을 예방해 주기 위해 바른다.
④ 에나멜이 잘 발라지도록 도와준다.

47 베이스코트는 네일 에나멜을 바르기 전에 착색을 방지하기 위해 바르며, 잘 발라지도록 하는 기능이 있다. 손톱이 갈라지거나 찢어지는 것을 예방해 주는 것은 에센스이다.

48 손톱의 상조피를 자르는 기구는?

① 폴리시 리무버   ② 큐티클 니퍼즈
③ 네일 니퍼즈   ④ 에머리 보드

48 폴리시 리무버는 폴리시를 제거하는 액체, 네일 니퍼즈는 손톱을 자르는 기구, 에머리 보드는 종이 줄이다.

49 온수에 담가 손톱의 상조피를 부드럽게 하기 위해 필요한 용기는?

① 에머리 보드   ② 핑거볼
③ 네일 버퍼   ④ 네일 파일

49 핑거볼은 습식케어 시 온수나 비눗물에 손을 넣어 큐티클을 불리는 용도로 사용된다.

50 네일 에나멜(Nail Enamel)에 주로 함유된 필름 형성제는?

① 라놀린(Lanoline)
② 메타크릴산(Methacrylic acid)
③ 니트로셀룰로오스(Nitro Cellulose)
④ 톨루엔(Toluene)

50 라놀린은 의약용 화장품 등에 사용되며, 메타크릴산은 중합 방지제, 톨루엔은 휘발성 유기 용매이다.

46 ④   **47** ③   **48** ②   **49** ②   **50** ③

Part I

네일개론

51 세포의 분열과 성장에 관한 설명이 잘못 연결된 것은?

① 감수분열 - 성적으로 성숙한 세포가 정자와 난자에서 일어나는 현상이다.

② 유사분열 - 생식세포가 성장하는 유사분열의 특수형이다.

③ 무사분열 - 세포질과 핵의 구별이 없이 두 덩어리로 갈라지는 현상이다.

④ 세포분열 - 세포가 일정한 크기에 도달한 뒤 분열하여 수가 증가하는 것이다.

51 유사분열은 핵이 먼저 분열하고 세포질이 갈라지는 현상을 말한다.

52 결합조직으로서 림프절이나 비장, 골수 등에서 볼 수 있는 조직은?

① 지방조직　　　　　② 소성조직
③ 결합조직　　　　　④ 세망조직

52 세망섬유와 세망세포는 그물모양을 만들며 림프절이나 비장, 골수 등에서 볼 수 있다.

53 수분과 영양, 산소를 흡수하고 세포의 조직을 형성하며 에너지를 생산하는 과정은 무엇인가?

① 이화작용
② 결합작용
③ 동화작용
④ 조직작용

53 동화작용은 수분, 영양과 산소를 흡수하고, 세포의 조직을 형성하며 에너지를 생산하는 과정이다.

54 생리작용 중에서 피부에의 지각작용은?

① 피부표면에 수증기가 발산한다.
② 생리작용으로 생긴 노폐물을 운반한다.
③ 피부에 퍼져 있는 신경에 의해 온각, 냉각, 촉각, 통각 등을 느낀다.
④ 피부에는 땀샘, 피지선 모근은 피부 생리작용을 한다.

54 피부에는 자극을 감지하고 지각작용을 하는 온각점, 냉각점, 촉각점, 통각점 등이 존재한다.

55 성인의 경우 인체의 뼈는 몇 개로 구성되어 있는가?

① 208개　　　　　② 206개
③ 204개　　　　　④ 202개

55 우리 몸에서 어린이의 뼈는 270여개인데, 성인이 되면서 뼈가 융합되기 때문에 206개로 줄어든다.

51 ②　　**52** ④　　**53** ③　　**54** ③　　**55** ②

56 손가락에 전체적으로 분포되어 있는 신경은?

① 수지골신경
② 미골신경
③ 장골신경
④ 요골신경

56 수지골신경은 Digitorum Manus 라고 하며 손가락에 전체적으로 분포되어 있다. 미골과 장골은 골반, 요골은 팔 아랫부분과 연결된다.

57 신경의 종류가 다른 것은 무엇인가?

① 감각신경   ② 중추신경
③ 자율신경   ④ 혼합신경

57 말초신경계에는 감각신경과 운동신경, 자율신경 및 혼합신경이 있다. 중추신경계는 뇌와 척수랑 관련이 있다.

58 심장에서 나온 혈액을 모세혈관까지 운반하는 혈관으로 굵기에 따라 대동맥, 소동맥, 모세혈관으로 나뉘는 곳은?

① 동맥
② 정맥
③ 모세혈관
④ 혈액의 기능

58 • 정맥 : 혈액이 동맥과는 반대로 모세혈관에서 심장으로 돌아오는 통로 역할을 하는 것으로 대정맥, 정맥, 소정맥 등이 있다.
• 모세혈관 : 주변 조직에 산소와 영양분을 공급하며 세정맥의 혈액을 소정맥으로 이동시키는 역할을 한다.
• 혈액의 기능 : 조절작용, 보호작용, 운반작용, 지혈작용을 한다.

59 손등의 요골 부위와 외측에 분포되어 있는 신경은?

① 근육신경   ② 정중신경
③ 요골신경   ④ 척골신경

59 • 근육신경 : 운동을 지배하는 팔의 굴근에 대한 신경이다.
• 정중신경 : 외측의 손바닥 전체와 팔에 분포되어 있는 신경이다.
• 척골신경 : 척골과 내측의 손바닥에 분포되어 있는 신경이다.

60 영양물질이나 산소, 노폐물 등을 투과시키는 필터 역할을 하고 세포 내부를 보호하는 곳은?

① 세포질   ② 세포막
③ 중심체   ④ 사립체

60 세포질은 영양물질을 저장하고 성장하는 역할, 중심체는 세포 생식에 영향을 주고, 사립체는 에너지를 생성한다.

56 ①   **57** ②   **58** ①   **59** ③   **60** ②

61 근육조직을 구성하는 3가지가 아닌 것은?

① 수의근
② 불수의근
③ 골격
④ 심근

61 근육조직을 구성하는 3가지는 수의근, 불수의근, 심근이다.

62 손의 근육에 대한 설명으로 옳지 않은 것은?

① 내전근 - 손가락을 붙이는 작용을 한다.
② 외전근 - 손가락을 구부리는 작용을 한다.
③ 신근 - 손가락을 펴거나 벌리는 작용을 한다.
④ 대립근 - 물건을 잡을 때 작용하는 근육이다.

62 외전근은 손가락 사이를 벌어지게 하는 작용을 한다.

63 손을 구성하는 골격에 해당하지 않는 것은?

① 수근골   ② 수지골
③ 대퇴골   ④ 중수골

63 손의 골격은 수근골, 중수골, 수지골 등으로 구성되어 있다. 대퇴골은 무릎 위 다리를 형성하는 뼈이다.

64 수근골에 해당하는 뼈가 아닌 것은?

① 손배뼈
② 콩알뼈
③ 손다리뼈
④ 갈고리뼈

64 수근골(Carpal Bones)은 손목뼈를 뜻하며 반달뼈, 세모뼈, 손배뼈, 콩알뼈, 큰마름뼈, 작은마름뼈, 알머리뼈, 갈고리뼈의 작고 불규칙한 8개의 뼈들이 인대로 결합되어 있는 관절이다.

65 중수골은 어느 부위의 뼈인가?

① 손가락뼈   ② 발목뼈
③ 손등뼈   ④ 어깨뼈

65 중수골은 가느다란 다섯 개의 뼈로 손가락을 구성하는 뼈를 말한다.

61 ③   **62** ②   **63** ③   **64** ③   **65** ③

66 각 발가락뼈로 연결되어 있는 5개의 길고 가는 뼈는?

① 족지골
② 중수골
③ 중족골
④ 수지골

66 • 족지골 : 발가락 마디뼈
• 중수골 : 손가락을 구성하는 뼈
• 수지골 : 손가락 마디뼈

67 족지골에 대한 설명으로 잘못된 것은?

① 발가락을 형성하는 축소된 장골로 14개로 되어 있다.
② 엄지발가락에 말절골과 기절골 2개의 지골이 있다.
③ 발의 아치 형태를 잡아주는 19개의 장골 형태 뼈로 되어 있다.
④ 엄지발가락 외 나머지 발가락에는 중절골, 기절골, 말절골의 3개의 뼈가 있다.

67 발가락을 형성하는 14개의 축소된 장골인 족지골은 엄지발가락에 말절골과 기절골 2개의 지골이 있고, 나머지 발가락에는 중절골, 기절골, 말절골 등의 3개의 뼈가 있다.

68 발의 뼈는 한 쪽에 몇 개로 구성되는가?

① 25개
② 26개
③ 27개
④ 28개

68 한 쪽 발의 뼈는 26개이고 양 발에 모두 52개의 뼈로 구성되어 있다.

69 신경조직 중 신경원의 구성단위에 포함되지 않는 것은?

① 치밀결합조직
② 축삭돌기
③ 세포체
④ 핵

69 치밀결합조직은 결합조직으로서 규칙형과 불규칙형으로 나뉘며 교원섬유가 많다. 규칙형에는 건막과 건, 인대 등이 있고, 불규칙형에는 피막과 진피가 있다.

70 조직과 기관을 연결하는 조직은?

① 결합조직
② 근조직
③ 신경조직
④ 상피조직

70 뼈와 근육, 신경, 피부 등에 조직을 형성하고 기관을 연결하고 있으며 신체의 형태를 유지하고 지지하는 조직으로 가장 많이 볼 수 있다.

66 ③　**67** ③　**68** ②　**69** ①　**70** ①

PART

II

피부학

Chapter 01 피부와 피부 부속기관

피부구조 및 기능

① 피부는 신체의 표면을 덮고 있는 기관으로 다양한 생리 기능으로 신체를 보호한다.

② 감각수용기(머켈 세포)를 통하여 외부 환경으로부터 자극을 받아들인다.

③ 피부는 혈액과 림프를 통해 영양분이 전달되고 모공 등을 통해 체온조절을 한다.

④ 노폐물을 땀으로 배설한다.

⑤ 자외선으로부터 보호하는 작용을 하며, 비타민 D를 형성하고 저장한다.

⑥ 구조 : 표피, 진피, 피하조직의 3층 구조이다.

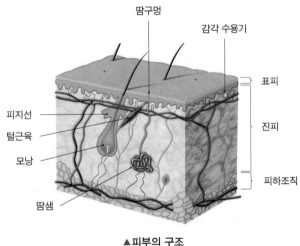

▲피부의 구조

1 표피

1) 표피의 정의

① 피부의 가장 외부에 있는 5층으로, 혈관과 신경이 없으며 편평 상피세포이다.

② 피부의 가장 깊은 층에서 새로운 세포를 만들어 상층에 보내면 표면의 각질화된 죽은 세포는 떨어져 나간다.

③ 산에는 강하나 알칼리에는 약하다.

2) 표피의 구조

① 각질층(Horny Layer)

- 피부의 맨 위층으로 신진대사 과정이 일어나지 않는 이미 죽은 세포로 각화현상이 이루어진다.
- 상해나 곰팡이나 박테리아 등의 유해물질에 대한 저항력과 자외선의 침투를 막는 작용을 한다.
- 15~24층 무핵의 각질층으로 10~20%의 수분을 함유하고 있으며, 케라틴 단백질이 주성분으로 이루어진다.
- 각질현상에 의해 각질층이 재생되는 각화주기는 대체로 28일 정도 걸린다.

> **하나 더**
>
> - **케라틴** : 털·손톱·발톱·뿔·발굽·양털·깃털 등이나 피부의 가장 바깥층의 상피세포에 있는 섬유질의 구조단백질을 말한다.
> - **천연 보습인자** : 각질층에 존재하는 수용성 보습인자로 수분을 흡수하여 피부 표면의 긴장완화 및 보습의 유지 작용을 한다.
> - **세포 간 지질** : 세포 사이에 존재하는 지질성분으로 각화과정 중 발생하며, 수분을 보존할뿐만 아니라 화학적 물질이 피부 내로 흡수되는 것을 방어하는 역할을 한다(대표적인 물질 – 세라마이드).
> - **라멜라 구조** : 지질이 분자층막에 겹쳐 싸인 입체구조로 층상구조라고도 한다. 소량의 물을 포함하는 인지질(세포막, 소포체, 미토콘드리아와 신경섬유를 둘러싸는 수초 등과 같은 생체막의 주된 성분)에서 가장 안정된 구조이다.

② 투명층(Clear Layer)

- 무핵의 투명한 세포로 2~3층의 편평세포이며 엘라이딘이 존재한다.
- 피부 외부로부터 수분침투를 막는 방어막 역할을 한다.

③ 과립층(Granular Layer)

- 케라토히알린 과립을 함유하고 있다.
- 피부 내부로부터의 수분증발을 저지하고 피부염과 피부건조 방지를 하는 수분저지막이다.
- 자외선의 침투를 막는 작용을 한다.
- 2~5층의 편평세포이며 매우 납작한 유핵세포로 구성되어 있다.
- 각화작용이 시작되는 단계이다.

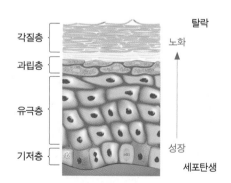

▲ 표피의 구조

④ 유극층(말피기층, 가시층, Spinous Layer)
  - 5~10층의 유핵세포로 구성된다.
  - 세포간교를 형성하여 서로 영양분을 주고받는 통로 역할을 한다.
  - 면역기능을 담당하는 랑게르한스 세포가 존재한다.
⑤ 기저층(Basal Layer)
  - 표피의 가장 깊은 층으로 단층으로 된 유핵세포로 구성된다.
  - 진피의 유두층으로부터 영양공급을 받고, 표피세포를 신생하는 층이다.
  - 각질 형성 세포, 색소 형성 세포(멜라노사이트), 머켈 세포가 존재한다.

3) 표피의 구성세포
  ① 각질 형성 세포
    - 기저세포가 분열하며 기저층 → 유극층 → 과립층 → 투명층 → 각질층으로 이동한다.
    - 세포 각화주기는 4주(28일)이며, 기저층에 존재하는 세포로 세포분열을 통해 새로운 각화세포를 형성한다.
  ② 멜라닌 세포(Melanocyte)
    - 표피의 기저층에 존재하며, 피부색을 결정한다.
    - 자외선으로부터 피부를 보호하며, 세포 수는 일정하나 인종에 따라 멜라닌의 양과 크기가 다르다.
    - 유멜라닌(Eumelanin)과 페오멜라닌(Pheomelanin)의 두 종류가 있다.
    - 멜라노사이트는 자외선의 영향을 받는다.

하나 더
  - **피부의 색을 결정하는 것** : 멜라닌, 카로틴(황색), 헤모글로빈(적색)

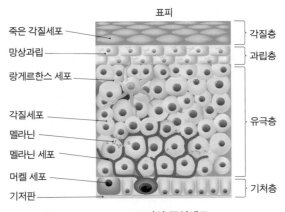

▲표피의 구성세포

③ 랑게르한스 세포 : 유극층에 존재하며 면역을 담당한다.

④ 머켈 세포 : 기저층에 위치하며 촉각을 감지한다.

 | 진짜 기출문제 명확하게 기억하기

멜라노사이트가 주로 분포되어 있는 곳은?

① 기저층   ② 과립층

③ 각질층   ④ 투명층

정답 ①

② 진피

1) 진피의 기능

피부의 90%를 차지하며 다른 조직들을 유지하고 보호해주는 역할을 한다.

2) 진피의 구성

진피층은 탄력(엘라스틴)섬유와 교원(콜라겐)섬유로 구성되어 있다.

① 탄력섬유(Elastin Fiber) : 피부탄력의 근원으로 경단백질로 된 탄성섬유 세포로서 탄력성과 신축성이 강하다.

② 교원섬유(Collagen Fiber) : 피부 내 자연 보습을 담당하며, 피부가 필요로 하는 수분을 공급하고 노화에 의해 감소된다.

3) 진피의 구조

① 유두층 : 혈관 신경이 있고 혈액을 통해 기저층에 영양공급을 하며 산소운반, 신경전달 기능, 촉각 · 통각이 위치한다.

② 망상층 : 진피의 80%를 차지하며 교원섬유와 탄력섬유로 구성된 그물모양의 결합조직이다.

③ 피하조직

1) 피하조직의 기능

① 외부의 물리적인 자극으로부터 신체 내부를 보호한다.

② 수분을 조절하고 영양소를 저장한다.

③ 열의 발산을 막아 체온을 유지한다.

2) 피하조직의 구성

① 진피와 근육, 뼈 사이에 지방을 다량 함유하고 있는 조직이다.

② 지방세포로 채워진 지방소엽이 모인 지방엽으로 이루어져 있다.

③ 50~150μm의 다양한 세포로 구성되어 있다.

4 피부의 생리기능

① 보호작용 : 물리 · 화학적 장애, 자외선, 세균으로부터 보호한다.

② 체온조절작용 : 피부는 혈관을 수축, 확장, 조절하기 때문에 발한은 중요한 작용을 한다.

③ 감각(지각)작용 : 촉각, 통각, 냉각, 온각, 압각 등 감각기들의 반응을 한다(통각이 가장 많이 분포되어 있고, 온각이 가장 적게 분포되어 있다).

④ 흡수작용 : 모공과 각질을 통해 여러 물질을 제한적으로 흡수하는 작용을 한다.

⑤ 호흡작용 : 피부 표면을 통해서 산소와 이산화탄소를 교환하는 작용을 한다.

⑥ 비타민 D 합성작용 : 자외선을 쬐면 피부 내에서 비타민 D를 형성한다.

⑦ 분비 및 배설작용 : 체온조절 목적으로 피지분비와 땀을 배설한다.

 | 진짜 기출문제 명확하게 기억하기

피부의 기능과 그 설명이 틀린 것은?

① 흡수기능 – 피부는 외부의 온도를 흡수, 감지한다.

② 보호기능 – 피부표면의 산성막은 박테리아의 감염과 미생물의 침입으로부터 피부를 보호한다.

③ 영양분 교환기능 – 프로비타민 D가 자외선을 받으면 비타민 D로 전환된다.

④ 저장기능 – 진피조직은 신체 중 가장 큰 저장기관으로 각종 영양분과 수분을 보유하고 있다.

정답 ④

피부 부속기관의 구조 및 기능

1 피지선(기름샘)

1) 피지선의 정의

① 진피의 망상층에 존재한다.

② 피지선의 활동은 개인마다 다르며 호르몬 분비와 밀접한 관계가 있다.

③ 지방 분비선에 의해 분비된 유지방 물질로 모낭의 입구와 연결되어 있는 지방관을 통해 피부 밖으로 배출된다.

④ 피지 분비량은 평균 하루에 1~2g이며, 피지분비 자극 호르몬 중 안드로겐(남성호르몬)에 의해 피지선이 자극된다.

> **하나 더**
>
> • **안드로겐** : 남성호르몬으로 피지분비를 촉진한다.

2) 피지선의 종류

① 큰피지선 : 얼굴의 T존, 목, 등, 가슴에 있다.

② 작은피지선 : 전신에 분포한다.

③ 독립피지선: 입술, 대음순, 성기, 유두, 귀두(털과 관계없이 피지선이 존재)에 있다.

④ 무피지선 : 손ㆍ발바닥에 있다.

> **하나 더**
>
> • **피지의 성분** : 트리글리세라이드(50%), 왁스에스테르, 디글리세라이드, 지방산, 스쿠알렌

3) 피지선의 기능

① 수분 손실을 억제하고 항세균 작용(세균활동 억제)을 한다.

② 표피에 얇은 피지막을 형성하여 피부에 유화작용을 하며 모발이 부스러지는 것을 방지한다.

③ 외부의 이물질 침투를 방지한다.

④ 피부를 약산성 상태로 유지하며 알칼리를 중화하는 피부 중화작용을 한다.

2 한선(땀샘)

1) 한선의 정의

① 수분 분비와 노폐물 배설, 체온을 조절하며 열운동, 감정 상태에 의해 활동이 증가한다.

② 약산성 지방막을 형성한다.

③ 진피에 존재하며, 전신에 분포한다.

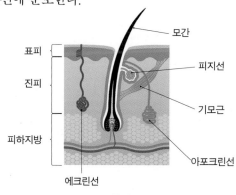

▲ 한선

2) 한선의 종류

① 아포크린선(대한선)

- 아포크린선은 겨드랑이, 유두, 외음부, 배꼽, 항문 주위에 분포되어 있는 땀샘을 말한다.
- 땀 분비가 많은 겨드랑이 밑에 많으며, 분비 이상으로 세균 감염을 가져와 겨드랑이 냄새를 유발하기도 한다.

> **하나 더**
>
> - **액취증** : 아포크린선의 분비와 분비량의 증가에 의해서 생기며 세균에 의해 분해되면서 발생한다.

② 에크린선(소한선)

- 거의 전신에 분포하며 무색, 무취로서 99%가 수분이다.
- 노폐물 배설 및 체온 조절을 하며 피부 건조를 방지한다.
- pH 4.5~6.5의 약산성(세균의 번식을 억제)이다.

> **하나 더**
>
> - **피부의 pH**
>   - 피부표면의 수소이온농도
>   - 피지선 및 한선에서 분비되는 분비물에 의해 형성
>   - 정상 피부의 pH 5~6, 모발의 pH 3.8~4.2
>   - 지성피부는 pH가 낮고 건성피부는 pH가 높음

3 모발(털)

1) 모발의 특징

① 케라틴이라는 경단백질로 구성되어 있다.
② 모발은 화학적인 성분에는 강하지만 물리적인 자극에는 약하다.
③ 봄과 여름인 5~6월에 가장 빠른 성장을 나타낸다.
④ 동물성 단백질 섭취가 모발의 건강에 도움을 준다.
⑤ 모발의 수분함량은 8~10%, 1일 성장량은 0.34~0.35mm, 일반적인 수명은 4~5년, 속눈썹 수명은 2~3개월, pH는 5.0 전후가 정상이다.

2) 모발의 구조

① 모간부 : 피부 표면에 나와 있는 부분의 털 줄기이다.

- 모표피 : 가장 바깥부분을 비늘모양으로 싸고 있으며 10~15% 차지하고 있다. 헤어의 강도를 결정하며 마찰에 약하다.

- 모피질 : 모발의 중간에서 85~90%를 차지하며, 모발의 탄력 강도 등의 성질을 좌우한다. 멜라닌 과립의 양과 모수질 내의 공기 함량에 의해서 모발색이 결정된다.
- 모수질 : 모발의 중심부로 멜라닌 과립을 함유하고 있으며 기포를 함유하고 있다.

② 모근부 : 피부 내부에 있는 부분이다.
- 모낭(모포) : 모근의 겉을 싸고 있는 조직이다.
- 모구 : 모근의 밑둥이다.
- 모유두 : 털의 영양을 관장하고, 모발의 배아 세포에 존재한다.
- 모모세포 : 모발을 구성하는 세포가 만들어지는 곳이다. 멜라닌 세포도 함께 분포되어 모발의 색상을 결정한다.
- 내 · 외모근초 : 모낭과 모표피층 사이에 존재하는 세포층이다.
- 기모근 : 외부의 자극이나 온도변화에 의해 털을 세우고 피지를 분비하는 작용을 한다.

3) 모발의 성장주기

① 성장기
- 전체 모발의 80~90%가 속한다.
- 모기질 세포가 활발하게 성장하여 모발이 길어진다.
- 성장기간 : 남성 3~5년, 여성 4~6년, 눈썹 3~5개월 정도 소요된다.

② 퇴행기(퇴화기)
- 전체 모발의 1% 정도로 성장이 정지되는 시기이다.
- 수명은 1~1.5개월 정도이다.

③ 휴지기
- 모발의 10~15% 정도이다.
- 모낭과 모유두가 완전히 분리되어 성장이 멈추고 모발의 탈락이 3~4개월 지속된다.

④ 발생기 : 휴지기가 끝나고 다시 모유두의 활동이 활발해지면서 새로운 모발을 만들어 낸다.

성장기 ➡ 퇴행기 ➡ 휴지기 ➡ 발생기

4 손톱과 발톱

① 손 · 발톱이란 표피 속에서 생겨 표면에서 각질화된 것이다.
② 구성 : 케라틴 단백질로 이루어진다.

③ 손·발톱의 구조와 역할

구 분	명 칭	설 명
손·발톱 (외부)	네일 루트	손·발톱 뿌리
	조기질	손·발톱을 만들고 있는 형질
손톱 밑	네일 매트릭스	• 손·발톱을 만드는 세포를 생성하고 성장시키는 역할 • 손상 시 기형이 될 가능성 높아짐
	네일 베드	• 손·발톱바닥, 지각신경, 모세혈관 등이 존재 • 손·발톱의 신진대사와 수분 공급 역할
	루눌라	• 반달 모양의 흰색 부분 • 네일 베드와 매트릭스, 네일 루트를 연결
손톱을 둘러싼 피부	큐티클	손·발톱을 덮고 있는 피부
	네일 월	손·발톱 옆의 피부로 손톱모양을 유지, 외부감염 차단
	조하피	조곽과 손·발톱 사이의 홈 부분
	에포니키움	반달을 덮는 손·발톱 위의 얇은 피부조직

④ 손·발톱의 성장 : 한 달에 3mm 정도 자라고, 손톱이 발톱보다 빨리 자란다.

⑤ 건강한 손·발톱의 조건

• 조체의 광택 및 연한 핑크빛에 투명감이 있어야 한다.

• 함몰이나 갈라짐 없이 깨끗한 표면으로 12~18% 수분을 보유한다.

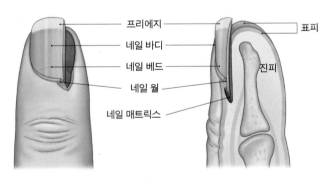

▲ 손톱의 구조

Chapter 02 피부유형 분석

 ## 정상피부의 성상 및 특징

1 정상피부의 정의

정상피부는 가장 이상적인 피부유형이다.

2 정상피부의 특징

① 피부 표면에 윤기가 있으며 수분 부족으로 인한 당김 증상이 없다.

② 피지 분비량이 적당하여 항상 표면이 촉촉하고 탄력이 있다.

③ 유분과 수분이 적절히 조화를 이루고 기름샘과 땀샘의 활동이 정상적이다

 ## 건성피부의 성상 및 특징

1 건성피부의 정의

피부의 유 · 수분량이 다른 피부에 비해 적은 편이다.

2 건성피부의 특징

① 세안 후 손질을 하지 않으면 피부가 당기는 느낌이 든다.

② 피부가 손상되기 쉬우며 주름이 발생하기 쉽다.

③ 색소침착이 발생되기 쉽다.

④ 각질층의 수분이 10% 이하로 부족하다.

⑤ 피부 모공이 매우 작아 눈에 띠지 않으며, 건조하여 화장이 들뜨고, 피부가 얇아 실핏줄이 생기기 쉽다.

③ 건성피부의 종류와 종류별 변화

1) 건성피부의 종류

　① 일반건성피부 : 피지 분비가 불충분해서 생긴 건성피부로 피지선의 기능 저하와 한선 및 보
　　습력의 저하로 유·수분 함량이 부족하기 쉽다.

　② 표피건성피부 : 외부환경이 주된 원인으로 잔주름이 생기기 쉽다.

　③ 진피건성피부 : 피부 자체의 수분 공급기능에 이상이 생긴 건성피부로 얼굴에 주름이 생기
　　기 쉽다.

2) 건성피부의 유형별 원인과 생물학적 변화

유 형	원 인	생물학적 변화
지질 부족으로 인한 건성피부	선천적 이상	피부 생성의 감소
각질층의 수분 함유량 부족으로 생기는 건성피부	선천적 이상	각질층의 자연보습인자가 부족하여 각질층의 수분 함유량 감소
	외적 요인 : 기후, 화학물질	
표면적 건성피부	나이	각질탈락 이상
	태양	각질층의 비후
병적인 건성피부	닭살	각질층 수분 함유량의 감소와 각질화 이상

 지성피부의 성상 및 특징

① 지성피부의 정의

　과다한 피지 분비로 인해 피부 트러블이 생기기 쉽다.

② 지성피부의 특징

　① 피지 분비량이 매우 많아 얼굴이 항상 번들거린다.

　② 각질층이 비후하여 피부가 거칠고 모공이 넓으며 저항력이 강한 피부이다.

　③ 여드름이 많이 나기 쉬운 피부이며 화장이 쉽게 지워진다.

🌸 민감성피부의 성상 및 특징

1 민감성피부의 정의

외부자극에 예민하게 반응하는 피부이다.

2 민감성피부의 특징

① 피부상태가 정상피부에 비해 조절기능이 저하되어 사소한 자극에도 강한 예민 반응을 나타낸다.
② 건성피부의 특징과 함께 국부적으로 피부홍반, 부종, 염증 현상이 나타난다.

🌸 복합성피부의 성상 및 특징

1 복합성피부의 정의

지성과 건성이 공존하는 피부를 복합성피부라고 말한다.

2 복합성피부의 특징

① 피지 분비의 불균형으로 두 가지 이상의 성질이 한 얼굴에 나타나는 상태를 말한다.
② 피지 분비가 많은 곳은(T존) 여드름이나 뾰루지가 생기기 쉬우며 그 외는 거칠고 건조하다.

🌸 노화피부의 성상 및 특징

1 노화피부의 정의

① 피부 탄력이 저하되고 주름이 발생하는 피부로 일반적 노화와 광노화로 구별된다.
② 일반적 노화 : 피부 표면 전체에서 나이와 관련된 피부 기능, 구조, 모양의 변화를 나타낸다.
③ 광노화 : 햇빛, 음주, 스트레스, 흡연, 생활습관에 의한 노화이다.

② 노화피부의 특징

① 유전이나 환경자극, 기계적 요인, 여성의 에스트로겐 결핍, 자외선 등에 의해 발생한다.

② 수분과 피지가 부족하여 잔주름이 생기고 탄력이 부족하며 각질화된 피부이다.

③ 25세 이후에 생기는 피부생리의 자연적인 상태로 갈색반점(검버섯)이 생기는 것은 노화현상의 대표적 현상이며 잡티, 노인성 반점, 사마귀가 생긴다.

④ 유해산소(활성산소)로 인한 노화가 가장 유력하다.

③ 노화로 인한 진피구조의 변화

① 생리적 노화 현상
• 표피와 진피의 구조적인 변화로 세포와 조직에 탈수현상과 건조로 인해 잔주름을 발생시킨다.
• 탄력섬유와 교원섬유의 감소와 변성으로 피부의 탄력이 저하되고 주름이 형성된다.

② 환경적 노화 현상
• 외적인 자극이나 환경 및 생활습관으로 인해 피부노화가 발생한다.
• 모세혈관의 확장과 함께 작은 자극에도 트러블이 발생하고 색소침착이 많아진다.

Chapter 03 피부와 영양

3대 영양소, 비타민, 무기질

■ 3대 영양소

1) 단백질

① 피부 구성성분이며 생체 구성물질로 세포의 발육, 성장하는 에너지원이 된다.

② 단백질의 기능

- 열과 에너지를 생성한다.
- 조직의 pH를 조절한다.
- 신체조직, 효소 및 호르몬을 구성한다.

③ 단백질이 피부에 미치는 영향

- 피부의 윤택과 탄력, 저항력을 증진시킨다.
- 각화작용에 필수적이며, 보습작용을 강화한다.

④ 단백질 중 필수 아미노산

- 반드시 음식물을 통해 섭취해야 한다.
- 종류 : 이소로이신(Isoleucine), 류신(Leucine), 리신(Lysine), 페닐알라닌(Phenylalanine), 메티오닌(Methionine), 트레오닌(Threonine), 트립토판(Tryptophan), 발린(Valine), 아르기닌(Arginine), 히스티딘(Histidine)이다.

2) 지방

① 1g당 9kcal의 열량을 낸다.

② 체내에서는 합성되지 않는다.

③ 발육상 중요한 역할을 하기 때문에 결핍되면 성장이 멈추기도 하다.

④ 필수지방산 : 리놀산, 리놀렌산, 아라키돈산이다.

3) 탄수화물

① 에너지를 발생하고 혈당을 유지한다.

② 소장에서 포도당 형태로 흡수된다.

③ 구강에서 타액에 의해 맥아당을 덱스트린으로 분해한다.

2 비타민

비타민은 소량으로 생리작용을 조절하지만 에너지를 공급하지는 않는다.

1) 지용성 비타민

비타민 A	• 각화주기를 정상화시키고 재생크림(노화피부)으로 이용한다. • 건조성 피부의 회복(피지와 땀의 분비 원활)을 돕는다. • 결핍 시 야맹증, 시력상실, 안구건조증이 나타난다.
비타민 D	• 피부 속에서 자외선에 의해 스스로 생성해내는 비타민이다. • 체내의 칼슘과 인의 흡수를 촉진(뼈, 성장에 도움)한다. • 자외선으로부터 피부를 보호한다. • 결핍 시 어린이는 구루병, 성인은 골다공증이 나타난다.
비타민 E	• 항산화제로 피부의 노화 방지작용을 한다. • 결핍 시 적혈구 용혈, 빈혈이 나타난다.
비타민 K	• 모세혈관 벽 강화, 홍반에 효과적이다. • 혈액응고인자 합성에 필요하다.

2) 수용성 비타민

비타민 B_1	• 조혈작용을 한다. • 당질이 체내에서 대사될 때 꼭 필요한 영양소이다. • 피부면역력을 증진시킨다. • 결핍 시 각기병, 말초신경염, 부종, 식욕부진, 허약, 심장마비가 나타난다.
비타민 B_2	• 피부 보습과 탄력감을 증대시킨다. • 모세혈관 순환을 촉진하고 신진대사를 촉진한다. • 결핍 시 구군, 구각염, 눈병이 나타난다..
비타민 B_6	• 피부병을 예방한다. • 피지선의 기능 조절로 피지 분비 억제작용을 한다. • 결핍 시 피로, 우울증, 불면증, 피부질환, 면역력 저하, 신경과민이 일어난다..
비타민 B_{12}	• 악성 빈혈을 치료한다. • 조혈작용을 한다. • 결핍 시 악성빈혈, 신경장애, 부정맥이 나타난다.
비타민 C	• 멜라닌 증가를 억제 또는 예방하고, 과색소침착을 방지(미백작용)한다. • 결핍 시 괴혈병, 근육쇠약이 나타난다.

❸ 무기질(미네랄)

체조직을 형성하며 혈액응고, 인체의 구성성분, 기능조절, 세포기능 활성화에 필요하다.

칼슘	• 골격과 치아의 구조를 형성한다. • 심장과 골격, 근육의 수축과 이완작용을 조절한다. • 신경자극 및 감수성 유지, 체액교환, 산과 알칼리 평형 및 조절기능을 한다.
인	골격과 치아의 경조직 구성을 강화하고, 체액의 pH를 유지한다.
아연	호르몬 생산 및 기능에 관여한다.
나트륨	• 혈액과 피부 사이의 수분균형을 유지한다. • 과잉 시 고혈압, 부종, 혈액순환계 질병을 유발한다.
마그네슘	pH 균형 유지, 삼투압 조절, 근육 이완, 신경안정 기능을 한다.
철분	적혈구 속의 헤모글로빈에 함유되어 있고 산소 운반에서 중요한 구실을 한다.
요오드	기초대사율 조절, 갑상선과 부신기능 향상, 모세혈관의 활동 촉진, 부족 시 갑상선 기능 장애를 초래한다.
기타 무기질	염소, 구리, 유황, 코발트, 크롬, 불소, 망간, 몰리브덴 등이 있다.

 | 진짜 기출문제 명확하게 기억하기

비타민에 대한 설명 중 틀린 것은?

① 비타민 A가 결핍되면 피부가 건조해지고 거칠어진다.

② 레티노이드는 비타민 A를 통칭하는 용어이다.

③ 비타민 C는 교원질 형성에 중요한 역할을 한다.

④ 비타민 A는 피부에서 많은 양이 합성된다.

정답 ④

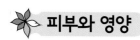 **피부와 영양**

❶ 피부에 영양을 주는 방법

1) 균형 잡힌 식단

① 적당한 칼로리 섭취와 비타민, 미네랄의 균형이 중요하다.

② 피부의 아름다움은 화장품뿐만 아니라 음식물 섭취로부터 만들어진다.

③ 내면의 영양을 고려하여 균형 잡힌 영양공급이 필수적이다.

④ 균형 잡힌 식단을 통하여 충분히 소화·흡수시킨 후 노폐물 배출작용으로 피부 건강을 유지한다.

2) 충분한 수분 공급

① 적당한 수분 섭취는 피부에 영양과 노폐물 제거 효과가 있다.

② 부족 시 건조한 피부의 원인으로 보습력이 저하된다.

③ 잔주름 유발로 피부 노화의 원인이 된다.

3) 균형 있는 섭취

① 영양소 과다 섭취 시 비만이나 셀룰라이트 발생의 문제가 발생한다.

② 영양소 결핍 시 식욕감퇴, 우울증, 체중감소, 각질화, 탈모, 손·발톱이 약해지는 등의 증세가 나타난다.

> **하나 더**
>
> - **셀룰라이트**
>   - 우리 몸의 대사 과정에서 배출되는 노폐물, 독소 등이 배설되지 못하고 피부조직에 남아 비만으로 보이며 림프 순환이 원인인 피부 현상이다.
>   - 오렌지 껍질 피부모양으로 표현된다.
>   - 주로 여성에게 많이 나타난다.
>   - 주로 허벅지, 둔부, 상완 등에 많이 나타나는 경향이 있다.

4) 식생활 및 생활습관

① 체내의 노폐물을 제거하는 등 근본적인 문제해결을 위해 기본적인 생활습관을 점검해야 한다.

② 식습관의 문제는 영양분을 충분히 공급하여도 신체 내부에 공급이 어렵다.

③ 원활한 혈액순환이나 신진대사를 위하여 식습관의 문제점을 해결한다.

2 체형과 영양섭취의 방법

1) 체형과 영양

① 체형은 유전적인 영향과 함께 출생 후 영양 상태나 생활습관으로 다양한 모습을 볼 수 있다.

② 영양소의 균형이 잡힌 식단과 건강한 생활습관으로 아름답고 건강한 체형으로 변화시킬 수 있다.

2) 영양 섭취 방법

① 3대 영양소와 비타민, 미네랄 등 균형 잡힌 영양소를 섭취해야 한다.

② 식사할 때 오래 꼭꼭 씹어 먹는 습관과 수분 섭취를 충분히 해야 한다.

③ 섭취량과 배설량의 적절한 조절이 필요하다.

④ 몸속에 에너지가 지방으로 축적되지 않도록 충분한 운동습관을 가져야 한다.

⑤ 바른 생활습관을 위해 걷는 자세, 발의 운동, 다리의 자세를 바로 한다.

⑥ 비만관리 요법으로는 식이요법, 운동요법, 약물요법, 행동수정요법 등이 있다.

Chapter 04 피부장애와 질환

 원발진과 속발진

1 원발진

1) 원발진의 정의

건강한 피부에 나타나는 초기 발진이다.

2) 원발진의 종류

① 기미(간반) : 반점으로 피부의 표면에 색이 변화된 원형의 뚜렷한 점으로 나타난다.

② 주근깨(작반) : 피부 색소가 한곳에 모여 생긴 색소 이상증으로 흰 피부와 건성피부에 많으며 눈 둘레, 뺨, 손, 팔, 어깨 등에 분포되어 있다. 유전적이며, 5~6세경부터 발생하여 사춘기 때 두드러진다.

③ 여드름(심상성 좌창) : 피지선에서 분비되는 지방이 아크네균과 작용하여 화농하여 생긴다.

④ 구진 : 염증에 의해 붉은색을 보이며 지름 1cm 미만으로 만지면 통증이 느껴진다.

⑤ 농포 : 여드름의 2단계로 황갈색의 고름이 생긴 것이다.

⑥ 결절 : 여드름의 3단계로 구진보다 더 크고 진행된 염증으로 통증과 흉터가 남는다.

⑦ 낭종 : 진피층에서 심한 통증을 유발하는 여드름 4단계로, 치료가 힘들고 흉터를 남긴다.

⑧ 소수포 : 표피 밑에 지름 1cm 미만의 액체를 포함한다.

⑨ 수포: 자극이나 온도에 의해 약 지름 1cm 크기로 장액성 액체를 포함한다.

⑩ 갱년기 피부염 : 귀밑부터 목까지 생기는 습진으로, 호르몬의 분비상태가 원인이다.

⑪ 리루 흑피증 : 얼굴은 다갈색, 환부는 갈색에 붉은 기가 있고, 화장품 때문에 발생할 수 있다.

⑫ 담마진(두드러기), 팽진 : 국소의 피부가 융기되다 없어지며 가려움을 동반하는 가벼운 유종이다.

2 속발진

1) 속발진의 정의

계속적으로 진행 혹은 회복되거나 그 밖의 외적 요인에 의해 병변이 나타나는 것이다.

2) 속발진의 종류

① 미란 : 수포가 터진 후 생긴 가벼운 피부 결손으로 상처 없이 치유할 수 있다.

Part Ⅱ

피부학

② 궤양 : 진피 내의 병든 피부조직으로 인해 표피, 진피, 피하조직까지 손실되며, 치유 후 흉터를 남긴다.

③ 못 : 각질이 증식되어 딱딱하게 된 현상이다.

④ 가피 : 혈액과 농·혈청의 마른 부스러기로 크기와 색깔이 다양하다.

⑤ 균열 : 질병이나 외상에 표피가 갈라진 선상의 틈을 말한다.

⑥ 인설 : 불규칙하며 건조하거나 기름진 각질의 비늘박리 조각이다.

⑦ 태선화 : 만성적 마찰, 자극에 의해 피부가 두껍고 단단해져 광택이나 유연성이 없다.

⑧ 반흔 : 손상된 피부의 결손을 메우는 새로운 결체조직이 생성되는 것으로 정상적인 치유 과정이다.

⑨ 위축 : 피부의 노화로 인한 주름 현상이다.

⑩ 찰상 : 마찰에 의한 긁힘 현상이다.

진짜 기출문제 명확하게 기억하기

다음 중 원발진에 해당하는 피부질환은?

① 면포   ② 반흔

③ 가피   ④ 미란

정답 ①

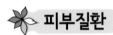 **피부질환**

1 바이러스성 피부질환

① 단순포진 : 피부점막이나 경계 부위에 잘 발생하는 단순 헤르페스(Herpes) 바이러스에 의한 급성수포 질환이다.

② 대상포진 : 피부 위에 작은 물집이 띠를 이룬 것처럼 뭉쳐 발생하는 것이다.

③ 수두 : 작은 수포가 발생한 지 며칠 안에 퍼져나가는 질환으로 피부와 점막에 가려움증이 동반되는 홍반성 질환이다.

④ 사마귀 : 얼굴에 나타나는 비립종, 한관종, 편평사마귀 등도 일종의 사마귀류이다.

⑤ 수족구병 : 선홍색 반점이나 구진, 수포 등이 점막에 발생하는 것이다.

2 세균성 피부질환

① 농가진 : 박테리아에 의한 피부염으로 전염률이 높다.

② 모낭염 : 털구멍을 중심으로 포도상구균이 감염되어 화농성 변화를 일으키는 것이다.

③ 용종 : 몇 개의 털구멍을 중심으로 광범위하게 곪아 있는 증상이다.

④ 단독 : 연쇄상구균에 의해 진피 내 화농성 염증을 일으키는 것이다.

⑤ 봉소염 : 피부의 깊은 부위인 피하조직에 세균이 침투하여 화농성 염증을 일으키는 것이다.

3 진균성 피부질환

① 무좀(족부백선) : 피부 곰팡이에 의한 제일 흔한 감염증으로 통풍이 되지 않는 신발을 신기 시작하면서 번지기 시작한다.

② 조갑백선 : 손·발톱이 곰팡이에 감염되는 경우로 균종에 따라 침범되는 부위가 다를 수 있다.

③ 완선 : 가랑이 사이에 발생되는 피부 곰팡이 병으로 주로 남자에게 많이 발생한다.

④ 전풍(어루러기) : 온도 및 습도가 높은 여름에 자주 발생하고 발한이 발병의 원인이며 별 증상이 없지만 피부색의 변화로 알게 된다.

4 습진(피부염)

① 증세의 경과에 따라 급성습진과 만성습진, 원인에 따라 접촉성피부염, 아토피성피부염, 지루성피부염, 신경성피부염 등이 있다.

• 접촉성피부염 : 외부로부터 여러 가지를 접촉한 후 2~3일에서 5~6개월 이내에 또는 즉시 나타난다. 공통적으로 부종, 홍반, 구진, 소수포, 국소 열감, 소양감이 심하게 나타난다.

• 아토피성피부염 : 유아 습진, 알레르기 성향이 있는 피부병을 말한다.

② 피부가 외부의 자극을 받아 모세혈관이 넓어지며 충혈되고 붉어져 심한 가려움증을 동반한다.

③ 피부에 히스타민이 생겨 혈관 중의 수분이 주위 조직을 향해 스며나가게 되고, 이로 인해 붉게 부어오르며 심한 경우는 물집이 생긴다.

 하나 더

• 항원과 항체
알레르기를 일으키는 것을 항원이라 하고, 항원이 피부에 접촉하거나 몸 안에 들어가 몸 안에서 저항하는 것을 항체라 한다

Chapter 05 피부와 광선

✿ 자외선

1 자외선의 정의와 종류

1) 자외선의 정의

자외선이란 피부에 가장 강한 자극을 주는 빛으로 200~400nm의 단파장을 말한다.

2) 자외선의 종류

① UV-A(자외선 A)
- 320~400nm 범위의 장파장이다.
- 생활 자외선이라 불리며 창문, 커튼 등을 투과한다.
- 피부의 진피층까지 침투(콜라겐과 엘라스틴 파괴)한다.
- 색소침착, 피부건조 및 노화의 원인이 된다.

② UV-B(자외선 B)
- 290~320nm 범위의 중파장이다.
- 일광화상이나 피부홍반 등을 야기한다.
- 기미의 원인이 된다.
- 비타민 D 합성을 촉진한다.

③ UV-C(자외선 C)
- 200~290nm 범위의 단파장이다.
- 대부분 오존층에 흡수된다.
- 피부암의 원인이 된다.
- 강력한 소독 및 살균작용이 있어서 자외선 소독기 등의 기기에 이용된다.

2 자외선이 미치는 영향

1) 긍정적 영향

① 강력한 화학작용 및 살균작용을 한다.
② 피부에서의 비타민 D 합성을 유도(결핍 시 구루병)한다.

③ 혈관 및 림프관의 순환을 자극하여 신진대사를 촉진한다.

④ 백반증이나 저색소 침착증 치료에 사용한다.

2) 부정적 영향

① 교원섬유, 탄력섬유 및 기질을 만드는 데 관여하는 섬유아 세포의 생성을 저하시킨다.

② 알레르기나 피부의 건조 노화에 결정적인 역할을 한다.

③ 홍반, 색소침착, 광노화, 피부암 등 피부문제를 야기한다.

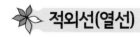 | 진짜 기출문제 명확하게 기억하기

▶ 다음 중 자외선 B(UV-B)의 파장 범위는?

① 100~190nm   ② 200~280nm

③ 290~320nm   ④ 330~400nm

정답 ③

▶ 자외선으로부터 어느 정도 피부를 보호하며 진피조직에 투여하면 피부주름과 처짐 현상에 가장 효과적인 것은?

① 콜라겐   ② 엘라스틴

③ 무코다당류   ④ 멜라닌

정답 ①

Part II

피부학

적외선(열선)

1 적외선의 특징

① 빛의 파장이 800~1,000,000nm로 가시광선보다 더 긴 장파장이다.

② 신경과 근육을 이완시키는 기능으로 미용기기에 이용한다.

③ 시술 시 60cm 떨어진 위치에서 5~7분 조사하면 피부 심부 2mm까지 침투된다.

2 적외선의 효과

① 인체의 혈관을 팽창시켜 혈액순환을 용이하게 한다.

② 피부 깊숙이 영양분이 침투한다.

③ 피지선이나 한선 기능을 활성화하여 피부 노폐물의 배출을 돕는다.

④ 신진대사 촉진 및 세포 내 화학적 변화를 증가시킨다.

Chapter **06** 피부면역

 면역의 종류와 작용

🔳 면역의 종류

1) 자연면역(선천면역)

① 선천적으로 타고난 저항력 또는 방어력으로 병을 스스로 치유해 나가는 면역이다.

② 체내로 침입한 이물질을 비만세포, 백혈구, 탐식세포 등이 제거하는 것이다.

2) 획득면역(후천면역)

① 체내에 침범한 비자기 물질(항원)만을 림프구가 체내에 있어 영구적으로 기억하는 면역이다.

② 똑같은 종류의 항원이 침범했을 때 그 항원을 인식하는 림프구가 활성화되고, 항원을 배제하는 것이다.

자연면역	종속, 인종, 개인차에 따라 다름		
획득면역	능동면역	자연능동면역	각종 감염병에 감염된 후에 형성되는 면역
		인공능동면역	예방접종에 의해 획득되는 면역
	수동면역	자연수동면역	모체로부터 태반이나 수유를 통하여 전달받은 면역
		인공수동면역	다른 사람이나 동물이 형성한 항체를 투여하여 획득되는 면역

🔳 면역의 작용

① 면역계 : 외부로부터 박테리아, 바이러스, 독소, 기생충 등의 공격에 대한 신체의 방어 작용을 하는 세포나 기관의 연결망이다.

② 면역작용 : 비자기(자기 이외의 것) 물질을 체내로부터 배제하는 시스템으로 자기 몸이 아닌 것을 배제함으로써 자기를 지키는 것이다.

🌸 면역세포

1 B 림프구

① 면역 글로불린이라는 단백질, 즉 항체를 분비한다.

② 항원성 차이에 따라 IgG, IgA, IgD, IgM, IgE 등 5가지 클래스가 있고 B 림프구 표면에 존재한다.

③ 한번 들어왔던 항원을 기억해 다음에 똑같은 항원이 들어오면 곧 혈장세포로 변화되어 더 많은 양의 항체를 형성한다.

2 T 림프구

① 혈액 내 림프구의 90%를 차지하고 정상피부에 대부분 존재한다.

② 세포와 강하게 결합하여 떨어지지 않는 세포성 항체를 갖는다.

③ 세포 대 세포를 직접 공격한다.

 │ 진짜 기출문제 명확하게 기억하기

피부의 면역에 관한 설명으로 옳은 것은?

① T 림프구는 항원전달세포에 해당한다.

② 세포성 면역에는 보체, 항체 등이 있다.

③ B 림프구는 면역 글로불린이라고 불리는 항체를 생성한다.

④ 표피에 존재하는 각질 형성세포는 면역조절에 작용하지 않는다.

정답 ③

🌸 면역에 관련된 용어

① 항원(Antigen) : 생체 면역계를 자극하여 면역반응을 유발시키는 이물질(비자기) 또는 면역원이다.

② 항체(Antibody) : B 림프구에 의해 생산되는 단백질이다. 항원을 특이적으로 인식하는 부분과 면역에 관여하는 세포에 결합하거나 보체를 활성화하는 부분 등을 함유(=면역 글로불린)하고 있다.

③ 대식세포(Macrophage) : 상해를 받은 조직이나 세포, 세균 등을 제거하는 역할을 한다.

④ 식세포(Phagocytes) : 미생물이나 다른 이물질을 잡아먹는 세포를 총칭한다.

피부노화

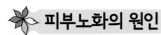 **피부노화의 원인**

1 피부의 노화

일반적으로 노화란 시간의 진행에 따라 일어나는 점진적이고 내적인 퇴행성 변화로, 여러 가지 외적인 변화에 반응하는 능력이 떨어지는 현상이며 궁극적으로 사망에 이를 때까지 진행된다.

2 노화의 원인

① 생명체의 노화과정은 태어날 때부터 이미 유전자상에 정보화되어 있고, 이 정보에 따라 생명체의 노화가 진행된다는 이론이다.
② 주위 환경에 의한 손상이 유전자, 세포, 조직에 누적되어 생물체의 전체 기능이 손상된다는 이론이다.
③ 피부노화는 어느 한 요인만으로 진행되는 것이 아니고 여러 요인이 복합적으로 작용하여 진행된다는 것이 일반적인 이론이다.

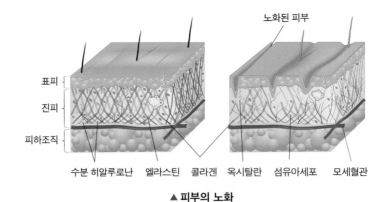

▲ **피부의 노화**

✿ 피부노화에 대한 이론

1 체세포 돌연변이설

① 유전자의 돌연변이로 인하여 노화가 진행된다는 이론이다.
② 구조적인 불안정성이 세포에 상해를 주고 기능장애를 가져온다.

2 오류설

DNA의 정보가 전사되는 과정에서의 오류가 비정상적인 단백질을 만들고 세포 내에 축적됨으로써 기능저하가 일어나 노화가 진행된다는 이론이다.

Part II

피부학

3 DNA 프로그램설

노화과정이 유전자에 의해서 정해진 프로그램에 의해 조절된다는 이론이다.

4 유리기설

생명체가 살아가는 동안에 주위 환경의 영향을 받아 유리기가 생성되고 이들에 의하여 DNA, 단백질 그리고 지질이 손상되어 그 조직이 축적되어서 노화가 진행된다는 이론이다.

5 가교설

① 세포 내 · 외 단백질 고분자 물질 가교의 증가로 노화가 온다는 것이다.
② 단백질의 가교는 유리기나 대사산물의 축적에 의해 일어나며, 가교의 증가는 조직의 탄력성을 잃게 하여 경직되게 하며, 점차 기능을 감퇴하게 만들어 노화를 일으킨다.

6 섬유화설

① 주로 교원질로 구성된 결체조직의 섬유화가 노화를 일으킨다는 이론이다.
② 조직의 섬유화는 세포의 대사와 영양의 원활한 공급을 방해한다.

7 자가면역설

생체가 자기와 비자기를 구분하지 못하며, 림프구가 정상조직을 공격하여 노화가 진행된다는 설이다.

01 표피에서 촉감을 감지하는 세포는?

① 멜라닌 세포
② 머켈 세포
③ 각질형성 세포
④ 랑게르한스 세포

02 모세혈관이 위치하며 콜라겐 조직과 탄력적인 엘라스틴섬유 및 뮤코다당류로 구성이 되어 있는 피부의 부분은?

① 표피
② 유극층
③ 진피
④ 피하조직

03 콜라겐과 엘라스틴이 주성분으로 이루어진 피부 조직은?

① 표피상층
② 표피하층
③ 진피조직
④ 피하조직

04 피부 색상을 결정짓는 데 주요한 요인이 되는 멜라닌 색소를 만들어 내는 피부층은?

① 과립층
② 유극층
③ 기저층
④ 유두층

05 피부에 있어 색소 세포가 가장 많이 존재하고 있는 곳은?

① 표피의 각질층
② 진피의 망상층
③ 진피의 유두층
④ 표피의 기저층

01
• 머켈 세포 : 촉각을 감지하는 세포
• 멜라닌 세포 : 색소 세포
• 각질형성 세포 : 피부의 각질을 만드는 세포
• 랑게르한스 세포 : 면역세포

03 진피조직은 콜라겐과 엘라스틴이 주로 이루어진 성분이다.

04 기저층에는 각질형성 세포, 멜라닌 세포, 머켈 세포(촉각세포)가 존재한다.

01 ②　**02** ③　**03** ③　**04** ③　**05** ④

06 원주형의 세포가 단층으로 이어져 있으며 각질형성 세포와 색소형성 세포가 존재하는 피부 세포층은?

① 기저층
② 투명층
③ 각질층
④ 유극층

07 피부 각질형성 세포의 일반적 각화 주기는?

① 약 1주
② 약 2주
③ 약 3주
④ 약 4주

07 피부 각질형성 세포의 일반적 각화 주기는 약 4주로 28일이다.

08 우리 피부의 세포가 기저층에서 생성되어 각질 세포로 변화하여 피부 표면으로부터 떨어져 나가는 데 걸리는 기간은?

① 대략 60일
② 대략 28일
③ 대략 120일
④ 대략 280일

09 피부의 천연보습인자(NMF)의 구성성분 중 가장 많은 분포를 나타내는 것은?

① 아미노산
② 요소
③ 피롤리돈 카르본산
④ 젖산염

09 천연보습인자(NMF)
• 피지막의 친수성 부분으로 각질층의 건조를 방지한다.
• 아미노산 40%, 피롤리돈 카르본산 12%, 젖산염 18.50%, 요소 7%로 이루어진다.

10 천연보습인자(NMF)의 구성성분 중 40%를 차지하는 중요성분은?

① 요소
② 젖산염
③ 무기염
④ 아미노산

06 ① **07** ④ **08** ② **09** ① **10** ④

11 피부의 색소와 관계가 가장 먼 것은?

① 에크린선 ② 멜라닌
③ 카로틴 ④ 헤모글로빈

11 • 에크린선 : 땀샘
• 멜라닌 : 흑색
• 카로틴 : 황색
• 헤모글로빈 : 적색

12 사춘기 이후에 주로 분비가 되며, 모공을 통하여 분비되어 독특한 체취를 발생시키는 것은?

① 소한선 ② 대한선
③ 피지선 ④ 갑상선

12 대한선은 2차 성징과 함께 사춘기 이후 주로 분비되어 독특한 체취를 발생시키며, 소한선은 태어날 때부터 전신에 분포된다.

13 다음 중 땀샘의 역할이 아닌 것은?

① 체온조절 ② 분비물 배출
③ 땀 분비 ④ 피지 분비

13 피지 분비는 피지선에서 일어난다.

14 피지선에 대한 설명으로 틀린 것은?

① 피지를 분비하는 선으로 진피 중에 위치한다.
② 피지선은 손바닥에는 없다.
③ 피지의 1일 분비량은 10~20g 정도이다.
④ 피지선이 많은 부위는 코 주위이다.

14 피지의 1일 분비량은 1~2g 정도이다.

15 인체 기관 중 피지선이 전혀 없는 곳은?

① 이마
② 코
③ 귀
④ 손바닥

15 손바닥과 발바닥에는 피지선이 없다.

11 ① **12** ② **13** ④ **14** ③ **15** ④

16 케라틴을 가장 많이 함유한 것으로 피부의 각질과 털, 손톱, 발톱의 구성성분은?

① 동물성 단백질　　　　② 동물성 지방질
③ 식물성 지방질　　　　④ 식물성 단백질

16 동물 표피의 각질과 털, 손톱, 발톱의 구성성분인 케라틴은 유황을 함유한 경단백질인 동물성 단백질에 속한다.

17 건강한 손톱에 대한 설명으로 잘못된 것은?

① 바닥에 강하게 부착되어야 한다.
② 단단하고 탄력이 있어야 한다.
③ 윤기가 흐르며 노란색을 띠어야 한다.
④ 아치모양을 형성해야 한다

17 건강한 손톱은 연한 핑크빛을 띠며, 유연성과 탄력성이 있다.

Part II

피부학

18 화장수의 도포 목적 및 효과로 옳은 것은?

① 피부 본래의 정상적인 pH 밸런스를 맞추어 주며 다음 단계에 사용할 화장품의 흡수를 용이하게 한다.
② 죽은 각질 세포를 쉽게 박리시키고 새로운 세포 형성 촉진을 유도한다.
③ 혈액순환을 촉진시키고 수분 증발을 방지하여 보습효과가 있다.
④ 항상 피부를 pH 5.5 약산성으로 유지시켜 준다.

18 화장수 사용목적
• 정상적인 pH 밸런스를 맞춰 준다.
• 화장품의 잔여물과 세안제를 제거하고 피부결을 정돈한다.
• 각질층의 수분을 보충하여 보습효과를 높인다.
• 모공수축, 피부 진정효과를 준다.

19 피부에 존재하는 감각기관 중 가장 많이 분포하는 것은?

① 촉각점　　　　② 온각점
③ 냉각점　　　　④ 통각점

19 피부의 감각기관 분포도
통각 〉 촉각 〉 냉각 〉 온각 〉 압각

20 다음 중 피부표면의 pH에 가장 큰 영향을 주는 것은?

① 각질 생성　　　　② 침의 분비
③ 땀의 분비　　　　④ 호르몬의 분비

16 ①　17 ③　18 ①　19 ④　20 ①

21 지성피부에 적용되는 작업 방법 중 적절하지 않은 것은?

① 이온영동 침투기기의 양극봉으로 디스인크러스테이션을 해준다.

② 자켓법을 이용한 관리는 디스인크러스테이션 후에 시행한다.

③ 지성피부의 상태를 호전시키기 위해 고주파기의 직접법을 적용시킨다.

④ T-존(T-zone) 부위의 노폐물 등을 안면 진공흡입기로 제거한다.

21 이온영동 침투기기는 음극봉에서 생성된 알칼리성 물질이 모공을 열고 노폐물을 유화시킨다.

22 올바른 피부 관리를 위한 필수조건과 가장 거리가 먼 것은?

① 관리사의 유창한 화술

② 정확한 피부타입 측정

③ 화장품에 대한 지식과 응용기술

④ 적절한 매뉴얼 테크닉 기술

23 피부의 기능에 속하지 않는 기능은?

① 신경기능　　　　② 분비기능

③ 감각기능　　　　④ 체온조절 기능

23 피부는 분비, 감각, 체온조절, 보호, 호흡, 배설, 분비 등의 기능과 각화기능을 한다.

24 유분이 많은 화장품보다는 수분공급에 효과적인 화장품을 선택하여 사용하고, 알코올 함량이 많아 피지제거 기능과 모공수축 효과가 뛰어난 화장수를 사용하여야 할 피부유형으로 가장 적합한 것은?

① 건성피부　　　　② 민감성피부

③ 정상피부　　　　④ 지성피부

25 피부유형에 맞는 화장품 선택이 아닌 것은?

① 건성피부 - 유분과 수분이 많이 함유된 화장품

② 민감성피부 - 향, 색소, 방부제를 함유하지 않거나 적게 함유된 화장품

③ 지성피부 - 피지조절제가 함유된 화장품

④ 정상피부 - 오일이 함유되어 있지 않은 오일 프리(Oil Free) 화장품

25 정상피부는 유분과 수분이 적절히 함유된 화장품을 사용해야 한다.

21 ①　**22** ①　**23** ①　**24** ④　**25** ④

26 각 피부유형에 대한 설명으로 잘못된 것은?

① 유성 지루피부 - 과잉 분비된 피지가 피부 표면에 기름기를 만들어 항상 번들거리는 피부
② 건성 지루피부 - 피지분비 기능의 상승으로 피지는 과다 분비되어 표피에 기름기가 흐르나 보습기능이 저하되어 피부 표면의 당김 현상이 일어나는 피부
③ 표피 수분부족 건성피부- 피부 자체의 내적 원인에 의해 피부 자체의 수화기능에 문제가 되어 생기는 피부
④ 모세혈관 확장 피부 - 코와 뺨 부위의 피부가 항상 붉거나 피부 표면에 붉은 실핏줄이 보이는 피부

27 건성피부의 화장품 사용법으로 옳지 않은 것은?

① 영양, 보습 성분이 있는 오일이나 에센스
② 알코올이 다량 함유되어 있는 토너
③ 밀크 타입이나 유분기가 있는 크림 타입의 클렌저
④ 토닉으로 보습기능이 강화된 제품

28 일반적으로 피부 표면의 pH는?

① 약 4.5~5.5 ② 약 9.5~10.5
③ 약 2.5~3.5 ④ 약 7.5~8.5

29 피부 유형을 결정하는 요인이 아닌 것은?

① 얼굴형 ② 피부조직
③ 피지 분비 ④ 모공

30 여드름 피부에 관련된 설명으로 잘못된 것은?

① 여드름은 사춘기에 피지 분비가 왕성해지면서 나타나는 비염증성, 염증성피부 발진이다.
② 다양한 원인에 의해 피지가 많이 생기고 모공 입구의 폐쇄로 인해 피지 배출이 잘 되지 않는다.
③ 여드름은 사춘기에 일시적으로 나타나며 30대 정도에 모두 사라진다.
④ 선천적인 체질상 체내 호르몬의 이상 현상으로 지루성피부에서 발생되는 여드름 형태는 심상성 여드름이라 한다.

26 피부 자체의 내적 원인에 의해 피부 자체의 수화기능에 문제가 되어 생기는 피부는 표피가 아닌 진피 수분부족 건성피부이다.

27 알코올이 다량 함유되어 있는 토너는 지성피부에 사용한다.

28 정상적인 피부 pH는 5.5로 피부 속은 촉촉함이 충만하고 피부 겉은 얇은 유분막이 덮여 있어 각종 세균과 유해 환경으로부터 피부를 건강하게 지킬 수 있는 상태를 말한다.

30 사춘기 여드름과 달리 성인 여드름의 경우 20~30대에 많이 형성된다.

Part II
피부학

26 ③   27 ②   28 ①   29 ①   30 ③

31 여드름 관리에 효과적인 성분이 아닌 것은?

① 스테로이드(Steroid)
② 과산화벤조일(Benzoyl Peroxide)
③ 살리실산(Salicylic acid)
④ 글리콜산(Glycolic acid)

32 다음 설명에 따르는 화장품이 가장 적합한 피부형은?

> 저자극성 성분을 사용하며 향, 알코올, 색소, 방부제가 적게 함유되어 있다.

① 지성피부
② 복합성피부
③ 민감성피부
④ 건성피부

33 딥클렌징의 대상으로 적합하지 않은 것은?

① 모세혈관 확장 피부
② 모공이 넓은 지성피부
③ 비염증성 여드름피부
④ 잔주름이 많은 건성피부

34 클렌징에 대한 설명으로 가장 거리가 먼 것은?

① 피부 노폐물과 더러움을 제거한다.
② 피부 호흡을 원활히 하는 데 도움을 준다.
③ 피부 신진대사를 촉진한다.
④ 피부 산성막을 파괴하는데 도움을 준다.

35 딥클렌징 관리 시 유의 사항 중 옳은 것은?

① 눈의 점막에 화장품이 들어가지 않도록 조심한다.
② 딥클렌징한 피부를 자외선에 직접 노출시킨다.
③ 흉터 재생을 위하여 상처 부위를 가볍게 문지른다.
④ 모세혈관 확장 피부는 부작용증에 해당하지 않는다.

31 스테로이드는 여드름이 덧날 수 있으므로 항균·항염 효과가 있는 제품을 이용하여 진정시켜 준다.

33 모세혈관 확장피부는 클렌징 시 주의해야 한다.

34 클렌징은 피부 산성막인 피지막을 외부로부터 보호하는 역할을 하며, 피부를 손상시키지 않으면서 오염물만 제거되도록 한다.

35 상처 부위나 모세혈관 확장 피부에는 사용하지 않고, 클렌징 후 자외선에 노출되지 않도록 한다.

31 ① **32** ③ **33** ① **34** ④ **35** ①

36 딥클렌징(Deep Cleansing) 시 사용되는 제품의 형태와 가장 거리가 먼 것은?

① 액체(AHA) 타입
② 고마쥐(Gommage) 타입
③ 스프레이(Spray) 타입
④ 크림(Cream) 타입

36 고마쥐 타입은 크림과 분말 타입의 효소, 크림 타입은 스크럽 제품이 있다.

37 크림 타입의 클렌징 제품에 대한 설명으로 옳은 것은?

① W/O 타입으로 유성성분과 메이크업 제거에 효과적이다
② 노화피부에 적합하고 물에 잘 용해가 된다.
③ 친수성으로 모든 피부에 사용 가능하다.
④ 클렌징 효과는 약하나 끈적임이 없고 지성피부에 특히 적합하다.

37 크림 타입은 친유성으로 물에 잘 녹지 않고, 건성피부와 노화피부에 적당하다.

38 피부미용의 기능적 영역이 아닌 것은?

① 관리적 기능
② 실제적 기능
③ 심리적 기능
④ 장식적 기능

39 건성피부를 관리하는 방법으로 가장 적당한 것은?

① 적절한 수분과 유분 공급
② 적절한 일광욕
③ 당단백 섭취
④ 카페인 섭취 줄이기

39 건성피부는 유분과 수분이 부족한 피부로 이를 적절하게 공급해 주며 관리해 주어야 한다.

40 광노화 현상이 아닌 것은?

① 표피 두께 증가
② 멜라닌 세포 이상 항진
③ 체내 수분 증가
④ 진피 내의 모세혈관 확장

40 **광노화 현상**
모세혈관 확장으로 피부세포가 손상되고, 염증이 발생하여 피부결이 거칠어진다. 표피의 두께가 두꺼워지고 불규칙한 색소 침착이 발생한다.

Part II

피부학

36 ③ 37 ① 38 ② 39 ① 40 ③

41 신체 부위에서 투명층을 가장 많이 볼 수 있는 곳은?

① 이마　　　　　　　② 허리
③ 손바닥　　　　　　④ 목

41 투명층은 손바닥이나 발바닥에서 주로 볼 수 있는 엘라이딘을 함유하고 있는 층이다.

42 모발 관련 멜라닌 색소를 함유하고 있는 부분은?

① 모표피　　　　　　② 모피질
③ 모유두　　　　　　④ 모수질

42 멜라닌 색소를 함유하고 있는 모피질은 모발의 성질을 나타내는 감촉과 질감, 탄력과 색상을 좌우하는 중요한 부분이다.

43 탄수화물에 대한 설명으로 옳지 않은 것은?

① 당질이라고도 하며 신체의 중요한 에너지원이다.
② 장에서 포도당, 과당 및 갈락토오스로 흡수된다.
③ 지나친 탄수화물의 섭취는 신체를 알칼리성 체질로 만든다.
④ 탄수화물의 소화흡수율은 99%에 가깝다.

43 지나친 탄수화물의 섭취는 지방으로 전환될 수 있다.

44 결핍되면 피부 표면이 경화되어 거칠어지는 물질은?

① 비타민 A와 단백질　　② 지방
③ 탄수화물　　　　　　④ 무기질

44 • 비타민 A는 상피보호 물질로 신진대사를 원활하게 하고 피부세포를 형성한다.
• 단백질은 신체조직의 구성성분으로 모발이나 근육 및 피부의 조직을 구성한다.

45 Vitamin C가 부족하게 되면 주로 어떤 증상이 나타나는가?

① 피부에 보습이 더해진다.
② 색소 기미나 주근깨가 생긴다.
③ 지방이 많이 축적된다.
④ 여드름의 발생 원인이 된다.

45 비타민 C는 항산화제로서, 부족하면 기미나 주근깨가 생길 수 있다.

41 ③　　**42** ②　　**43** ③　　**44** ①　　**45** ②

46 피부재생을 돕고 상피조직의 신진대사에 관여하며 노화방지에 효과가 있는 비타민은?

① 비타민 A   ② 비타민 K
③ 비타민 C   ④ 비타민 E

46 비타민 A는 피부재생과 노화방지에 효과적이며, 비타민 K는 혈액 응고와 관련 있고, 비타민 C는 콜라겐 합성 촉진, 비타민 E는 항산화제이다.

47 칼슘과 인의 대사를 도와주고, 자외선에 의해 합성되며, 발육을 촉진시키는 비타민은?

① 비타민 A   ② 비타민 C
③ 비타민 B   ④ 비타민 D

47 비타민 D는 자외선에 의해 합성되는 지용성 비타민으로 칼슘과 인의 대사를 도와준다.

48 피부의 기능에 대한 설명으로 잘못된 것은?

① 인체 내부 기관을 보호한다.
② 체온조절을 한다.
③ 감각을 느끼게 한다.
④ 비타민 B를 생성한다.

48 피부가 햇빛을 받으면 비타민 D를 생성한다.

49 비타민 결핍증인 불임증 및 생식불능과 피부의 노화방지 작용 등과 가장 관계가 깊은 것은?

① 비타민 A   ② 비타민 B 복합체
③ 비타민 E   ④ 비타민 D

49 비타민 A는 야맹증과 안구건조증, 비타민 B는 각기병 및 구순염 등의 질병, 비타민 D는 구루병의 결핍증을 갖는다.

50 다음 중 비타민(Vitamin)과 그 결핍증과의 연결이 틀린 것은?

① Vitamin B_2 - 구순염   ② Vitamin D - 구루병
③ Vitamin A - 야맹증   ④ Vitamin C - 각기병

50 각기병은 비타민 B_1의 결핍증이며 비타민 C의 결핍증은 괴혈병이다.

46 ①   **47** ④   **48** ④   **49** ③   **50** ④

51 체내에 부족하면 괴혈병을 유발시키며, 피부와 잇몸에서 피가 나오게 하고 빈혈을 일으켜 피부를 창백하게 하는 것은?

① 비타민 A
② 비타민 B₂
③ 비타민 C
④ 비타민 K

51 비타민 C는 모세혈관 강화기능을 하며, 결핍 시 잇몸에 출혈이 생기는 괴혈병을 유발한다.

52 단백질의 최종 가수분해 물질은 무엇인가?

① 인지질
② 콜레스테롤
③ 아미노산
④ 카로틴

52 약 20여 종의 아미노산이 결합하여 단백질을 형성하기 때문에 단백질의 최종 가수분해 물질은 아미노산이다.

53 천연보습인자 성분 중에서 가장 많이 차지하고 있는 것은?

① 아미노산
② 인지질
③ 젖산
④ 레시틴

53 아미노산은 천연보습인자 중 40% 정도로 가장 많이 차지하는 성분이다.

54 다음 중 필수지방산에 속하지 않는 것은?

① 리놀산(Linolic acid)
② 리놀렌산(Linolenic acid)
③ 아라키돈산(Arachidonic acid)
④ 팔미트산(Palmitic acid)

54 필수지방산은 동물의 생명유지에 필요한 것으로 리놀산, 리놀렌산, 아라키돈산 등이 있다. 필수지방산은 모두 불포화지방산에 포함될 수 있지만, 불포화지방산이 모두 필수지방산에 포함되지는 않는다. 팔미트산은 불포화지방산이다.

55 체조직 구성 영양소에 대한 설명으로 틀린 것은?

① 지질은 체지방의 형태로 에너지를 저장하며 생체막 성분으로 체구성 역할과 피부의 보호 역할을 한다.
② 지방이 분해되면 지방산이 되는데 이중 불포화지방산은 인체 구성성분으로 중요한 위치를 차지하므로 필수지방산이라고도 한다.
③ 불포화지방산은 상온에서 액체 상태를 유지한다.
④ 지방산은 식물성 지방보다 동물성 지방을 더 먹는 것이 좋다.

55 신체의 건강을 위해 동물성 지방보다는 식물성 지방을 많이 섭취해야 한다.

51 ③　**52** ③　**53** ①　**54** ④　**55** ④

56 피부의 기능이 아닌 것은?

① 보호작용
② 체온조절작용
③ 비타민 A 합성작용
④ 호흡작용

56 피부는 자외선에 의해 비타민 A가 아닌 비타민 D 합성작용을 한다.

57 다음 중 적외선에 관한 설명으로 옳지 않은 것은?

① 피부에 생성물이 흡수되도록 돕는 역할을 한다.
② 혈류의 증가를 촉진시킨다.
③ 노화를 촉진시킨다.
④ 피부에 열을 가하여 피부를 이완시키는 역할을 한다.

57 적외선은 신진대사를 촉진하여 세포재생을 도와 노화가 아닌 혈액순환을 촉진시킨다.

58 다음 중 자외선이 피부에 미치는 영향이 아닌 것은?

① 색소침착   ② 살균효과
③ 홍반형성   ④ 비타민 A 합성

58 피부에 자외선을 쏘이면 프로 비타민 D가 비타민 D로 합성된다.

59 다음 중 원발진으로만 묶인 것은?

① 농포, 수포   ② 색소침착, 찰상
③ 티눈, 흉터   ④ 동상, 궤양

59 원발진 : 반점, 홍반, 팽진, 구진, 농포, 결절, 낭종, 면포, 수포, 종양 등

60 습포의 효과에 대한 내용과 가장 거리가 먼 것은?

① 온습포는 모공을 확장시키는 데 도움을 준다.
② 온습포는 혈액순환촉진, 적절한 수분공급의 효과가 있다.
③ 온습포는 팩 제거 후, 사용하면 효과적이다.
④ 냉습포는 모공을 수축시키며 피부를 진정시킨다.

60 팩을 제거한 후에는 냉습포를 사용한다.

56 ③   **57** ③   **58** ④   **59** ①   **60** ③

61 두개골(Skull)을 구성하는 뼈는?

① 미골　　　　　　　② 늑골
③ 사골　　　　　　　④ 흉골

61 두개골 : 사골, 전두골, 두정골, 측두골, 후두골, 접형골

62 눈살을 찌푸리고 이마에 주름을 짓게 하는 근육은?

① 구륜근
② 안륜근
③ 추미근
④ 이근

63 담즙을 만들어 포도당을 글리코겐으로 저장하는 소화기관은?

① 간　　　　　　　　② 위
③ 충수　　　　　　　④ 췌장

63 간은 인체에서 가장 큰 소화기관으로 담즙을 생산하고 대사작용, 조혈작용, 해독작용, 식균작용 등을 한다.

64 다음 중 간의 역할로 가장 적합한 것은?

① 부신피질호르몬 생산
② 담즙의 생성과 분비
③ 음식물의 역류방지
④ 소화와 흡수촉진

65 혈액 중 혈액응고에 주로 관여하는 세포는?

① 백혈구
② 적혈구
③ 혈소판
④ 헤마토크리트

65 혈소판은 혈액응고에 관여하여 지혈작용을 한다.

61 ③　　**62** ③　　**63** ①　　**64** ②　　**65** ③

66 셀룰라이트(Cellulite)에 대한 설명 중 틀린 것은?

① 오렌지 껍질 피부모양으로 표현된다.
② 주로 여성에게 많이 나타난다.
③ 주로 허벅지, 둔부, 상완 등에 많이 나타나는 경향이 있다
④ 스트레스가 주 원인이다.

67 우리 몸의 대사 과정에서 배출되는 노폐물, 독소 등이 배설되지 못하고 피부조직에 남아 비만으로 보이며 림프 순환이 원인인 피부 현상은?

① 쿠퍼로제   ② 켈로이드
③ 알레르기   ④ 셀룰라이트

68 피하조직에 대한 설명 중 옳지 않은 것은?

① 지방을 다량 함유하고 있어 피하지방 조직이라고 한다.
② 뼈나 근육을 외부압력으로부터 보호한다.
③ 핏줄이 없고 말초신경이 퍼져 있다.
④ 두께나 성별, 부위, 연령에 따라 차이가 심하다.

69 세포막을 통한 물질이동 방법 중 수동적 방법에 해당하는 것은?

① 음세포 작용   ② 능동수송
③ 확산   ④ 식세포 작용

70 계절별 피부상태와 손질법으로 잘못된 것은?

① 봄철 피부 관리는 청결, 충분한 수분 공급, 자외선으로부터 피부를 보호하고 적당한 마사지와 팩을 한다.
② 여름엔 자외선 자극에 의한 피부손상을 최소화하기 위해 진정 목적의 관리를 한다.
③ 가을은 낮과 밤의 기온차에 의해 트러블 발생이 쉬우므로 주기적인 마사지를 하지 않는 것이 좋다.
④ 겨울철은 실내외 온도차가 심하고 난방기구 영향으로 잔주름과 노화가 빨리 올 수 있다.

66 셀룰라이트는 스트레스와 관계가 없으며 지방이 과다하게 뭉쳐 순환장애를 일으키는 것이다.

67 셀룰라이트
• 영양 과잉과 운동 부족 등으로 피하지방이 축적되어 생성된다.
• 혈액과 림프 순환장애로 인해 노폐물이 축적되어 부종이 발생한다.
• 피하지방 세포의 크기가 커져 뭉치고 경화되어 혈관을 압박한다.

68 피하지방층은 벌집모양의 지방세포들이 많이 자리잡고 있다.

69 수동적 방법
• 확산 : 농도가 높은 곳에서 낮은 곳으로 용질이 이동하는 방법이다.
• 삼투 : 농도가 낮은 곳에서 높은 곳으로 용매가 이동하는 방법이다.
• 여과 : 정수압의 차이로 용질과 용매가 이동하는 방법이다.

Part II

피부학

66 ④   67 ④   68 ③   69 ③   70 ③

71 탄력섬유(Elastin)와 교원섬유(Collagen)로 구성되어 강한 탄력성을 지니고 있는 곳은?

① 근육　　　　　　　② 진피
③ 피하조직　　　　　④ 표피

71 90% 이상의 교원섬유와 탄력 섬유가 치밀하게 구성되어 있는 진피층은 강한 탄력성을 지니고 있다.

72 색소 형성세포에서 피부색소의 멜라닌을 만드는 층은?

① 유극층　　　　　　② 투명층
③ 각질층　　　　　　④ 기서층

72 기저층에서는 멜라닌 형성세 포, 각질 형성세포, 머켈 세포 등이 있으며, 유극층에는 랑게 르한스 세포가 있다.

73 피부의 구조 중 진피에 속하는 것은?

① 과립층　　　　　　② 기저층
③ 유두층　　　　　　④ 유극층

73 진피에는 망상층과 유두층이 있고, 표피층에는 과립층, 기저 층, 유극층, 각질층 등이 있다.

74 케라토히알린(Keratohyaline) 과립은 피부 표피의 어느 층에 주로 존재하는가?

① 과립층　　　　　　② 유극층
③ 기저층　　　　　　④ 각질층

74 케라토히알린 과립은 황을 많 이 함유하고 있으며 피부 표피 의 과립층에 존재한다.

75 상처를 입었을 때 흉터가 남는 층은?

① 기저층　　　　　　② 투명층
③ 각질층　　　　　　④ 유극층

75 기저층은 표피발생의 근원지인 멜라닌 색소가 있는 층으로 기 저층을 다치면 흉터가 생긴다.

71 ② 　**72** ④ 　**73** ③ 　**74** ① 　**75** ①

76 다음 중 표피와 무관한 층은?

① 각질층　　　　　② 유두층
③ 기저층　　　　　④ 무핵층

76 표피는 각질층, 기저층, 무핵층, 유두층, 과립층, 투명층 등이 있으며 유두층은 진피에 속한다.

77 손바닥과 발바닥에 주로 있는 생명력이 없는 상태의 무색, 무핵층인 것은?

① 유극층　　　　　② 과립층
③ 투명층　　　　　④ 기저층

77 투명층은 손바닥이나 발바닥에서 주로 볼 수 있는 무색, 무핵층이다.

78 신체부위에서 피부 두께가 가장 얇은 곳은?

① 손가락 피부
② 볼 부위
③ 눈꺼풀 피부
④ 귀 부위

78 신체피부에서 피하지방층이 가장 얇아 피부 두께가 얇은 부위는 눈 주위 눈꺼풀 피부이다.

79 각질세포 내 자연보습인자 중 가장 많이 함유된 인자는?

① 아미노산　　　　② 요소
③ 젖산염　　　　　④ 산소

79 천연보습인자 중 아미노산은 40%로, 가장 많이 함유되어 있다.

80 자외선을 많이 쪼이면 나타나는 부정적인 효과는?

① 홍반반응
② 강장효과
③ 살균효과
④ 비타민 D 형성

80 자외선을 많이 쪼이면 홍반반응, 광과민증, 색소침착, 피부노화 등의 부정적인 효과가 나타난다.

76 ②　**77** ③　**78** ③　**79** ①　**80** ①

81 모세혈관 기능을 정상화시키며 갑상선의 기능과 관계 있는 것은?

① 칼슘　　　　　　② 철분
③ 인　　　　　　　④ 요오드

81 칼슘은 치아 생성 및 골격을 구성하고, 철분은 헤모글로빈의 구성성분, 인은 세포막 인지질의 구성성분이다.

82 땀과 함께 피부에서 분비되는 천연 자외선 흡수제는?

① 우로칸산　　　　② 글리콜산
③ 글루탐산　　　　④ 레틴산

82 피부가 자외선을 흡수하면 멜라닌 색소가 피부를 보호하게 되는데, 이때 땀 속의 우로칸산이라는 성분이 흡수한다.

83 면역과 가장 관계가 깊은 표피에 존재하는 세포는?

① 멜라닌 세포　　　② 랑게르한스 세포
③ 섬유아 세포　　　④ 머켈 세포

83 멜라닌 세포는 멜라닌 색소를 생성하며, 섬유아 세포는 진피에 존재하여 엘라스틴과 콜라겐을 구성하고, 머켈 세포는 촉감을 감지하는 세포이다.

84 한선인 땀샘에 관한 설명으로 옳지 않은 것은?

① 체온을 조절하는 기능이 있다.
② 땀은 피부의 산성막과 피지막을 형성한다.
③ 땀을 많이 흘리면 미네랄과 영양분 등을 잃는다.
④ 땀샘은 손바닥이나 발바닥에는 없다.

84 한선은 전신에 분포하는데 손바닥이나 발바닥에 더 많이 분포되어 있다.

85 랑게르한스 세포는 피부 내부의 상황을 뇌에 전달하는 역할을 하는데, 이물질의 침입을 인식하고 면역시스템을 작동시켜 이물질을 제거한다.

85 다음 중 피부의 면역기능과 가장 관련이 깊은 세포는?

① 각질형성 세포　　② 랑게르한스 세포
③ 말피기 세포　　　④ 머켈 세포

81 ④　**82** ①　**83** ②　**84** ④　**85** ②

86 광노화 현상에 대한 설명과 거리가 먼 것은?

① 점다당질이 증가한다.
② 섬유아 세포수가 감소한다.
③ 콜라겐이 비정상적으로 늘어난다.
④ 피부 두께가 두꺼워진다.

86 피부의 엘라스틴과 콜라겐이 줄어들면서 탄력이 저하되며 주름이 느는 피부의 노화가 진행되면 콜라겐과 엘라스틴은 파괴되기 쉽다.

87 노화피부의 증세와 가장 관련이 깊은 현상은?

① 유분과 수분이 부족하다.
② 항상 촉촉하고 매끈하다.
③ 수분이 80% 이상이다.
④ 지방이 과다 분비한다.

87 노화된 피부는 유분과 수분이 부족해지므로 지속적인 관리가 필요하다.

88 큐티클과 루놀라 사이의 손톱을 덮고 있는 얇은 보호막을 무엇이라고 하는가?

① 조주름　　　　　　② 상조피
③ 조구　　　　　　　④ 조모

88 상조피는 네일의 베이스에 있는 가는 선으로 새롭게 자라난 손톱 바로 위를 덮고 있는 피부를 말한다.

89 인체를 구성하는 4개의 조직에 포함되지 않는 것은?

① 순환조직
② 상피조직
③ 결합조직
④ 신경조직

89 인체는 세포들이 모여서 조직을 형성한 상피조직, 결합조직, 근육조직, 신경조직의 4개 조직으로 구성되어 있다.

90 손톱에 대한 일반적인 설명 중 옳지 않은 것은?

① 탄력은 없어도 두꺼운 손톱이 좋다.
② 핑크빛이 돌며 매끄럽고 광택이 나야 좋다.
③ 나이가 젊거나 임신한 경우 손톱이 더 빠르게 자란다.
④ 중지가 가장 빨리, 엄지손톱이 가장 늦게 자란다.

90 손톱은 탄력이 있고 둥근 아치 모양이 좋다.

86 ③　**87** ①　**88** ②　**89** ①　**90** ①

PART

III

공중위생 관리학

공중보건학

Chapter 01

공중보건학 총론

1 공중보건학의 여러 정의

1) 공중보건학

공중보건학이란 지역사회의 노력을 통해 질병을 치료보다는 예방에 중점을 두어 건강을 유지 · 증진시킴으로써 생명연장, 질병예방, 건강증진을 목적으로 하는 학문이라고 할 수 있다.

2) 윈슬로(C.E.A. Winslow, 1920년)의 정의

"공중보건학이란 조직적인 지역사회의 노력을 통해서 질병을 예방하고 생명을 연장시키며, 신체적, 정신적 효율을 증가시키는 기술이며, 과학이다."라고 정의하였다.

3) 세계보건기구(WHO)의 건강에 대한 정의

보건헌장에서는 "건강(Health)이란 단순한 질병이나 허약하지 않은 상태만을 의미하는 것이 아니고 육체적 · 정신적 · 사회적으로 모두 완전한 상태"를 의미한다고 정의하였다.

2 세계보건기구(WHO, World Health Organization)

① 창설과 본부 : 1948년 4월 7일, 스위스 제네바
② 우리나라의 가입과 소속 : 1949년 6월(65번째), 필리핀의 마닐라에 본부를 둔 서태평양 지역
③ 주요 기능
  • 국제적인 보건사업의 지휘 및 조정
  • 회원국에 대한 기술지원 및 자료공급
  • 전문가 파견에 의한 기술 자문활동

3 공중보건의 대상과 범위 및 평가지표

1) 대상

보건사업을 적용하는 공중보건의 최초의 대상은 개인이 아닌 지역사회의 인간집단이며, 나아가 국민 전체를 대상으로 한다.

2) 범위

공중보건학의 범위는 감염병 예방학, 환경위생학, 산업보건학, 식품위생학, 모자보건학, 정신보건학, 보건통계학, 직업병예방사업, 학교보건학 등과 같이 광범위하고 다양하게 확대되어 있다.

3) 공중보건 수준과 건강 수준의 평가지표

① 한 국가나 지역사회의 보건 수준을 나타내는 지표로는 영아사망률, 조사망률, 질병이환율 등을 이용하여 평가할 수 있다.

 하나 더

> • 연간 영아사망률 = (연간 생후 1세 미만 영아 사망 수 / 연간 출생아 수) × 1,000

② WHO에서 말하는 건강 수준의 평가지표로는 평균수명, 조사망률, 비례사망지수 등을 이용하여 평가할 수 있다.

진기 명기 | 진짜 기출문제 명확하게 기억하기

영아사망률의 계산공식으로 옳은 것은?

① (연간 출생아 수/인구)×1,000

② (그 해의 1~4세 사망아 수/어느 해의 1~4세 인구)×1,000

③ (그 해의 1세 미만 사망아 수/어느 해의 연간 출생아 수)×1,000

④ (그 해의 생후 28일 이내의 사망아 수/어느 해의 연간 출생아 수)×1,000

정답 ③

4 인구구조

① 피라미드형(인구증가형) : 출생률 증가, 사망률 감소형(후진국형)

② 종형(인구정지형) : 출생률과 사망률이 낮은 형(가장 이상적인 형)

③ 방추형(인구감퇴형) : 출생률이 사망률보다 낮은 형(선진국형)

④ 별형 : 생산인구가 전체인구의 1/2 이상인 형(도시 유입형)

⑤ 표주박형 : 생산연령 인구가 전체 인구의 1/2 미만인 형(농촌형)

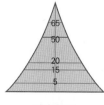
피라미드형

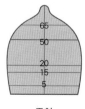
종형

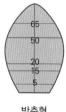
방추형

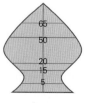
별형(도시형)

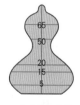
표주박형(농촌형)

▲ 인구구조 모형

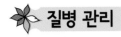 **질병 관리**

1 질병 발생의 요인

1) 병인 : 질병 발생 시 직접적인 요인
  ① 생물적 : 병원미생물, 기생충, 위생동물
  ② 물리적 : 외상, 화상, 기압, 자외선, 방사선
  ③ 화학적 : 영양소, 약품, 중금속, 유독물질
  ④ 정신적 : 스트레스, 자살

2) 숙주
  ① 인적 : 인종, 연령, 성별, 직업
  ② 신체적 : 영양상태, 생리상태, 체격
  ③ 선천적 : 유전
  ④ 후천적 : 면역력 획득

3) 환경
  ① 생물적 : 미생물, 매개동물
  ② 물리적 : 기후, 기상, 계절, 지형, 지리
  ③ 경제적 : 직업, 빈부
  ④ 사회적 : 교육, 종교, 문화, 교통, 주거

2 감염의 발생 과정에 따른 분류

1) 병원체
  ① 세균성 감염병 : 장티푸스, 콜레라, 파라티푸스, 세균성 이질, 디프테리아, 백일해, 성홍열, 결핵, 폐렴, 나병 등
  ② 바이러스성 감염병 : 인플루엔자(독감), 홍역, 유행성 이하선염, 뇌염, 홍역, 두창, 트라코마, 풍진, 광견병, 급성 회백수염(폴리오, 소아마비), 유행성 간염 등
  ③ 리케치아 : 발진티푸스, 발진열, 양충병 등
  ④ 원충성 : 아메바성 이질, 말라리아 등

2) 병원소
  인간(환자, 보균자), 동물(개, 돼지, 소), 오염된 토양 등으로 병원체가 생활·증식하고 생존 유지를 위해 인간에게 전파될 수 있는 상태로 저장되는 장소이다.
  ① 건강 보균자 : 병의 증상은 나타나지 않지만 체내 병원균을 가지고 있어 일상생활에서 병원체를 배출하는 자(장티푸스, 콜레라, 디프테리아 등)로 가장 중요하게 취급해야 한다.

② 잠복기 보균자 : 감염성 질환의 잠복기간 중에 병원체(디프테리아, 홍역, 백일해, 유행성 이하선염, 수막구균성 수막염 등)를 배출하는 자를 말한다.

③ 병후(회복기) 보균자 : 감염성 질환에 이환된 후 그 임상증상이 완전히 소멸되었으나 병원체(장티푸스, 파라티푸스, 콜레라, 세균성 이질 등)를 배출하는 보균자를 말한다.

3) 병원소로부터 병원체의 탈출

소화기계, 호흡기계, 비뇨생식기계, 개방 병소(피부병) 등이 있다.

4) 병원체의 전파

① 직접전파 : 접촉(성병, 에이즈), 비말(디프테리아, 결핵) 등

② 간접전파 : 활성, 비활성의 중간 매개체에 의한 전파

③ 활성 전파체(기계적 전파체) : 파리, 바퀴 등에 의한 소화기계 감염병 전파

④ 비활성 전파체 : 공기, 토양, 물, 음식물, 개달물에 의한 전파

5) 병원체의 침입

① 호흡기계 감염병 : 결핵, 디프테리아, 백일해, 홍역, 천연두, 유행성 이하선염, 두창, 홍역, 인플루엔자, 성홍열 등

② 소화기계 감염병 : 장티푸스, 파라티푸스, 세균성 이질, 콜레라, 폴리오, 유행성간염 등

6) 숙주의 감수성과 면역성

① 숙주의 감수성 : 직숙주가 병원체에 대한 저항성이나 면역성이 없는 것이다.

② 감수성 보유자 : 감수성 보유자가 감염되어 발생하는 비율을 %로 표시한 것이다.

두창·홍역 95% 〉 백일해 60~80% 〉 성홍열 40% 〉 디프테리아 10% 〉 소아마비 0.1%

- **병원체의 이동(전염)** : 병원체 → 병원소 (병원체가 생육하며 전파될 수 있는 상태로 저장되는 장소) → 다병원소로부터 병원체 탈출 → 전파 → 새로운 숙주로 침임 → 감염성 숙주의 불현성 감염 → 다시 병원체 탈출

| 진 기 명 기 | 진짜 기출문제 명확하게 기억하기

다음 중 감염병 관리상 가장 중요하게 취급해야 할 대상자는?

① 건강 보균자

② 잠복기 환자

③ 현성 환자

④ 회복기 보균자

정답 ①

3 병원체의 종류와 침입 부위별 감염

1) 병원체의 종류에 따른 감염
① 세균 : 세균성 이질, 콜레라, 장티푸스, 디프테리아, 파라티푸스, 페스트, 결핵
② 바이러스 : 일본뇌염, 인플루엔자, 소아마비, 두창, 홍역, 수두, 유행성 간염
③ 곰팡이 : 무좀, 버짐, 부스럼
④ 리케치아 : 발진티푸스, 발진열
⑤ 원충류 : 말라리아, 아메바성 이질, 아프리카 수면병
⑥ 기생충 : 회충, 구충, 선모충, 조충류

2) 침입 부위별에 따른 감염
① 직접 접촉감염 : 매독, 임질 등이 있다.
② 간접 접촉감염 : 비말 감염병으로 대화 시에 나오는 환자나 보균자의 기침, 침, 재채기 등 비말 내의 병원균에 의한 감염을 말한다(디프테리아, 인플루엔자, 성홍열 등).
③ 진애 감염병 : 오염된 먼지의 흡입을 통해 감염되는 것을 말한다(나병, 결핵, 천연두, 디프테리아 등).
④ 개달물 감염병 : 서적, 의복, 음식물, 식기, 완구, 우유 등을 매개로 감염되는 것을 말한다(나병, 결핵, 트라코마, 천연두 등).
⑤ 수인성 감염병 : 장티푸스, 파라티푸스, 이질, 콜레라, 소아마비 등을 말한다.
⑥ 토양 감염병 : 파상풍(경피감염), 구충, 보툴리누스균 등을 말한다.
⑦ 경피 침입 감염병
　• 피부접촉에 의한 경피 침입 : 와일씨병, 십이지장충 등
　• 상처를 통한 경피 침입 : 파상풍, 매독, 한센병 등
　• 곤충, 동물에 의한 경피 침입 : 모기, 이, 벼룩, 진드기, 쥐, 개 등

 | 진짜 기출문제 명확하게 기억하기

다음 중 이·미용실에서 사용하는 타월을 철저하게 소독하지 않았을 때 주로 발생할 수 있는 감염병은?

① 장티푸스　　　　　　　　　② 트라코마
③ 페스트　　　　　　　　　　④ 일본뇌염

정답 ②

4 숙주의 감수성

① 비특이적 저항력 : 피부, 점막, 림프계
② 특이적 저항력(면역) : 특정한 병원체만 작용하는 저항력으로 항체 생성에 의한 면역을 말한다.

③ 면역

선천면역	종속, 인종, 개인차		
후천면역	능동면역	자연능동면역	각종 감염병에 감염된 후에 형성되는 면역
		인공능동면역	예방접종에 의해 획득되는 면역
	수동면역	자연수동면역	모체로부터 태반이나 수유를 통하여 전달받은 면역
		인공수동면역	다른 사람이나 동물이 형성한 항체를 투여하여 획득되는 면역

5 법정 감염병

"감염병"이란 제1군감염병, 제2군감염병, 제3군감염병, 제4군감염병, 제5군감염병, 지정감염병, 세계보건기구 감시대상 감염병, 생물테러감염병, 성매개감염병, 인수공통감염병 및 의료관련 감염병을 말한다.

제1군 감염병	마시는 물 또는 식품을 매개로 발생하고 집단 발생의 우려가 커서 발생 또는 유행 즉시 방역대책을 수립하여야 하는 감염병	콜레라, 장티푸스, 파라티푸스, 세균성 이질, 장출혈성 대장균감염증, A형간염
제2군 감염병	예방접종을 통하여 예방 및 관리가 가능하여 국가예방접종사업의 대상이 되는 감염병	디프테리아, 백일해, 파상풍, 홍역, 유행성 이하선염, 풍진, 폴리오, B형간염, 일본뇌염, 수두, B형헤모필루스 인플루엔자, 폐렴구균
제3군 감염병	간헐적으로 유행할 가능성이 있어 계속 그 발생을 감시하고 방역대책의 수립이 필요한 감염병	말라리아, 결핵, 한센병, 성홍열, 수막구균성 수막염, 레지오넬라증, 비브리오패혈증, 발진티푸스, 발진열, 쯔쯔가무시증, 렙토스피라증, 브루셀라증, 탄저, 공수병, 신증후군출혈열, 인플루엔자, 후천성 면역결핍증(AIDS), 매독, 크로이츠펠트-야콥병(CJD) 및 변종크로이츠펠트-야콥병(vCJD)
제4군 감염병	국내에서 새롭게 발생하였거나 발생할 우려가 있는 감염병 또는 국내 유입이 우려되는 해외유행 감염병으로서 보건복지부령으로 정하는 감염병	페스트, 황열, 뎅기열, 바이러스성 출혈열, 두창, 보툴리눔독소증, 중증 급성 호흡기증후군(SARS), 동물인플루엔자 인체감염증, 신종인플루엔자, 야토병, 큐열(Q熱), 웨스트나일열, 신종감염병증후군, 라임병, 진드기매개뇌염, 유비저(類鼻疽), 치쿤구니야열, 중증열성 혈소판감소증후군(SFTS), 자카바이러스감염증
제5군 감염병	기생충에 감염되어 발생하는 감염병으로서 정기적인 조사를 통한 감시가 필요하여 보건복지부령으로 정하는 감염병	회충증, 편충증, 요충증, 간흡충증, 폐흡충증, 장흡충증

진기
명기 | 진짜 기출문제 명확하게 기억하기

법정 감염병 중 제4군 감염병에 속하는 것은?

① 콜레라   ② 디프테리아

③ 황열   ④ 말라리아

정답 ③

6 감염병 관리

1) 급성 감염병 관리
① 소화기계 : 장티푸스, 파라티푸스, 콜레라, 세균성이질, 폴리오, 유행성 간염
② 호흡기계 : 홍역, 유행성 이하선염, 풍진, 디프테리아, 백일해, 천연두
③ 절지동물 : 일본뇌염, 말라리아, 발진티푸스, 페스트, 유행성 출혈열
④ 동물 : 광견병, 탄저, 렙토스피라증, 브루셀라증

2) 만성 감염병 관리
결핵, 나병, 유행성 간염, 매독, 임질, 후천성 면역결핍증, 트라코마 등이 있다.

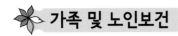
| 진짜 기출문제 명확하게 기억하기

절지동물에 의해 매개되는 감염병이 아닌 것은?

① 유행성 일본뇌염   ② 발진티푸스

③ 탄저   ④ 페스트

정답 ③

🌸 가족 및 노인보건

1 가족보건

1) 모자보건
① 모자보건법의 정의에 따르면 모성 및 영유아의 생명과 건강을 보호하고 건전한 자녀의 출산과 양육을 도모함으로써 국민보건 향상에 이바지함을 목적으로 한다.
② 모자보건이 중요한 이유
  • 영유아 및 모성의 인구가 전체 인구의 60~70%를 차지한다.
  • 임산부와 영유아들은 건강 취약 대상이기 때문이다.

2) 영유아보건
① 생후 1주까지를 초생아, 생후 4주까지를 신생아, 1년까지를 영아라고 하며 모성의 영향을 크게 받는 시기이며, 4세 이하를 유아라고 한다.
② 영아사망 : 대부분 신생아 기간에 발생한다.
③ 유아사망 : 1~4세인 유아사망은 낙상, 화상, 익사 등의 사고사가 가장 많고, 폐렴 및 기관지염, 소화기염, 이질의 순서이다.

3) 성인보건

① 40세 전후를 향로기 또는 중년기라고 하고 45~55세를 초로기, 55~65세를 점로기, 65세 이상을 노쇠기라고 한다.

② 중년기에는 질병을 예방하고 건강을 유지하기 위하여 균형있는 영양섭취 및 규칙적인 생활이 필요하다.

③ 식생활 관리 : 정상 체중을 유지하도록 총 섭취량을 조절하고 당질의 양을 조절하며 과음이나 과식을 피한다.

④ 생활습관 개선 : 스트레스 해소, 금연 및 금주, 과로와 수면부족 피하고 규칙적인 운동을 한다.

② 노인보건의 특성

1) 노인보건

① 노인보건의 대상인 노인에 대한 정의는 65세 전후의 인구를 의미하며, 노인에 대한 임상의학적, 생물학적, 역사적, 사회학적 등 여러 가지 특성과 제반 문제들을 과학적으로 연구한다.

② 노인보건은 노인인구의 신체적, 사회적, 정신적 건강을 유지하고 증진시키기 위하여 관련된 보건의료 자원을 효율적으로 조달하고 분배하며 관리하는 분야이다.

2) 노인보건의 특성

① 개인차가 있긴 하지만 보통 40세가 넘으면 체력이 쇠퇴하고 노화가 진행된다.

② 노화현상에서 생기는 노인성 질환을 노인병이라고 하며, 퇴행성 변화로 일어나는 동맥경화증, 만성 폐기종, 척추나 관절의 퇴행성 변화 등이 있다.

③ 질병 관리

1) 질병 관리의 필요성

노화가 진행되면서 생체항상성의 부조화가 야기되어 신진대사가 원활하지 않고 여러 기능이 감퇴된다. 성인병이 발생되는 원인은 내분비 계통의 이상 및 변화와 원인 환경에의 반복적인 노출과 면역학적 기전의 변화 등에 의한다.

2) 고혈압

① 고혈압은 병명이라기보다는 증세라고 볼 수 있으며, 최고혈압 150~160mmHg 이상, 최저혈압 90~95mmHg 이상을 고혈압으로 간주한다.

② 고혈압을 일으킨 원인을 알 수 있는 것(2차성 또는 속발성)과, 원인을 알 수 없는 것으로 유전적인 요소를 가진 것(1차성 또는 본태성)이 있는데 본태성 고혈압이 90~95% 정도이다.

③ 주요증상 : 뇌신경 증상, 심장과 신장 증상 등

④ 고염식을 피하고 과식을 하지 말며, 체중감소와 양질의 단백질을 충분히 섭취하여 발생요인을 감소시킨다.

Part Ⅲ 공중위생 관리학

3) 당뇨병

① 당뇨병은 인슐린의 부족으로 혈액 중 포도당이 높아져 소변으로 포도당이 배출되는 만성 질환이다.

② 증상 : 다뇨, 다갈, 다식, 권태, 체중감소, 당뇨성 산중독(혼수)

③ 당뇨병은 완치가 불가능하며 진행을 정지시킴과 동시에 합병증 발생을 예방해야 한다.

4) 동맥경화증

① 혈관에 지질 중 콜레스테롤, 중성지질 등이 침착하여 혈관 내강을 좁히고 탄력을 잃게 하는 병변이다.

② 가장 중요한 발생 원인은 고혈압이며, 체내 지질 대사 이상, 호르몬 대사 이상, 유전적 요인, 식생활 등에 의해 일어난다.

③ 주요 병변은 전신에서 일어날 수 있으나 대동맥, 뇌, 심장, 신장 등의 혈관에 나타나 문제가 된다.

④ 비만이 되지 않도록 체중관리에 적합한 영양 섭취를 하며, 과로와 자극을 피하고 규칙적인 생활을 한다.

5) 뇌졸중

① 뇌의 혈액순환 장애에 의해 일어나며 급격한 의식장애와 운동마비를 수반하는 증후군으로 뇌출혈에서 많이 나타난다.

② 뇌출혈의 가장 큰 원인은 고혈압이며 뇌경색의 중요한 원인은 혈전 형성이다.

③ 예방 : 급격한 온도변화나 충격을 피하고, 규칙적인 생활을 하면서 적합한 식이요법을 하면서 정기적인 건강 진단을 실시하며 조기 발견과 치료에 노력한다.

❀ 환경보건

1 환경위생의 개념

① 건강에 영향을 주는 요인은 숙주, 병인, 환경이다.

② 자연적 환경

• 물리적 : 기온, 기습, 기류, 기압, 방사선, 일광, 소음, 진동

• 화학적 : 공기의 조성, 물, 토양의 화학적 조성

• 생물학적 : 병원미생물, 기생충, 위생곤충류, 쥐

• 지리적 : 지형, 하천, 호수, 해안, 식물, 경치

③ 인위적 환경
- 기본적 : 의, 식, 주
- 사회적 : 정치, 경제, 교육, 인구, 산업구조, 교통, 복지

2 기후와 공기, 물

1) 공기
① 습도(기습)
- 절대습도 : 일정온도의 공기 1m³에 함유된 수증기량 또는 장력
- 상대습도 : 일정온도에서의 포화습도에 대한 절대습도의 백분율
② 기류 : 기동 또는 바람이라고 하며 기압의 차이로 발생한다.
③ 감각온도 : 기온, 기류, 기습의 3인자에 의해 이루어지는 온냉체감을 수치화한 도표로 구한다.
④ 불쾌지수(DI) : (건구온도 + 습구온도) × 0.72 + 40.6
- DI 〉 70 : 일부 사람이 다소 불쾌하다.
- DI 〉 75 : 50%의 사람이 불쾌하다.
- DI 〉 80 : 모든 사람이 불쾌하다.
- DI 〉 85 : 모든 사람이 매우 불쾌하다.
⑤ 일광 : 자외선, 적외선, 가시광선

2) 공기와 건강
① 일산화탄소 : CO의 혈색소에 대한 친화력은 산소의 약 200배가 되므로 미량으로도 건강장애를 일으킨다.
② 호흡 : 건강한 성인은 안정 시에 1시간당 500~600L의 공기를 호흡한다.

하나 더
- **공기의 자정작용**
  - 산소, 오존, 과산화수소 등에 의한 산화작용
  - 태양광선 중 자외선에 의한 살균작용
  - 공기 자체의 희석작용

3) 물과 건강
① 정수 : 수조에서 취수한 원수를 처리하는 과정으로 침전 → 여과 → 소독의 순서로 처리된다.
② 소독 : 상수도의 소독에 쓰이는 염소는 0℃ 4기압 하에서 액화시킨 액체염소이다. 염소소독 시 물 중 페놀화합물이 존재하면 클로로페놀이 생성되어 심한 악취가 발생한다.
③ 하수와 위생 : 하루처리장에 유입된 하수는 예비처리 → 본처리 → 오니처리 등의 3단계로 처리된다.

3 주택보건

① 쾌적한 실내온도 : 거실 18±2℃, 침실 15±1℃, 병실 21±2℃, 실내습도 40~70%

② 채광과 조명 : 평상 시 생활하는 데는 100~1,000 lx정도의 조명이 필요하다.

③ 의복위생 : 의복의 보온력 단위인 클로(clo)는 기온 21.2℃, 상대습도 50% 이하, 기류 10cm/sec의 환경조건 하에서 의자에 편히 앉아 있는 안정 상태의 사람이 쾌적감을 느끼는 평균 온도인 33.3℃를 유지할 수 있는 의복의 보온력을 말한다.

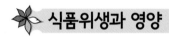 식품위생과 영양

1 식품위생에 대한 정의

① 세계보건기구(WHO)의 정의

식품위생이란 식품의 생육·생산·제조에서 최종적으로 사람에게 섭취될 때까지의 모든 단계에서 식품의 안정성·건전성 및 완전 무결성을 확보하기 위하여 필요한 모든 수단을 말한다.

② 우리나라 식품위생법의 정의

식품으로 인하여 생기는 위생상의 위해를 방지하고 식품영양의 질적 향상을 도모하며 식품에 관한 올바른 정보를 제공하여 국민보건의 증진에 이바지함을 목적으로 한다.

2 열량소의 작용

탄수화물	• 탄수화물은 C. H. O의 3원소로 구성되어 있는 중요한 열량원이다. • 1g당 4kcal의 열량을 내며, 탄수화물이 부족하거나 소모가 끝나면 단백질이 분해되어 열량원이 되어 단백질 절약 작용을 한다.
단백질	신체를 구성하는 주요 성분으로서 약 20종의 아미노산이 결합되어 있는 고분자 화합물이다.

지방	• 1g당 9kcal의 열량을 내며 탄수화물과 단백질의 2배 이상이 된다. • 부족 시 빈혈, 허약, 피부질병에 대한 면역력이 저하될 수 있다. • 지방이 풍부한 식품 : 식물성 오일, 버터, 육류 등

무기질	• 신체의 기능조정을 하는 조절영양소로 부족하면 여러 가지 생리적 이상이 발생한다.
	  – 철분(Fe) : 혈액의 구성성분으로 간, 고기, 노른자에 특히 많이 함유되어 있다.
	  – 인(P) : 뼈와 치아, 뇌신경의 주성분으로 지방과 탄수화물의 에너지 대사에 관여한다.
	  – 요오드(I) : 갑상선 기능을 유지하며, 해조류에 많이 포함되어 있다.

비타민	• 인체 내에서는 생성되지 않으므로 식품을 통해 섭취해야 한다.
	  – 지용성 비타민(A, D, E, K)
	  – 수용성 비타민(B 복합체, C)

❸ 식품과 감염병

1) 감염의 종류

① 경구감염병 : 식품을 통해서 인간에게 감염될 수 있는 감염병으로 겨울철보다 여름철에 많다.

② 세균성 감염병 : 장티푸스, 세균성 이질, 파라티푸스, 콜레라 등

③ 바이러스성 감염병 : 소아마비, 유행성 간염 등

④ 인수공통감염병 : 결핵, 탄저, 브루셀라, 야토병, 돈단독 등

2) 식품을 통한 감염

① 채소를 통한 질환

• 요충 : 직장 내 기생하는 성충이 항문 주위에 산란하여 경구 침입

• 회충 : 파리나 바퀴벌레 등에 의해 식품이나 음식물에 오염되어 경구 침입

• 구충 : 경구감염 빛 경피 침입

• 편충 : 특히 맹장에 기생하며 신경증과 빈혈, 설사증 일으킴

• 동양모양선충 : 위, 소장, 십이지장 등에 기생

• 아니사키스증 : 제1중간숙주는 크릴새우 등의 바다갑각류, 제2중간숙주는 해산어에서 고래

② 수육을 통한 질환

• 돼지고기 : 유구조충(갈고리촌충, 돼지고기촌충으로 돼지고기 생식에 의해 감염), 선모충

• 소고기 : 무구조충(민촌충, 쇠고기촌충으로 급속 냉동에서도 사멸되지 않음)

③ 담수어를 통한 질환

• 왜우렁이, 담수어 : 간디스토마(제1중간숙주 왜우렁, 제2중간숙주 민물고기)–참붕어, 간흡충, 광절열두조충(긴촌충으로 제1중간숙주 물벼룩, 제2중간숙주 민물고기[송어, 연어 등])

• 다슬기, 가재, 게 : 폐디스토마(제1중간숙주 다슬기, 제2중간숙주 가재, 게), 요코가와흡충(제1중간숙주 다슬기, 제2중간숙주 민물고기[은어]), 이형흡충 등

④ 해산어류를 통한 질환

• 갑각류, 고등어, 갈치, 전갱이, 청어, 대구, 조기 : 아나사키스증

4 식중독

1) 식중독의 개념

미생물 대사산물인 독소, 유독 화학물질, 식품재료 등의 음식물 섭취에 의해 발생되는 위장염 동반 장애이다. 발생지역이 국한되어 있고 주로 여름철에 집단적으로 많이 발병된다.

2) 식중독의 분류

① 세균성 식중독

• 살모넬라 식중독 : 동물성 식품, 유제품, 어패류 등에 의해 발병하며 급성 위장염을 나타내고 발열과 오한이 함께 온다.

• 장염비브리오 식중독 : 어패류와 가공품 등에 의하며 2~5% 식염에서 잘 자란다. 열에 약하고 담수에 의해 사멸되므로 생식을 피하고 조리기구를 위생적으로 사용한다.

• 병원성 대장균 : 사람에서 사람에게로 감염되는 질병으로 잠복기가 10~30시간 정도이며 급성 위장염, 두통, 발열, 구토, 설사, 복통 등의 증상을 나타낸다.

② 독소형 식중독

• 포도상구균 : 화농성 질환으로 장독소가 원인이며, 120℃에서 20분간 가열하여도 거의 파괴되지 않으나, 218~248℃에서 30분이면 파괴된다.

• 보툴리누스균 : 신경계 증상이 주증상이며, 치명률이 가장 높은 식중독이고 통조림, 소시지의 위생적 보관 및 가공처리로 예방한다.

③ 동물성 자연독

• 복어 : 복어의 난소나 간 등에 많이 함유되어 있고, 내열성이 강하여 열에 가열해도 파괴되지 않는다.

• 패류(조개류 중독) : 모시조개 · 굴 · 바지락 중독, 홍합(검은조개 · 대합조개 · 섭조개) 등의 중독으로 말초신경마비가 나타난다.

④ 유독 금속류에 의한 중독

- 납(Pb) : 조리기구에 의해 중독되며 구토, 위통, 혼수, 체중감소, 지각소실, 사지마비 등을 일으킨다.
- 비소(As) : 농약의 잔류, 불량 기구 등에 의하며 연하곤란 및 설사, 구토 등을 일으킨다.
- 구리(Cu) : 식기에서 용출되고 구토, 복통, 발한, 경련, 호흡곤란 등을 일으킨다.
- 카드뮴(Cd) : 식기나 용기 등의 도금에 이용되며 중독 시 구토, 복통, 설사, 신장장애와 골연화증, 요통 등을 일으킨다.
- 수은(Hg) : 체내 장기간 축적되어 만성 중독이 된다.

❋ 보건행정

1 보건행정

① 공중보건학의 원리를 통해 국민의 건강과 정신적 안녕을 도모하는 목적을 달성하기 위해 수행하는 행정활동이다.
② 공공의 책임으로 국민보건향상을 위하여 시행하는 활동의 총칭으로 보건지식과 기술을 하나로 묶은 기술행정을 의미한다.
③ 보건행정의 효율적 수행의 3대 방향은 보건관계법규, 보건교육, 보건봉사이다.
④ 공중보건사업의 3대 요건은 보건행정, 보건법, 보건교육(가장 효율적인 사업)으로 구분한다.
⑤ WHO에서 제시한 보건행정의 범위는 보건 관련 통계의 수집·분석·보존, 보건교육, 환경위생, 감염병 관리, 모자보건, 의료, 보건간호 등이다.

2 보건행정의 분류

① 일반보건행정은 보건복지부 보건정책국 및 환경부 소관이며, 예방보건행정, 모자보건행정, 의료보험행정으로 구분한다.
② 보건복지부의 일반보건행정, 교육부의 학교보건행정, 고용노동부의 근로보건행정이 있다.

 | 진짜 기출문제 명확하게 기억하기

세계보건기구에서 규정한 보건행정의 범위에 속하지 않는 것은?

① 보건관계 기록의 보존　　　　② 환경위생과 감염병 관리

③ 보건통계와 만성병 관리　　　　④ 모자보건과 보건간호

정답 ③

Chapter 02 소독학

🌸 소독의 정의 및 분류

1 소독의 작용원리와 관련용어

1) 소독의 작용원리

① 소독은 균체 내 단백질의 변성과 응고작용을 일으킨다.

② 세포의 용해작용을 한다.

③ 효소계에 침투하여 세포막과 세포벽을 파괴하는 작용을 한다.

2) 소독에 영향을 미치는 요소

① 온도 : 온도의 영향을 받는다.

② 수분 : 적절한 수분이 필요하다.

③ 시간 : 소독제에 따라 농도와 시간을 지킨다.

3) 소독 관련용어

① 살균 : 세균을 죽이는 것이다.

② 멸균 : 병원균, 아포 등의 미생물을 사멸시키는 것이다.

③ 소독 : 감염을 일으킬 수 있는 병원성 균을 사멸시키는 것이다.

④ 방부 : 병원성 미생물의 발육을 저지시키는 것이다.

⑤ 무균 : 미생물이 존재하지 않는 상태를 말한다.

2 소독법의 분류

1) 이학적 소독방법

① 건열멸균법 : 화염멸균법, 건열멸균법

② 습열멸균법 : 자비소독법(100℃에서 20분), 고압증기멸균법(100~135℃에서 15~20분), 간헐멸균법, 저온소독법(62~63℃에서 30분), 초고온순간멸균법(130~140℃에서 2~3초)

2) 화학적 소독법

① 소독약 구비조건 : 살균력이 강할 것, 부식성과 표백성이 없을 것, 용해성이 높을 것, 안정성이 있을 것, 사용법이 간편하고 저렴할 것

② 소독약의 살균기전 : 산화작용, 불활화작용, 가수분해작용, 탈수작용 등

③ 소독약의 종류 : 석탄산, 크레졸, 승홍, 생석회(산화칼슘), 포르말린, 과산화수소, 역성비누, 약용비누 등

④ 석탄산계수 : $\dfrac{\text{소독약의 희석배수}}{\text{석탄산의 희석배수}}$

 진짜 기출문제 명확하게 기억하기

▶ 자비소독법 시 일반적으로 사용하는 물의 온도와 시간은?

① 150℃에서 15분간   ② 135℃에서 20분간

③ 100℃에서 20분간   ④ 80℃에서 30분간

정답 ③

▶ 석탄산 10% 용액 200mL를 2% 용액으로 만들고자 할 때 첨가해야 하는 물의 양은?

① 200mL   ② 400mL

③ 800mL   ④ 1,000mL

정답 ③

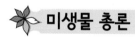 미생물 총론

① 미생물의 정의와 역사 및 분류

1) 미생물의 정의

① 육안으로 식별이 불가능하여 광학현미경으로 관찰이 가능한 미세한 생물이다.

② 주로 단일세포 또는 균사로 몸을 이루고 있다.

③ 원생동물류(Protozoa), 조류(Algae), 균류(Bacteria), 사상균류(Mold), 효모류(Yeast)와 한계적 생물이라고 할 수 있는 바이러스(Virus) 등이 이에 속한다.

2) 미생물의 역사

① 생물 발생에 관한 논쟁

• 자연발생설 : 자연적으로 무기물로부터 발생한 것이라는 주장으로 고대 로마시대부터 중세 이후 르네상스시대까지 이어졌다.

• 생물속생설 : 이탈리아의 생물학자였던 레디에 이어 니담, 파스퇴르의 실험으로 확립되었다.

② 미생물의 발견
- 로버트 훅(Robert Hooke) : 1665년 광학현미경으로 썬 코르크를 관찰하였으며, 세포(Cell)라는 용어를 만들었다.
- 안톤 반 레벤훅(Anton van Leeuwenhoeck) : 1673년에 단일렌즈 현미경으로 살아 있는 미생물을 최초로 관찰하였다.

3) 미생물의 분류
① 곰팡이(Filamentous Fungi) : 병원성 미생물로 발효식품이나 항생물질에 유용하게 사용되며, 누룩곰팡이, 푸른곰팡이, 털곰팡이, 거미줄곰팡이가 있다.
② 효모(Yeast) : 포도주, 메주 등의 발효식품에 이용되며 발육 최적온도는 25~30°C이다.
③ 리케치아(Rickettsia) : 세균과 바이러스의 중간에 속하는 미생물로 발진티푸스나 발진열 등의 원인이 된다.
④ 바이러스(Virus) : 미생물 중 가장 작아 숙주에 의존하며 증식한다.
⑤ 박테리아(Bacteria) : 구균, 간균, 나선균, 대장균 등이 있으며 분변오염의 지표균으로 사용된다.
⑥ 원생동물(Protozoa) : 이질, 아메바처럼 간단한 단세포로 구성되어 분열 또는 출아에 의해 증식한다.

❷ 미생물 증식에 영향을 주는 요인

수분	• 몸체를 구성하고 생리기능을 조절하는 성분으로 보통 40% 이상 필요하다. • 수분활성 : 생육에 필요한 수분량은 세균(Aw 0.94) > 효모(Aw 0.88) > 곰팡이(Aw 0.80) 순서이며, 일반적으로 Aw 0.6 이하에서는 미생물 증식이 억제된다.
온도	• 저온균 : 최적온도 15~20°C • 중온균 : 대부분의 병원성 세균으로 최적온도 25~37°C • 고온균 : 최적온도 50~60°C
수소이온농도(pH)	pH 6.5~7.5에서 가장 잘 증식한다.

산소	• 호기성균 : 산소를 필요로 하는 곰팡이, 결핵균, 디프테리아균
	• 혐기성균 : 산소를 필요로 하지 않는 균
	   – 통성혐기성균 : 산소가 있더라도 이용되지 않는 대장균, 포도상구균, 젖산균
	   – 편성혐기성균 : 산소가 있으면 생육에 지장을 받는 보툴리누스균, 파상풍균

삼투압	일반세균은 3% 정도의 식염에서 증식이 억제된다.
광선 방사선	• 가시광선 • 자외선 : 260mm 파장이 살균력이 가장 강하다. • 방사선 : 자외선보다 파장이 짧고 투과력이 높다.

| 진짜 기출문제 명확하게 기억하기

호기성 세균이 아닌 것은?

① 결핵균   ② 백일해균

③ 파상풍균   ④ 녹농균

정답 ③

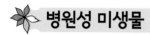 병원성 미생물

1 바이러스

1) 바이러스의 개념

① 살아 있는 생명체 중 20~300nm 크기로 가장 작다.

② 생존에 필요한 물질로 숙주에 의존해서 살아간다.

③ 소독제로 56℃ 이상에서 30분 이상 가열 시 감염력이 상실된다.

④ 질병을 발생시키며 접촉으로 다른 사람에게 전염시킨다.

2) 바이러스의 분류

① 동물 바이러스 : 폴리오 바이러스, 폭스 바이러스 등이 있다.

② 식물 바이러스 : 식물 세포를 감염시키는 것이다.

③ 세균 바이러스 : 세균에 침입하는 바이러스이다.

2 세균

1) 세균의 개념

① 번식속도가 빠르고 유해물질을 발생시켜 질병을 전염시킨다.

② 인간에게 감염시키는 질병의 가장 큰 원인이다.

③ 미생물 또는 세균이라고 하며 동물의 조직에 침입하여 서식한다.

2) 세균의 분류

간균 (Bacillus)	• 원통형 또는 막대기처럼 길쭉한 모양이다. • 디프테리아에서 볼 수 있는 연쇄상간균은 쌍을 이루거나 연쇄상으로 배열되어 있다. • 간균은 길이가 폭보다 약간 길다.
구균 (Coccus)	• 포도상구균 : 포도송이 모양으로 분열방향이 불규칙하며 화농증을 유발한다. • 연쇄상구균 : 사슬모양의 구균으로 한쪽 방향으로 분열한다. • 그 외 단구균, 쌍구균, 4연구균, 8연구균 등이 있다.
나선균 (Spirillum)	• 나선형이나 꼬여 있는 코일형이다. • 가늘고 길게 꼬여 있는 모양으로 되어 있으며 한 번 꼬인 것도 있고, 여러 번 꼬인 형태도 있다. • 나선균은 콤마처럼 생긴 호균과 나선균으로 구분한다.

3 리케치아

① 세균보다 작고 바이러스보다 큰 짧은 막대 모양이다.

② 사람과 가축, 동물 등에 감염되는 인수공통 미생물병원체이다.

③ 종류 : 발진티푸스, 발진열, 지중해열, 쯔쯔가무시병 등이 있다.

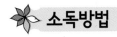

1 자연소독법

① 희석 : 살균효과 없이도 균 수를 감소시킨다.

② 태양광선 : 도노선(290~320nm) 파장의 강한 살균작용을 한다.

③ 한랭 : 세균의 발육을 저지하며, 사멸되지 않는다.

2 물리적 소독법

1) 건열멸균법

화염멸균법	• 20초 이상 불꽃 속에 접촉하여 살균하는 방법 • 금속류, 유리봉, 백금루프, 도자기류 소독 • 이 · 미용기구 소독에 적합한 표면의 미생물 멸균
소각법	• 오염된 티슈, 수건 등의 오물을 태우는 방법 • 화염멸균법 중 가장 강력한 멸균력
건열멸균법	• 170℃에서 1~2시간 처리 • 유리기구, 주사침, 유지, 글리세린, 분말, 금속류, 자기류 등에 사용

2) 습열멸균법

자비소독법	•끓는 물 100℃ 이상에서 15~20분간 처리 •아포균이 완전하게 소독되지 않아 완전멸균은 불가능
고압증기멸균법	•포자균 멸균에 가장 좋은 방법 •115.5℃에서 30분 멸균, 126.5℃에서 15분 멸균
간헐멸균법	•코흐(Koch) 멸균법 사용 •100℃ 증기에서 30~60분 가열
저온소독법	•60~65℃에서 30분 소독 •고온처리 불가능한 물품 소독
초고온 순간멸균법	135℃에서 2초간 처리

3) 비열처리법

자외선멸균법	•2,650Å의 파장 사용 •무균실, 제약실, 수술실 등의 기구, 용기 등 소독
초음파멸균법	•8,800 cycle 음파, 200,000Hz 이상의 진동으로 살균 •식품, 액체약품, 시약 등 멸균
방사성멸균법	•세포내핵의 DNA나 RNA의 작용으로 단시간 살균 •^{50}C, ^{137}CS 등 방사능으로 멸균 •각종 용기, 플라스틱, 포장 등 투과력으로 멸균
냉동법	살균효과 없지만, 균의 번식 및 활동 억제
세균여과법	화학물질, 액체물질(열을 이용할 수 없는 시약, 주사제)에 이용
무균조작법	•미생물 오염방지 •멸균된 물체 오염방지(무균작업대, 무균실 등)
희석	일정 농도 이상의 균주 소독

③ 화학적 소독법

1) 소독약의 구비조건

① 살균력이 강할 것

② 물품의 부식성, 표백성이 없을 것

③ 용해성이 높고, 안정성이 있을 것

④ 경제적이고, 사용방법이 간편할 것

2) 화학적 소독법의 종류

① 석탄산(페놀)

•3%의 수용액을 사용하며, 석탄산계수를 가진다.

•석탄산계수 = 소독약의 희석배수/석탄산의 희석배수

•살균력이 안정되며 유기물 소독에도 양호하다.

•독성이 강하여 피부점막에 자극성과 마비성을 유발하고 금속을 부식시킨다.

② 크레졸
- 3%의 수용액을 사용하며, 석탄산의 3배 소독력을 지닌다.
- 세균소독에 효과가 좋으면서도 피부 자극성이 없다.
- 취기가 강하며 바이러스 소독에 효과가 없다.

③ 승홍수
- 살균력이 강하지만 맹독성이어서 피부소독에는 0.1~0.5%의 수용액을 사용한다.
- 금속을 부식시키고, 식기류나 장난감 등에 사용할 수 없다.

④ 생석회
- 물 80에 20을 사용하며 값이 싸고 하수 등의 오물 소독에 좋다.
- 공기 중에 장기간 방치하면 살균력이 떨어진다.

⑤ 과산화수소수 : 3%의 수용액으로 사용하며, 자극성이 적다.

⑥ 알코올 : 피부 및 기구 소독에 살균력이 강하지만 아포균에는 효과가 없다.

⑦ 머큐로크롬 : 2% 수용액으로 지속성을 가져 점막이나 피부상처에 쓰인다.

⑧ 역성(양성)비누 : 0.01~0.1% 수용액으로 소화기계 감염병 병원체에 효과가 좋아 조리기구나 식기류에 쓰인다.

⑨ 약용비누 : 손, 피부에 쓰이며 살균과 세정을 동시에 한다.

⑩ 포르말린 : 0.02~0.1% 수용액으로 훈증 소독에 쓰인다.

3) 소독력 순서

멸균 → 소독 → 방부

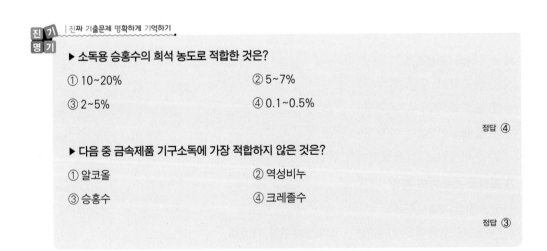

| 진짜 기출문제 명확하게 기억하기

▶ 소독용 승홍수의 희석 농도로 적합한 것은?

① 10~20%　　　　② 5~7%

③ 2~5%　　　　④ 0.1~0.5%

정답 ④

▶ 다음 중 금속제품 기구소독에 가장 적합하지 않은 것은?

① 알코올　　　　② 역성비누

③ 승홍수　　　　④ 크레졸수

정답 ③

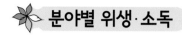 **분야별 위생·소독**

1 소독약의 종류

① 석탄산(Phenol) : 3%(3~5%)의 수용액을 사용하며 단백질 응고작용이 있다. 고온일수록 소독효과가 크기 때문에 열탕수로 사용하며 금속에는 사용하지 않는 것이 좋다.

② 크레졸(Cresol) : 3~5% 수용액으로 사용하며, 크레졸 비누액 3에 물 97의 비율로 크레졸 비누액을 만들어 손, 오물, 객담 등의 소독에 사용한다. 3%로 사용하면 피부 자극은 약하지만 소독력은 석탄산보다 강하다.

③ 승홍(昇汞) : 0.1~0.5% 농도로 사용하며 맹독성이어서 식기구나 피부소독에는 적당하지 않다. 승홍 1 + 식염 1 + 물 1,000의 비율로 사용하며 온도 상승에 따라 살균력도 비례하여 증가한다.

④ 생석회(CaO) : 분변, 하수, 오수, 오물, 토사물 등의 소독에 적당하며, 포자를 형성하는 세균이 아니면 효과가 있다.

⑤ 과산화수소(H_2O_2) : 3%의 수용액으로 사용하며 자극성이 적어 구내염, 인후염, 입안 세척, 상처 등에 사용된다.

⑥ 알코올(Alcohol) : 피부 및 기구소독에 사용하며 상처, 눈, 구강, 비강, 음부 등의 점막에는 사용하지 않는 것이 좋다.

⑦ 머큐로크롬(Mercurochrome) : 점막 및 피부상처에 사용하며 자극성은 없으나 살균력이 강하지 않다.

⑧ 역성비누 : 무미, 무해하여 자극성과 독성이 없어 침투력, 살균력이 강하다. 10% 용액을 200~400배 희석하여 손소독에 사용하며, 과일, 채소, 식기 등에는 0.01~0.1%로 사용한다.

⑨ 약용비누 : 손, 피부소독 등에 주로 사용된다.

⑩ 포르말린 : 포름알데히드를 물에 녹여 35~37.5% 수용액으로 만든 것으로 의류, 도자기, 목제품, 셀룰로이드, 고무제품 등을 소독한다.

⑪ 포름알데히드(HCHO) : 강한 환원력이 있고, 낮은 온도에서 살균작용을 한다.

⑫ 염소제 : 자주 이용하는 약품으로 표백분 혹은 차아염소산나트륨이 있으며 일광과 열에 분해되지 않도록 냉암소에서 보관한다.

▶ 석탄산 소독에 대한 설명으로 틀린 것은?

① 단백질 응고작용이 있다.

② 저온에서는 살균효과가 떨어진다.

③ 금속기구 소독에 부적합하다.

④ 포자 및 바이러스에 효과적이다.

정답 ④

▶ 다음 중 하수도 주위에 흔히 사용되는 소독제는?

① 생석회

② 포르말린

③ 역성비누

④ 과망간산칼륨

정답 ①

2 소독대상물의 종류에 따른 소독 방법

① 대소변, 배설물, 토사물 : 소각법, 석탄산수(대상물과 동량), 크레졸수, 생석회 분말 등

② 의복, 침구류, 모직물 : 일광소독, 증기소독, 자비소독, 크레졸수, 석탄산수 등

③ 초자기구, 목죽제품, 도자기류 : 석탄산수, 크레졸수, 승홍수, 증기소독 및 자비소독

④ 고무제품, 피혁제품, 모피, 칠기 : 석탄산수, 크레졸수, 포르말린수 등

⑤ 화장실, 쓰레기통, 하수구 : 분변에는 생석회, 변기 또는 화장실 내부는 석탄산수, 크레졸수,
포르말린수 사용

⑥ 병실 : 석탄산수, 크레졸수, 포르말린수 사용

⑦ 환자 및 환자 접촉자 : 손은 석탄산수, 크레졸수, 승홍수, 역성비누를 사용

Chapter 03 공중위생관리법규

1. 목적 및 정의

목적

이 법은 공중이 이용하는 영업과 시설의 위생관리 등에 관한 사항을 규정함으로써 위생수준을 향상시켜 국민의 건강증진에 기여함을 목적으로 한다.

정의

① "공중위생영업"이라 함은 다수인을 대상으로 위생관리서비스를 제공하는 영업으로서 숙박업·목욕장업·이용업·미용업·세탁업·위생관리용역업을 말한다.

② "이용업"이라 함은 손님의 머리카락 또는 수염을 깎거나 다듬는 등의 방법으로 손님의 용모를 단정하게 하는 영업을 말한다.

③ "미용업"이라 함은 손님의 얼굴·머리·피부 등을 손질하여 손님의 외모를 아름답게 꾸미는 영업을 말한다.

2. 영업의 신고 및 폐업

영업의 신고 및 폐업신고

① 공중위생영업을 하고자 하는 자는 공중위생영업의 종류별로 보건복지부령이 정하는 시설 및 설비를 갖추고 시장·군수·구청장에게 신고하여야 한다.

② 공중위생영업의 신고를 한 자는 공중위생영업을 폐업한 날부터 20일 이내에 시장·군수·구청장에게 신고하여야 한다.

③ 신고의 방법 및 절차 등에 관하여 필요한 사항은 보건복지부령으로 정한다.

영업의 승계

① 공중위생영업자가 그 공중위생영업을 양도하거나 사망한 때 또는 법인의 합병이 있는 때에는 그 양수인·상속인 또는 합병 후 존속하는 법인이나 합병에 의하여 설립되는 법인은 그 공중위생영업자의 지위를 승계한다.

② 법에 의한 압류재산의 매각 그 밖에 이에 준하는 절차에 따라 공중위생영업 관련시설 및 설비의 전부를 인수한 자는 이 법에 의한 그 공중위생영업자의 지위를 승계한다.

3. 영업자 준수사항

위생관리

① 공중위생영업자는 그 이용자에게 건강상 위해요인이 발생하지 아니하도록 영업관련 시설 및 설비를 위생적이고 안전하게 관리하여야 한다.

② 미용업을 하는 자는 다음 사항을 지켜야 한다.

- 의료기구와 의약품을 사용하지 아니하는 순수한 화장 또는 피부미용을 할 것
- 미용기구는 소독을 한 기구와 소독을 하지 아니한 기구로 분리하여 보관하고, 면도기는 1회용 면도날만을 손님 1인에 한하여 사용할 것. 이 경우 미용기구의 소독기준 및 방법은 보건복지부령으로 정한다.
- 미용사면허증을 영업소 안에 게시할 것

공중위생영업자가 준수하여야 하는 위생관리기준

① 점빼기·귓볼뚫기·쌍꺼풀수술·문신·박피술 그 밖에 이와 유사한 의료행위를 하여서는 아니 된다.

② 피부미용을 위하여 「약사법」에 따른 의약품 또는 「의료기기법」에 따른 의료기기를 사용하여서는 아니 된다.

③ 미용기구 중 소독을 한 기구와 소독을 하지 아니한 기구는 각각 다른 용기에 넣어 보관하여야 한다.

④ 1회용 면도날은 손님 1인에 한하여 사용하여야 한다.

⑤ 영업장 안의 조명도는 75룩스 이상이 되도록 유지하여야 한다.

⑥ 영업소 내부에 미용업 신고증 및 개설자의 면허증 원본을 게시하여야 한다.

⑦ 영업소 내부에 최종지불요금표를 게시 또는 부착하여야 한다.

⑧ 신고한 영업장 면적이 66제곱미터 이상인 영업소의 경우 영업소 외부에도 손님이 보기 쉬운 곳에 「옥외광고물 등 관리법」에 적합하게 최종지불요금표를 게시 또는 부착하여야 한다. 이 경우 최종지불요금표에는 일부항목(5개 이상)만을 표시할 수 있다.

공중위생영업자의 불법카메라 설치 금지

공중위생영업자는 영업소에 「성폭력범죄의 처벌 등에 관한 특례법」 제14조 제1항에 위반되는 행위에 이용되는 카메라나 그 밖에 이와 유사한 기능을 갖춘 기계장치를 설치해서는 아니 된다.

 | 진짜 기출문제 명확하게 기억하기 .

이·미용 업소 내에 게시하지 않아도 되는 것은?

① 이·미용업 신고증   ② 개설자의 면허증 원본

③ 근무자의 면허증 원본   ④ 이·미용 요금표

정답 ③

4. 면허

면허발급 및 취소

① 이용사 또는 미용사가 되고자 하는 자는 다음에 해당하는 자로서 보건복지부령이 정하는 바에 의하여 시장·군수·구청장의 면허를 받아야 한다.

- 전문대학 또는 이와 동등 이상의 학력이 있다고 교육부장관이 인정하는 학교에서 이용 또는 미용에 관한 학과를 졸업한 자
- 대학 또는 전문대학을 졸업한 자와 동등 이상의 학력이 있는 것으로 인정되어 이용 또는 미용에 관한 학위를 취득한 자
- 고등학교 또는 이와 동등의 학력이 있다고 교육부장관이 인정하는 학교에서 이용 또는 미용에 관한 학과를 졸업한 자
- 교육부장관이 인정하는 고등기술학교에서 1년 이상 이용 또는 미용에 관한 소정의 과정을 이수한 자
- 국가기술자격법에 의한 이용사 또는 미용사의 자격을 취득한 자

② 다음에 해당하는 자는 이용사 또는 미용사의 면허를 받을 수 없다.

- 피성년후견인
- 정신질환자. 다만, 전문의가 이용사 또는 미용사로서 적합하다고 인정하는 사람은 그러하지 아니하다.
- 공중의 위생에 영향을 미칠 수 있는 감염병환자로서 보건복지부령이 정하는 자
- 마약 기타 대통령령으로 정하는 약물 중독자
- 면허가 취소된 후 1년이 경과되지 아니한 자

③ 시장·군수·구청장은 이용사 또는 미용사가 다음에 해당하는 때에는 그 면허를 취소하거나 6월 이내의 기간을 정하여 그 면허의 정지를 명할 수 있다.

- 「국가기술자격법」에 따라 자격이 취소된 때나 자격정지처분을 받은 때
- 법률 위반 사실을 통보받은 때
- 이용사 또는 미용사의 면허를 받을 수 없는 사항에 해당되었을 때
- 면허증을 다른 사람에게 대여한 때

 | 진짜 기출문제 명확하게 기억하기 |

다음 중 이·미용사 면허를 받을 수 없는 자는?

① 교육부장관이 인정하는 고등기술학교에서 6개월 이상 이·미용에 관한 소정의 과정을 이수한 자

② 전문대학에서 이·미용에 관한 학과를 졸업한 자

③ 국가기술자격법에 의한 이·미용사의 자격을 취득한 자

④ 고등학교에서 이·미용에 관한 학과를 졸업한 자

정답 ①

5. 업무

이 · 미용사의 업무

① 이용사 또는 미용사의 면허를 받은 자가 아니면 이용업 또는 미용업을 개설하거나 그 업무에 종사할 수 없다. 다만, 이용사 또는 미용사의 감독을 받아 이용 또는 미용 업무의 보조를 행하는 경우에는 그러하지 아니하다.

② 이용 및 미용의 업무는 영업소 외의 장소에서 행할 수 없다. 다만, 보건복지부령이 정하는 특별한 사유가 있는 경우에는 그러하지 아니하다.

③ 이용사 및 미용사의 업무범위에 관하여 필요한 사항은 보건복지부령으로 정한다.

영업소 외에서의 이용 및 미용 업무

① 질병이나 그 밖의 사유로 영업소에 나올 수 없는 자에 대하여 이용 또는 미용을 하는 경우

② 혼례나 그 밖의 의식에 참여하는 자에 대하여 그 의식 직전에 이용 또는 미용을 하는 경우

③ 사회복지시설에서 봉사활동으로 이용 또는 미용을 하는 경우

④ 방송 등의 촬영에 참여하는 사람에 대하여 그 촬영 직전에 이용 또는 미용을 하는 경우

⑤ 특별한 사정이 있다고 시장 · 군수 · 구청장이 인정하는 경우

6. 행정지도감독

영업소 출입검사

특별시장 · 광역시장 · 도지사 또는 시장 · 군수 · 구청장은 공중위생관리상 필요하다고 인정하는 때에는 공중위생영업자 및 공중이용시설의 소유자 등에 대하여 필요한 보고를 하게 하거나 소속 공무원으로 하여금 영업소 · 사무소 · 공중이용시설 등에 출입하여 공중위생영업자의 위생관리의무이행 및 공중이용시설의 위생관리실태 등에 대하여 검사하게 하거나 필요에 따라 공중위생영업장부나 서류를 열람하게 할 수 있다.

영업 제한

시 · 도지사는 공익상 또는 선량한 풍속을 유지하기 위하여 필요하다고 인정하는 때에는 공중위생영업자 및 종사원에 대하여 영업시간 및 영업행위에 관한 필요한 제한을 할 수 있다.

영업소 폐쇄

① 시장 · 군수 · 구청장은 공중위생영업자가 명령에 위반하거나 또는 관계행정기관의 장의 요청이 있는 때에는 6월 이내의 기간을 정하여 영업의 정지 또는 일부 시설의 사용중지를 명하거나 영업소폐쇄 등을 명할 수 있다.

② 영업의 정지, 일부 시설의 사용중지와 영업소폐쇄명령 등의 세부적인 기준은 보건복지부령으로 정한다.

③ 시장 · 군수 · 구청장은 공중위생영업자가 영업소폐쇄명령을 받고도 계속하여 영업을 하는 때

에는 관계공무원으로 하여금 당해 영업소를 폐쇄하기 위하여 다음의 조치를 하게 할 수 있다.

- 당해 영업소의 간판 기타 영업표지물의 제거
- 당해 영업소가 위법한 영업소임을 알리는 게시물 등의 부착
- 영업을 위하여 필수불가결한 기구 또는 시설물을 사용할 수 없게 하는 봉인

공중위생감시원

① 관계공무원의 업무를 행하게 하기 위하여 특별시·광역시·도 및 시·군·구에 공중위생감시원을 둔다.

② 공중위생감시원의 자격·임명·업무범위 기타 필요한 사항은 대통령령으로 정한다.

공중위생감시원의 자격 및 임명

① 특별시장·광역시장·도지사 또는 시장·군수·구청장은 다음 소속공무원 중에서 공중위생감시원을 임명한다.

- 위생사 또는 환경기사 2급 이상의 자격증이 있는 자
- 대학에서 화학·화공학·환경공학 또는 위생학 분야를 전공하고 졸업한 자 또는 이와 동등 이상의 자격이 있는 자
- 외국에서 위생사 또는 환경기사의 면허를 받은 자
- 3년 이상 공중위생 행정에 종사한 경력이 있는 자

② 시·도지사 또는 시장·군수·구청장은 위에 해당하는 자만으로는 공중위생감시원의 인력확보가 곤란하다고 인정되는 때에는 공중위생 행정에 종사하는 자중 공중위생 감시에 관한 교육훈련을 2주 이상 받은 자를 공중위생 행정에 종사하는 기간 동안 공중위생감시원으로 임명할 수 있다.

공중위생감시원의 업무범위

① 시설 및 설비의 확인

② 공중위생영업 관련 시설 및 설비의 위생상태 확인·검사, 공중위생영업자의 위생관리의무 및 영업자준수사항 이행여부의 확인

③ 공중이용시설의 위생관리상태의 확인·검사

④ 위생지도 및 개선명령 이행여부의 확인

⑤ 공중위생영업소의 영업의 정지, 일부 시설의 사용중지 또는 영업소 폐쇄명령 이행여부의 확인

⑥ 위생교육 이행여부의 확인

명예공중위생감시원의 자격 등

① 명예공중위생감시원은 시·도지사가 다음에 해당하는 자중에서 위촉한다.

- 공중위생에 대한 지식과 관심이 있는 자
- 소비자단체, 공중위생관련 협회 또는 단체의 소속직원 중에서 당해 단체 등의 장이 추천하는 자

② 명예감시원의 업무는 다음과 같다.

- 공중위생감시원이 행하는 검사대상물의 수거 지원

- 법령 위반행위에 대한 신고 및 자료 제공
- 그 밖에 공중위생에 관한 홍보ㆍ계몽 등 공중위생관리업무와 관련하여 시ㆍ도지사가 따로 정하여 부여하는 업무
③ 시ㆍ도지사는 명예감시원의 활동지원을 위하여 예산의 범위 안에서 시ㆍ도지사가 정하는 바에 따라 수당 등을 지급할 수 있다.
④ 명예감시원의 운영에 관하여 필요한 사항은 시ㆍ도지사가 정한다.

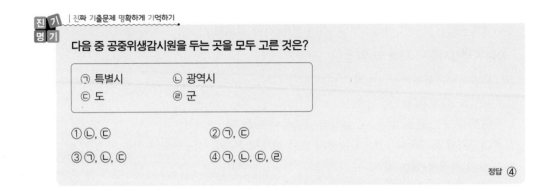

7. 업소 위생등급

위생평가

① 시ㆍ도지사는 공중위생영업소의 위생관리수준을 향상시키기 위하여 위생서비스 평가계획을 수립하여 시장ㆍ군수ㆍ구청장에게 통보하여야 한다.
② 시장ㆍ군수ㆍ구청장은 평가계획에 따라 관할지역별 세부평가계획을 수립한 후 공중위생영업소의 위생서비스 수준을 평가하여야 한다.
③ 시장ㆍ군수ㆍ구청장은 위생서비스 평가의 전문성을 높이기 위하여 필요하다고 인정하는 경우에는 관련 전문기관 및 단체로 하여금 위생서비스 평가를 실시하게 할 수 있다.

위생등급

① 시장ㆍ군수ㆍ구청장은 보건복지부령이 정하는 바에 의하여 위생서비스 평가의 결과에 따른 위생관리 등급을 해당 공중위생영업자에게 통보하고 이를 공표하여야 한다.
② 공중위생영업자는 시장ㆍ군수ㆍ구청장으로부터 통보받은 위생관리 등급의 표지를 영업소의 명칭과 함께 영업소의 출입구에 부착할 수 있다.
③ 시ㆍ도지사 또는 시장ㆍ군수ㆍ구청장은 위생서비스 평가의 결과 위생서비스의 수준이 우수하다고 인정되는 영업소에 대하여 포상을 실시할 수 있다.
④ 시ㆍ도지사 또는 시장ㆍ군수ㆍ구청장은 위생서비스 평가의 결과에 따른 위생관리 등급별로 영업소에 대한 위생감시를 실시하여야 한다. 이 경우 영업소에 대한 출입ㆍ검사와 위생감시의 실시주기 및 횟수 등 위생관리 등급별 위생감시기준은 보건복지부령으로 정한다.

8. 위생교육

영업자 위생교육

① 공중위생영업자는 매년 위생교육을 받아야 한다.

② 신고를 하고자 하는 자는 미리 위생교육을 받아야 한다.

③ 위생교육은 3시간으로 한다.

④ 위생교육의 내용은 공중위생관리법 및 관련 법규, 소양교육, 기술교육, 그 밖에 공중위생에 관하여 필요한 내용으로 한다.

⑤ 위생교육을 받은 자가 위생교육을 받은 날부터 2년 이내에 위생교육을 받은 업종과 같은 업종의 영업을 하려는 경우에는 해당 영업에 대한 위생교육을 받은 것으로 본다.

위생교육기관

① 위생교육 실시단체는 교육교재를 편찬하여 교육대상자에게 제공하여야 한다.

② 위생교육 실시단체의 장은 위생교육을 수료한 자에게 수료증을 교부하고, 교육실시 결과를 교육 후 1개월 이내에 시장·군수·구청장에게 통보하여야 하며, 수료증 교부대장 등 교육에 관한 기록을 2년 이상 보관·관리하여야 한다.

③ 규정 외에 위생교육에 관하여 필요한 세부사항은 보건복지부장관이 정한다.

9. 벌칙

1 위반자에 대한 벌칙, 과징금

① **1년 이하의 징역 또는 1천만 원 이하의 벌금에 처한다.**

- 신고를 하지 아니한 자
- 영업정지명령 또는 일부 시설의 사용중지명령을 받고도 그 기간 중에 영업을 하거나 그 시설을 사용한 자 또는 영업소 폐쇄명령을 받고도 계속하여 영업을 한 자

② **6월 이하의 징역 또는 500만 원 이하의 벌금에 처한다.**

- 변경신고를 하지 아니한 자
- 공중위생영업자의 지위를 승계한 자로서 신고를 하지 아니한 자

- 건전한 영업질서를 위하여 공중위생영업자가 준수하여야 할 사항을 준수하지 아니한 자

③ 300만 원 이하의 벌금에 처한다.

- 면허의 취소 또는 정지 중에 이용업 또는 미용업을 한 사람
- 면허를 받지 아니하고 이용업 또는 미용업을 개설하거나 그 업무에 종사한 사람

진짜 기출문제 명확하게 기억하기

공중위생관리법상 이·미용업자의 변경신고 사항에 해당되지 않는 것은?

① 업소의 소재지 변경　　　　② 영업소의 명칭 또는 상호 변경

③ 대표자의 성명(법인의 경우에 한함)　　④ 신고한 영업장 면적의 2분의 1 이하의 변경

정답 ④

2 과태료, 양벌규정

① 300만 원 이하의 과태료에 처한다.

- 목욕장 욕수(원수 및 욕조수)의 수질기준 또는 위생기준을 준수하지 아니한 자로서 제10조의 규정에 의한 개선명령에 따르지 아니한 자
- 숙박업소의 시설 및 설비를 위생적이고 안전하게 관리하지 아니한 자
- 목욕장업소의 시설 및 설비를 위생적이고 안전하게 관리하지 아니한 자
- 보고를 하지 아니하거나 관계공무원의 출입·검사 기타 조치를 거부·방해 또는 기피한 자
- 개선명령에 위반한 자
- 이용업소표시등을 설치한 자

② 200만 원 이하의 과태료에 처한다.

- 이용업소의 위생관리 의무를 지키지 아니한 자
- 미용업소의 위생관리 의무를 지키지 아니한 자
- 세탁업소의 위생관리 의무를 지키지 아니한 자
- 건물위생관리업소의 위생관리 의무를 지키지 아니한 자
- 영업소외의 장소에서 이용 또는 미용업무를 행한 자
- 위생교육을 받지 아니한 자

③ 위생사의 명칭을 사용한 자에게는 100만 원 이하의 과태료를 부과한다.

④ 과태료는 대통령령으로 정하는 바에 따라 보건복지부장관 또는 시장·군수·구청장이 부과·징수한다.

3 과태료의 부과기준

① 일반기준

보건복지부장관 또는 시장·군수·구청장은 위반행위의 정도, 위반행위의 동기와 그 결과 등

을 고려하여 과태료 금액의 2분의 1의 범위에서 그 금액을 가감할 수 있다.

② 개별기준

위반행위	근거 법조문	과태료 금액
1. 목욕장의 욕수 중 원수의 수질기준 또는 위생기준을 준수하지 않은 자로서 법 제10조에 따른 개선명령에 따르지 않은 경우	법 제22조제1항제1호의2	100만 원
2. 목욕장의 욕수 중 욕조수의 수질기준 또는 위생기준을 준수하지 않은 자로서 법 제10조에 따른 개선명령에 따르지 않은 경우	법 제22조제1항제1호의2	70만 원
3. 이용업소의 위생관리 의무를 지키지 않은 경우	법 제22조제2항제1호	50만 원
4. 미용업소의 위생관리 의무를 지키지 않은 경우	법 제22조제2항제2호	50만 원
5. 세탁업소의 위생관리 의무를 지키지 않은 경우	법 제22조제2항제3호	30만 원
6. 건물위생관리업소의 위생관리 의무를 지키지 않은 경우	법 제22조제2항제4호	30만 원
7. 숙박업소의 시설 및 설비를 위생적이고 안전하게 관리하지 않은 경우	법 제22조제1항제2호	50만 원
8. 목욕장업소의 시설 및 설비를 위생적이고 안전하게 관리하지 않은 경우	법 제22조제1항제3호	50만 원
9. 영업소 외의 장소에서 이용 또는 미용업무를 행한 경우	법 제22조제2항제5호	70만 원
10. 보고를 하지 않거나 관계공무원의 출입·검사 기타 조치를 거부·방해 또는 기피한 경우	법 제22조제1항제4호	100만 원
11. 개선명령에 위반한 경우	법 제22조제1항제5호	100만 원
12. 이용업소표시등을 설치한 경우	법 제22조제1항제6호	70만 원
13. 위생교육을 받지 않은 경우	법 제22조제2항제6호	20만 원
14. 위생사의 명칭을 사용한 경우	법 제22조제3항	50만 원

 | 진짜 기출문제 명확하게 기억하기

다음 중 이·미용업에 있어서 과태료 부과대상이 아닌 사람은?

① 위생관리 의무를 지키지 아니한 자

② 영업소 외의 장소에서 이용 또는 미용업무를 행한 자

③ 보건복지부령이 정하는 중요사항을 변경하고도 변경 신고를 하지 아니한 자

④ 관계 공무원의 출입·검사를 거부·기피 방해한 자

정답 ③

▶ 이·미용업 영업과 관련하여 과태료 부과대상이 아닌 사람은?

① 위생관리 의무를 위반한 자

② 위생교육을 받지 않은 자

③ 무신고 영업자

④ 관계공무원 출입, 검사 방해자

정답 ③

▶ 과징금을 기한 내에 납부하지 아니한 경우에 이를 징수하는 방법은?

① 지방세 체납처분의 예에 의하여 징수

② 부가가치세 체납처분의 예에 의하여 징수

③ 법인세 체납처분의 예에 의하여 징수

④ 소득세 체납처분의 예에 의하여 징수

정답 ①

10. 행정처분(시행령 및 시행규칙)

위반행위	근거 법조문	행정처분 기준			
		1차 위반	2차 위반	3차 위반	4차 이상 위반
1. 법 제7조제1항 각 호의 어느 하나에 해당하는 면허 정지 및 면허 취소 사유에 해당하는 경우	법 제7조제1항				
• 법 제6조제2항제1호부터 제4호까지에 해당하게 된 경우		면허취소			
• 면허증을 다른 사람에게 대여한 경우		면허정지 3월	면허정지 6월	면허취소	
• "국가기술자격법"에 따라 이용사자격이 취소된 경우		면허취소			
• "국가기술자격법"에 따라 자격정지처분을 받은 경우("국가기술자격법」에 따른 자격정지처분 기간에 한정한다)		면허정지			
• 이중으로 면허를 취득한 경우(나중에 발급받은 면허를 말한다)		면허취소			
• 면허정지처분을 받고 도 그 정지 기간 중 업무를 한 경우		면허취소			
2. 법 제3조제1항 전단에 따른 영업신고를 하지 않거나 시설과 설비기준을 위반한 경우	법 제11조제1항제1호				
• 영업신고를 하지 않은 경우		영업장 폐쇄명령			
• 시설 및 설비기준을 위반한 경우		개선명령	영업정지 15일	영업정지 1월	영업장 폐쇄명령
− 응접장소와 작업장소 또는 의자와 의자를 구획하는 커튼·칸막이 그 밖에 이와 유사한 장애물을 설치한 경우		개선명령	영업정지 15일	영업정지 1월	영업장 폐쇄명령
− 이용업소 안에 별실 그 밖에 이와 유사한 시설을 설치한 경우		영업정지 1월	영업정지 2월	영업장 폐쇄명령	
− 그 밖에 시설 및 설비가 기준에 미달한 경우		개선명령	영업정지 15일	영업정지 1월	영업장 폐쇄명령
3. 법 제3조제1항 후단에 따른 변경신고를 하지 않은 경우	법 제11조제1항제2호				
• 신고를 하지 않고 영업소의 명칭 및 상호 또는 영업장 면적의 3분의 1 이상을 변경한 경우		경고 또는 개선명령	영업정지 15일	영업정지 1월	영업장 폐쇄명령

위반행위	근거법조문	1차 위반	2차 위반	3차 위반	4차 위반
• 신고를 하지 않고 영업소의 소재지를 변경한 경우		영업장 폐쇄명령			
4. 법 제3조의2제4항에 따른 지위승계신고를 하지 않은 경우	법 제11조 제1항제3호	경고	영업정지 10일	영업정지 1월	영업장 폐쇄명령
5. 법 제4조에 따른 공중위생영업자의 위생관리의무 등을 지키지 않은 경우	법 제11조 제1항제4호				
• 소독을 한 기구와 소독을 하지 않은 기구를 각각 다른 용기에 넣어 보관하지 아니하거나 1회용 면도날을 2인 이상의 손님에게 사용한 경우		경고	영업정지 5일	영업정지 10일	영업장 폐쇄명령
• 이용업 신고증 및 면허증 원본을 게시하지 않거나 업소 내 조명도를 준수하지 않은 경우		경고 또는 개선명령	영업정지 5일	영업정지 10일	영업장 폐쇄명령
6. 법 제8조제2항을 위반하여 영업소 외의 장소에서 이용 업무를 한 경우	법 제11조 제1항제5호	영업정지 1월	영업정지 2월	영업장 폐쇄명령	
7. 법 제9조에 따른 보고를 하지 않거나 거짓으로 보고한 경우 또는 관계 공무원의 출입, 검사 또는 공중위생영업 장부 또는 서류의 열람을 거부·방해하거나 기피한 경우	법 제11조 제1항제6호	영업정지 10일	영업정지 20일	영업정지 1월	영업장 폐쇄명령
8. 법 제10조에 따른 개선명령을 이행하지 않은 경우	법 제11조 제1항제7호	경고	영업정지 10일	영업정지 1월	영업장 폐쇄명령
9. "성매매알선 등 행위의 처벌에 관한 법률", "풍속영업의 규제에 관한 법률", "청소년 보호법" 또는 "의료법"을 위반하여 관계 행정기관의 장으로부터 그 사실을 통보받은 경우	법 제11조 제1항제8호				
• 손님에게 성매매알선 등 행위 또는 음란행위를 하게 하거나 이를 알선 또는 제공한 경우					
− 영업소		영업정지 3월	영업장 폐쇄명령		
− 이용사		면허정지 3월	면허취소		
• 손님에게 도박 그 밖에 사행행위를 하게 한 경우		영업정지 1월	영업정지 2월	영업장 폐쇄명령	
• 음란한 물건을 관람·열람하게 하거나 진열 또는 보관한 경우		경고	영업정지 15일	영업정지 1월	영업장 폐쇄명령
• 무자격안마사로 하여금 안마사의 업무에 관한 행위를 하게 한 경우		영업정지 1월	영업정지 2월	영업장 폐쇄명령	
10. 영업정지처분을 받고도 그 영업정지 기간에 영업을 한 경우	법 제11조 제2항	영업장 폐쇄명령			
11. 공중위생영업자가 정당한 사유 없이 6개월 이상 계속 휴업하는 경우	법 제11조 제3항제1호	영업장 폐쇄명령			
12. 공중위생영업자가 "부가가치세법"제8조에 따라 관할 세무서장에게 폐업신고를 하거나 관할 세무서장이 사업자 등록을 말소한 경우	법 제11조 제3항제2호	영업장 폐쇄명령			

진기명기 | 진짜 기출문제 명확하게 기억하기

손님에게 음란행위를 알선한 사람에 대한 관계행정기관의 장의 요청이 있는 때 1차 위반에 대하여 행할 수 있는 행정처분으로 영업소와 업주에 대한 행정 처분기준이 바르게 짝지어진 것은?

① 영업정지 1월 − 면허정지 1월
② 영업정지 1월 − 면허정지 2월
③ 영업정지 2월 − 면허정지 2월
④ 영업정지 3월 − 면허정지 3월

정답 ③

01 세계보건기구(WHO)에서 규정된 건강의 정의를 가장 적절하게 표현한 것은?

① 육체적으로 완전히 양호한 상태
② 정신적으로 완전히 양호한 상태
③ 질병이 없고 허약하지 않은 상태
④ 육체적, 정신적, 사회적 안녕이 완전한 상태

01 세계보건기구에서 정의한 건강이란 질병이 없거나 허약하지 않은 상태만이 아니라 육체적, 정신적, 사회적 안녕이 완전한 상태를 말한다.

02 감염병 예방법상 제2군 감염병인 것은?

① 장티푸스
② 말라리아
③ 유행성 이하선염
④ 세균성 이질

02 장티푸스와 세균성 이질은 1군 감염병, 말라리아는 3군 감염병이다.

03 법정 감염병 중 제3군 감염병에 속하는 것은?

① 후천성 면역결핍증
② 장티푸스
③ 일본뇌염
④ B형 간염

03 장티푸스는 1군, 일본뇌염과 B형 간염은 2군 감염병이다.

04 다음 중 환자의 격리가 가장 중요한 관리방법이 되는 것은?

① 파상풍, 백일해
② 일본뇌염, 성홍열
③ 결핵, 한센병
④ 폴리오, 풍진

04 제3군 감염병은 환자의 격리가 가장 중요한 질병으로 결핵, 한센병 등이 포함된다.

05 파리에 의해 주로 전파될 수 있는 감염병은?

① 페스트
② 장티푸스
③ 사상충증
④ 황열

05 파리에 의해 전파 가능한 질병은 장티푸스, 이질, 소아마비, 파라티푸스, 콜레라, 결핵, 디프테리아 등이다.

01 ④ **02** ③ **03** ① **04** ③ **05** ②

06 다음 중 감염병 관리에 가장 어려움이 있는 사람은?

① 회복기 보균자   ② 잠복기 보균자
③ 건강 보균자   ④ 병후 보균자

07 광견병의 병원체는 어디에 속하는가?

① 세균(Bacteria)   ② 바이러스(Virus)
③ 리케치아(Rickettsia)   ④ 진균(Fungi)

08 한 국가나 지역사회 간의 보건수준을 비교하는 데 사용되는 대표적인 3대 지표는?

① 영아사망률, 비례사망지수, 평균수명
② 영아사망률, 사인별 사망률, 평균수명
③ 유아사망률, 모성사망률, 비례사망지수
④ 유아사망률. 사인별 사망률, 영아사망률

Part III
공중위생 관리학

09 보건행정에 대한 설명으로 가장 올바른 것은?

① 공중보건의 목적을 달성하기 위해 공공의 책임 하에 수행하는 행정활동
② 개인보건의 목적을 달성하기 위해 공공의 책임 하에 수행하는 행정활동
③ 국가 간의 질병교류를 막기 위해 공공의 책임 하에 수행하는 행정활동
④ 공중보건의 목적을 달성하기 위해 개인의 책임 하에 수행하는 행정활동

10 한 국가가 지역사회의 건강수준을 나타내는 지표로서 대표적인 것은?

① 질병이환율   ② 영아사망률
③ 신생아사망률   ④ 조사망률

06 ③   **07** ②   **08** ①   **09** ①   **10** ②

11 다음 중 가족계획과 뜻이 가장 가까운 것은?

① 불임시술   ② 임신중절

③ 수태제한   ④ 계획출산

12 인구구성의 기본형 중 생산연령 인구가 많이 유입되는 도시지역의 인구구성을 나타내는 것은?

① 피라미드형   ② 별형

③ 항아리형   ④ 종형

13 출생률보다 사망률이 낮으며 14세 이하 인구가 65세 이상 인구의 2배를 초과하는 인구구성형은?

① 피라미드형   ② 종형

③ 항아리형   ④ 별형

14 다음의 영아사망률 계산식에서 (A)에 알맞은 것은?

$$\frac{(A)}{연간\ 출생아\ 수} \times 1,000$$

① 연간 생후 28일까지의 사망자 수

② 연간 생후 1년 미만 사망자 수

③ 연간 1~4세 사망자 수

④ 연간 임신 28주 이후 사산 + 출생 1주 이내 사망자 수

15 다음 중 감각 온도의 3요소가 아닌 것은?

① 기온   ② 기습

③ 기압   ④ 기류

---

11 가족계획이란 출산의 시기와 간격을 조절하여 자녀의 수를 조절하는 것으로 계획적인 출산에 가깝다.

12 피라미드형은 인구증가형, 항아리형은 인구감소형, 종형은 인구정지형이다.

13 피라미드형은 인구증가형으로 14세 이하인구가 65세 이상 인구의 2배를 초과하는 인구구성형이다. 종형은 인구정지형, 항아리형은 인구감소형, 별형은 도시지역 인구구성형이다.

14 영아사망률은 연간 생후 1년 미만 사망자 수를 연간 출생아 수로 나눈 수에 100을 곱한 값이다.

15 감각 온도의 3요소는 기온, 기습, 기류이다.

---

11 ④   **12** ②   **13** ①   **14** ②   **15** ③

16 콜레라 예방접종은 어떤 면역방법인가?

① 인공수동면역　　　② 인공능동면역
③ 자연수동면역　　　④ 자연능동면역

16 인공능동면역이란 예방접종으로 형성되는 면역을 말하며 생균이나 사균, 순화독소 등이 있고 콜레라는 예방접종으로 질병을 예방할 수 있다.

17 잠함병의 직접적인 원인은?

① 혈중 CO_2 농도 증가
② 체액 및 혈액 속의 질소 기포 증가
③ 혈중 O_2 농도 증가
④ 혈중 CO 농도 증가

17 잠함병은 고기압 상태에서 정상기압으로 갑자기 바뀔 때 발생하며, 체액 및 혈액 속의 질소 기포가 증가되는 것이 직접적인 원인이다.

18 진동이 심한 작업장 근무자에게 다발하는 질환으로 청색증과 동통, 저림 증세를 보이는 질병은?

① 레이노드씨병　　　② 진폐증
③ 열경련　　　　　　④ 잠함병

18 진폐증은 분진흡입에 의한 것이며, 열경련은 고온 환경의 작업자, 잠함병은 잠수부나 공군 비행사 등의 감압에 의한 질병이다.

19 다음 중 특별한 장치를 설치하지 아니한 일반적인 경우에 실내의 자연적인 환기에 가장 큰 비중을 차지하는 요소는?

① 실내외 공기 중 CO_2의 함량의 차이
② 실내외 공기의 습도 차이
③ 실내외 공기의 기온 차이 및 기류
④ 실내외 공기의 불쾌지수 차이

19 자연의 에너지에 의해 이루어지는 환기를 자연환기라고 하며 공기의 기온 차이와 기류에 의해 진행된다.

20 대기오염에 영향을 미치는 기상조건으로 가장 관계가 큰 것은?

① 강우, 강설　　　　② 고온, 고습
③ 기온역전　　　　　④ 저기압

20 기온역전은 고도가 상승함에 따라 수직 확산이 일어나지 않아 대기오염에 영향을 미친다.

16 ②　17 ②　18 ①　19 ③　20 ③

21 소음이 인체에 미치는 영향으로 가장 거리가 먼 것은?

① 불안증 및 노이로제 　② 청력장애
③ 중이염 　④ 작업능률 저하

21 중이염은 소음보다는 유스타키오관의 기능장애나 미생물에 의해 감염된다.

22 산업피로의 본질과 가장 관계가 먼 것은?

① 생체의 생리적 변화 　② 피로감각
③ 산업구조의 변화 　④ 작업량 변화

22 산업피로는 정신적, 육체적, 작업량 등의 변화에 따른 피로감이며 산업구조의 변화와는 본질적 관계가 없다.

23 실내에 다수인이 밀집한 상태에서 실내공기의 변화는?

① 기온상승 - 습도증가 - 이산화탄소 감소
② 기온하강 - 습도증가 - 이산화탄소 감소
③ 기온상승 - 습도증가 - 이산화탄소 증가
④ 기온상승 - 습도감소 - 이산화탄소 증가

23 실내에 다수인이 밀집하면 기온이 상승하고 습도가 증가하며 이산화탄소가 증가하게 된다.

24 다음 중 불량 조명에 의해 발생되는 직업병이 아닌 것은?

① 안정피로 　② 근시
③ 근육통 　④ 안구진탕증

24 근육통은 조명과는 관련이 없는 근육량 과도 사용 및 부상과 스트레스가 원인이다.

25 다음 중 지구의 온난화 현상(Global Warming)의 주원인이 되는 주된 가스는?

① CO_2 　② CO
③ Ne 　④ NO

25 지구 온난화 현상의 주원인이 되는 가스는 이산화탄소라고 세계기상기구와 국제연합 환경계획은 발표하였다.

21 ③　**22** ③　**23** ③　**24** ③　**25** ①

26 기온측정 등에 관한 설명 중 틀린 것은?

① 실내에서는 통풍이 잘 되는 직사광선을 받지 않은 곳에 매달아 놓고 측정하는 것이 좋다.

② 평균기온은 높이에 비례하여 하강하는데, 고도 11,000m 이하에서는 보통 100m당 0.5~0.7도 정도이다.

③ 측정할 때 수은주 높이와 측정자의 눈의 높이가 같아야 한다.

④ 정상적인 날의 하루 중 기온이 가장 낮을 때는 밤 12시 경이고 가장 높을 때는 오후 2시경이 일반적이다.

27 환경오염의 발생요인인 산성비의 가장 주요한 원인과 산도는?

① 이산화탄소 pH 5.6 이하

② 아황산가스 pH 5.6 이하

③ 염화불화탄소 pH 6.6 이하

④ 탄화수소 pH 6.6 이하

28 하수오염이 심할수록 BOD는 어떻게 되는가?

① 수치가 낮아진다.

② 수치가 높아진다.

③ 아무런 영향이 없다.

④ 높아졌다 낮아졌다 반복한다.

29 수질오염을 측정하는 지표로서 물에 녹아 있는 유리산소를 의미하는 것은?

① 용존산소(DO)

② 생물화학적 산소요구량(BOD)

③ 화학적 산소요구량(COD)

④ 수소이온농도(pH)

30 주로 여름철에 발병하며 어패류 등의 생식이 원인이 되어 복통, 설사 등의 급성 위장염 증상을 나타내는 식중독은?

① 포도상구균 식중독

② 병원성 대장균 식중독

③ 장염비브리오 식중독

④ 보툴리누스균 식중독

Part III
공중위생 관리학

31 주로 7~9월 사이에 많이 발생되며, 어패류가 원인이 되어 발병, 유행하는 식중독은?

① 포도상구균 식중독　　② 살모넬라 식중독
③ 보툴리누스균 식중독　④ 장염비브리오 식중독

31 포도상구균은 유제품이 원인이며, 살모넬라는 어패류 및 달걀 등의 식품, 보툴리누스균은 통조림의 혐기성 상태에서 식중독을 일으킨다.

32 돼지와 관련이 있는 질환으로 거리가 먼 것은?

① 유구조충　　　　　　② 살모넬라증
③ 일본뇌염　　　　　　④ 발진티푸스

32 유구조충, 살모넬라, 일본뇌염은 돼지와 관련된 질환이며 발진티푸스는 리케치아 감염에 의한 질병으로 이를 매개로 한 전파를 말한다.

33 자연독에 의한 식중독 원인물질과 서로 관계없는 것으로 연결된 것은?

① 테트로도톡신(Tetrodotoxin) - 복어
② 솔라닌(Solanin) - 감자
③ 무스카린(Muscarin) - 버섯
④ 에르고톡신(Ergotoxin) - 조개

33 에르고톡신은 맥각, 모시조개는 베네루핀이 원인물질이다.

34 폐흡충증(폐디스토마)의 제1중간숙주는?

① 다슬기　　　　　　　② 왜우렁
③ 게　　　　　　　　　④ 가재

34 폐흡충의 제1중간숙주는 다슬기, 제2중간숙주는 게, 가재이다.

35 일반적으로 돼지고기 생식에 의해 감염될 수 없는 것은?

① 유구조충　　　　　　② 무구조충
③ 선모충　　　　　　　④ 살모넬라

35 무구조충은 소고기를 생식하거나 충분히 가열하지 않고 섭취하였을 때 감염된다.

31 ④　**32** ④　**33** ④　**34** ①　**35** ②

36 음용수의 일반적인 오염지표로 사용되는 것은?

① 탁도 ② 일반세균수
③ 대장균수 ④ 경도

36 음용수의 오염지표로는 오염원과 공존이 가능한 대장균수가 대표적으로 활용된다.

37 어류인 송어, 연어 등을 날로 먹었을 때 주로 감염될 수 있는 것은?

① 갈고리촌충 ② 긴촌충
③ 폐디스토마 ④ 선모충

37 송어나 연어 등을 날로 섭취하였을 경우 긴촌충인 광절열두조충에 감염될 수 있다.

38 다음 미생물 중 크기가 가장 작은 것은?

① 세균 ② 곰팡이
③ 리케치아 ④ 바이러스

38 미생물의 크기는 바이러스가 가장 작으며, 리케치아, 세균, 효모, 곰팡이 순이다.

Part III
공중위생 관리학

39 분뇨의 비위생적 처리로 오염될 수 있는 기생충으로 가장 거리가 먼 것은?

① 회충 ② 사상충
③ 십이지장충 ④ 편충

39 사상충은 모기를 통해 감염되는 풍토병이다.

40 산소가 있어야만 잘 성장할 수 있는 균은?

① 호기성균 ② 혐기성균
③ 통기혐기성균 ④ 호혐기성균

40 호기성 세균이란 산소가 있어야만 성장할 수 있는 균을 말한다.

36 ③ 37 ② 38 ④ 39 ② 40 ①

41 위생해충의 구제방법으로 가장 효과적이고 근본적인 방법은?

① 성충 구제
② 살충제 사용
③ 유충 구제
④ 발생원제거

41 위생해충의 가장 효과적인 방법은 발생원을 제거하고 서식처를 제거하는 것이다.

42 기생충의 인체 내 기생 부위 연결이 잘못된 것은?

① 구충증 – 폐
② 간흡충증 – 간의 담도
③ 요충증 – 직장
④ 폐흡충 – 폐

42 구충은 경피나 경구감염되어 소장으로 옮겨지는 질병이다.

43 질병 발생의 역학적 삼각형 모형에 속하는 요인이 아닌 것은?

① 병인적 요인
② 숙주적 요인
③ 감염적 요인
④ 환경적 요인

43 질병 발생의 역학적 3대 요인은 병인, 숙주, 환경이다.

44 다음 중 객담이 묻은 휴지의 소독방법으로 가장 알맞은 것은?

① 고압멸균법
② 소각소독법
③ 자비소독법
④ 저온소독법

44 초자기구나 의류 등은 고압멸균법, 식기류나 주사기 등은 자비소독법, 유제품과 알코올 등은 저온소독법을 쓴다.

45 3% 소독액 1,000mL를 만드는 방법으로 옳은 것은?(단, 소독액 원액의 농도는 100%이다)

① 원액 300mL에 물 700mL를 가한다.
② 원액 30mL에 물 970mL를 가한다.
③ 원액 3mL에 물 997mL를 가한다.
④ 원액 3mL에 물 1,000mL를 가한다.

45 농도는 용질 / 용액 × 100이다. 용질 /1,000 × 100 = 3이므로, 용질은 30mL가 된다. 원액이 30mL이므로 물 970mL이 된다.

46 소독약에 대한 설명 중 적합하지 않은 것은?

① 소독시간이 적당한 것
② 소독 대상물을 손상시키지 않는 소독약을 선택할 것
③ 인체에 무해하며 취급이 간편할 것
④ 소독약은 항상 청결하고 밝은 장소에 보관할 것

47 소독약의 구비조건으로 틀린 것은?

① 값이 비싸고 위험성이 없다.
② 인체에 해가 없으며 취급이 간편하다.
③ 살균하고자 하는 대상물을 손상시키지 않는다.
④ 살균력이 강하다.

48 물리적 살균법에 해당되지 않는 것은?

① 열을 가한다.
② 건조시킨다.
③ 물을 끓인다.
④ 포름알데하이드를 사용한다.

49 비교적 가격이 저렴하고 살균력이 있으며 쉽게 증발되어 잔여량이 없는 살균제는?

① 알코올   ② 요오드
③ 크레졸   ④ 페놀

50 다음 중 승홍수 사용 시 적당하지 않은 것은?

① 사기 그릇   ② 금속류
③ 유리   ④ 에나멜 그릇

46 소독약은 항상 청결하고 냉암소에 보관한다.

47 소독약은 값이 저렴하고 위험성이 없어야 한다.

48 포름알데하이드를 사용하는 것은 화학적 살균법에 해당된다.

49 에틸알코올인 에탄올은 인체에 무해하며, 보통 70~75%로 사용하며 가격이 저렴하고 잔여량이 남지 않는다.

50 승홍수는 금속류를 부속시키므로 금속류의 사용은 적당하지 않다.

46 ④   **47** ①   **48** ④   **49** ①   **50** ②

51 방역용 석탄산의 가장 적당한 희석농도는?

① 0.1% ② 0.3%
③ 3.0% ④ 75%

51 석탄산은 보통 3%로 활용하며 손 소독 시에는 2%로 사용한다.

52 일광소독법은 햇빛 중의 어떤 영역에 의해 소독이 가능한가?

① 적외선 ② 자외선
③ 가시광선 ④ 우주선

52 파장이 가장 짧은 자외선은 살균력이 강하여 일광소독법으로 사용된다.

53 다음 소독 방법 중 완전 멸균으로 가장 빠르고 효과적인 방법은?

① 유통증기법 ② 간헐살균법
③ 고압증기법 ④ 건열 소독

53 고압증기멸균법은 고압증기 멸균솥을 이용한 살균 방법으로 가장 빠르고 효과적이다.

54 고압멸균기를 사용하여 소독하기에 가장 적합하지 않은 것은?

① 유리기구 ② 금속기구
③ 약제 ④ 가죽제품

54 고압멸균기에는 유리기구, 초자기구, 거즈, 자기류 소독에 적합하고, 가죽제품은 석탄산수나 크레졸수 등을 사용한다.

55 다음 중 소독의 정의를 가장 잘 표현한 것은?

① 미생물의 발육과 생활을 제지 또는 정지시켜 부패 또는 발효를 방지할 수 있는 것
② 병원성 미생물의 생활력을 파괴 또는 멸살시켜 감염 또는 증식력을 없애는 조작
③ 모든 미생물의 생활력을 파괴 또는 멸살 또는 파괴시키는 조작
④ 오염된 미생물을 깨끗이 씻어내는 작업

55 미생물의 발육과 생활을 제지 또는 정지시켜 부패 또는 발효를 방지할 수 있는 것은 방부, 모든 미생물의 생활력을 파괴 또는 멸살 또는 파괴시키는 조작은 멸균, 오염된 미생물을 깨끗이 씻어내는 작업은 청결이다.

51 ③ **52** ② **53** ③ **54** ④ **55** ②

56 병원성 미생물이 일반적으로 증식이 가장 잘 되는 pH의 범위는?

① 3.5~4.5　　　　　② 4.5~5.5
③ 5.5~6.5　　　　　④ 6.5~7.5

57 다음 중 일회용 면도기를 사용함으로써 예방 가능한 질병은?(단, 정상적인 사용의 경우를 말한다)

① 옴(개선)병　　　　② 일본뇌염
③ B형 간염　　　　　④ 무좀

58 소독약의 살균력 지표로 가장 많이 이용되는 것은?

① 알코올　　　　　　② 크레졸
③ 석탄산　　　　　　④ 포름알데이드

59 소독약의 사용과 보존상의 주의사항으로 틀린 것은?

① 모든 소독약은 미리 제조해 둔 뒤에 필요 양만큼씩 두고두고 사용한다.
② 약품은 암냉장소에 보관하고, 라벨이 오염되지 않도록 한다.
③ 소독물체에 따라 적당한 소독약이나 소독방법을 선정한다.
④ 병원미생물의 종류, 저항성 및 멸균 · 소독의 목적에 의해서 그 방법과 시간을 고려한다.

60 다음 중 화학적 살균법이라고 할 수 없는 것은?

① 자외선살균법　　　② 알코올살균법
③ 염소살균법　　　　④ 과산화수소살균법

Part III
공중위생 관리학

56 ④　**57** ③　**58** ③　**59** ①　**60** ①

61 소독약의 구비조건에 해당하지 않는 것은?

① 높은 살균력을 가질 것
② 인축에 해가 없어야 할 것
③ 저렴하고 구입과 사용이 간편할 것
④ 기름, 알코올 등에 잘 용해되어야 할 것

61 소독약은 물에 잘 용해되어야 하며 안정성이 있어야 한다.

62 다음 중 세균의 단백질 변성과 응고작용에 의한 기전을 이용하여 살균하고자 할 때 주로 이용되는 방법은?

① 가열   ② 희석
③ 냉각   ④ 여과

62 세균의 단백질 변성과 응고작용에 의한 기전을 이용하여 살균하고자 할 때는 가열을 이용하며, 그 외 가열에는 화염 및 소각법, 자비소독, 간헐멸균법 등이 있다.

63 소독액을 표시할 때 사용하는 단위로 용액 100mL 속에 용질의 함량을 표시하는 수치는?

① 푼   ② 퍼센트
③ 퍼밀리   ④ 피피엠

63 푼은 용액 10mL 속의 용질의 함량, 퍼밀리는 용액 1,000mL 속의 용질의 함량, 피피엠은 용액 1,000,000mL 속의 용질의 함량을 말한다.

64 섭씨 100~135℃ 고온의 수증기를 미생물, 아포 등과 접촉시켜 가열 살균하는 방법은?

① 간헐멸균법   ② 건열멸균법
③ 고압증기멸균법   ④ 자비소독법

64 간헐멸균법은 100℃의 증기를 30분간 통과시켜 포자가 발아할 수 있도록 하며, 건열멸균법은 170℃에서 한두 시간 처리하며, 자비소독법은 100℃ 끓는 물에서 15~20분 처리하는 방법이다.

65 다음 중 열에 대한 저항력이 커서 자비소독법으로 사멸되지 않는 균은?

① 콜레라균   ② 결핵균
③ 살모넬라균   ④ B형간염 바이러스

65 자비소독법은 100℃의 끓는 물에서 15~20분간 처리하는 방법으로 병원균은 파괴 가능하나 간염바이러스나 아포형성균은 사멸되지 않는다.

61 ④   **62** ①   **63** ②   **64** ③   **65** ④

66 고압증기멸균법에서 20파운드(lb)의 압력에서는 몇 분간 처리하는 것이 가장 적절한가?

① 40분　　　　② 30분
③ 15분　　　　④ 5분

66 고압증기 멸균법은 20lb, 126.5℃에서 15분 처리하는 것이 가장 바람직하며, 초자기구나 거즈 등 자기류 소독에 적합하다.

67 레이저(Razor) 사용 시 헤어살롱에서 교차 감염을 예방하기 위해 주의할 점이 아닌 것은?

① 매 고객마다 새로 소독된 면도날을 사용해야 한다.
② 면도날을 매번 고객마다 갈아 끼우기 어렵지만, 하루에 한번은 반드시 새것으로 교체해야만 한다.
③ 레이저 날이 한 몸체로 분리가 안 되는 경우 70% 알코올을 적신 솜으로 반드시 소독 후 사용한다.
④ 면도날을 재사용해서는 안 된다.

67 면도날은 매번 고객마다 갈아 끼워 시술하여 교차 감염을 예방하여야 한다.

Part III
공중위생 관리학

68 손 소독과 주사할 때 피부소독 등에 사용되는 에틸알코올(EthylAlcohol)은 어느 정도의 농도에서 가장 많이 사용되는가?

① 20% 이하　　　　② 60% 이하
③ 70~80%　　　　④ 90~100%

68 손 소독과 주사할 때 피부소독 등에 일반적으로 사용되는 소독용 에틸알코올은 70% 수용액일 때 가장 소독력이 강하다.

69 이·미용업소에서 일반적 상황에서의 수건 소독법으로 가장 적합한 것은?

① 석탄산소독　　　　② 크레졸소독
③ 자비소독　　　　④ 적외선소독

69 수건은 여러 사람이 사용하고 자주 세탁해야 하므로, 소독 방법이 간단한 자비소독이 가장 적합하다.

70 이·미용업소에서 B형간염의 감염을 방지하려면 다음 중 어느 기구를 가장 철저히 소독하여야 하는가?

① 수건　　　　② 머리빗
③ 면도칼　　　　④ 클리퍼(전동형)

70 B형간염은 혈액이나 정액에 의한 감염이 높기 때문에 면도기를 소독하지 않거나 재사용할 경우 감염의 위험성이 높아진다.

66 ③　**67** ②　**68** ③　**69** ③　**70** ③

71 소독제의 살균력을 비교할 때 기준이 되는 소독약은?

① 요오드   ② 승홍
③ 석탄산   ④ 알코올

72 3%의 크레졸 비누액 900mL를 만드는 방법으로 옳은 것은?

① 크레졸 원액 270mL에 물 630mL를 가한다.
② 크레졸 원액 27mL에 물 873mL를 가한다.
③ 크레졸 원액 300mL에 물 600mL를 가한다.
④ 크레졸 원액 200mL에 물 700mL를 가한다.

73 이 · 미용실에서 사용하는 쓰레기통의 소독으로 적절한 약제는?

① 포르말린수   ② 에탄올
③ 생석회   ④ 역성비누액

74 실험기기, 의료용기, 오물 등의 소독에 사용되는 석탄산수의 적절한 농도는?

① 석탄산 0.1% 수용액   ② 석탄산 1% 수용액
③ 석탄산 3% 수용액   ④ 석탄산 50% 수용액

75 다음 중 세균의 포자를 사멸시킬 수 있는 것은?

① 포르말린   ② 알코올
③ 음이온 계면활성제   ④ 치아염소산소다

71 ③   **72** ②   **73** ③   **74** ③   **75** ①

76 다음 소독제 중 상처가 있는 피부에 적합하지 않은 것은?

① 승홍수   ② 과산화수소수
③ 포비돈   ④ 아크리놀

77 양이온 계면활성제의 장점이 아닌 것은?

① 물에 잘 녹는다.
② 색과 냄새가 거의 없다.
③ 결핵균에 효력이 있다.
④ 인체에 독성이 적다.

78 금속 기구를 자비소독을 할 때 탄산나트륨($NaCO_3$)을 넣으면 살균력도 강해지고 녹이 슬지 않는다. 이때의 가장 적정한 농도는?

① 0.1~0.5%   ② 1~2%
③ 5~10%   ④ 10~15%

79 다음 중 일광소독은 주로 무엇을 이용한 것인가?

① 열선   ② 적외선
③ 가시광선   ④ 자외선

80 위생관리 등급 공표사항으로 틀린 것은?

① 시장, 군수, 구청장은 위생서비스 평가 결과에 따른 위생관리 등급을 공중위생영업자에게 통보하고 공표한다.
② 공중위생영업자는 통보받은 위생관리 등급의 표지를 영업소 출입구에 부착할 수 있다.
③ 시장, 군수, 구청장은 위생서비스 평가 결과에 따른 위생관리 등급 우수업소에는 위생감시를 면제할 수 있다.
④ 시장, 군수, 구청장은 위생서비스 평가의 결과에 따른 위생관리 등급별로 영업소에 대한 위생감시를 실시하여야 한다.

---

76 승홍수는 인체에 자극을 주고 금속을 부식시키는 물질이며, 인체에 축적되어 수은 중독을 일으킬 수 있으므로 피부 접촉용으로는 적합하지 않다.

77 양이온 계면활성제는 양성비누나 역성비누라고 하며 무미 무해하여 식품 소독이나 피부 소독에 효과적이며, 결핵균과는 관계없다.

78 자비소독을 할 때 1~2%의 탄산나트륨을 넣어야 금속제품이 녹이 슬지 않는다.

79 200~400nm의 파장에 속하는 자외선은 260nm 부근에서 가장 강한 살균력으로 일광소독에 주로 사용된다.

80 시·도지사 또는 시장·군수·구청장은 위생서비스 평가의 결과 위생서비스의 수준이 우수하다고 인정되는 영업소에 대하여 포상을 실시할 수 있다.

81 1회용 면도날을 2인 이상의 손님에게 사용한 때에 대한 1차 위반 시 행정처분 기준은?

① 시정명령   ② 경고
③ 영업정지 5일   ④ 영업정지 10일

81 1차 위반 시 경고, 2차 위반 시 영업정지 5일, 3차 위반 시 영업정지 10일, 4차 위반 시 영업장 폐쇄명령이 따른다.

82 공중위생영업소의 위생서비스 수준 평가는 몇 년마다 실시하는가? (단, 특별한 경우는 제외함)

① 1년   ② 2년
③ 3년   ④ 5년

82 규정에 의한 공중위생영업소의 위생서비스 수준 평가는 2년마다 실시하되, 공중위생영업소의 보건·위생관리를 위하여 특히 필요한 경우에는 보건복지부장관이 정하여 고시하는 바에 의하여 공중위생영업의 종류 또는 위생관리 등급별로 평가주기를 달리할 수 있다.

83 공중위생관리법상 위생교육을 받지 아니한 때 부과되는 과태료의 기준은?

① 30만 원 이하   ② 50만 원 이하
③ 100만 원 이하   ④ 200만 원 이하

83 위생교육을 받지 아니한 자는 200만 원 이하의 과태료에 처한다.

84 다음 중 이용사 또는 미용사의 면허를 취소할 수 있는 대상에 해당되지 않는 자는?

① 정신질환자   ② 감염병환자
③ 피성년후견인   ④ 당뇨병환자

84 **이용사 또는 미용사의 면허를 받을 수 없는자**
• 피성년후견인
• 정신질환자. 다만, 전문의가 이용사 또는 미용사로서 적합하다고 인정하는 사람은 그러하지 아니하다.
• 공중의 위생에 영향을 미칠 수 있는 감염병환자로서 보건복지부령이 정하는 자
• 마약 기타 대통령령으로 정하는 약물 중독자
• 면허가 취소된 후 1년이 경과되지 아니한 자

85 공중위생영업을 하고자 하는 자는 위생교육을 언제 받아야 하는가?(단, 예외 조항은 제외한다)

① 영업소 개설을 통보한 후에 위생교육을 받는다.
② 영업소를 운영하면서 자유로운 시간에 위생교육을 받는다.
③ 영업신고를 하기 전에 미리 위생교육을 받는다.
④ 영업소 개설 후 3개월 이내에 위생교육을 받는다.

85 신고를 하고자 하는 자는 미리 위생교육을 받아야 한다. 다만, 부득이한 사유로 미리 교육을 받을 수 없는 경우에는 영업개시 후 보건복지부령이 정하는 기간 안에 위생교육을 받을 수 있다.

81 ②   **82** ②   **83** ④   **84** ④   **85** ③

86 과태료처분에 불복이 있는 자는 그 처분의 고지를 받은 날부터 며칠 이내에 처분권자에게 이의를 제기할 수 있는가?

① 5일   ② 10일
③ 15일   ④ 30일

87 시 · 도지사 또는 시장 · 군수 · 구청장은 공중위생관리상 필요하다고 인정하는 때에 공중위생영업자 등에 대하여 필요한 조치를 취할 수 있다. 이 조치에 해당하는 것은?

① 보고   ② 청문
③ 감독   ④ 협의

88 영업신고를 하지 아니하고 영업소의 소재지를 변경한 때 행정처분은?

① 경고   ② 면허정지
③ 면허취소   ④ 영업장 폐쇄명령

89 이 · 미용업에 있어 청문을 실시하여야 하는 경우가 아닌 것은?

① 면허취소처분을 하고자 하는 경우
② 면허정지 처분을 하고자 하는 경우
③ 일부시설의 사용중지처분을 하고자 하는 경우
④ 위생교육을 받지 아니하여 1차 위반한 경우

90 이 · 미용업소에서의 면도기 사용에 대한 설명으로 가장 옳은 것은?

① 1회용 면도날만을 손님 1인에 한하여 사용
② 정비용 면도기를 손님 1인에 한하여 사용
③ 정비용 면도기를 소독 후 계속 사용
④ 매 손님마다 소독한 정비용 면도기 교체사용

86 과태료처분에 불복이 있는 자는 그 처분의 고지를 받은 날부터 30일 이내에 처분권자에게 이의를 제기할 수 있다.

87 시 · 도지사 또는 시장 · 군수 · 구청장은 공중위생영업자 및 공중이용시설의 소유자등에 대하여 필요한 보고를 하게 하거나 소속공무원으로 하여금 공중위생영업자의 위생관리의무 이행 및 공중이용시설의 위생관리실태 등에 대하여 검사하게 하거나 필요에 따라 공중위생영업장부나 서류를 열람하게 할 수 있다.

88 영업신고를 하지 아니하고 영업소의 소재지를 변경한 때에는 영업장 폐쇄명령을 받게 된다.

89 시장 · 군수 · 구청장은 이용사 및 미용사의 면허취소 · 면허정지, 공중위생영업의 정지, 일부시설의 사용중지 및 영업소 폐쇄명령 등의 처분을 하고자 하는 때에는 청문을 실시하여야 한다.

90 이용기구는 소독을 한 기구와 소독을 하지 아니한 기구로 분리하여 보관하고, 면도기는 1회용 면도날만을 손님 1인에 한하여 사용할 것. 이 경우 이용기구의 소독기준 및 방법은 보건복지부령으로 정한다.

86 ④   **87** ①   **88** ④   **89** ④   **90** ①

91 이·미용사의 면허증을 대여한 때의 1차 위반 행정처분기준은?

① 면허정지 3월　　　　② 면허정지 6월
③ 영업정지 3월　　　　④ 영업정지 6월

91 이·미용사의 면허증을 대여한 때의 1차 위반 시 면허정지 3월이다.

92 다음 중 이·미용사의 면허를 발급하는 기관이 아닌 것은?

① 서울시 마포구청장　　② 제주도 서귀포시장
③ 인천시 부평구청장　　④ 경기도지사

92 면허를 발급하는 기관은 시장·군수·구청장이다.

93 공중위생업소가 의료법을 위반하여 폐쇄명령을 받았다. 최소한 어느 정도의 기간이 경과되어야 동일 장소에서 동일 영업이 가능한가?

① 3개월　　　　② 6개월
③ 9개월　　　　④ 12개월

93 의료법을 위반하여 관계행정기관의 장의 요청이 있는 때에는 6월 이내의 기간을 정하여 영업의 정지 또는 일부 시설의 사용중지를 명하거나 영업소폐쇄 등을 명할 수 있다.

94 이·미용사 면허증을 분실하였을 때 누구에게 재교부 신청을 하여야 하는가?

① 보건복지부장관　　② 시·도지사
③ 시장·군수·구청장　　④ 협회장

94 이용업 또는 미용업에 종사하고 있는 자는 면허증의 재교부 신청을 하고자 할 때는 신청서에 서류를 첨부하여 시장·군수·구청장에게 제출하여야 한다.

95 이·미용사가 면허증 재교부 신청을 할 수 없는 것은?

① 면허증을 잃어버린 때
② 면허증 기재사항의 변경이 있는 때
③ 면허증이 못쓰게 된 때
④ 면허증이 더러운 때

95 이용사 또는 미용사는 면허증의 기재사항에 변경이 있는 때, 면허증을 잃어버린 때 또는 면허증이 헐어 못쓰게 된 때에는 면허증의 재교부를 신청할 수 있다.

91 ①　92 ④　93 ②　94 ③　95 ④

96 부득이한 사유가 없는 한 공중위생영업소를 개설할 자는 언제 위생교육을 받아야 하는가?

① 영업개시 후 2월 이내
② 영업개시 후 1월 이내
③ 영업개시 전
④ 영업개시 후 3월 이내

97 다음 중 공중위생영업을 하고자 할 때 필요한 것은?

① 허가
② 통보
③ 인가
④ 신고

98 영업자의 지위를 승계한 자는 몇 월 이내에 시장·군수·구청장에게 신고를 하여야 하는가?

① 1월
② 2월
③ 6월
④ 12월

99 이용사 또는 미용사의 면허를 받지 아니한 자 중, 이용사 또는 미용사 업무에 종사할 수 있는 자는?

① 이·미용 업무에 숙달된 자로 이·미용사 자격증이 없는 자
② 이·미용사로서 업무정지 처분 중에 있는 자
③ 이·미용업소에서 이·미용사의 감독을 받아 이·미용 업무를 보조하고 있는 자
④ 학원 설립·운영에 관한 법률에 의하여 설립된 학원에서 3월 이상 이용 또는 미용에 관한 강습을 받은 자

100 다음 위법사항 중 가장 무거운 벌칙기준에 해당하는 자는?

① 신고를 하지 아니하고 영업한 자
② 변경신고를 하지 아니하고 영업한 자
③ 면허정지처분을 받고 그 정지 기간 중 업무를 행한 자
④ 관계 공무원의 출입, 검사를 거부한 자

---

96 공중위생영업 신고를 하고자 하는 자는 미리 위생교육을 받아야 한다. 다만, 부득이한 사유가 있는 경우에는 영업개시 후 보건복지부령이 정하는 기간 안에 위생교육을 받을 수 있다.

97 공중위생영업을 하고자 할 때는 시설을 갖춘 후 신고서(전자문서로 된 신고서를 포함한다)에 서류를 첨부하여 시장·군수·구청장에게 제출하여야 한다.

98 공중위생영업자의 지위를 승계한 자는 1월 이내에 보건복지부령이 정하는 바에 따라 시장·군수 또는 구청장에게 신고하여야 한다.

Part III
공중위생 관리학

99 이·미용사의 면허를 받지 않은 자가 이·미용업을 개설하거나 그 업무에 종사할 수 없다. 다만, 이·미용업소에서 이·미용사의 감독을 받아 이·미용업무를 보조하고 있는 경우는 그러하지 아니하다.

100 신고를 하지 아니한 자는 1년 이하의 징역 또는 1천만 원 이하의 벌금에 처한다.

96 ③ 97 ④ 98 ① 99 ③ 100 ①

101 이·미용업 영업자가 위생교육을 받지 아니한 때에 대한 1차 위반 시 행정처분 기준은?

① 경고
② 개선명령
③ 영업정지 5일
④ 영업정지 10일

102 공중위생영업자가 준수하여야 할 위생관리기준은 다음 중 어느 것으로 정하고 있는가?

① 대통령령
② 국무총리령
③ 고용노동부령
④ 보건복지부령

103 이용 또는 미용의 면허가 취소된 후 계속하여 업무를 행자 자에 대한 벌칙사항은?

① 6월 이하의 징역 또는 300만 원 이하의 벌금
② 500만 원 이하의 벌금
③ 300만 원 이하의 벌금
④ 200만 원 이하의 벌금

104 이·미용영업자에게 과태료를 부과 징수할 수 있는 처분권자에 해당되지 않는 자는?

① 보건복지부장관
② 시장
③ 군수
④ 구청장

105 대통령령이 정하는 바에 의하여 관계전문기관 등에 공중위생관리 업무의 일부를 위탁할 수 있는 자는?

① 시·도지사
② 시장, 군수, 구청장
③ 보건복지부장관
④ 보건소장

---

101 이·미용업 영업자가 위생교육을 받지 아니한 때에 1차 위반 시 경고, 2차 위반 시 영업정지 5일, 3차 위반 시 영업정지 10일, 4차 위반 시 영업장 폐쇄명령이 내려진다.

102 • 실내공기는 보건복지부령이 정하는 위생관리기준에 적합하도록 유지할 것
• 공중이용시설 안에서 오염물질이 발생되지 아니하도록 할 것. 이 경우 오염물질의 종류와 오염허용기준은 보건복지부령으로 정한다.

103 면허가 취소된 후 계속하여 업무를 행한 자, 면허정지기간 중에 업무를 행한 자, 이용 또는 미용의 업무를 행한 자는 300만 원 이하의 벌금에 처한다.

104 과태료는 대통령령이 정하는 바에 의하여 시장·군수·구청장이 부과·징수한다.

105 보건복지부장관은 대통령령이 정하는 바에 의하여 관계전문기관 등에 그 업무의 일부를 위탁할 수 있다.

101 ① 102 ④ 103 ③ 104 ① 105 ③

106 이·미용사의 면허증을 재교부 받을 수 있는 자는 다음 중 누구인가?

① 공중위생관리법의 규정에 의한 명령을 위반한 자
② 간질병자
③ 면허증을 다른 사람에게 대여한 자
④ 면허증이 헐어 못쓰게 된 자

106 이용사 또는 미용사는 면허증의 기재사항에 변경이 있는 때, 면허증을 잃어버린 때 또는 면허증이 헐어 못쓰게 된 때 면허증의 재교부를 신청할 수 있다.

107 이·미용사의 면허를 받지 아니한 자가 이·미용 업무에 종사하였을 때 이에 대한 벌칙기준은?

① 3년 이하의 징역 또는 1천만 원 이하의 벌금
② 1년 이하의 징역 또는 1천만 원 이하의 벌금
③ 300만 원 이하의 벌금
④ 200만 원 이하의 벌금

107 면허가 취소된 후 계속하여 업무를 행한 자 또는 동조동항의 규정에 의한 면허정지기간 중에 업무를 행한 자, 이용 또는 미용의 업무를 행한 자는 300만 원 이하의 벌금에 처한다.

108 이·미용업자에 대한 과태료 처분 시 과태료 처분에 불복이 있는 자는 그 처분을 고지 받은 날로부터 며칠 이내에 처분권자에게 이의를 제기할 수 있는가

① 7일   ② 15일
③ 20일   ④ 30일

108 과태료 처분에 불복이 있는 자는 그 처분의 고지를 받은 날부터 30일 이내에 처분권자에게 이의를 제기할 수 있다.

109 공중위생감시원의 업무
• 시설 및 설비의 확인
• 공중위생영업 관련 시설 및 설비의 위생상태 확인·검사, 공중위생영업자의 위생관리의무 및 영업자준수사항 이행여부의 확인
• 공중이용시설의 위생관리상태의 확인·검사
• 위생지도 및 개선명령 이행여부의 확인
• 공중위생영업소의 영업의 정지, 일부 시설의 사용중지 또는 영업소 폐쇄명령 이행여부의 확인
• 위생교육 이행여부의 확인

109 다음 중 공중위생감시원의 직무사항이 아닌 것은?

① 시설 및 설비의 확인에 관한 사항
② 영업자의 준수사항 이행 여부에 관한 사항
③ 위생지도 및 개선명령 이행 여부에 관한 사항
④ 세금납부의 적정 여부에 관한 사항

110 이·미용 영업소 안에 면허증 원본을 게시하지 않은 경우 1차 행정처분 기준은?

① 개선명령 또는 경고   ② 영업정지 5일
③ 영업정지 10일   ④ 영업정지 15일

110 1차 위반 시 개선명령 또는 경고, 2차 위반 시 영업정지 5일, 3차 위반 시 영업정지 10일이다.

106 ④   **107** ③   **108** ④   **109** ④   **110** ①

PART

IV

화장품학

Chapter 01

화장품학 개론

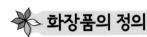
화장품의 정의

1 화장품의 정의

인체를 청결·미화하여 매력을 더하고, 용모를 밝게 변화시키거나 피부·모발의 건강을 유지
또는 증진하기 위하여 인체에 바르고 문지르거나 뿌리는 등 이와 유사한 방법으로 사용되는
물품으로서 인체에 대한 작용이 경미한 것을 말한다(화장품법 제2조).

2 화장품의 요건

① 유효성 : 사용목적에 따른 기능이 우수해야 한다.
② 사용성 : 손놀림이 쉽고 잘 펴발라져야 한다.
③ 안전성 : 피부에 대한 자극, 알레르기, 독성이 없어야 한다.
④ 안정성 : 보관에 따른 변질, 변색, 변취, 미생물 오염이 없어야 한다.

> **하나 더**
>
> • **기능성 화장품**
>   화장품 중에서 다음의 어느 한 가지에 해당되는 것을 기능성 화장품이라고 한다.
>   – 피부의 미백에 도움을 주는 제품
>   – 피부의 주름개선에 도움을 주는 제품
>   – 피부를 곱게 태워주거나 자외선으로부터 피부를 보호하는 데 도움을 주는 제품
> • **유기농 화장품**
>   유기농 원료, 동식물 및 그 유래 등으로 제조되고 식품의약품안전처장이 정하는 기준에 맞는 화장품이다.

3 화장품과 의약부외품, 의약품의 비교

구 분	대 상	사용목적	사용기간	부작용
화장품	정상인	청결, 미화	장기간	없어야 함
의약부외품	정상인	위생, 미화	장기간	없어야 함
의약품	환자	치료	단기간	어느 정도 가능

다음 중 화장품의 4대 요건이 아닌 것은?

① 안정성   ② 안전성

③ 유효성   ④ 기능성

정답 ④

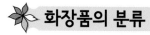 화장품의 분류

1 사용 목적에 따른 분류

분 류	목 적	주요제품
기초 화장품	세정(세안)	클렌징류
	피부정돈	화장수, 팩(마스크)
	피부보호	로션, 에센스, 크림류
메이크업 화장품	피부색 표현	파운데이션, 페이스파우더, 메이크업베이스
	피부결점 보완	아이섀도, 마스카라, 아이라이너
모발 화장품	세정	샴푸
	컨디셔닝, 트리트먼트	헤어 트리트먼트
	염색, 탈색	염모제, 블리치제
	육모, 양모	육모제, 양모제
바디 화장품	탈모, 제모	탈모제, 제모제
	피부보호	선스크린, 선탠오일, 바디로션, 바디오일
	땀 억제	데오도란트 로션, 파우더
	피부세정	바디클렌저
방향 화장품	향취 부여	퍼퓸, 오데뜨왈렛, 오데코롱

기초 화장품을 사용하는 목적이 아닌 것은?

① 세안   ② 피부결점 보완

③ 피부보호   ④ 피부정돈

정답 ②

Part Ⅳ

화장품학

❷ 형태상 분류

1) 가용화제(Solution)
① 물에 소량의 오일성분이 계면활성제에 의하여 투명·균일하게 용해되어 있는 제품이다.
② 미셀(Micelle)의 크기가 가시광선의 파장보다 작아 빛이 투과되므로 투명해 보인다.
③ 화장수, 에센스, 헤어토닉, 헤어리퀴드, 향수 등이 있다.

> **하나 더**
>
> • **미셀(Micelle)** : 용액에서 계면활성제가 화합하여 형성된 콜로이드 입자이다.

2) 유화제(Emulsion)
① 물에 오일성분이 계면활성제에 의해 우윳빛으로 백탁화된 상태의 제품이다.
② 미셀이 커서 가시광선이 통과하지 못하므로 불투명하게 보인다.
③ 유화의 형태

O/W형(Oil in Water Type, 수중유적형)	W/O형(Water in Oil Type, 유중수적형)
형태 : 물에 오일이 분산되어 있다. **특징** : 사용감이 가볍고 산뜻하다.	**형태** : 오일중에 물이 분산되어 있다. **특징** : 사용감이 무겁고 O/W형보다 지속성이 높다.

3) 분산제(Dispersant)
① 물 또는 오일성분에 미세한 고체입자가 계면활성제에 의해 균일하게 혼합된 상태의 제품이다.
② 계면활성제는 고체입자의 표면에 흡착되어 고체입자가 서로 뭉치거나 가라앉는 것을 방지해 준다.
③ 파운데이션, 마스카라, 아이섀도, 트윈케이크 등이 있다.

Chapter 02 화장품 제조

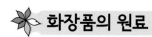
화장품의 원료

1 화장품 원료의 작용

① 수성원료 : 물과 에탄올

② 유성원료 : 오일, 지방산, 지방알코올, 수분의 증발억제와 사용감촉의 향상

③ 유화제 : 수성원료와 유성원료를 섞이게 해주는 것

④ 향료 : 원료 자체의 냄새를 억제

⑤ 색소 : 색감을 부여하여 차별화 적용

⑥ 방부제 : 변질을 막아 오래 보관하기 위해 사용

⑦ 보습제 : 적정한 흡습력으로 피부나 제품의 보습력을 위해 사용

⑧ 활성성분 : 자외선 차단 성분, 여드름 염증완화 성분, 미백, 노화, 보습

2 화장품의 주요 기본원료

1) 수성원료

① 물

- 화장품에서 물은 가장 널리 사용되는 것으로 피부를 촉촉하게 하는 작용 외에 화장수, 크림, 로션 등의 기초물질로 사용된다.
- 깨끗한 물로 화장품을 만들어야 화장품이 변질될 우려가 없기 때문에 활성탄 여과, 금속이온 여과, 자외선 소독 등의 과정을 거친 정제수가 사용된다.

② 에탄올 : 화학적으로 에틸알코올(Ethyl Alcohol)

- 휘발성이 있으며, 피부에 시원한 청량감과 탈지효과 및 수렴효과를 부여한다.
- 지성 여드름 피부에 주로 사용하며 건성, 예민, 노화피부에 자극이 될 수 있다.

2) 유성원료

① 유성원료는 지용성이고 화장품의 구성 성분으로 널리 이용된다.

② 피부의 수분증발 억제, 사용감촉을 향상시키는 등의 목적으로 사용된다.

③ 오일 : 각질층의 수분발산 억제 성질

화장품에 쓰이는 유성원료

유성원료	구분	내용
식물성 오일	올리브유(Olive Oil)	피부표면으로부터 수분증발을 억제한다.
	세인트 존스 워트 오일 (St. John's Wort Oil)	살균, 향염 작용이 뛰어나 화상, 상처에 효과적이다.
	동백유(Camellia Oil)	동백나무 종자에서 채취한다.
	피마자유(Castor Oil)	주로 머리에 이용하며 비이온성 계면활성제 원료로 쓰인다.
	아보카도 오일 (Avocado Oil)	가벼운 자외선 차단효과로 선탠오일의 기본재료로 사용하며 건성피부, 노화피부, 습진, 마른버짐 등의 피부질환에 효과적이다.
	호호바유(Jojoba Oil)	액체왁스로 산화에 대한 안정성이 우수하고, 사용감촉이 양호하다.
	달맞이꽃 오일	피부의 건강을 촉진하고, 염증, 피부염에 효과적이다. 항알레르기 성분으로 아토피성 피부질환에 효과적이다.
	포도씨유	사용감이 가볍고 냄새가 적다. 수렴효과로 피부를 건강하게 유지하며 유분기가 적어 주로 지성피부에 적합하다.
동물성 오일	밍크 오일(Mink Oil)	밍크의 피하지방에서 얻을 수 있고 상처치유에 효과적이다.
	스쿠알렌(Squalene)	심해 상어의 간유에서 얻어진 스쿠알렌에 수소를 첨가한 것이다.
	라놀린(Lanolin)	양의 털로부터 얻은 지방모양의 물질을 정제한 것이다.
	난황유(Egg Oil)	달걀 노른자에서 추출하며, 레시틴, 비타민 A를 함유한다.
	밀랍(Bees Wax)	벌집에서 얻은 흰색과 노란색의 왁스로 스틱상의 제품에 주로 사용된다.
광물성 오일 (탄화수소류)	고형파라핀	석유원유를 증발시키고 난 후 남는 흰색의 투명한 고체로, 크림류나 립스틱에 많이 사용한다[바세린(Vaseline)].
	유동파라핀 (미네랄 오일)	무색무취이며, 정제가 용이하고 생명력이 없는 무기물질이라 변색이 잘 되지 않는다. 피부흡수가 잘 안 되는 오일로 피부표면에 머물러 수분증발 억제 역할을 한다. 기미와 여드름의 원인이 된다[실리콘(Sillicon)].
합성 오일	합성 에스테르류	피부에 유연성을 주고, 가볍고 산뜻한 촉감을 부여한다. 용해보조제, 분산제 등으로 사용한다.
	이소프로필	주로 두발 영양 트리트먼트에 많이 사용한다.
고급 지방산 (천연의 유지, 밀랍 등에 에스테르류로 함유)	라우르산(Lauric acid) 미리스트산(Myristic acid)	야자유, 팜유 등을 비누화 분해해서 얻은 혼합지방산을 분류하여 얻는데, 화장비누, 세안류에 사용된다.
	팔미트산(Palmitic acid) 스테아르산(Stearic acid)	유화크림, 로션의 유화제로 많이 쓰인다.
고급 알코올	세틸 알코올 (Cethyl Alcohol)	경납 주성분으로 용매에는 녹으나 물에는 녹지 않는다.
	스테아릴 알코올 (Stearyl Alcohol)	크림 유액 등의 유화제품의 유화 안정 보조제이다.

🍁 화장품의 기술

1 제형에 따른 분류

1) 가용화제
① 정의 : 수상층에 오일을 가열하지 않고도 용해될 수 있게 해주는 역할을 한다.
② 원리 : 물 + 소량의 오일/계면활성제에 의해 투명하게 용해된다.
③ 색상 : 미셀(Micelle)이 작아 가시광선이 통과되므로 투명하게 보인다.
④ 종류 : 화장수, 에센스, 헤어토닉, 향수 등

2) 유화제
① 정의
  • 정상 상태로 혼합되지 않는 두 가지 물질이 균일하게 혼합되어 있는 것이다.
  • 섞일 수 없는 두 가지의 물질이 혼합되어 그 상태를 변함없이 유지하는 혼합물이다.
② 원리 : 비교적 대등한 용량의 수분 + 유분/계면활성제에 의해 뿌옇게 섞인 제품이다.
③ 색상 : 미셀이 커서 가시광선이 통과되지 못하므로 뿌옇게 불투명한 색상으로 보인다.
④ 종류
  • O/W(Oil in Water Emulsion) 주성분 : Water
  • W/O(Water in Oil Emulsion) 주성분 : Oil
⑤ 타입
  • 친수성(수중유적형) : 물 안에 기름이 분산되어 있다. O/W - 클렌징 밀크, 로션
  • 친유성(유중수적형) : 기름 안에 물이 분산되어 있다. W/O - 클렌징 크림

 | 진짜 기출문제 명확하게 기억하기

> 다량의 유성 성분을 물에 일정 기간 동안 안정한 상태로 균일하게 혼합시키는 화장품 제조기술은?
>
> ① 유화 　　　　　　　② 경화
> ③ 분산 　　　　　　　④ 가용화
>
> 정답 ①

2 계면활성제

1) 계면활성제의 정의와 작용
① 액체와 액체 사이에 보이지 않는 표면장력을 활성화시키는 물질이다.
② 한 분자 내에 친수성기와 친유성기를 함께 가지는 분자이다.

③ 계면활성제의 기본 작용 : 세정작용, 기포작용, 유화작용, 살균작용, 분산작용, 침투작용 등

2) 계면활성제의 종류

① 양이온 계면활성제 : 살균 소독작용이 크며 정전기 발생을 억제한다. 헤어 린스, 트리트먼트제 등으로 사용된다.

② 음이온 계면활성제 : 세정작용과 기포형성 작용이 우수하다. 비누, 샴푸, 클렌징폼, 치약 등에 사용된다.

③ 비이온성 계면활성제 : 피부자극이 적어 화장수의 가용화제, 크림의 유화제, 클렌징 크림의 세정제 등 피부의 안전성이 높아 화장품에서 널리 사용된다.

④ 양쪽성 계면활성제 : 세정작용이 있으며 피부 자극이 적어서 저자극 샴푸, 베이비 샴푸 등에 사용된다.

🌸 화장품의 특성

1 화장품의 첨가제

1) 연화제

① 기능 : 피부표면을 매끄럽고 부드럽게 한다.

② 피부 연화제 역할 성분 : 아몬드유, 알로에, 컴프리 뿌리, 접시꽃, 무화과, 올리브 잎 등이다.

2) 방부제

미생물의 공격을 받는 화장품을 일정 기간 보존하기 위한 보존제로 많이 배합할 경우 피부 트러블을 유발할 수 있다.

① 에탄올(Ethanol)

• 인체 소독용으로 살균작용이 뛰어나 주로 염증성 여드름용 제품에 사용한다.

• 피부자극이 있다.

② 벤조산(Benzoic acid)

• 피부자극이 낮으며 곰팡이와 효모의 증식을 억제하는 작용을 한다.

• 0.05 ~ 0.1% 농도로 사용되며 피부자극은 낮으나 간혹 알레르기를 유발한다.

③ 파라옥시안식향산(Paraben)

• 화장품에 가장 흔하게 사용되는 방부제로 알레르기 반응이 낮다.

• 농도는 0.03 ~ 0.30% 사이로 사용한다.

• 주요 방부제 : 파라옥시안식향산메틸(Methyl Paraben), 파라옥시안식향산 프로필(Propyl Paraben), 이미다졸리디닐우레아(Imidazolidinyl Urea) 등이 있다.

3) 합성제 : 계면활성제

4) 습윤제

① 피부의 수분 보유량을 증가시키는 물질이다.

② 주요 습윤제로는 프로필렌글리콜, 글리세린 등이 있다.

③ 글리세린

- 무색의 단맛을 가진 끈끈한 액체로 수분 흡수작용을 한다.

- 보습효과, 유연제 작용, 점도를 일정하게 보존하는 역할을 한다.

- 농도가 높으면 피부나 점막에 자극을 초래하고 피부를 건조하게 한다.

5) 약품

① 알코올 : 소독작용과 피부 자극작용을 하는 휘발성 액체로 향유, 희석제용으로 많이 사용된다.

② 붕산 : 방부 목적으로 사용하며 살균, 소독력이 좋다.

③ 과산화수소 : 살균, 표백, 지혈작용을 하고 화장수나 크림에 사용된다.

6) 산화방지제

① EDTA(Ethylendiamine Tetraacetic acid)

② BHT(Butylhydroxytoluene)

③ BHA(Butylhydroxyanisol)

④ α-tocopherol(비타민 E)

7) pH 조절제

① 화장품 법규상 화장품에서 사용 가능한 pH는 3 ~ 9이다.

② 시트러스 계열 : 항산화 성질을 지닌 저자극성의 방부제로, pH를 산성화하기 위해 사용된다.

③ 암모니움 카보네이트(Ammonium Carbonate) : pH를 알칼리화하기 위해 사용한다.

8) 색소

① 염료 : 물 또는 오일에 녹는 색소로 화장품 자체에 시각적인 생활효과를 부여하기 위해 사용한다.

② 안료

- 무기안료 : 색상이 화려하지 않지만 빛, 산, 알칼리에 강하다.

- 유기안료 : 색상이 화려한 반면 빛, 산, 알칼리에 약하다.

- 레이크 : 색상의 화려함이 무기안료와 유기안료의 중간이다.

▶ 화장품의 원료로 알코올의 작용에 대한 설명으로 틀린 것은?

① 소독작용이 있어 화장수, 양모제 등에 사용한다.

② 다른 물질과 혼합해서 그것을 녹이는 성질이 있다.

③ 흡수작용이 강하기 때문에 건조의 목적으로 사용한다.

④ 피부에 자극을 줄 수도 있다.

정답 ③

▶ 다음 중 햇빛에 노출했을 때 색소침착의 우려가 있어 사용 시 유의해야 하는 에센셜 오일은?

① 라벤더   ② 티트리

③ 제라늄   ④ 레몬

정답 ④

2 활성성분 원료

1) 건성피부용 활성성분

① 콜라겐(Collagen) : 동물의 피부에서 추출하며, 피부에 수분을 보유시켜 화장품에 사용한다.

② 엘라스틴(Elastin) : 동물의 진피로부터 추출하며 보습효과, 진피의 조직인자를 활성화한다.

③ 히알루론산(Hyaluronic acid) : 수탉의 벼슬 정액으로부터 추출하며 보습효과, 노화방지, 피부의 면역성을 증대시킨다.

④ 레시틴(Lecithin) : 리포솜의 원료 및 천연유화제로 사용하며, 콩, 달걀노른자에서 추출한다.

⑤ 알로에(Aloe) : 세포재생 작용, 보습, 상처치유, 염증억제에 이용된다.

2) 지성피부용, 여드름용 활성성분

① 캠퍼(Camphor) : 사철나무의 뿌리, 가지, 잎에서 추출하며 피지조절, 항염증, 살균, 수렴효능으로 여드름 피부에 많이 사용한다.

② 황(Sulfur) : 조직을 건조화시켜 각질탈락, 피지억제, 살균작용을 하여 염증성 여드름에 효과적이다.

③ 카올린(Kaolin) : 피지 흡착력이 뛰어나고 커버력이 우수하여 지성피부용 팩 등에 많이 사용한다.

④ 살리실산(Salicylic acid) : BHA(β-Hydroxy acid)로 불리며, 살균 및 피지 억제 작용이 강하여 염증성 여드름에 효과적이다.

3) 노화용 활성성분

① 알란토인(Allantoin) : 컴프리 뿌리에서 추출하며, 보습력과 치유작용이 강하다.

② 플라센타(Placenta) : 동물의 태반에서 추출하며 피부 신진대사, 재생, 혈액순환 촉진에 효과적이다.

③ 알부민(Albumin) : 세포재생, 노화방지에 이용한다.

④ 엠브리오(Embrio) : 산모의 탯줄을 효소로 분해하여 얻으며, 노화 시 재생작용이 탁월하다.

⑤ 비타민 E(Tocopherol) : 지용성 비타민, 항상화, 항노화, 재생, 산화방지에 효과적이다.

⑥ AHA(α-Hydroxy acid) : 각질제거 및 재생효과가 있다.

AHA의 종류

구 분	추 출	특 징
글리콜산(Glycolic acid)	사탕수수	AHA 중 가장 분자량이 작아 침투력이 뛰어남
젖산(Lactic acid)	우유	보습효과
사과산(Malic acid)	사과	살균
주석산(Tartaric acid)	포도	다른 AHA 성분의 효능 강화
구연산(Citric acid)	오렌지, 레몬	화장품의 pH 조절제

4) 예민피부용 활성성분

① 아줄렌(Azulene) : 카모마일의 스팀, 증류작용에 의해 제조되는 암청색 색소로 휘발성 오일이며 항염증, 진정작용이 탁월하다.

② 위치헤이즐(Witch Hazel) : 하마멜리스(개암나무)의 껍질과 잎에서 추출하며 천연 수렴제로 사용(아스트린젠트의 성분)된다. 살균효과, 상처치유 효과, 염증방지에 효과적이다.

③ 칼렌둘라(Calendula) : 금잔화(금송화)에서 추출하며, 예민하고, 거칠고, 붉은 피부, 염증에 효과적이다.

④ 은행잎 추출물(Ginko) : 은행잎에서 추출하며 항산화, 혈액순환촉진 효과가 있으며 모세혈관벽을 강화한다.

⑤ 비타민 P, K : 모세혈관벽을 강화한다.

5) 미백용 활성성분

① 비타민 C : 수용성 비타민으로 항산화, 미백, 모세혈관 강화효과가 있다.

② 코직산(Kojic acid) : 누룩에서 추출하며, 티로시나아제 활성 억제를 한다.

③ 하이드로퀴논(Hydroquinone) : 미백효과가 가장 뛰어나지만 의약품에서만 사용하며, 활성산소를 억제한다.

④ 알부틴(Albutin) : 월귤나무과에서 추출되며, 하이드로퀴논과 유사한 구조로 활성산소를 억제한다.

⑤ 감초(Licorice) : 감초 뿌리에서 추출하며 항알레르기, 자극완화, 독성제거, 소염, 상처치유 효과가 우수하고, 활성산소를 억제한다.

Part IV

화장품학

Chapter 03 화장품의 종류와 기능

❀ 기초 화장품

1 기초 화장품의 기능과 목적

① 기능 : 피부 본래가 갖고 있는 항상성 유지를 도와서 피부를 늘 아름답고 건강하게 유지시킨다.

② 목적 : 피부 청결, 피부의 수분 밸런스 유지, 피부의 신진대사 촉진, 유해한 자외선으로부터의 보호를 목적으로 한다.

2 세안 화장품

1) 세안 화장품의 작용

피부 표면층에 부착되어 있는 피지, 피부생리의 대사산물이나 공기 중의 먼지, 미생물, 여성의 경우는 메이크업 화장품 등을 제거해 낸다.

2) 세안 화장품의 종류

① 클렌징 오일(Cleansing Oil)

- 유성성분을 많이 포함한 메이크업에 가장 강한 세정력을 가진다.
- 피부 침투성이 좋아서 땀이나 피지에 강한 화장도 깨끗이 닦아 준다.
- 건성피부에 적합하다.

② 클렌징 크림(Cleansing Cream) : 짙은 유성 메이크업을 했을 때 적당하며, 유화 타입으로 O/W형이 주류를 이룬다.

③ 클렌징 로션(Cleansing Lotion)

- 클렌징 크림보다 유분 함량이 낮아 피부에 부담이 적고 산뜻하다.
- 옅은 화장을 지울 때 적합하다.

④ 클렌징 젤(Cleansing Gel) : 청량감과 유분감이 덜하므로 여름철, 여드름 피부, 남성 피부에 적합하다.

⑤ 클렌징 워터(Cleansing Water) : 주로 가벼운 화장을 지우는 데 사용되며, 가용화제로 만들어진다.

❸ 화장수(Toner)

1) 화장수의 기능
피부의 정돈 효과와 수분 밸런스를 유지한다.

2) 화장수의 종류
① 유연 화장수(Tonic) : 보습제와 유연제가 함유되어 있어 피부의 각질층을 촉촉하고 부드럽게 한다.

② 수렴 화장수(Astringent) : 수분을 공급하고 모공을 수축시켜 피부결을 정리하며 세균으로부터 피부를 보호하고 소독한다.

③ 로션(Lotion)
- 수분이 약 60 ~ 80%로 점성이 낮은 O/W형의 유화형 크림(에멀전)이다.
- 피부에 퍼짐성이 좋고 빨리 흡수되며 사용감이 적당하다.

④ 크림(Cream) : 피부를 외부의 자극으로부터 보호 · 보습하고, 활성성분을 통한 피부 신진대사를 활성화한다.

크림의 구분과 종류

크림의 구분	배합성분에 따른 분류	O/W형, W/O형
크림의 종류	데이(Day) 크림	나이트(Night) 크림, 영양(Nourising) 크림
	바니싱 크림	스테아르산이 주성분으로 피부에 수분을 공급하는 크림

❹ 에센스(Essence)
① 컨센트레이트(Concentrate) 또는 세럼(Serum)이라는 명칭으로 널리 알려져 있다.
② 피부보습 및 노화억제 효과를 갖는 주요 미용성분을 고농축으로 함유하고 있다.

❺ 팩과 마스크

1) 팩과 마스크의 의미와 구분
① 의미 : '포장하다' 또는 '둘러싸다'라는 뜻의 Package에서 유래한 말로 마스크(Mask)라는 말과 혼용되고 있다.
② 구분
- 팩 : 얼굴에 바른 후 공기가 통할 수 있도록 하며 굳지 않는다.
- 마스크 : 얼굴에 바른 후 공기가 통하지 않으며 굳는다.

2) 팩과 마스크의 효과
① 팩이 건조되는 과정으로 인하여 피부에 긴장감을 부여한다.
② 혈액순환 촉진과 활성성분 침투력 증가로 인해 온도가 상승한다.

Part Ⅳ

화장품학

③ 종류에 따라서는 피부의 노폐물이 제거되고 청결해진다.

3) 팩의 종류

① 필 오프 타입(Peel Off Type) : 팩이 건조된 후 떼어내는 타입으로 건조되면서 피부에 긴장감, 청량감을 부여한다.

② 워시 오프 타입(Wash Off Type) : 크림, 젤, 머드 등의 클레이 타입이 주류를 이루며 물로 제거한다.

- 크림 타입 : 영양, 보습, 진정작용
- 젤 타입 : 보습, 진정작용
- 머드 타입 : 피지와 노폐물 제거

③ 티슈 오프 타입(Tissue Off Type) : 안면에 보습 및 영양 그리고 진정효과를 부여하며 티슈로 닦아내는 타입이다.

4) 마스크의 종류

① 콜라겐 벨벳 마스크 : 건성피부나 노화피부에 콜라겐을 공급하는 것으로 피부의 탄력을 증대시킨다.

② 모델링 마스크 : 시술과정 중 모공을 열어서 영양분이 피부 깊이 침투되도록 돕고, 탄력이 없는 피부, 주름이 많고 건조한 피부, 늘어진 피부에 효과적이다.

🌸 메이크업 화장품

1 메이크업 화장품의 효과와 종류

1) 메이크업 화장품의 효과

피부를 아름답게 표현하는 미적 효과, 자외선으로부터 피부를 보호하는 보호적 효과, 화장행위에 의한 심리적인 만족감과 자신감을 생기게 하는 심리적 효과를 부여한다.

2) 메이크업 화장품의 종류

① 메이크업 베이스(Make-up Base)

- 기초 화장품을 사용한 후 파운데이션을 바르기 전에 사용하는 제품으로, 인공 피지막을 형성하여 피부를 보호한다.
- 파운데이션이 피부에 직접 흡수되는 것을 막고, 퍼짐성과 밀착감을 좋게 해주어 화장의 지속성을 높인다.

메이크업 베이스 색상별 활용

파란색(Blue)	붉은 얼굴, 하얀 피부톤을 표현할 때 효과적이다.
보라색(Violet)	피부톤을 밝게 표현하며 동양인의 노르스름한 피부를 중화시켜 준다.
분홍색(Pink)	신부 화장 및 얼굴이 창백한 사람에게 화사하고 생기 있는 건강한 피부를 표현할 때 사용한다.
녹색(Green)	색상 조절 효과가 가장 크며 일반적으로 많이 사용하며, 잡티 및 여드름 자국, 모세혈관 확장 피부에 적합하다.
흰색(White)	투명한 피부를 원할 때 효과적이며, T-Zone 부위에 하이라이트를 줄 때 사용한다.

② 파운데이션(Foundation)

- 피부의 결점을 감추고 원하는 화장의 피부색을 만드는 기초로 쓰여지는 화장품이다.
- 기본적으로 밀착감, 커버력, 광택이 좋아야 하며 피부색을 균일하게 그리고 건강한 피부로 보이도록 한다.

파운데이션의 구분과 종류

유화형	O/W형	**리퀴드 파운데이션** : 안료가 균일하게 분산되어 있고, 오일량이 적어 사용감이 가볍다. 피부결점이 손쉽게 커버되므로 피부에 결점이 별로 없는 경우의 사용에 적합하다.
	W/O형	**크림 파운데이션** : 사용감이 무겁고, 퍼짐성이 낮다. 피부에 부착성이 우수하고 화장이 땀이나 물에 의해 잘 지워지지 않는 장점이 있다.
분산형		**스킨 커버** : 크림 파운데이션보다 밀착감과 커버력이 우수하다. 배합된 오일과 왁스의 양이 파운데이션 중에서 가장 많아 사용감이 뻑뻑한 단점이 있다. 무대분장 시 널리 사용되며, 유사한 제형으로 컨실러, 스틱 파운데이션이 있다.
파우더형		• **파우더 파운데이션** : 파우더와 트윈케이크의 중간 형태이다. 여름철에 피부를 쉽고 간편하게 표현할 수 있고, 번들거림 없이 매트한 느낌을 준다. • **트윈케이크** : 친유처리한 안료가 배합되어 있어 뭉침이 없고 땀에 의해 쉽게 지워지지 않는다.

③ 파우더(Powder)

- 땀과 피지에 의해 화장이 번지거나 지워지는 것을 막고 유분기를 제거해 준다.
- 파운데이션의 지속성을 좋게 해준다.

④ 색조화장품

- 아이브로 펜슬(Eyebrow Pencil) : 눈썹 모양을 그리고 눈썹의 색을 조정하기 위해 사용한다.
- 아이섀도(Eye Shadow) : 눈 부위에 색채와 음영으로 입체감을 부여하여 눈의 아름다움을 강조하며, 눈의 형태를 고려하여 단점을 보완하고 개성과 이미지를 부각시킨다.

하나 더

- **섀도 컬러** : 넓은 부위는 좁아 보이게 하고 튀어나온 부위는 들어가 보이게 한다.
- **하이라이트 컬러** : 크게 보이고자 하는 부위에 사용하며 돌출되어 보인다.

- 아이라이너(Eye Liner) : 눈의 윤곽을 또렷하게 하여 눈의 모양을 조정하고, 인상적인 눈 매를 연출한다.

아이라이너의 종류

리퀴드 타입	뚜렷하고, 개성 있는 눈매를 연출하고 지속성이 있다.
펜슬 타입	쉽고 자연스러운 눈매를 연출할 수 있지만 잘 지워진다.

- 마스카라(Mascara) : 속눈썹을 짙고 길어 보이게 하며 눈동자가 또렷해 보이도록 하는 목 적으로 사용한다.
- 볼터치(치크, Cheek) : 뺨에 혈색을 주어 여성스럽고 화사하게 하여 젊고 발랄한 이미지 와 건강미를 표현하며 윤곽수정의 효과를 준다.
- 립스틱 : 입술에 윤기와 색감을 부여해서 얼굴 전체의 이미지를 밝게 보이도록 하고, 입술 을 수정하기 위한 제품이다.

2 얼굴, 눈썹, 입술 형태에 따른 화장법

1) 얼굴 화장법
① 둥근형 얼굴 : 세로선으로 보완하여 얼굴의 양쪽 측면에 셰이딩과 이마, 콧등, 턱끝에 하이 라이트를 주어 얼굴이 전체적으로 길어 보이도록 한다.
② 사각형 얼굴 : 이마와 턱선의 각진 부분에 셰이딩을 주어 곡선으로 처리하여 여성적인 이미 지를 연출한다. 이마와 콧등, 턱끝까지 하이라이트 처리를 하여 세로의 길이를 강조한다.
③ 긴형 얼굴 : 이마와 코끝, 턱을 가로 방향으로 어둡게 셰이딩을 하여 짧아 보이도록 한다.
④ 역삼각형 얼굴 : 양 볼에 하이라이트를 주어 통통해 보이도록 하며, 양 끝과 턱 끝에 셰이딩 을 주어 달걀형으로 보이도록 한다.
⑤ 삼각형 얼굴 : 이마와 눈 주위를 밝게 처리하여 볼에 비해 빈약한 부분을 보완하고, 턱뼈 양 끝에 셰이딩을 주어 시선이 얼굴 위쪽에 머물도록 한다.

2) 눈썹 화장법
① 둥근형 얼굴 : 약간 치켜 각지게 올리듯이 그린다(각진 눈썹).
② 사각형 얼굴 : 활 모양으로 둥글게 그린다.
③ 긴형 얼굴 : 일자 눈썹으로 그린다.
④ 역삼각형 얼굴 : 자연스럽게 그린다(표준형＋아치형).
⑤ 삼각형 얼굴 : 눈의 크기와 상관없이 크게 그린다.

▲ 얼굴형에 따른 화장법

3) 입술 화장법

① 얇은 입술의 화장 : 위 · 아래 입술을 곡선으로 약간 늘린다.

② 크고 두꺼운 입술 : 실제 입술선보다 작게 그린다.

 모발 화장품

1 모발 화장품의 목적

인체의 두발 및 두피를 청결하게 하는 동시에 보호, 정돈, 미화 등의 목적으로 사용한다.

2 모발 화장품의 구분

① 세정용

- 샴푸 : 두피 모발에 존재하는 피지, 땀, 비듬, 각질, 먼지 등을 세정하는 기능을 한다.
- 린스 : 샴푸로 인해 감소된 모발의 유분을 공급하여 모발에 윤기를 제공한다.

② 정발용 : 모발을 원하는 형태로 만드는 스타일링의 기능과 모발의 형태를 고정시켜 주는 세팅의 기능을 목적으로 사용한다.

- 헤어 스타일링 : 헤어 무스, 헤어 스프레이, 헤어 젤, 세팅 로션, 헤어 리퀴드 등이 있다.
- 헤어 트리트먼트 : 헤어 크림, 헤어 블로우, 헤어 코트, 헤어 오일 등이 있다.
- 기타 : 탈모제, 염모제, 퍼머넌트 웨이브로션 등이 있다.

바디(Body) 관리 화장품

1 바디 관리 화장품의 종류

① 세정제 : 바디에 있는 노폐물을 제거하여 몸을 청결하게 유지해주는 기능을 한다(비누, 바디 샴푸).

② 트리트먼트 : 바디 로션, 바디 크림, 바디 오일 등이 있다.

③ 방향제 : 파우더, 샤워코롱 등이 있다.

④ 일소방지제 : 선탠 오일, 선탠 리퀴드, 선스크린 크림, 애프터 선케어 로션 등이 있다.

2 부위에 따른 바디 관리 화장품의 구분

① 액와 부위에 사용하는 화장품 : 땀 분비로 인하여 다른 신체 부위보다 많은 냄새를 발생하는 특징을 갖고 있다(데오도란트 로션, 데오도란트 스프레이, 데오도란트 파우더, 데오도란 트 스틱 등).

② 손에 사용하는 화장품 : 손을 건강하게 유지하기 위하여 사용하는 화장품이다(핸드 로션, 핸드 크림).

③ 발에 사용하는 화장품 : 각질화가 잘 되어 유연성이 적은 팔꿈치나 무릎 등에 유 · 수분을 공급하여 각질을 부드럽고, 유연하게 할 목적으로 사용한다(각질연화 로션).

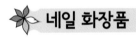 **네일 화장품**

네일 화장품의 종류와 쓰임

폴리시(Polish)	• 에나멜과 같은 뜻이며 손톱에 바르는 컬러 화장품이다. • 손톱에 광택을 부여하고 아름답게 할 목적으로 사용하는 화장품이다. • 피막 형성 성분은 니트로셀룰로오스이다. • 안료가 배합되어 손톱에 아름다운 색채를 부여하기 때문에 네일 컬러라고도 한다.
베이스코트	폴리시 또는 화학성분으로 인한 네일 보호 및 착색 방지, 폴리시 색상지속을 도와준다.
탑코트	폴리시를 바르고 난 후 사용하며 색상과 광택을 부여한다.
큐티클 오일	큐티클을 제거하기 위해 큐티클 주위에 바르는 것으로, 큐티클을 유연하게 하는 화장품이다.
리무버	폴리시 제거 시 사용한다.
안티셉틱	손 소독 화장품이다.
젤글루	팁을 붙일 때 사용한다.
필러파우더	손톱연장 시술, 익스텐션, 파우더팁 시술 시 글루와 함께 네일 두께를 만드는 데 사용한다.
글루드라이어	액티베이터라고 하며, 글루를 빨리 건조시키고자 할 때 사용하는 냉각용 제품이다.
오렌지 우드스틱	오렌지 나무로 만든 가늘고 긴 막대기로, 큐티클 리무버 등을 바를 때 사용한다.

네일 에나멜에 대한 설명으로 틀린 것은?

① 손톱에 광택을 부여하고 아름답게 할 목적으로 사용하는 화장품이다.

② 피막 형성제로 톨루엔이 함유되어 있다.

③ 대부분 니트로셀룰로오스를 주성분으로 한다.

④ 안료가 배합되어 손톱에 아름다운 색채를 부여하기 때문에 네일 컬러라고도 한다.

정답 ②

향수(Perfume)

1 향수의 역사와 구비요건

1) 향수의 역사

① 종교의식과 결부되어 고대 인도에서 처음으로 사용하였다.

② 질병을 없애기 위해 향나무 등을 태워서 나는 연기의 냄새가 향수의 시초이다.

③ 향수를 뜻하는 퍼퓸(Perfume)은 Per와 Fume의 합성어로 '연기를 통하여'라는 어원을 가지고 있다.

④ 현대 향수의 시초는 헝가리 워터이다.

2) 향수의 구비요건

① 향에 특징이 있어야 한다.

② 향의 확산성이 좋아야 한다.

③ 향이 적당히 강하고 지속성이 좋아야 한다.

④ 시대성에 부합되는 향이어야 한다(패션성).

⑤ 향의 조화가 잘 이루어져야 한다.

2 향수의 구분

1) 농도에 따른 구분

① 퍼퓸(Perfume) : 일반적으로 말하는 향수로 15 ~ 30%의 향료를 함유하고 있다. 향수 중에서 가장 강도가 강한 향수로 지속시간은 약 6 ~ 7시간 정도이다.

② 오데퍼퓸(Eau de Perfume) : 9 ~ 12%의 향료를 함유한 제품으로 지속시간은 약 5 ~ 6시간이다.

③ 오데토일렛(Eau de Toilet) : 6 ~ 8%의 향료를 알코올에 부향시킨 제품으로 지속시간은 약 3 ~ 5시간이다.

Part Ⅳ

화장품학

④ 오데코롱(Eau de Cologne) : 3 ~ 5%의 향료를 함유하는 제품으로 지속시간은 약 1 ~ 2시간
　이다. 향수를 처음으로 접하는 사람에게 적합한 제품이다.
⑤ 샤워코롱(Shower Cologne) : 1 ~ 3%의 낮은 함량의 향료를 함유하는 제품으로, 은은하면서
　도 산뜻하고 상쾌하게 전신을 유지할 수 있다.

2) 향의 발산 속도에 따른 단계 구분
① 탑노트(Top Note) : 향수의 첫 느낌, 휘발성이 강한 향료
② 미들 노트(Middle Note) : 알코올이 날아간 다음 나타나는 향, 변화된 중간향
③ 베이스 노트(Base Note) : 마지막까지 은은하게 유지되는 향, 휘발성이 낮은 향료

에센셜(아로마) 오일 및 캐리어 오일

🔳 에센셜 오일 및 캐리어 오일의 구분과 추출

1) 에센셜 오일 및 캐리어 오일의 구분
① 에센셜 오일 : 기분전환, 삶의 질 향상 등을 목적으로 허브(향기 나는 풀)의 꽃, 줄기, 잎, 열
　매, 수액 등에서 추출한 100% 순수한 정유를 말한다. 100% 고농축 오일이어서 오래 지속
　적으로 쓸 수 없어 캐리어 오일 등과 희석하여 쓴다.
② 캐리어 오일 : 식물의 씨앗에서 추출되는 모든 식물성 오일로 농축 오일이 아니라서 일 년
　내내 쓸 수 있다.

2) 천연향의 추출방법 및 장점
① 증류법 : 식물의 꽃, 줄기, 껍질 등을 모아 수증기를 통과시켜 향을 추출하며 짧은 시간에
　다량 추출한다.
② 냉각 압착법 : 레몬이나 오렌지 등의 과일껍질을 압착하여 추출하기 때문에 열의 영향을 받
　지 않는다.
③ 휘발성 용매 추출법 : 유기용매의 꽃잎이나 잎사귀를 넣어 왁스형태의 물질을 얻으며 비교
　적 수율이 높다.
④ 초임계 유체법 : 원하는 물질만 고순도로 얻을 수 있다.

② 아로마테라피의 사용방법

① 흡입법 : 구강과 코를 통해 흡입하는 방법으로 가장 효과적이다.

② 확산법 : 확산기를 이용하며 실내공기정화, 악취제거, 폐와 호흡기 관련 질병 완화에 도움이 된다.

③ 입욕법 : 신진대사를 원활하게 하고 혈액순환을 도와 심신의 긴장을 완화시키며 좌욕법, 족욕법 등에 사용한다.

④ 습포법 : 물에 에센셜 오일을 혼합하여 사용 부위에 면 패드나 타올을 적신 후 적용한다.

⑤ 마사지법 : 직접 체내에 흡수하고 피부상태에 따라 캐리어 오일에 혼합하여 사용한다.

> **하나 더**
>
> - **재료별 효능**
>   - 라벤더 : 항생작용, 살균방부, 진정, 세포재생, 해독작용
>   - 티트리 : 항균, 살균방부 작용
>   - 페퍼민트 : 항염증, 살균방부 작용, 소화불량, 헛배부름, 호흡곤란, 감기, 천식, 피부염증, 정맥류, 피부염증, 두통
>   - 카모마일 : 항염증 작용, 항균, 살균방부와 소독작용
>   - 유칼립투스 : 항염증 작용, 살균방부, 이뇨, 진통
>   - 제라늄 : 진정과 통증완화 작용, 살균방부와 수렴작용
>   - 로즈마리 : 육체적, 정신적 근육통
>   - 타임 : 항균, 살균방부, 이뇨작용
>   - 레몬 : 소화기계, 슬리밍 효과와 셀룰라이트 분해에 시너지 효과

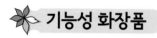

🌸 기능성 화장품

① 기능성 화장품의 정의 및 법으로 인정된 종류

① 기능성 화장품의 정의 : 기능성 화장품은 피부보호와 피부기능을 유지하고 더 나아가 미용적인 결함을 교정해 주는 작용이 있어야 한다.

② 법으로 인정된 기능성 화장품의 종류 : 화장품법이 제정되면서 주름개선, 피부미백, 자외선 차단 또는 피부를 곱게 태워주는 데 도움을 주는 제품 등을 기능성 화장품으로 인정하고 있다.

② 기능성 화장품의 종류

1) 미백 화장품

① 티로신의 산화를 촉진하는 티로시나아제의 작용을 억제하는 물질(알부틴, 코직산, 상백피 추출물, 감초 추출물, 닥나무 추출물)이다.

② 도파의 산화를 억제하는 물질(비타민 C)이다.

③ 각질세포를 벗겨내 멜라닌 색소를 제거하는 물질(AHA)이다.

④ 멜라닌세포 자체를 사멸시키는 물질(하이드로퀴논)이다.

⑤ 자외선을 차단하는 물질(옥틸디메틸 파바, 이산화티탄)이다.

2) 자외선 차단 화장품

① 자외선 차단

- 자외선 차단 : UV-A, UV-B를 흡수하거나 산란시킴으로써 멜라닌 생성을 억제(자외선 차 단제품)한다.
- 사이토카인(Cytokine) : 멜라닌세포에 멜라닌의 합성을 명령하는 신호전달 물질인 사이토 카인의 작용을 조절한다.
- 멜라닌 합성 저하제 : 티로신의 산화반응을 억제함으로써 멜라닌 색소의 생성을 억제한다.
- 박리 촉진 : 피부 각질층에 함유된 멜라닌 색소를 제거한다. 즉 각질을 박리하고 턴오버를 촉진함으로써 생성된 멜라닌 색소의 배출을 용이하게 한다.

② 자외선 차단제의 조건

- 땀과 물에 쉽게 지워지지 않아야 한다.
- 태양광선에 분해되지 않아야 한다.

③ 자외선 차단제(산란제)

- 피부에서 자외선의 반사로 피부를 보호한다.
- 성분 : 이산화티탄(TiO_2), 산화아연(ZnO)이 있다.
- 피부에 안전하여 예민한 피부에도 사용 가능하며, 자극이 낮다.
- 입자가 클 경우는 피부에 뿌옇게 밀릴 수 있다.

④ 자외선 흡수제

- 화학적인 성질로 자외선의 화학에너지를 미세한 열에너지로 바꾸어 피부 밖으로 방출한다.
- 구체적인 성분 : 파라아미노안식향산, 옥틸디메칠 파바, 옥틸 메톡시신나메이트, 벤조페 논-3 등이 있다.
- 색상이 없고 사용감이 산뜻하다.
- 화학적인 반응이 피부에 자극을 줄 수 있다.

3) 주름 개선 화장품

① 피부노화의 종류

- 광노화 : 태양광선에 의해 피부노화가 일어나는 현상이다.
- 자연노화 : 시간이 흘러가면서 자연의 섭리대로 늙어가는 것이다.

② 주름 개선 화장품 : 레티놀, 아데노신 등이 있다.

 | 진짜 기출문제 명확하게 기억하기

피부 표면에 물리적인 장벽을 만들어 자외선을 반사하고 분산하는 자외선 차단 성분은?

① 옥틸메톡시신나메이트

② 파라아미노안식향산

③ 이산화티탄

④ 벤조페논

정답 ③

평가문제

01 화장품법상 화장품의 정의와 관련한 내용이 아닌 것은?

① 신체의 구조, 기능에 영향을 미치는 것과 같은 사용 목적을 겸하지 않는 물품
② 인체를 청결히 하고, 미화하고, 매력을 더하고 용모를 밝게 변화시키기 위해 사용하는 물품
③ 인체에 사용되는 물품으로 인체에 대한 작용이 경미한 것
④ 피부 혹은 모발을 건강하게 유지 또는 증진하기 위한 물품

02 화장품에 대한 설명 중 틀린 것은?

① 유효성과 부작용의 비율에 따라 가치가 결정된다.
② 장기간 또는 단기간 사용한다.
③ 특정 질환을 가진 환자가 대상이다.
④ 인체에 대한 작용이 경미하다.

03 화장의 의의로 잘못된 것은?

① 노화방지를 한다.
② 개성미를 연출시킨다.
③ 결점을 커버한다.
④ 피부의 질환적 요소를 커버한다.

04 화장품에서 요구되는 4대 품질 특성이 아닌 것은?

① 안전성　　　　② 안정성
③ 보습성　　　　④ 사용성

05 화장품의 4대 품질 조건에 대한 설명이 틀린 것은?

① 안전성 - 피부에 대한 자극, 알레르기, 독성이 없을 것
② 안정성 - 변색, 변취, 미생물의 오염이 없을 것
③ 사용성 - 피부에 사용감이 좋고 잘 스며들 것
④ 유효성 - 질병 치료 및 진단에 사용할 수 있을 것

---

01 화장품법상 화장품이란 인체를 청결·미화하여 매력을 더하고 용모를 밝게 변화시키거나 피부·모발의 건강을 유지 또는 증진하기 위하여 인체에 바르고 문지르거나 뿌리는 등 이와 유사한 방법으로 사용되는 물품으로서 인체에 대한 작용이 경미한 것을 말한다.

02 의약품은 특정 질환을 가진 환자가 대상이다.

03 화장은 피부의 질환적 요소를 커버하기 위해 사용되지는 않는다.

04 화장품의 4대 요건
• 안전성 : 피부에 무자극, 무알레르기, 무독성이어야 한다.
• 안정성 : 사용 중 변질, 변취, 변색, 미생물 오염, 산화 등이 없어야 한다.
• 사용성 : 사용감, 편리함, 기호성이 좋아야 한다.
• 유효성 : 세정, 보습, 미백, 주름개선 등 목적에 맞는 효능 효과가 있어야 한다.

05 질병 치료 및 진단에 사용하는 것은 의약품이다.

---

01 ①　**02** ③　**03** ④　**04** ③　**05** ④

06 화장품을 선택할 때에 검토해야 하는 조건이 아닌 것은?

① 피부나 점막, 두발 등에 손상을 주거나 알레르기 등을 일으킬 염려가 없는 것
② 구성 성분이 균일한 성상으로 혼합되어 있지 않는 것
③ 사용 중이나 사용 후에 불쾌감이 없고, 사용감이 산뜻한 것
④ 보존성이 좋아서 잘 변질되지 않는 것

06 화장품의 4대 요건 : 안전성, 안정성, 사용성, 유효성

07 화장품의 분류와 사용목적, 제품이 일치하지 않는 것은?

① 모발 화장품 – 정발 – 헤어 스프레이
② 방향 화장품 – 향취 부여 – 오데코롱
③ 메이크업 화장품 – 색채 부여 – 네일 에나멜
④ 기초 화장품 – 피부 정돈 – 클렌징 폼

07 기초 화장품의 사용목적은 피부 정돈이며, 그 제품은 토너이다.

08 계면활성제에 대한 설명으로 옳은 것은?

① 계면활성제는 일반적으로 둥근머리 모양의 소수성기와 막대꼬리 모양의 친수성기를 가진다.
② 계면활성제의 피부에 대한 자극은 양쪽성 〉 양이온성 〉 음이온성 〉 비이온성의 순으로 감소한다.
③ 비이온성 계명활성제는 피부자극이 적어 화장수의 가용화제, 크림의 유화제, 클렌징 크림의 세정제 등에 사용된다.
④ 양이온성 계면활성제는 세정작용이 우수하여 비누, 샴푸 등에 사용된다.

08 • 계면활성제의 피부에 대한 자극 : 양이온성 〉 음이온성 〉 양쪽성 〉 비이온성
• 양이온성 계면활성제는 헤어린스, 헤어 트리트먼트에 사용한다.

09 음이온성 계면활성제의 성질 중 옳지 않은 것은?

① 세정력이 뛰어나다.   ② 탈지력이 강하다.
③ 기포형성 능력이 약하다.   ④ 피부가 거칠어진다.

09 음이온성 계면활성제는 기포형성 능력과 세정작용이 우수하여 비누와 샴푸, 클렌징폼 등에 사용된다.

10 비누에 대한 설명으로 틀린 것은?

① 비누의 세정작용은 비누 수용액이 오염과 피부 사이에 침투하여 부착을 약화시켜 떨어지기 쉽게 하는 것이다.
② 비누는 거품이 풍성하고 잘 헹구어져야 한다.
③ 비누는 세정작용뿐만 아니라 살균, 소독효과를 주로 가진다.
④ 메디케이티드(Medicated) 비누는 소염제를 배합한 제품으로 여드름, 면도 상처 및 피부 거칠음 방지 효과가 있다.

10 비누는 살균, 소독효과가 주된 작용이 아니라 세정효과를 주로 가진다.

Part Ⅳ

화장품학

06 ②   07 ④   08 ③   09 ③   10 ③

11 피부의 피지막은 보통 상태에서 어떤 유화상태로 존재하는가?

① W/O 유화　　　　② O/W 유화

③ W/S 유화　　　　④ S/W 유화

12 다음 중 여드름의 발생 가능성이 가장 적은 화장품 성분은?

① 호호바 오일

② 라놀린

③ 미네랄 오일

④ 이소프로필 팔미테이드

13 캐리어 오일로 부적합한 것은?

① 미네랄 오일

② 살구씨 오일

③ 아보카도 오일

④ 포도씨 오일

14 아로마 오일에 대한 설명 중 틀린 것은?

① 아로마 오일은 감기, 피부미용에 효과적이다.

② 아로마 오일은 면역기능을 높여준다.

③ 아로마 오일은 피부관리는 물론 화상, 여드름, 염증 치유에
　도 쓰인다.

④ 아로마 오일은 피지에 쉽게 용해되지 않으므로 다른 첨가물
　을 혼합하여 사용한다.

15 에센셜 오일을 추출하는 방법이 아닌 것은?

① 수증기 증류법　　　② 혼합법

③ 압착법　　　　　　④ 용제 추출법

---

11 보통 상태에서 피지막은 유중
수적형(W/O)이지만, 땀을 흘
리게 되면 땀이 빨리 증발되도
록 하려고 수중유적형(O/W)
막을 형성한다.

12 호호바 오일 : 인체 구성성분인
피지와 유사한 성분

13 미네랄 오일 : 석유에서 정제한
광물성 오일

14 아로마 오일은 다른 첨가물을
혼합하여 사용하지 않는다.

15 • 수증기 증류법 : 증기추출법
으로 증기와 열 농축의 과정
을 거쳐 추출하는 방법이다.
• 압착법 : 과일 등을 압착하여
추출하는 방법이다.
• 용제 추출법 : 수지 등에 아세
톤, 알코올 등을 혼합한 용액
을 가열하고, 용매를 휘발시
킨 후 여과하여 추출하는 방
법이다.

16 화장품 제조의 3가지 주요기술이 아닌 것은?

① 가용화 기술   ② 유화 기술
③ 분산 기술   ④ 용융 기술

17 아래에서 설명하는 유화기로 가장 적합한 것은?

- 크림이나 로션 타입의 제조에 주로 사용된다.
- 터빈형의 회전날개를 원통으로 둘러싼 구조이다.
- 균일하고 미세한 유화입자가 만들어진다.

① 디스퍼(Disper)
② 호모 믹서(Homo Mixer)
③ 프로펠러 믹서(Propeller Mixer)
④ 호모게나이저(Homogenizer)

18 다음 중 화장품에 사용되는 주요 방부제는?

① 에탄올   ② BHT
③ 파라옥시안식향산 메틸   ④ 벤조산

19 다음 중 pH의 옳은 설명은?

① 어떤 물질의 용액 속에 들어 있는 수소이온의 농도를 나타낸다.
② 어떤 물질의 용액 속에 들어 있는 수소분자의 농도를 나타낸다.
③ 어떤 물질의 용액 속에 들어 있는 수소이온의 질량을 나타낸다.
④ 어떤 물질의 용액 속에 들어 있는 수소분자의 질량을 나타낸다.

20 화장품 성분 중 무기안료의 특성은?

① 내광성, 내열성이 우수하다.
② 선명도와 착색력이 뛰어나다.
③ 유기 용매에 잘 녹는다.
④ 유기 안료에 비해 색의 종류가 다양하다.

16
- 가용화 기술 : 화장수, 에센스, 향수처럼 맑은 물에 적은 양의 기름성분이 투명하게 용해된 것이다.
- 유화 기술 : 에멀전처럼 섞이지 않는 물과 기름이 계면활성제에 의해 균일하게 혼합되는 것이다.
- 분산 기술 : 파운데이션, 파우더, 립스틱처럼 계면활성제에 의해 색소 입자가 액체 속에 균일하게 혼합되는 것

17 호모 믹서 : 크림, 로션, 에센스 등을 만들 때 유화시켜 주는 기계

18
- 에탄올 : 청정, 수렴효과로 사용
- BHT : 산화방지제
- 벤조산 : 식품방부제

19 pH는 용액에서의 수소이온의 농도를 나타내는 값이다.

20 **무기안료**
유기안료에 비해 불투명하고 농도도 불충분하지만 광물성 안료이기 때문에 내광성과 내열성이 좋고 유기용제에 녹지 않는다.

Part IV

화장품학

---

16 ④   **17** ②   **18** ③   **19** ①   **20** ①

21 색소를 염료(Dye)와 안료(Pigment)로 구분할 때 그 특징에 대해 잘못 설명한 것은?

① 염료는 메이크업 화장품을 만드는 데 주로 사용된다.
② 안료는 물과 오일에 모두 녹지 않는다.
③ 무기안료는 커버력이 우수하고 유기안료는 빛, 산, 알칼리에 약하다.
④ 염료는 물이나 오일에 녹는다.

21 염료는 기초 화장품이나 모발 화장품을 만드는 데 주로 사용된다.

22 여드름 피부용 화장품에 사용되는 성분과 가장 거리가 먼 것은?

① 살리실산   ② 글리시리진산
③ 아줄렌   ④ 알부틴

22 알부틴은 미백을 위해 사용하는 성분이다.

23 화장품 제조에서 사용되는 기술의 종류가 아닌 것은?

① 분산기술   ② 유화기술
③ 가용화기술   ④ 추출기술

23 추출은 식물의 유효성분들을 분리할 때 이용하는 기술이다.

24 보습제로 바람직한 조건이 아닌 것은?

① 흡습력이 지속되어야 한다.
② 가능한 고휘발성이어야 한다.
③ 흡습력이 다른 환경조건의 영향을 쉽게 받지 않아야 한다.
④ 다른 성분과 공존성이 좋아야 한다.

24 고휘발성이면 보습력의 지속성이 떨어지므로 보습제는 가능한 저휘발성이어야 한다.

25 피부의 각화과정(Keratinization)이란?

① 피부가 손톱, 발톱으로 딱딱하게 변하는 것을 말한다.
② 피부세포가 기저층에서 각질층까지 분열되어 올라가 죽은 각질세포로 되는 현상을 말한다.
③ 기저세포 중의 멜라닌 색소가 많아져 피부가 검게 되는 것을 말한다.
④ 피부가 거칠어져서 주름이 생겨 늙는 것을 말한다.

25 각화과정은 피부 세포가 기저층에서 각질층까지 분열되면서 올라가 죽은 각질세포로 되는 현상이며, 28주기로 박리된다.

21 ①   **22** ④   **23** ④   **24** ②   **25** ②

26 피지선에 대한 내용으로 틀린 것은?

① 진피층에 놓여 있다.
② 손바닥과 발바닥, 얼굴, 이마 등에 많다.
③ 사춘기 남성에게 집중적으로 분비된다.
④ 입술, 성기, 유두, 귀두 등에 독립피지선이 있다.

27 화장품 성분 중에서 양모에서 정제한 것은?

① 밍크 오일   ② 바셀린
③ 플라센타   ④ 라놀린

28 기미피부의 손질방법으로 가장 거리가 먼 것은?

① 정신적 스트레스를 최소화한다.
② 자외선을 자주 이용하여 멜라닌을 관리한다.
③ 화학적 필링과 AHA 성분을 이용한다.
④ 비타민 C가 함유된 음식물을 섭취한다.

Part IV

화장품학

29 피부유형과 관리 목적의 연결이 잘못된 것은?

① 민감피부 - 진정, 긴장 완화
② 건성피부 - 보습작용 억제
③ 지성피부 - 피지 분비 조절
④ 복합피부 - 피지, 유·수분 균형 유지

30 AHA의 설명으로 틀린 것은?

① 네일미용사는 AHA 농도를 15% 이상으로 사용해야 한다.
② 햇빛이 강한 계절은 하지 않는 것이 좋다.
③ 잔주름에 효과를 볼 수 있다.
④ 재생관리가 함께 들어 있어야 한다.

31 클렌징 크림의 설명으로 맞지 않은 것은?

① 메이크업 화장을 지우는 데 사용한다.
② 클렌징 로션보다 유성성분 함량이 적다.
③ 피지나 기름때와 같이 물에 잘 닦이지 않는 오염물질을 닦아 내는 데 효과적이다.
④ 깨끗하고 촉촉한 피부를 위해서 비누로 세정하는 것보다 효과적이다.

32 세정용 화장수의 일종으로 가벼운 화장을 제거하기에 가장 적합한 것은?

① 클렌징 오일   ② 클렌징 워터
③ 클렌징 로션   ④ 클렌징 크림

33 페이셜 스크럽(Facial Scrub)에 관한 설명 중 옳은 것은?

① 민감성 피부인 경우는 스크럽제를 문지를 때 무리하게 압을 가하지만 않으면 매일 사용해도 상관없다.
② 피부 노폐물, 세균, 메이크업 찌꺼기 등을 깨끗하게 지워 주기 때문에, 메이크업을 했을 경우는 반드시 사용한다.
③ 각화된 각질을 제거해 줌으로써 세포의 재생을 촉진해 준다.
④ 스크럽제로 문지르면 신경과 혈관을 자극하여 혈액순환을 촉진시켜 주므로 15분 정도 충분히 마사지가 되도록 문질러 준다.

34 화장수의 설명 중 잘못된 것은?

① 피부에 청량감을 준다.
② 피부의 각질층에 수분을 공급한다.
③ 피부에 남아 있는 잔여물을 닦아 준다.
④ 피부의 각질을 제거한다.

35 팩의 분류에 속하지 않는 것은?

① 필 오프(Peel-off) 타입
② 워시 오프(Wash-off) 타입
③ 패치(Patch) 타입
④ 워터(Water) 타입

---

31 클렌징 로션보다 클렌징 크림이 유성성분 함량이 많다.

32 클렌징 워터는 세안하기 전에 피부의 노폐물을 닦아주는 것이다.

33 페이셜 스크럽은 얼굴의 각질을 제거하는 제품으로 얼굴 전체를 잘 문지른 후 헹궈 주면 각화된 각질이 제거되면서 피부가 부드러워지고 노폐물이 빠져나가게 된다.

34 화장수는 각질 제거가 아닌, 피부의 정돈효과와 수분 밸런스 유지를 목적으로 한다.

35 팩의 분류 : 필 오프 타입, 워시 오프 타입, 티슈 오프 타입, 패치 타입, 시트 타입

---

31 ② **32** ② **33** ③ **34** ④ **35** ④

36 팩제의 사용 목적이 아닌 것은?

① 팩제가 건조하는 과정에서 피부에 심한 긴장을 준다.
② 피부의 생리기능에 적극적으로 작용하여 피부에 활력을 준다.
③ 노화한 각질층 등을 팩제와 함께 제거시키므로 피부표면을 청결하게 할 수 있다.
④ 일시적으로 피부의 온도를 높여 혈액순환을 촉진한다.

37 다음 설명 중 파운데이션의 일반적인 기능과 가장 거리가 먼 것은?

① 피부색을 기호에 맞게 바꾼다.
② 피부의 기미, 주근깨 등 결점을 커버한다.
③ 자외선으로부터 피부를 보호한다.
④ 피지억제와 화장을 지속시켜 준다.

38 다음 중 냉각기에 의해 제조된 제품은?

① 립스틱   ② 화장수
③ 아이섀도   ④ 에센스

39 다음 중 향료의 함유량이 가장 적은 것은?

① 퍼퓸(Perfume)
② 오데토일렛(Eau de Toilet)
③ 샤워코롱(Shower Cologne)
④ 오데코롱(Eau de Cologen)

40 향수를 뿌린 후 즉시 느껴지는 향수의 첫 느낌으로, 주로 휘발성이 강한 향료들로 이루어져 있는 노트(Note)는?

① 탑 노트(Top Note)
② 미들 노트(Middle Note)
③ 하트 노트(Heart Note)
④ 베이스 노트(Base Note)

---

37 피지 억제와 화장을 지속시켜 주는 것은 파우더의 기능이다.

38 화장품의 제조장치

	립스틱	화장수	유액·크림	고형분체제품
혼합기	○	○	○	○
냉각기	○			
성형기	○			○
충전기	○	○	○	○

39 • 샤워코롱 : 함유량 1 ~ 3%, 약 1시간 지속된다.
• 퍼퓸 : 함유량 15 ~ 30%, 약 6 ~ 7시간 지속된다.
• 오데토일렛 : 함유량 6 ~ 8%, 약 3 ~ 5시간 지속된다.
• 오데코롱 : 함유량 3 ~ 5%, 약 1 ~ 2시간 지속된다.

---

36 ①   **37** ④   **38** ①   **39** ③   **40** ①

41 아로마테라피(Aromatherapy)에 사용되는 에센셜 오일에 대한 설명 중 가장 거리가 먼 것은?

① 에센셜 오일은 공기 중의 산소, 빛 등에 의해 변질될 수 있으므로 갈색병에 보관하여 사용하는 것이 좋다.
② 아로마테라피에 사용되는 에센셜 오일은 주로 수증기 증류법에 의해 추출된 것이다.
③ 에센셜 오일은 원액을 그대로 피부에 사용해야 한다.
④ 에센셜 오일을 사용할 때에는 안전성 확보를 위하여 사전에 패치 테스트(Patch Test)를 실시하여야 한다.

41 에센셜 오일은 반드시 원액 그대로 피부에 사용하지 않고 캐리어 오일과 함께 사용하여야 한다.

42 기능성 화장품류의 주요 효과가 아닌 것은?

① 자외선으로부터 보호한다.
② 피부 주름개선에 도움을 준다.
③ 피부를 청결히 하여 피부 건강을 유지한다.
④ 피부 미백에 도움을 준다.

42 피부에 특별한 효과와 효능이 강조되는 기능을 갖는 제품을 기능성 화장품이라고 한다.

43 기능성 화장품의 표시 및 기재 사항이 아닌 것은?

① 제품의 명칭   ② 내용물의 용량 및 중량
③ 제조자의 이름   ④ 제조번호

43 **화장품 포장의 표시기준**
화장품의 명칭, 제조업자 및 제조판매업자의 상호 및 주소, 화장품 제조에 사용된 성분, 내용물의 용량 또는 중량, 제조번호, 사용기한 또는 개봉 후 사용기간

44 기능성 화장품에 해당되지 않는 것은?

① 피부의 미백에 도움을 주는 제품
② 인체의 비만도를 줄여주는 데 도움을 주는 제품
③ 피부의 주름개선에 도움을 주는 제품
④ 피부를 곱게 태워주거나 자외선으로부터 피부를 보호하는 데 도움을 주는 제품

44 기능성 화장품은 인체의 비만도와는 관계가 없으며 미백 화장품, 주름개선 화장품, 자외선 차단제 등을 말한다.

45 기능성 화장품에 속하지 않는 것은?

① 피부의 미백에 도움을 주는 제품
② 자외선으로부터 피부를 보호해주는 제품
③ 피부 주름개선에 도움을 주는 제품
④ 피부 여드름 치료에 도움을 주는 제품

45 기능성 화장품은 미백, 자외선으로부터 피부보호, 주름 개선에 도움을 주는 제품이다.

41 ③   **42** ③   **43** ③   **44** ②   **45** ④

46 미백 화장품에 사용되는 원료가 아닌 것은?

① 알부틴   ② 코직산

③ 레티놀   ④ 비타민 C 유도체

47 주름개선 기능성 화장품의 효과와 가장 거리가 먼 것은?

① 피부탄력 강화   ② 콜라겐 합성 촉진

③ 표피 신진대사 촉진   ④ 섬유아세포 분해 촉진

48 자외선 차단을 도와주는 화장품 성분이 아닌 것은?

① 파라아미노안식향산(Para-aminobenzoic acid)

② 옥틸디메틸파바(Octyldimethyl PABA)

③ 콜라겐(Collagen)

④ 티타늄디옥사이드(Titanium Dioxide)

49 바디 화장품의 종류와 사용 목적의 연결이 적합하지 않은 것은?

① 바디클렌저 - 세정·용제

② 데오도란트 파우더 - 탈색·제모

③ 선스크린 - 자외선 방어

④ 바스 솔트 - 세정·용제

50 바디 샴푸의 성질로 틀린 것은?

① 세포 간에 존재하는 지질을 가능한 보호

② 피부의 요소, 염분을 효과적으로 제거

③ 세균의 증식 억제

④ 세정제의 각질층 내 침투로 지질을 용출

46 레티놀은 주름개선 효과가 있는 성분이다.

48 콜라겐은 피부재생을 도와주는 화장품 성분이다.

49 데오도란트 파우더는 땀냄새 등의 체취를 억제하기 위해 사용한다.

Part Ⅳ

화장품학

46 ③   **47** ④   **48** ③   **49** ②   **50** ④

PART V

네일미용 기술

01 손톱 및 발톱 관리

재료와 도구

안티셉틱	시술하기 선 시술자와 고객 모두 소독을 위해 사용한다.	
지혈제	시술하다 출혈이 발생했을 때 사용하는 응고제이다.	
폴리시 리무버	넌 아세톤	아세톤 성분이 아닌 다른 성분이 함유되어 아크릴이나 글루가 녹지 않아 인조손톱의 폴리시를 제거할 때 사용한다.
	퓨어 아세톤	인조손톱을 제거할 때 사용하는 강한 리무버이다.
큐티클 리무버	시술할 때 큐티클을 유연하고 부드럽게 만든다.	
큐티클 오일	손톱과 큐티클에 유·수분을 공급하고 부드럽게 해주어 굳은살 제거를 용이하게 한다.	
네일 폴리시	네일에 채색할 수 있는 합성수지로, 에나멜, 컬러, 락카라고도 한다.	
베이스코트	폴리시을 바르기 전에 먼저 손톱에 바르는 것이다(성분 : 니트로셀룰로오스, 부틸아세톤, 톨루엔, 송진).	
탑코트	폴리시을 바른 후 위에 바르는 것으로, 광택 효과가 있고 지속적으로 보호해준다(성분 : 니트로셀룰로오스, 부틸아세톤, 톨루엔).	

네일 보강제	약한 손톱에 영양을 공급하는 것으로 베이스코트 전에 발라 찢어짐을 예방한다.	
네일 표백제	누렇게 변색된 손톱을 탈색한다.	
네일 화이트너	손톱의 프리에지를 하얗게 해주는 크림이다.	
띠너	폴리시이 굳어졌을 때 한두 방울 첨가하여 묽게 해준다.	
로션	마사지를 용이하게 하기 위해 유·수분을 공급해주고 시술 후 마무리 시 고객에게 윤기를 제공한다.	
글루	라이트 글루	점도가 낮고 빨리 스며들기 때문에 인조 팁 접착에 사용한다.	
	젤 글루	점도가 높고 접착력이 강하기 때문에 팁이나 랩을 오래 유지시켜 준다.	
글루 드라이	젤이나 글루를 빨리 건조하고자 할 때 사용하는 스프레이로 10~15cm 간격에서 도포한다.	
랩	찢어진 손톱 위에 인조 팁을 붙여 연결한다.	
네일 팁	손톱의 길이를 연장할 때 사용하는 인조손톱이다.	
프라이머	아크릴이 잘 접착되도록 발라주며 손톱의 유·수분을 제거해준다.	
아크릴 리퀴드	아크릴 파우더를 녹여서 믹스한다.	
아크릴 파우더	분말 상태로, 리퀴드와 섞어서 사용한다.	
폼	일회용의 종이폼을 사용하며, 시술 시 손톱 밑에 넣고 모양을 잡아주는 틀이다.	
브러시 클리너	브러시를 세척하는 재료이다.	
에어브러시 물감	컬러에 따라 입자와 용도가 다르다.	
스텐실	접착용과 필름이 있다.	
에어브러시 탑코트	광택을 증가시키며 디자인을 보호해준다.	

손톱

① 손톱 모양

① 스퀘어(Square)
- 강한 느낌의 모양으로 잘 부러지지 않는다.
- 손톱의 양끝 모서리 부분이 사각형으로 손가락이 짧아 보일 수 있다.
- 타이피스트, 컴퓨터직에 종사하는 사람들이 주로 사용한다.
- 대회나 시험에 주로 사용되는 형태이다.

② 라운드 스퀘어(Round Square)
- 가장 이상적인 손톱 모양으로 세련된 느낌을 준다.
- 사각형 손톱 모양에서 양끝 모서리만 부드럽게 함으로써 도회적인 느낌을 준다.

③ 라운드(Round)
- 남녀 모두 많이 하는 가장 자연스러운 손톱 형태이다.
- 라운드 스퀘어와 오벌의 중간 정도이다.
- 어느 손에나 잘 어울린다.

④ 오벌(Oval)
- 손톱 길이를 길게 해서 양 모서리를 둥글게 다듬은 모양이다.
- 손이 길어 보여 여성스러운 느낌을 주며 우아하고 매력적이다.
- 손톱 옆이 찢어질 염려가 크다.

⑤ 포인트(Point)
- 손이 가늘고 길어 보인다.
- 부러지기 쉬운 단점이 있다.
- 개성이 강한 손톱으로 아몬드형으로 불린다.

⑥ 스틸레토(Stiletto)
- 아트용 디자인이다.
- 손톱이 긴 사람에게 잘 어울린다.
- 뾰족한 부분에 옷이나 소지품 등이 손상될 수 있다.

 | 진짜 기출문제 명확하게 기억하기

다른 쉐입보다 강한 느낌을 주며, 대회용으로 많이 사용되는 손톱모양은?

① 오벌 쉐입 　　② 라운드 쉐입

③ 스퀘어 쉐입 　　④ 아몬드형 쉐입

정답 ③

2 컬러링

1) 컬러링의 기능

컬러링은 폴리시로 손톱에 광택과 색감을 주어 아름답게 해주는 기능을 하며, 손톱을 보호해주기도 한다.

2) 컬러링의 방법과 순서

① 컬러링의 방법

- 브러시는 45도 각도가 적당하다.
- 큐티클을 최대한 가깝게 발라준다.
- 프리에지 부분까지 꼼꼼하게 발라준다.
- 베이스코트는 손톱을 보호하고 착색과 변색을 방지해준다.
- 탑코트는 컬러링을 유지해주고 보호해준다.
- 뭉쳐지지 않게 잘 펴바르도록 2~3번 발라준다.

② 컬러링 순서

- 보통 기본적으로 베이스코트 → 폴리시 → 탑코트 순서로 바른다.
- 네일 중앙 → 왼쪽 → 오른쪽의 순서로 바른다.
- 네일 왼쪽 → 오른쪽 순서로 바른다.

3) 컬러링의 타입

① 풀코트(Full Coat) : 손톱 전체에 가득 채운 컬러링 방법이다.

② 프리에지(Free Edge) : 손톱 끝 부분은 비워두고 컬러링하는 방법으로 컬러가 벗겨지는 것을 방지한다.

③ 프렌치(French) : 프리에지 부분에 컬러링하는 방법이다.

④ 헤어라인 팁(Hair Line Tip) : 풀코트로 컬러링하고 손톱 끝 부분을 조금 지워주는 방법으로 컬러가 벗겨지는 것을 방지한다.

⑤ 슬림라인/프리월(Slim line or Free wall) : 손톱의 옆면 양쪽을 1.5mm 정도 남기고 컬러링하는 방법으로, 손톱이 길고 가늘어 보인다.

⑥ 하프문/루눌라(Half Moon or Lunula) : 손톱의 반달 부분을 남기고 바르는 컬러링 방법이다.

 | 진짜 기출문제 명확하게 기억하기

손톱의 프리에지 부분을 유색 폴리시로 칠해주는 컬러링 테크닉은?

① 프렌치 매니큐어　　　　　② 핫오일 매니큐어

③ 레귤러 매니큐어　　　　　④ 파라핀 매니큐어

정답 ①

✿ 습식 매니큐어

1 습식 매니큐어의 의미와 재료

1) 습식 매니큐어의 의미
① 물을 사용하여 손 관리하는 방법을 습식이라고 한다.
② 손톱 관리 및 손 관리, 마사지와 컬러링 등 전체적 관리방법 중 가장 기본적인 방법이다.
③ 굳은살을 제거하고 주변의 거스러미를 정리함으로써 손을 깔끔하게 관리할 수 있다.

2) 습식 매니큐어의 재료
타올, 키진타올, 솜, 인디셉틱. 알코올, 핑거볼, 니퍼, 푸셔, 클리퍼, 파일, 샌딩블럭, 라운드 패드, 더스트 브러시, 오렌지 우드스틱, 로션, 폴리시 리무버, 큐티클 오일, 큐티클 리무버, 폴리시, 베이스코트, 탑코트, 지혈제 등이 있다.

2 습식 매니큐어의 시술 과정

① 안티셉틱이나 알코올 등을 이용하여 시술자의 손을 소독하고, 고객의 손등과 손바닥 등을 깨끗하게 소독한다.
② 묵은 폴리시를 제거한다.
③ 180~200그릿(GRIT) 네일 파일을 이용하여 네일의 모양을 잡아준다.
④ 블록 버퍼를 이용하여 손톱의 표면을 매끄럽게 다듬고, 라운드 패드로 프리에지와 손톱 거스러미 등을 제거해준다.
⑤ 핑거볼에 미온수를 넣고 손을 넣어 불려준다.
⑥ 불린 손을 꺼내 종이타올로 물기를 제거해준다.
⑦ 큐티클을 제거하기 전 오일을 발라 쉽게 제거 가능한 상태로 만들어준다.
⑧ 네일 푸셔를 이용하여 손에 상처가 나지 않도록 주의하며 큐티클을 밀어준다.
⑨ 네일 니퍼를 사용하여 지저분한 큐티클을 정리하고 거스러미가 일어나지 않도록 방향을 맞춰 관리한다.

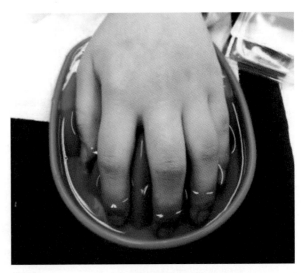

▲핑거볼에 손 담그기

⑩ 키친타올로 손의 유분기를 제거한다.

⑪ 큐티클에 안티셉틱을 분무하여 세균이 침투되지 않도록 소독한다.

▲손 마사지

⑫ 오렌지 우드스틱이나 면봉을 이용하여 폴리시 리무버를 적셔 유분기를 제거한다.

⑬ 손톱 전체에 골고루 베이스코트를 바른다.

⑭ 손톱에 2회 정도 네일 폴리시를 골고루 얇게 펴 바른다.

⑮ 베이스코트처럼 탑코트를 손톱 전체에 골고루 펴 바르는데 가볍게 발리도록 한다.

⑯ 손톱 주변 여분의 폴리시를 깨끗이 닦아내고 깔끔하게 정리한다.

진짜 기출문제 명확하게 기억하기

▶ 매니큐어 시술에 관한 설명으로 옳은 것은?

① 손톱모양을 만들 때 양쪽 방향으로 파일링한다.

② 큐티클은 상조피 바로 밑 부분까지 깨끗하게 제거한다.

③ 네일 폴리시를 바르기 전에 유분기는 깨끗하게 제거한다.

④ 자연네일이 약한 고객은 네일 컬러링 후 탑코트를 2회 바른다.

정답 ③

▶ 큐티클 정리 및 제거 시 필요한 도구로 알맞은 것은?

① 파일, 탑코트　　　　　　② 라운드 패드, 니퍼

③ 샌딩블럭, 핑거볼　　　　④ 푸셔, 니퍼

정답 ④

💮 습식 외 매니큐어

1 프렌치 매니큐어

1) 프렌치 매니큐어의 개요
① 프리에지에 다른 색상의 폴리시를 발라주는 방법이다.
② 깔끔하고 깨끗해 보이며, 습식 매니큐어와 동일 과정에서 컬러링만 다르다.

2) 프렌치 매니큐어의 시술 과정
① 베이스코트를 프리에지까지 풀코트로 바른다.
② 흰색 폴리시를 프리에지 부분에 스마일 라인으로 2번 발라준다.
③ 얼룩이 지지 않고 뭉침이 없도록 건조시키고 발라준다.
④ 탑코트로 마무리해준다.

3) 프렌치 라인 종류
① 일자형(Straight) : 스퀘어에 잘 어울리며 손톱 끝 1/3 정도 부분에 흰색 폴리시를 발라준다.
② V자형(V Type) : 라운드와 스퀘어에 잘 어울리며 손톱의 길이와 폭에 맞춰 폴리시를 발라준다.
③ 반달형(Smile Line) : 라운드, 스퀘어에 잘 어울린다.
④ 사선형(Slant Type) : 어느 모양의 손톱에도 잘 어울린다.

▲ 반달형 프렌치

2 파라핀 매니큐어

1) 파라핀 매니큐어의 개요
① 건조한 손에 유 · 수분을 공급하기에 효과적인 방법으로 겨울철에 많이 사용한다.
② 피부의 모공이 열릴 때 영양과 보습을 공급하며 윤택하고 촉촉하게 한다.
③ 혈액순환을 촉진시키며 신진대사를 활발하게 하도록 도와준다.
④ 매니큐어뿐만 아니라 페디큐어에도 적용하여 관리할 수 있다.

2) 파라핀 매니큐어의 재료

① 습식 매니큐어 재료, 파라핀 워머, 파라핀 왁스, 파라핀 장갑 또는 전기장갑, 비닐장갑 등을 준비한다.

② 파라핀 왁스는 녹을 때 3~4시간 정도의 시간이 필요하기 때문에 미리 워머를 켜놓는 것이 좋다.

③ 완전히 녹은 파라핀의 온도는 52~55℃ 정도가 된다.

3) 파라핀 매니큐어의 시술 과정

① 기본적으로 습식 매니큐어와 과정은 동일하다.

② 파라핀 자체에 유분이 있어 폴리시 바를 때 밀착되지 않을 수 있으므로 베이스코트를 꼼꼼하게 발라준다.

③ 로션이나 아로마 오일을 손에 바르고 서서히 담갔다가 빼기를 3~5회 정도 반복한다.

④ 파라핀의 열이 날아가지 않도록 비닐장갑을 씌운다.

⑤ 타월 장갑 또는 전기장갑을 15분 정도 씌워준다.

⑥ 손목에서 손끝으로 파라핀을 벗긴다.

⑦ 베이스코트를 지우고 유분기를 제거한 후 컬러링을 한다.

⑧ 지성이나 건성, 복합성 피부에 따라 온도 유지시간을 잘 조절한다.

▲파라핀에 손 담그기

❸ 핫 오일 매니큐어

1) 핫 오일 매니큐어의 개요

① 습식 매니큐어와 가장 비슷하게 진행되며 시술 과정이 간단하다.

② 핫 오일 매니큐어 또는 핫 로션 매니큐어라고도 한다.

③ 주로 겨울철에 많이 이용하며, 주기적으로 관리하면 큐티클 제거가 용이하다.

Part V

네일미용기술

2) 핫 오일 매니큐어의 재료

① 습식 매니큐어 재료, 로션, 로션 워머, 로션용기 등을 준비한다.

② 핫 타올을 준비한다.

③ 플라스틱 로션용기에 1/2 정도 넣어 미리 15분 정도 데워놓는다.

3) 핫 오일 매니큐어의 시술 과정

① 모양 잡기까지는 습식 매니큐어와 동일하다.

② 데워 놓은 로션 워머에 손을 담근다.

③ 큐티클이 유연해지면, 크림을 제거하고 큐티클 정리를 한다.

④ 손 소독 후 핫 타올로 잔여물을 제거하고 유분기를 제거한다.

⑤ 로션과 유분기가 제기된 후 컬러링을 시작한다.

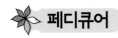 페디큐어

1 페디큐어의 개요와 재료

1) 페디큐어의 개요

① 발과 발톱을 아름답고 청결하게 가꾸는 발 관리를 말한다.

② 발톱 모양을 다듬고, 큐티클 제거, 마사지 및 컬러링까지 여름철에 주로 이루어진다.

③ 발은 제2의 심장이라고 하여, 마사지를 통한 혈액순환 촉진효과를 기대할 수 있다.

2) 페디큐어의 재료

① 습식 매니큐어 재료, 콘커터, 패디파일, 각탕기 또는 족탕기, 토 세퍼레이터, 페디큐어 슬리퍼, 살균비누, 스크럽 크림 등을 준비한다.

② 페디큐어 재료는 매니큐어 재료와 혼용해서 사용하지 않고 전용 재료로 사용해야 한다.

2 페디큐어의 시술 과정

① 소독제나 알코올로 고객의 발과 시술자의 손을 소독한다.

② 리무버에 솜을 묻혀 폴리시을 제거한다.

③ 발톱이 파고드는 것을 방지하기 위하여 둥근형보다는 일자형(스퀘어형)으로 자르고 파일링한다.

④ 코너는 날카롭지 않게 다듬고, 파일링은 한 방향으로만 한다.

⑤ 주변의 거스러미를 제거하고, 표면은 샌딩해준다.

▲큐디클 밀기

⑥ 각탕기에 발을 넣고 5~10분 정도 불려준 후 건져 물기를 제거한다.

⑦ 큐티클 오일을 발라 푸셔와 니퍼로 큐티클을 정리해준다.

⑧ 왼쪽 발을 한 후에 오른쪽 발도 똑같이 반복한다.

⑨ 콘커터와 패디파일로 군은살을 안쪽에서 바깥 방향으로 제거해준다.

⑩ 소독제를 뿌려 피부를 진정시키고 마사지를 해준다.

⑪ 유분기를 제거하고 발가락 사이를 벌리기 위해 토 세퍼레이터를 끼운다.

⑫ 베이스코트 → 컬러링 → 탑코트 순서로 손과 같은 방식으로 진행한다.

▲토우세퍼레이터 후 컬러링

진기
명기 | 진짜 기출문제 명확하게 기억하기

▶ 파고드는 발톱을 예방하기 위한 발톱 모양으로 적합한 것은?

① 라운드형   ② 스퀘어형

③ 포인트형   ④ 오발형

정답 ④

▶ 페디큐어 시술 과정에서 베이스 코트를 바르기 전 발가락이 서로 닿지 않게 하기 위해 사용하는 도구는?

① 액티베이터   ② 콘커터

③ 클리퍼   ④ 토우세퍼레이터

정답 ④

Chapter 02 인조 네일

🌸 네일 팁

1 네일 팁의 개요

① 네일 팁 : 인조 네일을 말하며, 손톱이 부러졌거나 짧은 손톱에 인위적으로 연장하여 시술하는 방법이다.

② 네일 팁의 재질 : 플라스틱, 나일론, 아세테이트 등이 있고, 팁 자체로는 약하기 때문에 팁 위에 랩을 사용하여 강도를 높여준다.

③ 팁을 붙일 때는 너무 작거나 크면 안 되기 때문에 잘 맞는 사이즈를 찾아 손톱의 1/3 정도에 붙인다.

④ 개성 있고 멋스럽게 표현하기 위해 컬러나 디자인이 가미된 팁을 사용하기도 한다.

⑤ 자연 손톱과 연결되는 턱 부분을 웰(Well) 또는 하프 웰이라고 부른다.

2 네일 팁의 종류

1) 크기에 따른 구분

크기에 따라 0~9 또는 1~10으로 호수로 구분하며, 팁 자체에 표기되어 있다.

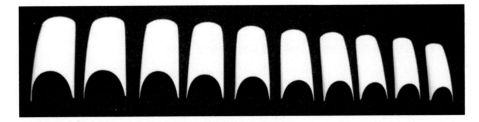

▲크기에 따른 네일 팁

2) 모양과 커브에 따른 구분

① 풀 팁(Full Tip) : 손톱 전체를 덮는 팁으로 풀 커버 팁(Full Cover Tip)이라고도 한다.

② 반 팁(Half Tip) : 손톱의 끝 부분에 붙여 길이를 연장할 때 쓴다.

③ 디자인 팁(Design Tip) : 컬러 팁, 아트 팁 등이 있다.

❸ 네일 팁 고르기와 부착하기

1) 네일 팁 고르는 법

① 자연 손톱과 넓이가 맞는 팁을 선택한다.

② 손톱과 어울리는 팁 모양을 고르며, 자연 손톱의 1/2 이상을 덮어서는 안 된다.

③ 웰의 크기가 너무 클 경우 갈아서 사이즈를 맞춘다.

④ 손톱의 양쪽 사이드가 모두 커버되어야 한다.

▲네일 팁 고르기

2) 네일 팁 부착하는 법

① 손가락 마디 선과 평행이 되도록 하며, 휘어졌을 경우 전체 손가락 방향에 맞춘다.

② 팁을 붙일 때는 45도로 손톱에 대고 공기가 들어가지 않도록 밀착시키며 붙인다.

③ 손톱이 피부에 파묻혀 있거나 짧은 경우 크림이나 오일을 발라 피부에 붙지 않도록 한다.

④ 접착제는 팁에 바르는 것과, 자연 손톱에 바른 후 붙이는 것 등이 있다.

❹ 네일 팁의 관리 및 제거

1) 네일 팁의 관리

① 새로 자란 자연 손톱과 네일 팁 사이의 턱을 제거하며 보수해준다.

② 샌딩으로 표면을 매끄럽게 갈아주고 매끄럽게 해준다.

③ 1~2주에 한 번 보수를 받아야 오래 유지할 수 있다.

2) 네일 팁의 제거

① 유기 용기에 아세톤을 넣은 뒤 손톱 부분만 20분 가량 담근다.

② 솜에 리무버를 적셔 손톱 위에 올리고 쿠킹포일로 감싼 뒤 10~20분 후 제거한다.

 | 진짜 기출문제 명확하게 기억하기

네일 팁 접착 방법의 설명으로 틀린 것은?

① 네일 팁 접착 시 자연 네일의 1/2 이상 덮지 않는다.

② 올바른 각도의 팁 접착으로 공기가 들어가지 않도록 유의한다.

③ 손톱과 네일 팁 전체에 프라이머를 도포한 후 접착한다.

④ 네일 팁 접착할 때 5~10초 동안 누르면서 기다린 후 팁의 양쪽 꼬리부분을 살짝 눌러준다.

정답 ③

Part V

네일미용 기술

5 팁 파우더

1) 팁 파우더의 재료

습식 매니큐어 재료, 네일 팁, 네일 글루, 젤 글루, 필러 파우더, 팁 커터기, 글루 드라이 등을 준비한다.

2) 팁 파우더의 시술 과정

① 소독 : 알코올 또는 안티셉틱 솜으로 고객과 시술자를 소독한다.

② 폴리시 제거

③ 큐티클 밀기 : 푸셔를 이용하여 큐티클을 잘 민다.

④ 손톱 길이 정리 : 자연 손톱의 모양은 라운드형이고 프리에지는 1mm 미만으로 정리한다.

⑤ 유분과 먼지 제거 : 손톱의 유분을 샌딩으로 제거하고 네일 브러시로 먼지도 제거한다.

⑥ 팁 고르기 : 팁은 딱 맞거나 조금 큰 것을 올려 사이드는 갈아서 사용한다.

⑦ 팁 부착 : 45도 각도로 공기가 들어가지 않도록 밀착시키며 팁을 부착한다.

⑧ 팁 다듬기 : 길이를 자르고 모양을 만들어 다듬는다.

⑨ 팁 턱 제거 : 팁의 웰 부분을 매끄럽게 갈아준다.

⑩ 필러 파우더 : 팁과 손톱 경계에 필러 파우더와 글루로 경계를 매끄럽게 한다.

⑪ 파일링 : 필러 파우더를 뿌린 다음 표면을 매끄럽게 하며 모양을 다듬는다.

⑫ 표면 정리와 코팅 : 블록 버퍼로 샌딩하며 표면을 정리하고 라이트 글루로 젤 글루를 코팅한다.

⑬ 오일과 광택 : 큐티클 오일을 바르고 3-way로 광택을 낸다.

3) 팁 파우더 제거 방법

① 알코올 또는 안티셉틱으로 소독한다.

② 자연 손톱 외 인조손톱을 클리퍼로 잘라낸다.

③ 퓨어 리무버를 유리 용기에 손톱 부분이 잠기도록 20분 정도 넣어 놓는다.

④ 인조 팁이 떨어지면 마무리한다.

 | 진짜 기출문제 명확하게 기억하기

자연네일의 형태 및 특성에 따른 네일 팁 적용 방법으로 옳은 것은?

① 넓적한 손톱에는 끝이 좁아지는 내로우 팁을 적용한다.

② 아래로 향한 손톱에는 커브 팁을 적용한다.

③ 위로 솟아오른 손톱에는 옆선에 커브가 없는 팁을 적용한다.

④ 물어뜯는 손톱에는 팁을 적용할 수 없다.

정답 ①

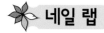 **네일 랩**

1 네일 랩의 개요

① 손톱을 포장한다는 뜻의 네일 랩은 오버레이라고도 한다.

② 상하고 찢어진 손톱 위에 천이나 종이를 네일 크기로 오려 접착제를 이용하여 손톱이나 팁 위에 붙인다.

③ 네일 랩의 종류

천	실크	가장 얇고 부드러워 시술이 어렵지만 많이 사용된다.
	린넨	섬유 중 두꺼운 질감으로 투박하여 폴리시로 컬러링한다.
	화이버글래스	인조유리섬유로 올이 단단하고 굵다.
종이	얇아서 폴리시 리무버에 용해되므로 글루로 접착시킨다.	
액체	리퀴드 타입으로 손톱 보강제이다.	

2 네일 랩의 재료

습식 매니큐어 재료, 네일 랩(실크), 글루, 젤 글루, 필러 파우더, 랩 가위, 글루 드라이 등

3 시술 과정

① 손 소독 → 폴리시 제거 → 큐티클 밀기를 시행한다.

② 손톱 모양은 라운드로 잡고, 프리에지는 0.5mm 정도 길이로 정리한다.

③ 피부에 묻지 않도록 자연 손톱에 글루를 도포한다.

④ 랩을 재단하고 접착하여 큐티클에서 아래부터 붙여준다.

⑤ 랩 가운데 글루를 떨어뜨려 전체에 골고루 발라준다.

⑥ 글루 드라이를 사용하여 빠르게 건조시킨다.

⑦ 부드러운 파일로 랩의 턱 부분과 표면을 갈아준다.

⑧ 네일 표면을 샌딩 블록을 사용하여 매끈하게 정리한다.

⑨ 큐티클 오일을 바르고 마무리 한다.

✤ 팁 위드 랩

❶ 팁 위드 랩의 재료

습식 매니큐어 재료, 네일 팁, 네일 랩(실크), 글루, 젤 글루, 필러 파우더, 랩 가위, 팁 커터기, 글루 드라이 등이 있다.

❷ 팁 위드 랩의 시술 과정

① 손 소독 → 폴리시 제거 → 큐티클 밀기를 시행한다.
② 손톱 모양 잡고 팁 붙이기, 표면 정리는 팁 파우더 시술과 같이 시행한다.
③ 왼쪽 위 코너를 랩을 둥글게 재단하여 접착하고, 중앙부터 얇게 글루를 바른다.
④ 글루 드라이를 사용하여 빠르게 말린다.
⑤ 랩 턱을 갈고 표면을 샌딩한다.
⑥ 손톱 전체에 글루를 도포하고 젤 글루를 발라준다.

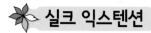 실크 익스텐션

1 실크 익스텐션의 개요

① 손톱의 길이를 길게 한다는 의미로 랩의 하나인 실크와 글루, 필러 파우더 등을 사용한다.
② 손톱을 익스텐션할 경우 자연손톱이 연장된 모양 그대로 보여 가볍고 튼튼하며 자연스럽게 연출이 가능하다.
③ 숙련된 기술이 필요하고 시술 시간이 긴 단점이 있다.

2 실크 익스텐션의 재료

습식 매니큐어 재료, 네일 팁, 네일 랩(실크), 글루, 젤 글루, 필러 파우더, 랩 가위, 글루 드라이 등이 있다.

3 실크 익스텐션의 시술 과정

① 손 소독 → 폴리시 제거 → 큐티클 밀기 → 손톱 모양 잡기 → 에칭주기를 시행한다.
② 실크를 사다리꼴 모양으로 재단하여 자연 손톱과 거의 일치하도록 접착시킨다.
③ 큐티클 라인부터 하이포인트까지 모양을 잡아가며 글루를 도포하여 바른다.
④ 연장하는 부분에 글루를 바른 후 필러 파우더를 얇고 고르게 뿌려준다.
⑤ 글루와 필러 파우더를 2~3회 반복하여 작업하고, 글루 드라이 후 핀칭(전체 모양과 C-커브가 잘 나오도록 눌러주는 것)을 준다.
⑥ 클리퍼를 사용하여 길이를 자르고, 파일을 사용하여 표면을 다듬어준다.
⑦ 손톱에 글루 도포 후 젤 글루를 발라주고 샌딩한다.
⑧ 오일을 바르고 파일을 이용하여 표면에 광택을 준다.

▲실크 익스텐션 시술 모습

✿ 아크릴릭

1 아크릴릭 네일의 개요

① 아크릴릭 네일 또는 스컬프처 네일이라고도 하며 리퀴드 파우더와 혼합하여 인조네일의 모양을 만들어 연장하는 방법이다.

② 팁 위에 아크릴을 올려놓는 오버레이와 폼을 사용한 스컬프처 네일 작업이 있다.

③ 내수성이 강하고 지속성이 좋으며 표현 기법이 다양하다.

④ 물어뜯는 손톱에도 시술이 가능하다.

2 아크릴릭 네일의 도구

1) 아크릴릭 네일의 도구

① 네일 폼 : 자연 손톱에 끼워 길이를 연장할 때 받침대 역할을 한다.

네일 폼의 종류와 사용법

종류	손톱 종류에 따라 라운드형, 스퀘어형, 오벌형 등의 모양이 있다.
사용법	양손으로 C-커브가 잡힐 수 있도록 하조피에 끼운다.

② 아크릴 브러시 : 흡수력과 탄력이 좋아야 하며 크기와 모양이 다양하다.

③ 브러시 클리너 : 브러시의 털을 유지하며 찌꺼기를 녹인다.

④ 디펜디시 : 리퀴드 볼로 아크릴을 사용하기 위해 덜어내는 작은 용기이다. 한 번 덜어낸 리퀴드는 반드시 버려야 한다.

2) 아크릴릭 네일에 쓰이는 화학 물질

① 모노머(단량제) : 단분자, 리퀴드, 서로 연결되지 않은 작은 구슬형태의 구형물질이다.

② 폴리머(중합체) : 고분자, 파우더, 체인 모양의 구슬들이 연결된 매우 단단한 완성체이다.

③ 카탈리스트(촉매제) : 아크릴을 빨리 굳게 하며 16~27℃에서 보관한다.

3 아크릴릭 네일의 문제점과 보수 및 제거

1) 아크릴릭 네일의 문제점

① 들뜸(리프팅)

• 손톱에 유·수분이 남았거나 미흡한 에칭 작업을 할 경우

• 파우더 리퀴드가 오염되었거나, 배합이 적절하지 않았을 경우

• 프라이머가 오염되거나 불순물이 들어갔을 경우

② 깨짐

- 낮은 온도이거나 얇게 연장했을 경우
- 관리를 소홀하게 했을 경우

③ 곰팡이

- 보수작업이 소홀하거나 리프팅 시 방치했을 경우
- 제거하고 작업하지 않아 습기가 찼을 경우

2) 보수와 제거

① 오래 유지하기 위해서는 1~2주꼴로 보수를 받는 것이 좋다.

② 리프팅을 방치하면 곰팡이 등의 질환이 생길 수 있다.

③ 제거 시 솜에 리무버를 적셔 호일로 감싼 뒤 벗겨내 긁어서 제거한다.

진짜 기출문제 명확하게 기억하기

▶ **아크릴릭 네일의 시술과 보수에 관련된 내용으로 틀린 것은?**

① 공기방울이 생긴 인조 네일은 촉촉하게 젖은 브러시의 사용으로 인해 나타날 수 있는 현상이다.

② 노랗게 변색되는 인조 네일은 제품과 시술하는 과정에서 발생한 것으로 보수를 해야 한다.

③ 적절한 온도 이하에서 시술했을 경우 인조 네일에 금이 가거나 깨지는 현상이 나타날 수 있다.

④ 기존에 시술되어진 인조 네일과 새로 자라나온 자연네일을 자연스럽게 연결해주어야 하다.

정답 ①

▶ **아크릴릭 네일 재료인 프라이머에 대한 설명으로 틀린 것은?**

① 손톱 표면의 유·수분을 제거해주고 건조시켜 주어 아크릴의 접착력을 강화해준다.

② 산성 제품으로 피부에 화상을 입힐 수 있으므로 최소량만을 사용한다.

③ 인조 네일 전체에 사용하며 방부제 역할을 해준다.

④ 손톱 표면의 pH 밸런스를 맞춰준다.

정답 ③

Part V

네일미용 기술

아크릴릭 팁 오버레이

1 아크릴릭 팁 오버레이의 개요

① 인조손톱 위에 하는 아크릴 팁이 있고, 폼 위에 아크릴을 올려 길게 만드는 아크릴 스컬프처가 있다.

② 인조 팁 위에 두껍게 만들어 보강하는 작업이다.

2 아크릴릭 팁 오버레이의 재료

습식 매니큐어 재료, 네일 팁, 글루, 프라이머, 아크릴 파우더, 리퀴드, 아크릴릭 브러시, 디펜디시, 브러시 클리너 등이 있다.

3 아크릴릭 팁 오버레이의 시술 과정

① 손 소독 → 폴리시 제거 → 큐티클 밀기 → 손톱 모양 잡기 → 에칭 → 팁 붙이기를 한다.

② 피부에 닿지 않게 주의하며 프라이머(유분기 조절 및 pH 균형)를 도포한다.

③ 아크릴 시술 적정 온도는 21~23℃이며 아크릴 볼을 프리에지 → 하이포인트 볼 → 큐티클 방향으로 올린다.

④ 아크릴이 완전히 건조되면 표면을 파일링해준다.

⑤ 샌딩해주고 광택을 낸다.

⑥ 큐티클 오일을 발라 마무리 한다.

진 기
명 기 | 진짜 기출문제 명확하게 기억하기

▶ **투톤 아크릴 스컬프처의 시술에 대한 설명으로 틀린 것은?**

① 프렌치 스컬프처라고도 한다.

② 화이트 파우더 특성상 프리에지가 퍼져 보일 수 있으므로 핀칭에 유의해야 한다.

③ 스트레스 포인트에 화이트 파우더가 얇게 시술되면 떨어지기 쉬우므로 주의한다.

④ 스퀘어 모양을 잡기 위해 파일은 30도 정도 살짝 기울여 파일링한다.

정답 ④

▶ **아크릴릭 보수 과정 중 옳지 않은 것은?**

① 심하게 들뜬 부분은 파일과 니퍼를 적절히 사용하여 세심히 잘라내고 경계가 없도록 파일링 한다.

② 새로 자라난 손톱 부분에 에칭을 주고 프라이머를 바른다.

③ 적절한 양의 비드로 큐티클 부분에 자연스러운 라인을 만든다.

④ 새로 비드를 얹은 부위는 파일링이 필요하지 않다.

정답 ④

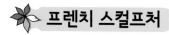 **프렌치 스컬프처**

1 프렌치 스컬프처의 개요

① 화이트 클리어 파우더 또는 핑크 파우더를 사용하여 손톱의 길이를 연장하는 시술을 말한다.
② 프리에지 부분에 스마일 라인을 선명하고 대칭되도록 만들어낸다.

2 프렌치 스컬프처의 재료

습식 매니큐어 재료, 프라이머, 아크릴 파우더(클리어 또는 핑크), 화이트 파우더, 폼, 리퀴드, 아크릴릭 브러시, 디펜디시, 브러시 클리너 등이 있다.

3 프렌치 스컬프처의 시술 과정

① 손 소독 → 폴리시 제거 → 큐티클 밀기 → 손톱 모양 잡기 → 에칭 → 네일 폼 끼우기 → 프라이머를 바른다.
② 화이트 아크릴 볼을 프리에지 끝 부분부터 스마일 라인을 만든다.
③ 클리어나 핑크 아크릴 볼을 기포가 생기지 않도록 주의하며 올린다.
④ 아크릴이 완전히 건조되기 전에 스트레스 포인트 부분을 전체적인 모양과 C-커브가 형성되도록 핀칭을 준다.
⑤ 브러시로 두드렸을 때 청명한 소리가 나면 완전히 건조된 것이므로 이때 폼을 조심스럽게 떼어낸다.
⑥ 거친 파일에서 부드러운 파일 순서대로 파일링하며 모양을 만든다.
⑦ 표면을 샌딩하고 광택을 낸다.
⑧ 큐티클 오일을 발라 마무리한다.

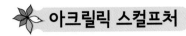 **아크릴릭 스컬프처**

1 아크릴릭 스컬프처의 개요

클리어 파우더나 핑크 파우더로 손톱의 길이를 연장하는 시술이다.

2 아크릴릭 스컬프처의 재료

습식 매니큐어 재료, 프라이머, 아크릴 파우더(클리어 또는 핑크), 폼, 리퀴드, 아크릴릭 브러시, 디펜디시, 브러시 클리너 등이 있다.

3 아크릴릭 스컬프처의 시술 과정

① 손 소독 → 폴리시 제거 → 큐티클 밀기 → 손톱 모양 잡기 → 에칭을 실시한다.
② 고객의 손톱에 맞게 재단한 폼을 끼워준다.
③ 피부에 닿지 않게 주의하며 프라이머를 도포한다.
④ 브러시를 리퀴드에 적당히 적셔 파우더와 혼합하여 아크릴 볼을 만든다.
⑤ 프리에지 → 하이포인트 볼 → 큐티클 방향으로 아크릴 볼을 올린다.
⑥ 아크릴이 완전히 건조되기 전에 스트레스 포인트 부분을 전체적인 모양과 C-커브가 형성되도록 핀칭을 준다.
⑦ 브러시로 두드렸을 때 청명한 소리가 나면 완전히 건조된 것이므로 이때 폼을 조심스럽게 떼어낸다.
⑧ 거친 파일에서 부드러운 파일 순서대로 파일링하며 모양을 만든다.
⑨ 표면을 샌딩하고 큐티클 오일을 발라 마무리한다.

젤 네일

1 젤 네일의 개요

① 화학적으로 아크릴릭 네일과 흡사한 젤 네일은 자연 손톱과 인조손톱 위에 젤을 스컬프처 하는 작업이다.
② 냄새가 없고 붓으로 잘 펴주는 간단한 작업이지만, 응고를 도와주는 별도의 램프가 필요하다.
③ 컬러가 다양하고 발색이 좋아 시술이 편리하여 작업시간이 단축되는 장점이 있다.

② 젤 네일의 특징

① 상온에서 모양을 자유자재로 만들 수 있다.

② 광택이 오래 유지되고 투명도와 지속력이 높다.

③ 컬러가 다양하여 원하는 작업이 가능하며, 부작용이 적어 누구나 시술이 가능하다.

④ 리프팅이 잘 일어나지 않아 편리하다.

⑤ 자외선을 받기 전에는 굳지 않아 원하는 모양 연출이 가능하지만, 흘러내릴 수 있어 정교한 작업은 힘들다.

⑥ 냄새가 없어 어디서나 간편하게 사용할 수 있다.

• **자외선**
 – 자외선(UV)은 파장길이 A, B, C의 3가지로 나뉘는데 UV-A, UV-B가 피부에 영향을 준다.
 – 우리가 사용하는 젤은 자외선 A와 가시광선에 반응한다.

	UV-C	UV-B	UV-A
파장	200~280nm	280~320nm	320~400nm
생리화학적 작용	살균효과(자외선 소독제), 결막염, 피부암	비타민 D 생성, 기미, 홍반, 화상	태닝
	직접 눈으로 보지 말 것		

 | 진짜 기출문제 명확하게 기억하기

젤 램프기기와 관련한 설명으로 틀린 것은?

① LED 램프는 400~700nm 정도의 파장을 사용한다.

② UV 램프는 UV-A 파장 정도를 사용한다.

③ 젤 네일에 사용되는 광선은 자외선과 적외선이다.

④ 젤 네일의 광택이 떨어지거나 경화속도가 떨어지면 램프를 교체함이 바람직하다.

정답 ③

❸ 젤 네일의 종류와 보수 및 제거

1) 젤 네일의 종류

① 라이트 큐어드 젤(Light Cured Gel) : 할로겐 라이트나 자외선 등의 특수한 빛에 노출시켜 젤을 응고시키는 방법이다.

② 노 라이트 큐어드 젤(No Light Cured Gel) : 물에 담그거나 젤 활성액을 사용하여 응고시키는 방법이다.

> **하나 더**
>
> - **하드젤** : 단단하여 제거가 어려우며 아세톤에 녹지 않는다. 제거 시 파일이나 일렉트릭 드릴머신을 이용한다.
> - **소프트젤** : 하드젤보다 부드러운 반면에 내구력은 떨어진다. 제거방법이 간단하다.

▲ 큐어링하기

2) 젤 네일의 보수와 제거

① 1~2주에 한 번꼴로 보수를 받으면 오래 유지하는 것이 가능하다.

② 제거 시 쏙 오프를 하거나, 파일링을 해준다.

③ 젤 전용 리무버로 100% 퓨어 아세톤을 사용한다.

 | 진짜 기출문제 명확하게 기억하기

젤 네일에 관한 설명으로 틀린 것은?

① 아크릴에 비해 강한 냄새가 없다.

② 일반 네일 폴리시에 비해 광택이 오래 지속된다.

③ 소프트 젤은 아세톤에 녹지 않는다.

④ 젤 네일은 하드 젤과 소프트 젤로 구분된다.

정답 ③

✿ 젤 스컬프처

1 젤 스컬프처의 개요

클리어 젤을 사용하여 손톱의 길이를 연장하는 작업을 말한다.

2 젤 스컬프처의 재료

습식 매니큐어 재료, 폼, 프라이머, 본더, 라이트 큐어드 젤, 큐어링 라이트기, 젤 브러시, 젤 클렌저, 퍼프 등이 있다.

3 젤 스컬프처의 시술 과정

① 손 소독 → 폴리시 제거 → 큐티클 밀기 → 손톱 모양 잡기 → 에칭 → 네일 폼 끼우기 → 프라이머를 바른다.
② 팁 위드 젤 시술처럼 베이스 젤 후 큐어링 → 클리어 젤 후 큐어링 → 클렌저 닦기를 실시한다.
③ 클렌저로 닦지 않으면 폼이 잘 떨어지지 않기 때문에 클렌저 후 폼을 제거한다.
④ 파일링 후 모양을 만들기 → 샌딩 → 탑 젤 후 큐어링 → 클렌저 후 마무리한다.

| 진 기
| 명 기 | 진짜 기출문제 명확하게 기억하기

아크릴릭 스칼춰 시술 시 손톱에 부착해 길이를 연장하는데 받침대 역할을 하는 재료로 옳은 것은?

① 네일 폼
② 리퀴드
③ 모노머
④ 아크릴 파우더

정답 ①

✿ 프렌치 젤 스컬프처

1 프렌치 젤 스컬프처의 개요
① 화이트 클리어 젤 또는 핑크 젤로 손톱의 길이를 연장하는 작업이다.
② 프리에지 부분에 젤을 사용하여 스마일 라인이 대칭되도록 만든다.

2 프렌치 젤 스컬프처의 재료
습식 매니큐어 재료, 폼, 프라이머, 본더, 라이트 큐어드 젤(클리어, 핑크, 화이트), 큐어링 라이트기, 젤 브러시, 젤 클리너, 퍼프 등이 있다.

3 프렌치 젤 스컬프처의 시술 과정
① 손 소독 → 폴리시 제거 → 큐티클 밀기 → 손톱 모양 잡기 → 에칭 → 네일 폼 끼우기 → 프라이머를 바른다.
② 베이스 젤 후 큐어링 → 클리어 젤 후 큐어링 → 클렌저 닦기를 실시한다.
③ 프리에지 부분에 화이트 젤을 이용하여 스마일 라인을 만들어 올린다.
④ 큐어링 후 마무리 작업은 위 작업들과 같다.

✿ 팁 위드 젤

1 팁 위드 젤의 개요

인조 팁 위에 젤을 올려 두께를 보강해주는 작업이다.

2 팁 위드 젤의 재료

습식 매니큐어 재료, 네일 팁, 글루, 프라이머, 팁 커터기, 본더, 라이트 큐어드 젤, 큐어링 라이트기, 젤 브러시, 젤 클리너, 퍼프 등이 있다.

3 팁 위드 젤의 시술 과정

① 손 소독 → 폴리시 제거 → 큐티클 밀기 → 손톱 모양 잡기 → 에칭 → 팁 붙이기 → 프라이머를 바른다.

② 얇게 베이스 젤을 전체 도포한다.

③ 큐티클 주위를 얇게 얹고 큐어링하고, 프리에지에서 표면 전체로 젤을 올린다.

④ 하이포인트가 자연스럽게 잡히도록 클리어 젤을 올리고 큐어링한다.

⑤ 퍼프에 클리너를 묻혀 손톱 표면을 닦아낸다.

⑥ 파일링 및 가벼운 샌딩을 한다.

⑦ 탑 젤을 바르고 큐어링한 후 클렌저로 닦아 큐티클 오일로 마무리한다.

🌸 인조 네일(손·발톱)의 보수와 제거

1 인조 네일(손·발톱)의 보수

1) 아크릴릭 보수

① 손을 소독하고 폴리시을 제거한다.

② 리프팅이 되는 부분을 갈아내고 새로 자란 손톱은 에칭 후 프라이머를 바른다.

③ 아크릴릭 믹스한 것을 자라난 손톱 위에 올려 자연스럽게 연결되도록 한다.

④ 표면을 파일링하고 모양을 정리한다.

⑤ 버퍼로 표면을 정리하고 오일을 발라 마무리한다.

2) 팁 위드 랩 보수

① 손을 소독하고 폴리시을 제거한다.

② 길이를 조절하고 자라난 부분의 턱을 매끄럽게 갈아낸다.

③ 샌딩한 후 새로 자란 부위에 랩을 붙이고 글루를 펴 바른다.

④ 실크 턱선을 갈고 글루 젤을 손톱 전체에 펴 바른다.

⑤ 표면을 파일링하고 모양을 정리한다.

⑥ 버퍼로 표면을 정리하고 오일을 발라 마무리한다.

2 인조 네일(손·발톱)의 제거

① 인조 네일을 제거하기 위해 먼저 소독을 실시한다.

② 폴리시을 제거하며 자연 손톱을 제외한 부분을 클리퍼로 잘라낸다.

③ 인조 네일을 호일로 감싸거나 리무버에 담가 아세톤으로 제거한다.

④ 파일로 갈아주거나, 불린 부분을 우드스틱으로 떼어준다.

⑤ 모두 제거하면 버퍼를 이용하여 부드럽게 정리한다.

⑥ 셰이프를 잡고 기본 시술부터 시작한다.

01 물이 담긴 볼에 여러 가지 색의 폴리시를 떨어뜨린 후 마블링 툴을 이용해 모양을 만들어 손톱에 찍어내는 아트 기법은?

① 데칼   ② 워터 마블

③ 워터 데칼   ④ 마블

02 스티커 타입으로 여러 가지 색을 가졌으며 테이프로 손톱 위에 아트를 하는 것은?

① 3D   ② 에어 브러시

③ 스트라이핑 테이프   ④ 핸드 페인팅

03 아세톤에 대한 설명으로 맞지 않는 것은?

① 아세톤을 과다하게 사용하면 손톱 손상을 유발한다.

② 아세톤은 손톱과 피부를 건조하게 만든다.

③ 인화성 물질이므로 사용 후 환기와 취급에 주의를 해야 한다.

④ 폴리시 제거 시 아세톤 원액으로 빠르게 닦아내는 것이 제일 안전하다.

04 큐티클을 정리할 때의 설명으로 알맞은 것은?

① 큐티클을 하나도 남김없이 최대한 깨끗하게 정리한다.

② 손톱 표면에 바짝 붙여서 푸셔로 강하게 민다.

③ 큐티클을 너무 많이 제거하지 않도록 주의한다.

④ 날카로운 니퍼 또는 소형 가위를 사용해서라도 섬세하게 정리한다.

05 액티베이터에 관한 설명으로 알맞은 것은?

① 손톱에 균이 생기는 것을 방지한다.

② 글루나 젤의 건조를 촉진시켜주는 경화제로 이용된다.

③ 광택력을 높여주기 위해 뿌려주는 것이다.

④ 손톱을 부식시키는 물질이다.

---

01 데칼은 그림 뒷면에 접착력이 있어 손톱에 붙여 디자인하는 기법이고, 워터 데칼은 물에 그림종이를 띄워 손톱에 붙이는 방법이고, 마블은 손톱 위에 여러 색의 폴리시를 떨어뜨려 디자인하는 방법이다.

02 3D는 입체적인 디자인, 에어브러시는 압축 공기를 분사하여 디자인 하는 것, 핸드 페인팅은 손으로 직접 물감을 이용하여 그리는 것이다.

03 폴리시 제거 시에는 퓨어 아세톤이 아닌, 폴리시 전용 리무버를 사용하여야 손톱의 손상을 줄일 수 있다.

04 큐티클을 정리할 때는 너무 많이 제거하지 않도록 주의한다.

05 액티베이터는 글루나 젤, 레진 등의 건조를 촉진시키는 경화제 물질이다.

01 ②   **02** ③   **03** ④   **04** ③   **05** ②

06 손과 발에 마사지 시술을 할 때 주의해야 할 대상이 아닌 환자는?

① 아토피 환자　　　　② 관절염 환자
③ 고혈압 환자　　　　④ 심장병 환자

06 손과 발에 마사지를 할 때 관절염 환자나 고혈압 환자, 심장병 환자는 조심하는 것이 좋다.

07 컬러링을 하기 전에 폴리시 색을 고르게 섞어주는 방법은?

① 거꾸로 들어 물을 넣고 흔든다.
② 오렌지 우드스틱을 이용하여 섞어준다.
③ 양손 사이에 넣고 굴린다.
④ 폴리시에 리무버를 넣고 위아래로 흔든다.

07 컬러링을 하기 전에 폴리시를 양손 사이에 넣고 굴려주면 색이 고르게 발라지도록 섞어줄 수 있다.

08 손·발톱이 변색되는 원인이라고 보기 어려운 것은?

① 심장이 좋지 않거나 혈액순환에 문제가 있는 경우
② 자외선에 오랜 시간 노출된 경우
③ 베이스코트를 바르지 않고 폴리시를 장시간 사용한 경우
④ 전문가에게 시술을 받지 않은 경우

08 손·발톱의 변색은 전문가의 관리와는 관계가 없다.

09 발을 관리할 때 발의 각질제거를 위해 사용하는 기구가 아닌 것은?

① 패디 크림　　　　② 패디 파일
③ 스톤 푸셔　　　　④ 콘 커터

09 발 관리 시 각질 제거를 위해서는 패디 크림을 바르고 콘 커터로 정리 후 패디 파일로 마무리한다. 스톤 푸셔는 큐티클을 밀 때 사용된다.

Part V

네일미용기술

10 인조 팁을 접착하는 방법으로 알맞은 것은?

① 손톱 길이의 1/2 이상 커버하면 안 된다.
② 손톱 길이의 1/3 이상 커버하면 안 된다.
③ 손톱 길이의 1/4 이상 커버하면 안 된다.
④ 손톱 길이와 무관하다.

10 인조 팁을 접착할 때는 손톱 길이의 1/2 이상 커버하지 않는다.

06 ①　**07** ③　**08** ④　**09** ③　**10** ①

11 자연 손톱에 인조 팁을 접착하고 그 위에 아크릴이나 패브릭, 필러 파우더 등의 재료를 사용하여 완성하는 기술은 무엇인가?

① Tip Extention
② Tip Sculpture
③ Tip Painting
④ Tip Overlay

11 팁 오버레이란 손톱 위에 인조 팁을 접착하고 아트를 하여 완성하는 기술을 말한다.

12 실크 익스텐션 시술에 대한 설명 중 옳은 것은?

① 글루 드라이는 가까이에서 최대한 많이 뿌려준다.
② C-커브 모양이 완성되지 않은 상태에서 필러 파우더 양을 한 번에 많이 뿌리면 교정이 불가능하다.
③ 필러 파우더는 낳은 양을 한 번에 뿌리는 깃이 좋다.
④ 필러 파우더를 뿌리고 젤을 도포하면 견고성이 높아지고 투명도가 강해진다.

12 많은 양의 필러 파우더를 한 번에 도포하면 기포가 생기고 투명도가 떨어진다.

13 실크 익스텐션 시술을 할 때 핀칭이 하는 역할은 무엇인가?

① 하이 포인트를 만들기 위해서
② C-커브를 잘 나오게 하기 위해서
③ 두께감을 높이기 위해서
④ 투명도를 강하게 하기 위해서

13 핀치는 전체적인 모양과 C-커브가 잘 나오도록 눌러주는 과정이다.

14 폴리머라제이션을 바르게 설명한 것은?

① 자연 손톱과 프라이머의 중합반응
② 모노머와 폴리머의 중합반응
③ 프라이머와 프리 프라이머의 중합반응
④ 폴리머와 프라이머의 중합반응

14 폴리머라이제이션이란 단량제인 모노머와 종합제인 폴리머의 중합반응을 말한다.

15 아크릴 시스템에서 원톤 스컬프처에 필요한 재료들로만 묶인 것은?

① 클리어 아크릴 파우더, 탑 젤, 모노머
② 클리어 아크릴 파우더, 아크릴릭 폼, 디스펜서
③ 클리어 아크릴 파우더, 종이 폼, 아크릴릭 리퀴드
④ 클리어 아크릴 파우더, 인조 팁, 탑 젤

15 원톤 스컬프처를 시술할 때는 클리어 아크릴 파우더, 종이 폼, 아크릴릭 리퀴드, 아크릴릭 브러시 등이 필요하다.

11 ④　**12** ②　**13** ②　**14** ②　**15** ③

16 아크릴릭 시스템에서 폼을 사용하는 방법으로 적당하지 않은 것은?

① 자연 손톱과 폼 사이에 공간이 생기지 않도록 끼운다.
② 자연 손톱 에포니키움 아랫부분에 맞도록 한다.
③ 손톱의 양쪽 균형이 잘 맞아서 폼이 틀어지지 않도록 조절하여 부착한다.
④ 자연 손톱과 사이드 스트레이트는 측면에서 볼 때 일직선이 되어야 한다.

16 자연 손톱의 프리에지 아랫부분에 맞도록 착용해야 한다.

17 아크릴릭 스컬프처 시술 중 C-커브를 만들 때 사용하는 스틱은?

① 다우스
② 봉 파일
③ 디펜디시
④ 에어브러시

17 언더 파일로도 사용이 가능한 다우스는 아크릴릭 스컬프처 시술 시 C-커브를 만들 때 쓰이는 스틱이다.

18 아크릴릭 시술은 얼마 후 보수를 하는 것이 좋은가?

① 2~3주
② 3~4주
③ 4~5주
④ 1달 이후

18 아크릴릭 시술한 후 2~3주 후에 보수를 해주는 것이 좋다.

19 아크릴릭 시스템 시술을 한 후 곰팡이가 생기는 이유에 속하지 않는 것은?

① 아크릴릭 교체기간을 잘 지킨 경우
② 들뜨는 현상을 방치한 경우
③ 장갑을 착용하지 않은 경우
④ 보수 작업을 할 때 들뜬 부분을 충분히 제거하지 않은 경우

19 아크릴릭 시스템 시술을 한 후 곰팡이가 생기는 이유는 들뜨는 현상을 방치했을 경우, 장갑을 착용하지 않고 물을 많이 사용하여 아크릴릭과 손톱 사이에 물이 들어간 경우, 보수 작업을 할 때 들뜬 부분을 충분히 제거하지 않은 경우 등이 있다.

Part V 네일미용기술

20 프라이머에 어떤 성분이 더해지면 피부가 손상되는가?

① 알칼리성
② 산성
③ 지성
④ 중성

20 프라이머는 산성이라서, 산성이 더해지면 피부가 따끔거리거나 가려울 수 있다.

16 ②   **17** ①   **18** ①   **19** ①   **20** ②

21 쏙 오프 젤 스컬프처를 제거하는 방법으로 옳은 것은?

① 아세톤 또는 쏙 전용 리무버를 솜에 묻혀 손톱 위에 올려놓고 호일로 감싼 후 일정시간 후 제거한다.

② 브러시 클리너를 넣은 핑거볼에 30분 이상 담가둔다.

③ 드릴을 사용하여 손톱을 갉아 제거한다.

④ 들뜬 부분에 오렌지 우드스틱이나 날카로운 것을 꽂아 뜯어낸다.

21 쏙 오프 젤은 아세톤 또는 쏙 전용 리무버를 솜에 묻혀 손톱 위에 올려 호일로 감싸고 일정 시간 후 제거한다.

22 라이트 큐어드 젤을 경화시키는 요인이 아닌 것은?

① 큐어링 진행 시간

② 투명하거나 불투명한 색상의 종류

③ 젤의 두께

④ 현재 손톱의 견고한 상태

22 라이트 큐어드 젤을 경화시키는 데 영향을 주는 것은 큐어링 진행 시간, 투명 또는 불투명한 색상의 종류, 젤의 두께 능에 따라 다르다.

23 물감을 방출시키는 에어브러시 건에서 물감이 나가는 통로 역할을 하는 것은?

① 레버　　　　　　② 니들

③ 노즐　　　　　　④ 콤프레셔

23 노즐은 에어브러시 건에서 물감이 방출되는 통로 역할을 한다.

24 2D 기법의 기술로 아크릴 파우더를 사용하여 입체감 있는 아트를 하는 기술은 무엇인가?

① 마블 아트　　　② 3D 아트

③ 엠보 아트　　　④ 믹스 미디어

24 아크릴로 만드는 엠보 아트는 디테일이 살아있고, 단단한 제형의 엠보 젤을 사용하면 섬세한 아트를 표현할 수 있다.

25 스트라이핑 테이프를 사용하여 아트를 하는 방법이 아닌 것은?

① 한쪽 면에 접착제가 붙어 있는 컬러 테이프이다.

② 금색이나 은색, 검은색을 가장 보편적으로 사용된다.

③ 시술 후 테이프에 탑 코트를 3~4일 간격으로 발라준다.

④ 큐티클이 끝나는 지점에 바로 붙여야 떨어지지 않는다.

25 큐티클에서 2mm 정도 떨어져 붙여야 테이프가 잘 말리고 떨어지지 않는다.

21 ①　**22** ④　**23** ③　**24** ③　**25** ④

26 여러 가지 색상을 이용하여 대리석 무늬로 아트를 하는 작업은 무엇인가?

① 댕글   ② 그라데이션
③ 마블   ④ 세필

26 마블이란 여러 가지 색을 이용하여 대리석 무늬를 나타내는 아트를 말한다.

27 도트 무늬로 디자인하고자 할 때 마블링 사용이 편리한 도구는?

① 라이너 붓   ② 세필
③ 연필   ④ 툴

27 마블링 또는 도트 무늬를 디자인할 때 툴을 사용하면 편리하며, 인조부석을 붙일 때도 사용한다.

28 제모 시술을 할 때 허니왁스를 떼어내기 위해 사용하는 것은?

① 리무버   ② 실크
③ 무슬린 천   ④ 스팀기

28 제모 시술을 할 때는 허니왁스와 무슬린 천을 사용한다.

29 라이트 큐어링 젤 시스템에 관한 설명으로 옳지 않은 것은?

① 모든 큐어링 시간은 3분이다.
② 투명도가 높고 광택이 오래간다.
③ 부작용 없이 시술을 받을 수 있다.
④ 냄새가 없다.

29 시술 과정이나 제품에 따라 젤 큐어링 시간이 다르게 진행된다.

30 UV 젤을 경화하는 데 영향을 미치는 요인이 아닌 것은?

① 젤의 두께
② 큐어링 진행 시간
③ 램프 안에서의 손톱 위치
④ 액티베이터의 양

30 노 라이트 큐어드 젤 시스템을 응고시켜주는 경화제로 액티베이터를 이용한다.

Part V

네일미용기술

26 ③   **27** ④   **28** ③   **29** ①   **30** ④

31 아크릴릭 브러시를 사용한 후 보관하는 방법으로 거리가 먼 것은?

① 브러시는 모가 아래를 향하도록 걸어 보관한다.
② 브러시는 브러시 클리너에 깨끗이 세척한다.
③ 브러시를 털을 잡아 빼거나 자르지 않는다.
④ 리무버에 하루 정도 담가 둔다.

31 아크릴릭 브러시는 사용한 다음 브러시 클리너로 깨끗하게 세척하여 모가 아래로 향하게 걸어 보관하는 것이 좋으며, 인위적으로 털을 잡아 뽑거나 자르지 않는다.

32 아크릴 시스템 중 프렌치 스컬프처에 필요한 재료들로 묶인 것은?

① 모노머, 화이트 아크릴릭 파우더, 클리어 핑크 아크릴릭 파우더
② 모노머, 화이트 아크릴릭 파우더, 내츄럴 아크릴릭 파우더
③ 아크릴릭 리퀴드, 모노머, 커버 핑크 아크릴릭 파우더
④ 아크릴릭 리퀴드, 클리어 아크릴릭 파우더, 모노머

32 프렌치 스컬프처 시술을 할 때는 모노머, 화이트·클리어·핑크 클리어, 아크릴릭 파우더, 아크릴릭 브러시 등이 필요하다.

33 아크릴릭 시스템 시술을 할 때 자연 손톱에 접착력을 높여주는 것은?

① 글루   ② 아크릴릭 파우더
③ 프라이머   ④ 모노머

33 아크릴릭 시스템 시술을 할 때 자연 손톱의 유·수분을 제거하여 자연 손톱에 접착력을 높이기 위하여 프라이머를 사용한다.

34 한 개의 분자구조로 이루어져 리퀴드라 불리며 아크릴릭 시스템에서 사용하는 것은?

① 모노머   ② 폴리머
③ 프라이머   ④ 파우더

34 아크릴 리퀴드는 모노머를 말하는데 서로 연결되지 않은 아주 작은 구슬 형태의 구형 물질의 단량체이다.

35 폴리머와 모노머의 중합현상을 무엇이라고 하는가?

① 폴리머라이제이션   ② 모노머네이션
③ 모노플리션   ④ 케라티네이션

35 폴리머와 모노머의 중합현상을 폴리머라이제이션이라고 한다.

31 ④ **32** ① **33** ③ **34** ① **35** ①

36 프라이머의 역할에 해당하지 않는 것은?

① pH 조절 ② 보강제 역할
③ 접착제 역할 ④ 방부제 역할

37 컬러의 벗겨짐을 방지하기 위한 컬러링의 종류로 묶인 것은?

① 풀코트, 프리에지
② 프리에지, 헤어라인 팁
③ 풀코트, 하프문
④ 슬림라인, 프리에지

38 네일을 보강하기 위해 린넨과 실크를 이용한 시기는?

① 1950년대 ② 1960년대
③ 1970년대 ④ 1980년대

39 베이스코트에 대한 설명으로 옳지 않은 것은?

① 유색 폴리시을 바르기 전에 손톱에 바른다.
② 불투명하고 농도가 진하다.
③ 자연 손톱이 누렇게 착색되는 것을 방지한다.
④ 폴리시이 잘 밀착되게 해주는 역할을 한다.

40 띠너라고 불리며 굳은 때를 지워주는 용매제는 무엇인가?

① 안티셉틱 ② 프라이머
③ 지혈제 ④ 솔벤트

---

36 프라이머는 pH를 조절하고, 접착제, 방부제 역할을 한다.

37 프리에지는 손톱 끝 부분은 비워두고 컬러링하는 방법이며, 헤어라인 팁은 풀코트로 컬러링을 바른 후 손톱 끝 부분의 1.5mm 정도를 지워주는 방법이다.

38 린넨과 실크를 이용하여 네일을 보강한 시기는 1960년대 이후이다.

39 베이스코트는 묽고 투명하다.

40 솔벤트는 때를 지워주는 용매제로 띠너라고 한다.

Part V

네일미용기술

41 손톱 위에 라이스톤을 오래 유지하는 방법은?

① 탑코트를 3~4일에 한 번씩 덧바른다.
② 유분제거를 1번 한다.
③ 영양제를 바른다.
④ 폴리시을 얇게 바른다.

41 손톱 위에서 라이스톤을 오래 유지하려면 탑코트를 3~4일에 한 번씩 덧바르면 좋다.

42 파일에서 거칠기를 구분하는 기준은 무엇인가?

① 파일의 종류
② 파일의 두께
③ 그릿의 번호
④ 파일의 모양

42 파일의 거칠기는 그릿(GRIT)으로 구분되며, 번호에 따라 용도와 쓰임새가 달라진다.

43 자연스러운 형태의 손톱형으로 누구나 보편적으로 하는 모양은?

① 스퀘어
② 라운드
③ 포인트
④ 라운드 셰이프

43 라운드 셰이프는 가장 자연스러운 형태의 손톱으로 누구나 보편적으로 즐겨할 수 있는 모양이다.

44 랩의 소재로 쓰이는 실크의 특징이 아닌 것은?

① 명주실로 이루어진 천이다.
② 린넨보다 강하고 두꺼우며 오래 간다.
③ 투명하고 가볍다.
④ 가장 흔하게 사용되는 소재이다.

44 실크는 명주실을 재료로 하는 천으로 투명하고 가벼우며 가장 흔한 소재이다.

45 네일 아티스트의 자세로 적당한 것은?

① 숙련된 기술력과 정확한 서비스를 위해 항상 노력한다.
② 정기적으로 작품집을 해서 자신의 실력을 과시한다.
③ 새로운 기술은 관심을 가지지 않아도 된다.
④ 개인적 기술만 있으면 새로운 기술교육에 굳이 참여하지 않아도 된다.

45 네일 아티스트는 숙련된 기술 발전과 정확한 서비스를 위해 항상 노력해야 한다.

41 ① **42** ③ **43** ④ **44** ② **45** ①

46 살롱에서 지켜야 할 위생 관리로 적당하지 않은 것은?

① 콘 커터의 면도날은 고객마다 1회 사용을 한다.
② 용량이 큰 제품이나 크림 등은 손으로 반드시 덜어서 사용한다.
③ 기구를 사용할 때는 소독을 청결하게 한다.
④ 피부질환이 있는 고객은 시술을 자제한다.

47 스틱 틱 파우더의 용도는?

① 지혈 시 사용한다.
② 손톱의 폴리시 제거에 사용한다.
③ 알코올 대용으로 사용한다.
④ 광택을 낸다.

48 조소피를 밀어 올릴 때 사용하는 기구는?

① 푸셔
② 클리퍼
③ 니퍼
④ 오렌지 우드스틱

49 폴리시를 풀 코트하고 위에 1.5mm 정도 지워 파손을 사전에 방지하는 컬러링 방법은?

① 프리에지
② 슬림라인
③ 헤어라인 팁
④ 하프문

50 컴퓨터 타자를 자주 치는 직업을 가진 고객에게 추천하면 좋은 손톱의 모양은?

① 라운드
② 오벌
③ 포인트
④ 스퀘어

---

46 용량이 큰 제품이나 크림 등은 오염 방지를 위해 스파츌러를 이용하여 덜어서 사용한다.

47 지혈제로 사용되는 스틱 틱 파우더는 손·발 시술 과정에서 출혈 시에 사용된다.

48 조소피라고 불리는 큐티클을 밀어 올릴 때는 푸셔를 사용한다.

49 • 프리에지 : 손톱 끝 부분은 비워두고 컬러링하는 방법이다.
• 슬림라인 : 양측면을 1.5mm 남기고 컬러링하여 손톱이 가늘고 길어 보이도록 하는 방법이다.
• 하프문 : 손톱의 루눌라 부분을 남기고 폴리시를 바르는 방법이다.

50 스퀘어 모양의 사각손톱은 견고한 디자인으로 손끝을 많이 사용하는 컴퓨터 종사자나 활동적인 사람들에게 추천하기 적당하다.

Part V

네일미용 기술

51 조구에 묻은 폴리시을 제거하기 적당한 도구는?

① 오렌지 우드스틱 ② 파일
③ 폴링 ④ 브러시

51 네일 그루브라고 불리는 조구에 묻은 폴리시을 제거할 때에는 오렌지 우드스틱에 리무버를 묻힌 솜을 말아서 사용한다.

52 발 관리 시술을 시작하기 전에 가장 먼저 해야 하는 것은?

① 고객의 발 소독 ② 시술자의 손 소독
③ 고객의 손 소독 ④ 발톱 모양 잡기

52 고객의 발 관리 시술을 시작하기 전에 가장 먼저 해야 하는 것은 시술하는 사람의 손 소독이다.

53 인조 팁 사이즈를 고르는 방법은?

① 손톱의 양쪽 끝을 모두 커버해야 한다.
② 자연 손톱보다 조금 작은 인조 팁을 붙인다.
③ 자연 손톱의 20% 이상 덮어야 한다.
④ 자연 손톱보다 조금 큰 인조 팁을 붙인다.

53 인조 팁은 손톱의 양쪽 끝을 모두 커버하는 사이즈를 골라야 한다.

54 자연 손톱에 인조 팁을 접착하려고 할 때 둘 사이 접착 각도는?

① 40° ② 45°
③ 50° ④ 90°

54 자연 손톱에 인조 팁을 접착하고자 할 때 그 사이에 기포가 생기지 않도록 45° 각도로 붙인다.

55 실크 익스텐션 시술을 할 때 필러 파우더와 글루의 양 조절 실패로 일어나는 현상과 거리가 먼 것은?

① 콘벡스를 만들기 어렵다.
② C-커브 형성이 어렵다.
③ 투명도가 떨어진다.
④ 균일한 두께로 형성된다.

55 글루의 양 조절이 가능한데, 제대로 되지 않으면 균일한 두께가 형성되기 어렵다.

51 ① **52** ② **53** ① **54** ② **55** ④

56 실크 익스텐션 시술을 할 때 재단하는 방법으로 옳지 않은 것은?

① 자연스러운 A라인으로 재단한다.
② 실크는 큐티클 5~7mm 정도 밑에 접착한다.
③ 연장하고자 하는 길이보다 0.5~1cm 정도 길게 재단한다.
④ 포인트 부분이 모자라지 않도록 주의한다.

56 실크는 큐티클 1~2mm 정도 밑에 접착해야 한다.

57 실크 익스텐션 시술을 할 때 실크 턱선을 제거하기 적합한 파일의 그릿은?

① 80GRIT
② 1,000GRIT
③ 150GRIT
④ 180GRIT

57 실크 턱선을 제거하기에는 180 GRIT이 파일링하기 가장 적합하다.

58 프라이머에 관한 설명이 아닌 것은?

① 한 번만 발라야 한다.
② 피부에 닿지 않도록 한다.
③ 자연 손톱에만 바른다.
④ 주성분은 메타크릴산(Methacrylic acid)이다.

58 한 번 바른 후 건조되고 다시 한 번 바르면 효과적이다.

59 아크릴릭 스컬프처 시술 준비물에 해당하지 않는 것은?

① 네일 브러시
② 디펜디시
③ 프라이머
④ 핸드크림

59 핸드크림은 손 마사지에 사용된다.

Part V
네일미용기술

60 아크릴릭 시스템의 화학적 성분 연결이 옳지 않은 것은?

① 모노머 – 아크릴릭 리퀴드
② 폴리머 – 파우더와 모노머가 결합된 아크릴릭 네일
③ 카탈리스트 – 빨리 굳게 해주는 촉매제
④ 프라이머 – 자연 손톱의 유·수분 제거제

60 아크릴릭 시스템의 화학적 성분으로는 모노머, 폴리머, 카탈리스트 등이 있다.

56 ②　　57 ④　　58 ①　　59 ④　　60 ④

61 아크릴릭 시스템 시 사용하는 파우더로 부적합한 것은?

① 핑크 파우더   ② 클리어 파우더

③ 화이트 파우더   ④ 필러 파우더

61 필러 파우더란 떨어져 나간 부분을 메꿀 때, 네일 팁이 갈라졌을 때, 익스텐션, 리페어 등에 주로 사용된다.

62 파우더와 모노머를 혼합하여 만든 인조손톱으로 내수성이 강하고 지속성이 좋은 것은?

① 젤   ② 아크릴릭

③ 실크 익스덴션   ④ 인조 랩

62 파우더와 모노머를 혼합하여 만든 아크릴릭 스컬프처는 투명하며 지속성이 강하고 내수성이 강하다.

63 아크릴릭 리퀴드와 같은 뜻으로 함께 쓰이는 것은?

① 모노머   ② 카탈리스트

③ 큐어드   ④ 필러 파우더

63 아크릴릭 리퀴드란 모노머라고도 하며 서로 연결되지 않은 아주 작은 구슬 형태의 구형으로 된 물질이다.

64 젤을 응고시키기 위하여 LED램프 또는 UV램프를 이용하는 것은?

① 라이트 큐어드 젤

② 노 라이트 큐어드 젤

③ 아크릴릭 리퀴드

④ 실크 익스텐션

64 라이트 큐어드 젤은 LED램프 또는 UV램프를 이용하여 젤을 응고시키는 시술 방법이다.

65 아트를 작업하거나 3D 시에 입체감을 주는 모양을 만들 때 쓰이는 젤은 무엇인가?

① 엠보 젤   ② 컬러 젤

③ 스틱 젤   ④ 글리터 젤

65 엠보 젤은 브러시 클리너와 함께 사용하여 디자인 후 큐어링하는 기법으로 젤처럼 흐르지 않는다.

61 ④   **62** ②   **63** ①   **64** ①   **65** ①

66 인조손톱의 파일링이나 아트 작업 등에 여러모로 사용 가능한 기계는 무엇인가?

① 드라이　　　　　　　　② 파일
③ 에어건　　　　　　　　④ 드릴머신

67 다양한 색상의 인조보석으로 사이즈와 모양도 다양하여 폴리시을 바르고 그 위에 디자인이 가능한 소재는 무엇인가?

① 라인스톤　　　　　　　② 마블
③ 글리터　　　　　　　　④ 스트라이핑 테이프

68 손톱 위에 인쇄된 종이나 사진 등을 붙이는 네일아트의 명칭은 무엇인가?

① 에어브러시　　　　　　② 프로트랜스
③ 스텐실　　　　　　　　④ 워터 데칼

69 제모 시술 시 사용하는 꿀 타입의 접착제는 무엇인가?

① 워머　　　　　　　　　② 젤
③ 허니 왁스　　　　　　　④ 오일

70 제모 시술 시 허니 왁스를 피부에 바를 때 사용하는 것은?

① 무슬린 천　　　　　　　② 손
③ 스파츌라　　　　　　　④ 테이프

---

66 드릴머신에 핸드피스를 연결해 작업하며 용도에 맞는 비트를 바꿔주며 작업하는 것으로 파일링이나 인조손톱 등의 작업에 사용한다.

67
- 마블 : 두 가지 이상의 폴리시을 손톱 위에 얹어 마블 툴로 원하는 그림을 그려주는 방법이다.
- 글리터 : 반짝거리는 작은 필름지로 아트 작업을 할 때 사용한다.
- 스트라이핑 테이프 : 선을 표현하기 위하여 여러 가지 색상의 테이프를 이용하는 기법이다.

68
- 에어브러시 : 압축공기를 분사하여 디자인하는 기법이다.
- 스텐실 : 에어브러시를 이용하여 아트를 하는 도구이다.
- 워터 데칼 : 무늬가 있는 종이를 물에 띄워 손톱에 붙이는 방법이다.

69 허니 왁스는 제모 시술 시 사용하는 접착제로 꿀 타입으로 되어 있다.

70 제모를 시술할 때 오염을 방지하기 위해 스파츌라를 이용하여 허니 왁스를 피부에 발라준다.

Part V

네일미용기술

66 ④　　67 ①　　68 ②　　69 ③　　70 ③

71 매니큐어의 포괄적 관리 영역에 속하지 않는 것은?

① 큐티클 정리　　　　② 컬러링
③ 손 마사지　　　　　④ 네일아트

71 매니큐어란 손 관리라는 뜻으로 영역에는 손 마사지, 컬러링, 손톱의 모양정리, 큐티클 정리 등을 포함한다. 네일아트는 손톱에 디자인을 하는 분야를 말한다.

72 아크릴릭 시술 시 가장 얇게 처리되어야 할 부분은?

① 큐티클 부분　　　　② 매트릭스 부분
③ 루눌라 부분　　　　④ 프리에지 부분

72 아크릴릭 시술 시 가장 얇아야 하는 부분은 큐티클이다.

73 젤 네일 시술 후 클렌저로 닦아내는 이유가 아닌 것은?

① 완성된 모양을 잡아주기 위해서
② 끈적임을 제거하기 위해서
③ 파일링 후에 이물질 제거를 위해서
④ 젤 네일의 투명도를 높이기 위해서

73 젤 네일 후 클렌저로 닦아내는 이유는 우선 끈적임을 제거하고 파일링 후에 이물질을 제거하며 젤 네일의 투명도를 높여주기 때문이다.

74 젤을 올리는 순서로 옳은 것은?

① 큐티클 주위 → 프리에지 부분 → 손톱 표면 전체
② 프리에지 부분 → 손톱 표면 전체 → 큐티클 주위
③ 손톱 표면 전체 → 큐티클 주위 → 프리에지 부분
④ 프리에지 부분 → 큐티클 주위 → 손톱 표면 전체

74 우선 큐티클 주위에 얇게 얹고 큐어링한 후 프리에지 부분에 젤을 얹고 큐어링하고, 표면 전체에 매끄럽게 얹고 큐어링하는 순서이다.

75 시술에 드릴을 사용할 때의 주의사항으로 적당하지 않은 것은?

① 드릴머신의 왼쪽이나 오른쪽으로의 방향전환 유무를 확인한다.
② 모든 비트는 사용 후 소독하여 보관해야 한다.
③ 핸드 피스 조작법 및 비트에 관한 정확한 활용법을 알고 시술해야 한다.
④ 드릴케어는 습식으로 해주어야 한다.

75 드릴케어를 시술할 때는 건식으로 해주어야 한다.

71 ④　　**72** ①　　**73** ①　　**74** ①　　**75** ④

76 램프를 사용하지 않고 액티베이터를 사용하는 시스템은 무엇인가?

① 클리어 젤　　　　　② 노 라이트 젤
③ 엠보 젤　　　　　　④ 글리터 젤

76 램프를 사용하지 않고 액티베이터를 사용하여 응고시키는 것은 노 라이트 젤 시스템이다.

77 라이트 큐어드 젤에서 광택을 높여주기 위하여 마무리 단계로 하는 방법은?

① 버퍼를 사용하여 광을 내준다.
② 베이스 젤을 바르고 큐어링해준다.
③ 베이스 젤을 바르고 자연건조해준다.
④ 탑 젤을 바르고 큐어링해준다.

77 라이트 큐어드 젤에서 광택을 높여주기 위해 마무리 단계로 탑 젤을 바르고 큐어링해준다.

78 반입체적인 디자인으로 한쪽 면이 납작하게 된 모양을 부착하는 기법은 무엇인가?

① 큐어링　　　　　　② 댕글
③ 마블링　　　　　　④ 콘페디

78 한쪽 면이 납작하게 되어 있는 모양의 반입체적인 디자인을 부착하는 기법은 콘페디이다.

79 인조 팁을 접착할 때 주의사항으로 옳지 않은 것은?

① 자연 손톱의 모양은 라운드형으로 한다.
② 프리에지의 길이는 1mm 정도로 해준다.
③ 푸셔나 오렌지 우드스틱으로 큐티클을 밀어준다.
④ 큐티클 오일을 바르고 위에 접착한다.

79 인조 팁과의 접착력을 높이기 위해서는 자연 손톱의 유분기를 제거하고 팁을 붙여야 한다.

Part V
네일미용 기술

80 실크 익스텐션 시술을 할 때 연장된 프리에지 밑 부분에 글루를 바르는 이유가 아닌 것은?

① 폴리시이 잘 접착되게 하기 위하여
② 높은 견고성을 위하여
③ 투명성을 위하여
④ 곰팡이균의 번식을 억제하기 위하여

80 실크 익스텐션 시술을 할 때 연장된 프리에지 밑 부분에 글루를 바르는 목적은 투명성과 견고성, 실크를 코팅해 곰팡이균의 번식을 억제하기 위함이다.

76 ②　　**77** ④　　**78** ④　　**79** ④　　**80** ①

81 팁 위드 아크릴 시스템에 대한 설명이 아닌 것은?

① 프라이머는 아크릴을 올리는 부위 전체에 도포한다.
② 아크릴릭 조형은 큐티클 주변에 경계 없이 얇게 한다.
③ 버퍼나 파일로 인조 팁의 턱을 제거한다.
④ 자연 손톱의 광택을 없애고 길이를 짧게 해준다.

82 컬러링에 관한 설명으로 옳지 않은 것은?

① 풀 코트 - 손톱에 꽉 채워 바르는 방법이다.
② 프리에지 - 풀 코트 한 후에 폴리시를 프리에지 부분을 지워 주는 방법이다.
③ 하프 문 - 손톱의 루눌라 부분만 남기고 폴리시를 바르는 방법이다.
④ 슬림라인 - 손톱 양측면을 1.5mm를 남기고 컬러링하여 가늘고 길어 보이도록 하는 방법이다.

83 손톱을 스퀘어로 다듬으려고 할 때의 파일 각도는?

① 10°   ② 30°
③ 45°   ④ 90°

84 라이트 큐어링 시스템을 할 때 젤 스컬프처 시술 과정에 포함되지 않는 것은?

① 손 소독하기   ② 큐어링
③ 인조 팁의 턱 제거   ④ 손톱 유분기 제거

85 발바닥의 각질과 굳은살을 제거하는 콘커터의 사용 방법은?

① 시술자 앞에서 뒤로   ② 먼저 잡힌 방향대로
③ 고객이 원하는 순서로   ④ 족문의 결대로

---

81 프라이머는 아크릴을 올리는 부위에서 자연 손톱에만 도포한다.

82 프리에지는 벗겨지기 쉬운 프리에지 부분에 폴리시를 바르지 않는 방법이다.

83 사각형인 스퀘어 모양으로 손톱 끝을 다듬을 때는 90° 각도로 파일링을 해준다.

84 인조 팁의 턱을 제거하는 것은 팁 오버레이 시술 과정 중의 하나이다.

85 발바닥의 각질과 굳은살을 제거하는 콘커터의 올바른 사용 방법은 족문의 결대로 하는 것이 옳다.

81 ①   **82** ②   **83** ④   **84** ③   **85** ④

86 에어브러시 아트 작업을 할 때 스텐실 제작 재료가 아닌 것은?

① 한지
② OHP
③ 트레이싱 페이퍼
④ 마스킹 테이프

86 에어브러시 아트 작업을 할 때 스텐실 제작 재료로 적당한 필름지는 OHP, 마스킹 테이프, 트레이싱 페이퍼 등이다.

87 스티커 3D 데칼 시술 과정에 포함되지 않는 것은?

① 베이스코트를 바른다.
② 원하는 베이스 폴리시을 바른다.
③ 원하는 위치에 스티커를 디자인한다.
④ 원하는 스티커 데칼을 물에 불린다.

87 원하는 스티커 데칼을 재단하여 물에 불려 사용하는 방법은 워터데칼 시술 과정에 속한다.

88 아크릴릭 시술을 오랫동안 유지하기 위한 방법이 아닌 것은?

① 푸셔를 이용하여 루즈스킨을 깨끗하게 밀어준다.
② 에칭을 꼼꼼하게 한다.
③ 시술 전 젤 본더를 바른다.
④ 큐티클과 사이드 웰 부분이 얇게 시술되도록 한다.

88 젤 본더는 라이트 큐어드 젤 시술 시 사용한다.

89 실크 익스텐션 시술을 할 때 주의해야 할 점이 아닌 것은?

① 필러 파우더를 2~4회 정도 나누어 뿌려준다.
② 글루 드라이는 최대한 가까운 거리에서 뿌려야 한다.
③ 자연 손톱과 이어지게 자연스러운 연장선을 만든다.
④ 연장한 프리에지 밑에 글루를 도포한다.

89 최소 15cm 이상 떨어져서 글루 드라이를 사용해야 고르게 퍼져 효과적이다.

Part V

네일미용기술

90 파일 중 자연 손톱에 사용하는 적당한 그릿 수는?

① 50GRIT
② 150GRIT
③ 180GRIT
④ 220GRIT

90 자연 손톱에는 200~220GRIT이 가장 적당하다.

86 ① 　 87 ④ 　 88 ③ 　 89 ② 　 90 ④

91 남성들에게 가장 어울리고 선호하는 손톱 모양은?

① 스퀘어 오프　　　　② 라운드
③ 스퀘어　　　　　　④ 포인트

91 라운드의 둥근형 손톱은 평범하고 자연스러워 남성이나 여성 모두에게 무난하며 가장 많이 사용되는 모양이다.

92 폴리시에 관한 설명으로 옳지 않은 것은?

① 보통 2~3회 정도 바른다.
② 폴리시은 손톱에 칠하는 유색의 물질이다.
③ 폴리시은 비인화성 물질이다.
④ 병 입구를 닦아서 굳는 것을 방지하여 보관한다.

92 폴리시은 인화성 물질이다.

93 손이나 발을 관리하는 과정에 속하지 않는 것은?

① 모양 다듬기　　　　② 폴리시 바르기
③ 프라이머 바르기　　④ 마사지

93 프라이머는 젤 시술이나 아크릴릭 시스템 등에서 사용한다.

94 팁 위에 한 겹 더 씌어주어 약한 팁을 튼튼하게 보강시켜 손톱 층을 보강하는 기술은?

① 팁 위드 랩　　　　② 실크 익스텐션
③ 젤 스컬프처　　　　④ 아크릴릭 시스템

94 팁 위드 랩은 인조 팁만으론 약한 부분을 보강시켜 튼튼하게 해주기 위해 팁 위에 한 겹 더 씌어주어 시술하는 방법이다.

95 연장을 할 때 랩을 이용하기 힘든 재료는?

① 레이스　　　　　　② 실크
③ 린넨　　　　　　　④ 파이버글라스

95 네일 랩 작업을 할 때 실크, 린넨, 파이버글라스 등의 패브릭 랩을 사용해야 한다.

91 ②　　**92** ③　　**93** ③　　**94** ①　　**95** ①

96 손이나 발을 관리할 때 사용하는 재료가 아닌 것은?

① 트리트먼트
② 테라피
③ 리무버
④ 큐티클 오일

96 테라피는 미용 관련 사항이 아닌 치료의 방법이다.

97 인조 팁 랩핑을 시술하고자 할 때 필요하지 않는 재료는?

① 린넨
② 글루
③ 인조 팁
④ 모노머

97 모노머는 아크릴릭 시스템 시술에 사용되는 재료이다.

98 아크릴릭 스컬프처에 사용되는 기본 화학성분 3요소가 아닌 것은?

① 폴리머
② 모노머
③ 카탈리스트
④ 폴리시

98 아크릴릭 스컬프처의 3가지 기본 화학성분은 폴리머, 모노머, 카탈리스트이다.

99 라이트 큐어드 젤 시스템 시술 시 필요하지 않은 것은?

① 응고제
② 본더
③ 클리어 젤
④ 라이트 큐어드 젤

99 응고제는 노 라이트 큐어드 젤에서 빛 대신 젤을 굳게 해주는 재료이다.

Part Ⅴ

네일미용기술

100 프렌치 매니큐어를 할 때 에어브러시를 사용하는 이유가 아닌 것은?

① 쉽고 빠르다.
② 깨끗하다.
③ 두께감이 느껴지지 않는다.
④ 빨리 건조되지 않는다.

100 에어브러시는 건조를 빠르게 한다.

96 ② **97** ④ **98** ④ **99** ① **100** ④

직전
모의고사

01 니트로셀룰로오스라는 에나멜 필름 형성제를 개발한 시기는?

① 1820년   ② 1850년
③ 1885년   ④ 1890년

> **01** 에나멜 필름 형성제인 니트로 셀룰로오스는 1885년 개발하여 사용되었다.

02 네일 베드에서 양쪽 면에 좁게 패인 것은 무엇인가?

① 그루브   ② 폴드
③ 매트릭스   ④ 큐티클

> **02** 네일 그루브란 네일 베드에서 양쪽 면에 좁게 패인 곳이다.

03 산소와 물, 음식 등을 체내에서 저장하는 과정은 어떤 작용인가?

① 이화작용   ② 동화작용
③ 화합작용   ④ 화학작용

> **03** 산소와 물, 음식 등을 체내에서 저장하는 과정을 동화작용이라고 한다.

04 노폐물을 회수하고 온몸에 혈액을 통해 영양분을 공급하는 곳은?

① 폐   ② 간
③ 심장   ④ 편도

> **04** 심장은 노폐물을 회수하고, 온몸에 혈액을 통해 영양분을 공급하는 역할을 하는 곳이다.

05 다음 중 망상층에 존재하지 않는 것은 무엇인가?

① 피지선   ② 한선
③ 멜라닌   ④ 혈관

> **05** 진피는 유두층과 망상층으로 나뉘며, 멜라닌은 멜라닌 생성 세포에서 형성되어 각질층에 분포하며 피부색을 결정한다.

01 ③   **02** ①   **03** ②   **04** ③   **05** ③

06 다음 중 사람이 자신의 의지대로 조절하지 못하는 신경조직은?

① 요골신경　　　　② 자율신경
③ 중추신경　　　　④ 척수신경

07 손톱의 주위를 덮어 피부로의 미생물 침투를 막아주는 것은?

① 매트릭스　　　　② 네일 폴드
③ 루눌라　　　　　④ 큐티클

08 손톱의 구조에 관한 명칭이 잘못 묶인 것은?

① 조모 – 네일 매트릭스　　② 반월 – 루눌라
③ 자유연 – 네일 바디　　　④ 조구 – 네일 그루브

09 손바닥을 이루고 있는 다섯 개의 뼈로 길고 가는 뼈의 이름은?

① 중수골　　　　　② 수지골
③ 중족골　　　　　④ 족지골

10 다음 중 손톱의 역할이 아닌 것은?

① 네일 루트 보호
② 모양을 구별하는 기능
③ 손 · 발끝 보호
④ 물건을 잡아 올리는 기능

11 네일 시술이 불가능한 질환으로 병원에서 치료해야 하는 것은?

① 오니코리시스　　② 니버스
③ 행네일　　　　　④ 루코니키아

---

06 요골신경은 손등의 외측과 요골에 분포되어 있는 신경으로 사람의 의지대로 조절되지 않는다.

07 조소피라고 부르는 큐티클은 손톱 주위를 덮는 피부로 미생물이나 질병 감염의 침입을 막아준다.

08 자유연은 프리에지라고 하며 네일 베드가 없이 네일만 자라나는 곳으로 장식을 할 때 많이 사용된다.

09 • 수지골 : 손가락 마디의 뼈이다.
• 중족골 : 발등에 있는 가늘고 긴 다섯 개의 뼈이다.
• 족지골 : 발가락 마디의 뼈이다.

10 손톱의 역할은 모양을 구별하고, 손 · 발끝을 보호하며, 물건을 잡아 올리거나 긁기, 장식적인 기능, 공격, 방어 기능 등이 있다.

11 오니코리시스는 질병에 걸렸거나 비누 등의 화학제품 부작용으로 일어나는 질병으로 네일 시술이 불가능하고, 병원에서 치료를 해야 한다.

직전 모의고사

06 ①　07 ④　08 ③　09 ①　10 ①　11 ①

12 허벅지를 들어 올리는 기능을 하는 근육으로 골반과 허벅지를 연결하는 것은?

① 슬와근
② 반건양근
③ 단비골근
④ 장요근

12
• 슬와근 : 긴 모양의 대퇴부 뒤쪽에 있는 큰 근육이다.
• 반건양근 : 엉덩이와 무릎관절을 연결하는 근육이다.
• 단비골근 : 무릎 바깥쪽에 튀어나온 지점부터 복사뼈까지의 종아리 밖 비골에 붙어있는 근이다.

13 양발의 뼈는 모두 몇 개인가?

① 26개
② 52개
③ 50개
④ 84개

13 한 발의 뼈는 26개이므로 양발의 뼈는 52개로 구성되어 있다.

14 족근골 중 체중을 유지할 때 중심이 되는 가장 큰 뼈는?

① 거골
② 족지골
③ 종골
④ 주상골

14 종골은 족근골 중에 가장 큰 뼈로 발뒤꿈치를 만들며 거골을 받쳐주기 때문에 체중을 유지할 때 중심이 된다.

15 인체를 구성하는 조직과 그에 대한 설명으로 잘못 연결된 것은?

① 근육조직 - 기관의 운동을 담당하는 조직
② 액체조직 - 인체를 외부로부터 보호 및 호흡과 분비 등의 감각기능
③ 신경조직 - 뇌로부터 몸의 각 부분으로 명령을 전달하여 몸의 기능을 조절
④ 상피조직 - 인체의 표면과 각 기관을 모두 덮는 조직

15 액체조직은 림프구나 혈액을 통하여 영양분과 노폐물을 운반하는 역할을 한다.

16 샵에서의 일반적인 안전관리 사항으로 옳지 않은 것은?

① 제품의 소독 및 안전관리를 철저하게 한다.
② 환기를 제대로 하고 있는지 확인한다.
③ 소화기를 배치한다.
④ 자주 사용하지 않는 제품은 점검목록에서 제외한다.

16 자주 사용하지 않는 제품이라도 일정기간을 정하여 점검을 주기적으로 해주어야 한다.

12 ④ **13** ② **14** ③ **15** ② **16** ④

17 뼈에 대한 설명이 잘못된 것은?

① 뼈의 2/3는 칼슘이나 탄산염 등의 유기질로 되어 있다.
② 뼈는 인체 중 가장 단단한 물질이다.
③ 인체의 형태를 구성하고 지주 역할을 한다.
④ 뼈의 1/3은 세포나 혈액 등의 유기질로 되어 있다.

18 손톱에 대한 일반적인 설명 중 옳지 않은 것은?

① 탄력은 없어도 두꺼운 손톱이 좋다.
② 핑크빛이 돌며 매끄럽고 광택이 나야 좋다.
③ 나이가 젊거나 임신한 경우 손톱이 더 빠르게 자란다.
④ 중지가 가장 빨리, 엄지손톱이 가장 늦게 자란다.

19 손톱의 표면층을 구성하며 여러 층의 각질로 구성되어 손끝을 보호하는 것은?

① 상조피　　　　　② 조근
③ 조상　　　　　　④ 조체

20 손 관리를 할 때 따뜻한 물에 오일을 함께 사용하는 이유는?

① 화학물질 사용 전에 코팅하기 위해서
② 물에 오일을 넣고 큐티클을 정리하면 정리하기 쉽고 손상을 주지 않기 때문에
③ 고객의 심신 단련을 위해서
④ 마사지 효과를 대신하기 위해서

21 다음 중 파리가 옮기지 않는 병은?

① 장티푸스　　　　② 이질
③ 콜레라　　　　　④ 유행성출혈열

---

17 뼈의 2/3는 마그네슘, 나트륨, 수산화 탄산, 불소 등의 무기질로 구성되어 있다.

18 손톱은 탄력이 있고 둥근 아치 모양이 좋다.

19 ・상조피 : 에포니키움이라 불리는 반월을 부분적으로 덮고 있는 피부이다.
・조근 : 네일 루트로 손톱의 성장이 시작되는 곳이다.
・조상 : 네일 베드로 손톱 밑에 위치하여 조체를 받치고 있는 피부이다.

20 손 관리를 할 때 따뜻한 물에 오일을 넣고 큐티클을 정리하면 피부에 손상을 주지 않고 쉽게 정리할 수 있다.

21 유행성출혈열은 쥐로 인한 질병이고 장티푸스, 이질, 콜레라, 파라티푸스, 결핵 등은 파리로 인한 질병이다.

22 산업피로의 대책으로 가장 거리가 먼 것은?

① 작업과정 중 적절한 휴식시간을 배분한다.

② 에너지 소모를 효율적으로 한다.

③ 개인차를 고려하여 작업량을 할당한다.

④ 휴직과 부서 이동을 권고한다.

23 자비소독 시 살균력을 강하게 하고 금속기자재가 녹스는 것을 방지하기 위하여 첨가하는 물질이 아닌 것은?

① 2% 중조　　　　② 2% 크레졸 비누액

③ 5% 석탄산　　　④ 5% 승홍수

24 합병증으로 고환염, 뇌수막염 등이 초래되어 불임이 될 수도 있는 질환은?

① 풍진　　　　　② 뇌염

③ 홍역　　　　　④ 유행성 이하선염

25 다음 중 공중보건사업의 대상으로 가장 적절한 것은?

① 성인병 환자　　② 입원 환자

③ 암투병 환자　　④ 지역사회 주민

26 미생물의 성장과 사멸에 주로 영향을 미치는 요소로 가장 거리가 먼 것은?

① 영양　　　　　② 빛

③ 온도　　　　　④ 호르몬

27 피부의 한선(땀샘) 중 대한선은 어느 부위에서 볼 수 있는가?

① 얼굴과 손발

② 배와 등

③ 겨드랑이와 유두 주변

④ 팔과 다리

27 대한선은 털과 함께 존재하는 땀샘으로 귀, 겨드랑이 주변, 유두, 배꼽 주변에 존재한다.

28 감염병 중 음용수를 통하여 감염될 수 있는 가능성이 가장 큰 것은?

① 이질

② 백일해

③ 풍진

④ 한센병

28 소화기계 감염병으로는 장티푸스, 콜레라, 세균성 이질, 유행성 간염, 폴리오 등으로 음용수를 통한 감염 가능성이 크다.

29 보건행정의 정의에 포함되는 내용과 거리가 먼 것은?

① 국민의 수명연장

② 질병예방

③ 공적인 행정활동

④ 수질 및 대기보전

29 보건행정이란 공중보건의 목적을 달성하기 위하여 국민의 수명 연장을 위한 활동으로, 질병 예방과 공적인 행정활동을 한다.

30 석탄산의 소독작용과 가장 관계가 먼 것은?

① 균체의 단백질 응고작용

② 균체효소의 불활성화작용

③ 균체의 삼투압 변화작용

④ 균체의 가수분해작용

30 가수분해는 열탕수나 강산, 강 알칼리에 의한다.

31 손·발톱 관리에 사용하는 네일 하드너에 대한 설명으로 옳지 않은 것은?

① 손톱이 갈라지거나 찢어지는 것을 예방해준다.

② 나일론 섬유가 혼합된 것도 있다.

③ 얇아진 손톱이 두꺼워지는 효과가 나타난다.

④ 기초 코팅을 하기 전에 바를 수 있다.

31 네일 하드너는 손톱 강화제로 이용된다. 손톱이 갈라지거나 찢어지는 것은 영양제로 보호한다.

직전 모의고사

27 ③ 28 ① 29 ④ 30 ④ 31 ①

32 인조 팁에 대한 설명으로 옳지 않은 것은?

① 풀 팁은 팁 안쪽에 웰이 없다.
② 하프 팁은 풀 웰 팁과 하프 웰 팁의 종류가 있다.
③ 풀 웰 팁은 Position Stop이 없고, 하프 웰 팁은 있다.
④ 프렌치로 시술할 때 사용하는 화이트 팁은 턱을 갈지 않아도 된다.

32 하프 웰 팁과 웰 팁은 Position Stop이 있다.

33 아크릴릭 브러시를 세척할 때 사용되는 재료는 무엇인가?

① 셀룰로오스   ② 브러시 클리너
③ 아세톤   ④ 포름알데히드

33 아크릴릭 브러시는 브러시 클리너를 사용하여 세척하고 모가 아랫방향을 향하도록 하여 걸어서 보관한다.

34 모서리를 다듬어 부드러운 느낌을 주는 네일 모양은?

① 원형   ② 둥근 사각
③ 포인트   ④ 프리에지

34 둥근 사각네일은 모서리를 다듬어서 부드러운 느낌을 주는 스타일이다.

35 아크릴을 시술할 때 아크릴이 완전하게 굳었다는 것을 알 수 있는 방법은?

① 파일링을 한다.
② 핀칭을 준다.
③ 브러시 대로 두들겨본다.
④ 손으로 만져본다.

35 브러시 대로 두들겨봤을 때 아크릴에서 맑은 소리가 나면 굳었다는 것을 알 수 있다.

36 아크릴릭 스컬프처를 제거하는 방법이 아닌 것은?

① 유리볼에 퓨어 아세톤을 넣고 손가락을 담근다.
② 퓨어 아세톤을 솜에 묻혀 손톱 위에 올려놓고 호일로 감싼다.
③ 파일링하여 인조손톱을 갈아준다.
④ 표면을 파일하고 100% 아세톤을 솜에 묻혀 손톱 위에 올려놓고 호일로 감싼다.

36 아크릴릭 스컬프처를 파일링만으로 제거하게 되면 자연손톱에 손상이 올 수 있다.

32 ③   **33** ②   **34** ②   **35** ③   **36** ③

37 라이트 큐어드 젤에 관한 설명이 아닌 것은?

① 제거할 때는 파일만 사용하여 간다.
② 탑 젤은 젤을 마무리하는 것으로 광택이 뛰어나다.
③ 폴리시 젤로 다양한 색상의 컬러 표현이 가능하다.
④ 특유의 냄새가 나지 않는다.

37 젤은 쏙 오프가 되는 젤이 있기 때문에 리무버를 이용하여 제거하는 방법이 있다. 파일만 사용할 경우 자연손톱에 손상을 줄 수 있다.

38 물에 불려 밑 종이와 그림이 분리되면 손톱 위에 붙여주는 스티커의 일종인 것을 무엇이라 하는가?

① 마블　　　　　② 워터데칼
③ 댕글　　　　　④ 스팽글

38 워터데칼은 물에 불린 종이를 분리시켜 그 그림을 손톱 위에 붙여주는 스티커의 일종으로 물이 필요한 디자인의 일종이다.

39 제모 시술을 할 때 필요한 재료가 아닌 것은?

① 허니 왁스
② 아세톤
③ 스킨 소독제
④ 왁스 워머

39 아세톤은 리무버를 말하며 인조손톱 및 손톱의 에나멜을 제거할 때 사용하는 재료이다.

40 탑코트에 대한 설명이 잘못된 것은?

① 손톱의 변색을 저지한다.
② 폴리시를 보호한다.
③ 폴리시에 광택을 높여주는 기능을 한다.
④ 니트로셀룰로오스의 함유량이 가장 많다.

40 손톱의 변색을 막아주는 것은 베이스코트의 기본적인 기능이다.

41 핫 크림 매니큐어를 시술하기 전 준비 자세로 옳지 않은 것은?

① 용기는 재사용하지 않고 새롭게 준비한다.
② 테이블에 용기와 로션, 히터 등을 준비한다.
③ 니퍼가 닿은 큐티클 주변의 피부를 소독한다.
④ 손님이 자리에 앉으면 워머기를 작동시킨다.

41 워머기에서 로션이 데워지는데 10~15분 정도 소요되므로 핫 크림 매니큐어 시술을 할 때는 미리 로션을 데워놓는다.

직전 모의고사

37 ①　38 ②　39 ②　40 ①　41 ④

42 자연손톱이 약할 때 네일 보강제를 사용하는 올바른 방법은?

① 에나멜을 바른 후에 바른다.
② 베이스코트를 바르기 전에 바른다.
③ 탑코트를 바르기 전에 바른다.
④ 베이스코트를 바른 후에 바른다.

42 베이스코트를 바르기 전에 보강제를 발라주어야 효과적이다.

43 에어브러시 스텐실을 제작할 때 필요하지 않은 재료는 무엇인가?

① OHP   ② 마스킹 테이프
③ 크리넥스   ④ 트레이싱 페이퍼

43 스텐실이란 본을 떠서 디자인할 수 있도록 모양을 주는 것으로 에어브러시 스텐실을 제작할 때 사용하는 재료는 OHP, 마스킹 테이프, 트레이싱 페이퍼 등이다.

44 유리섬유와 실크보다 두껍고 강한 랩의 소재는?

① 마   ② 페이퍼랩
③ 무슬린   ④ 린넨

44 린넨은 굵은 실로 짠 천으로 강하고 튼튼하여 오래 견디지만 천의 조직이 비치고 투박하여 짙은 색의 에나멜을 발라야 한다.

45 아크릴릭 시스템 시술을 하기 적당한 자연손톱의 pH는?

① pH 4.5~5.5   ② pH 5.5~6.0
③ pH 6.0~6.5   ④ pH 6.5~7.5

45 아크릴릭 시스템 시술이 적당한 자연손톱의 pH는 4.5~5.5이다.

46 프렌치 젤 스컬프처 시술을 할 때 필요하지 않은 재료는?

① 젤 브러시   ② 프라이머
③ 본더   ④ 글루

46 프렌치 젤 스컬프처를 할 때는 습식 매니큐어 재료에 폼, 프라이머, 본더, 라이트 큐어드 젤, 큐어링 라이트기, 젤 브러시, 젤 클리너, 퍼프 등이 필요하다.

42 ②   43 ③   44 ④   45 ①   46 ④

47 워터데칼 시술을 할 때 필요하지 않은 재료는?

① 물
② 데칼
③ 아크릴 물감
④ 핀셋

47 아크릴 물감은 포크아트나 핸드페인팅 등을 할 때 사용한다.

48 활동적인 직업을 가진 사람에게 적당한 네일 모양은?

① 포인트
② 라운드
③ 아몬드
④ 스퀘어

48 사각 모양의 스퀘어형은 손톱과 파일의 각도를 90도로 다듬고, 활동적인 직업을 가진 사람이나 타자를 많이 치는 사람에게 적당하다.

49 실크 익스텐션 시술을 할 때 투명도가 떨어지는 이유는?

① 필러 파우더와 글루의 양이 잘 조절되지 않아서
② 글루의 양이 많아져서
③ 필러를 사용하지 않아서
④ 프리에지 뒤에 젤을 도포해서

49 실크 익스텐션 시술을 할 때 필러 파우더와 글루의 양이 잘 조절되지 않으면 투명도가 떨어진다.

50 손에 양초 성분으로 막을 씌워 피부의 온도가 올라가면 모공을 열리게 하여 영양을 공급해주는 방법은?

① 핫크림 매니큐어
② 파라핀 매니큐어
③ 건식 매니큐어
④ 습식 매니큐어

50 파라핀은 건조한 손에 보습과 유·수분을 공급하는 목적으로 사용되는 기술로 겨울철에 많이 시술하며 손에 막을 씌워 피부의 온도가 올라가면 모공이 열리는 방법을 사용하여 영양을 공급해준다.

51 필수아미노산에 해당하지 않는 것은?

① 트립토판
② 발린
③ 리신
④ 알라닌

51 필수아미노산에는 트립토판, 발린, 리신, 페닐알라닌, 이소루이신, 류신, 메티오닌, 트레오닌, 히스티딘 등이 있으며 알라닌은 비필수 아미노산이다.

직전 모의고사

47 ③　**48** ④　**49** ①　**50** ②　**51** ④

52 탄수화물, 단백질, 지방을 총괄적으로 지칭하는 것은?

① 조절영양소 　　　　② 열량영양소
③ 생리영양소 　　　　④ 구성영양소

52 탄수화물, 단백질, 지방은 열량영양소, 무기질과 비타민 등은 조절영양소, 단백질, 지질, 무기질 등은 구성영양소로 분류된다.

53 지성 피부의 화장품 적용 목적 및 효과로 가장 거리가 먼 것은?

① 피지 분비 및 정상화 　　② 모공 수축
③ 유연 회복 　　　　　　④ 항염, 정화 기능

53 유연 회복은 건성피부의 목적 및 효과이다.

54 이 · 미용업자가 1회용 면도날을 2인 이상의 손님에게 사용한 경우 1차 위반 시의 행정처분은?

① 경고 　　　　　　　② 영업정지 3월
③ 영업장 폐쇄 　　　　④ 면허취소

54 1차 위반 시 경고, 2차 위반 시 영업정지 5일, 3차 위반 시 영업정지 10일, 4차 위반 시 영업장 폐쇄명령이다.

55 공중위생관리법에서 규정하고 있는 공중위생영업의 종류에 해당되지 않는 것은?

① 이 · 미용업 　　　　② 위생관리용역업
③ 학원영업 　　　　　④ 세탁업

55 '공중위생영업'이라 함은 다수인을 대상으로 위생관리서비스를 제공하는 영업으로서 숙박업 · 목욕장업 · 이용업 · 미용업 · 세탁업 · 위생관리용역업을 말한다.

56 처분기준이 2백만 원 이하의 과태료가 아닌 것은?

① 규정을 위반하여 영업소 이외 장소에서 이 · 미용업무를 행한 자
② 위생교육을 받지 아니한 자
③ 위생 관리 의무를 지키지 아니한 자
④ 관계 공무원의 출입 · 검사 · 기타 조치를 거부 · 방해 또는 기피한 자

56 보고를 하지 아니하거나 관계 공무원의 출입 · 검사 기타 조치를 거부 · 방해 또는 기피한 자는 300만 원 이하의 과태료에 처한다.

52 ② 　**53** ③ 　**54** ① 　**55** ③ 　**56** ④

57 면허증을 다른 사람에게 대여하여 면허가 취소되거나 정지명령을 받은 자는 지체 없이 누구에게 면허증을 반납해야 하는가?

① 시 · 도지사
② 시장 · 군수 · 구청장
③ 보건복지부장관
④ 경찰서장

57 면허가 취소되거나 면허의 정지명령을 받은 자는 지체없이 관할 시장 · 군수 · 구청장에게 면허증을 반납하여야 한다.

58 이 · 미용사의 면허증을 다른 사람에게 대여한 때의 1차 위반 행정처분 기준은?

① 영업정지 2월
② 면허정지 1월
③ 영업정지 3월
④ 면허정지 3월

58 1차 위반 면허정지 3월, 2차 위반 면허정지 6월, 3차 위반 면허취소이다.

59 법인의 대표자나 법인 또는 개인의 대리인, 사용인 기타 총괄하여 그 법인 또는 개인의 업무에 관하여 벌금형에 행하는 위반행위를 한 때에 행위자를 벌하는 외에 그 법인 또는 개인에 대하여도 동조의 벌금형을 과하는 것을 무엇이라 하는가?

① 벌금
② 과태료
③ 양벌규정
④ 명령

59 양벌규정 : 법인의 대표자나 법인 또는 개인의 대리인, 사용인, 그 밖의 종업원이 그 법인 또는 개인의 업무에 관하여 위반행위를 하면 그 행위자를 벌하는 외에 그 법인 또는 개인에게도 해당 조문의 벌금형을 과한다. 다만, 법인 또는 개인이 그 위반행위를 방지하기 위하여 해당 업무에 관하여 상당한 주의와 감독을 게을리하지 아니한 경우에는 그러하지 아니하다.

60 음란한 물건을 손님에게 관람하게 하거나 진열 또는 보관할 때 1차 위반 시 행정처분 기준은?

① 개선명령
② 업무정지 10일
③ 영업정지 20일
④ 업무정지 30일

60 1차 위반 시 개선, 2차 위반 시 업무정지 15일, 3차 위반 시 영업정지 1월, 4차 위반 시 영업장 폐쇄명령이다.

57 ②　58 ④　59 ③　60 ①

2회 직전 모의고사

01 네일 에나멜 시장이 본격적으로 성행한 시기는?

① 1935년 ② 1940년
③ 1950년 ④ 1970년

02 손톱의 베이스에 있는 표피의 가는 선으로 루눌라를 부분적으로 덮고 있는 곳은 무엇인가?

① 에포니키움 ② 매트릭스
③ 루트 ④ 베드

03 손허리뼈를 뜻하는 용어는 무엇인가?

① 수지골 ② 중수골
③ 족지골 ④ 수근골

04 정강이뼈 위쪽 2/3 부분부터 발등까지 이어진 근육으로 발등을 당기는 동작에 관여하는 근육은 무엇인가?

① 외측광근 ② 장요근
③ 봉공근 ④ 장지신근

05 우리 몸에서 피지선이 분포되어 있지 않는 곳은?

① 두피 ② 다리
③ 발바닥 ④ 코

---

01 1935년 인조네일이 개발되면서 네일 에나멜 시장이 본격적으로 성행하기 시작하였다.

02 에포니키움이란 손톱의 베이스에 있는 표피의 가는 선을 말하는 피부로 루눌라를 부분적으로 덮고 있는 곳을 말한다.

03 수지골은 손가락뼈, 족지골은 발가락뼈, 수근골은 손목뼈를 말한다.

04 • 외측광근 : 다리를 펴거나 일어날 때 작용하는 근육이다.
• 장요근 : 골반과 허벅지를 연결하는 근육이다.
• 봉공근 : 대퇴부 내측 근육이다.

05 우리 몸에서 손바닥, 발바닥에는 피지선이 존재하지 않는다.

01 ① **02** ① **03** ② **04** ④ **05** ③

06 모세혈관의 확장이나 비정상적인 색소에 의하여 생긴 피부 상태로 니버스라고도 하는 것은?

① 버즈마크
② 오니콕시스
③ 오니코파지
④ 오니코아트로피

06 • 오니콕시스 : 손톱 끝이 과잉 성장으로 두껍게 자라나는 현상이다.
• 오니코파지 : 불안감이나 스트레스로 인하여 손톱을 물어뜯는 현상이다.
• 오니코아트로피 : 조갑위축증으로 손톱의 윤기가 없고 부서져 나간 현상이다.

07 손톱 밑의 구조로 올바르게 묶인 것은?

① 조상, 조모, 반월
② 조소피, 조모, 조구
③ 조상, 조근, 자유연
④ 조근, 조상, 조구

07 조상은 조체를 받쳐주는 네일베드, 조모는 손톱의 각질세포 생성과 성장을 관여하는 매트릭스, 반월은 하얀 반달 모양의 루눌라를 뜻한다.

08 제모 시술을 한 후 붉어진 피부를 진정시키기 위해 바르는 것은?

① 알코올
② 허니 왁스
③ 전용 진정로션
④ 물

08 제모 시술 후 붉어진 피부는 전용 진정로션을 발라 진정시켜준다.

09 네일아트의 역사 중 연도와 설명이 바르게 묶이지 않은 것은?

① 1830년대 - 오렌지 우드스틱을 사용하여 손톱관리를 시작하였다.
② 1960년대 - 약한 손톱에 린넨이나 실크를 이용하여 강화하기 시작하였다.
③ 1956년대 - 헬렌 걸리가 미용학교에서 손톱관리를 가르치기 시작하였다.
④ 1985년대 - 필름 형성제로 사용되는 니트로셀룰로오스를 개발하였다.

09 필름 형성제로 사용되는 니트로셀룰로오스는 1885년대 개발되어 사용되기 시작하였다.

10 신체 부위 중 티로시나아제의 작용이 일어나지 않는 곳은?

① 배
② 얼굴
③ 손바닥
④ 목

10 과립층이 두꺼운 손바닥과 발바닥은 자외선의 투과가 용이하지 않아 티로시나아제의 작용이 일어나지 않는다.

직전 모의고사

06 ①   **07** ①   **08** ③   **09** ④   **10** ③

11 발목을 구성하는 7개의 뼈로 구성되어 몸무게를 지탱하는 뼈는 무엇인가?

① 수지골
② 지골
③ 중절골
④ 족근골

11 수지골은 손가락뼈, 지골은 발가락뼈, 중절골은 발바닥뼈를 말한다.

12 뇌에서 대뇌가 차지하는 비중은 몇 %인가?

① 50%
② 60%
③ 70%
④ 80%

12 뇌 전체에서 80% 정도를 차지하는 대뇌는 운동기능, 공격성, 동기유발 등의 조절 중추가 있다.

13 네일의 시술이 불가능한 손톱은 무엇인가?

① 몰드
② 퍼로우
③ 행 네일
④ 조갑변색

13 몰드는 자연손톱과 인조손톱 사이에 습기가 생겨 사상균이 서식하면서 진균염증이 된 곰팡이로 네일의 시술이 불가능하다.

14 피부를 보호하는 각질이 비듬으로 떨어져 나가는 피부의 표피층은?

① 투명층
② 기저층
③ 각질층
④ 유극층

14 투명층은 손바닥이나 발바닥에 분포하며, 기저층은 멜라닌 색소 세포를 생성하고, 유극층은 새로운 세포를 생성하는 곳이다.

15 인체의 뼈 중 중수골은 어느 부위인가?

① 손가락뼈
② 발목뼈
③ 손등뼈
④ 허리뼈

15 중수골은 손바닥과 손등을 구성하는 가늘고 긴 5개의 뼈를 말한다.

16 네일 시술을 받을 때 파일링을 해도 문제가 되지 않고, 다양한 모양으로 표현이 가능한 손톱 구조는 어디인가?

① 조소피
② 조체
③ 조모
④ 자유연

16 조소피는 손톱의 주변을 덮고 있는 피부인 큐티클, 조체는 네일 바디라고 불리는 손톱 자체, 조모는 네일 각질세포의 생산과 성장을 조절하는 매트릭스 부분을 말한다.

11 ④ **12** ④ **13** ① **14** ③ **15** ③ **16** ④

17 순환계에 관한 설명으로 옳은 것은?

① 혈관계만을 포함하는 말이다.

② 산소를 외부환경으로부터 받아들이고 이산화탄소를 배출한다.

③ 림프계와 혈관계를 통합적으로 일컫는 말이다.

④ 체내로 음식을 받아들여 흡수한다.

17 순환계는 림프계와 혈관계를 말하는 것으로 체내로 영양분을 공급하고 신진대사를 활성화시켜주며 노폐물을 배출하는 기능을 한다.

18 손톱에 바르는 물질로 밀랍이나 난백, 홍화 등을 사용하여 칠하였던 나라는?

① 이집트　　　　② 로마

③ 중국　　　　　④ 미국

18 고대 중국에서는 밀랍이나 난백, 홍화 등을 사용하여 손톱에 바르기 시작하였다.

19 네일 시술은 가능하지만 손톱에 흰 반점이 나타나는 현상은 무엇인가?

① 모반　　　　　② 조갑비대증

③ 교조증　　　　④ 조백반증

19 모반은 손톱 표면에 밤색 또는 검은색으로 멜라닌색소의 침착 현상이 일어나는 것이며, 조갑비대증은 손톱 끝이 과잉 성장하여 두껍게 자라나는 것, 교조증은 손톱을 물어뜯어 생긴 것을 말한다.

20 폴리시의 주원료로 사용되는 필름 형성제인 니트로셀룰로오스가 개발되기 시작된 시기는?

① 1885년　　　　② 1890년

③ 1895년　　　　④ 1913년

20 1885년 에나멜 필름 형성제인 니트로셀룰로오스를 개발하여 사용하기 시작하였다.

21 다음 영양소 중 인체의 생리적 조절작용에 관여하는 조절소는?

① 단백질　　　　② 비타민

③ 지방질　　　　④ 탄수화물

21 조절영양소는 비타민, 무기질, 물 등이 있으며 단백질, 무기질, 물 등은 구성영양소, 탄수화물, 단백질, 지방은 열량영양소이다.

직전 모의고사

17 ③　18 ③　19 ④　20 ①　21 ②

22 다음 중 하수에서 용존산소(DO)가 아주 낮다는 의미는?

① 수생식물이 잘 자랄 수 있는 물의 환경이다.
② 물고기가 잘 살 수 있는 물의 환경이다.
③ 물의 오염도가 높다는 의미이다.
④ 하수의 BOD가 낮은 것과 같은 의미이다.

23 다음 중 물리적 소독방법이 아닌 것은?

① 방사선 멸균법　　　　② 건열 소독법
③ 고압증기 멸균법　　　④ 생석회 소독법

24 이상 저온 작업으로 인한 건강 장애인 것은?

① 참호족　　　　　　　② 열경련
③ 울열증　　　　　　　④ 열쇠약증

25 대기오염을 일으키는 원인으로 거리가 가장 먼 것은?

① 도시의 인구감소　　　② 교통량의 증가
③ 기계문명의 발달　　　④ 중화학공업의 난립

26 다음 중 이·미용실에서 사용하는 수건을 철저하게 소독하지 않았을 때 주로 발생할 수 있는 감염병은?

① 장티푸스　　　　　　② 트라코마
③ 페스트　　　　　　　④ 일본뇌염

27 혈색을 좋게 하는 철분이 많이 들어있는 식품과 거리가 가장 먼 것은?

① 감자　　　　　　　　② 시금치
③ 조개류　　　　　　　④ 미나리

22 용존산소량이란 물에 용존되어 있는 산소의 함량으로 용존산소가 낮다는 것은 물의 오염도가 높음을 의미한다.

23 생석회 소독법은 물리적 소독법이 아닌 화학적 소독법이다.

24 한랭한 기온에 장기간 노출되거나 습기가 지속될 경우 참호족이 발생된다.

25 도시의 인구 감소가 대기오염과 관계가 있지는 않다.

26 결막의 접촉 감염병인 트라코마는 수건이나 의복 등의 개달물에 의해 전파되는 감염병이다.

27 감자는 철분과는 거리가 먼 탄수화물 식품이다.

22 ③　**23** ④　**24** ①　**25** ①　**26** ②　**27** ①

28 예방접종(Vaccine)으로 획득되는 면역의 종류는?

① 인공 능동 면역   ② 인공 수동 면역
③ 자연 능동 면역   ④ 자연 수동 면역

28 인공 능동 면역은 예방접종으로 획득되는 것이며, 인공 수동 면역은 항체 투여 후 획득, 자연 능동 면역은 질병에 감염 후 생성, 자연 수동 면역은 모체 면역이다.

29 다음 중 공중보건의 연구 범위에서 제외되는 것은?

① 환경위생 향상
② 개인위생에 관한 보건교육
③ 질병의 조기발견
④ 질병의 치료방법 개발

29 공중보건은 환경위생을 향상하고, 개인위생에 대한 보건교육을 하며, 질병의 조기 발견을 하여 생명연장을 위하지만, 치료방법을 개발하지는 않는다.

30 다음 중 100℃에서도 살균되지 않는 균은?

① 대장균   ② 결핵균
③ 파상풍균   ④ 장티푸스균

30 파상풍균은 혐기성 균으로 100℃에서 1시간 가열해도 사멸되지 않는다.

31 발을 관리하는 시술에 필요하지 않은 도구는?

① 콘커터   ② 푸셔
③ 니퍼   ④ 글루드라이

31 글루드라이는 글루를 건조할 때 사용하는 도구를 말한다.

32 다음 중 패브릭 랩의 종류에 속하지 않는 것은?

① 파이버글라스   ② 페이퍼
③ 린넨   ④ 실크

32 패브릭은 천 종류로 실크와 린넨, 파이버글라스가 있고, 페이퍼는 종이 랩에 속한다.

33 손톱의 길이를 연장하는 시술과 거리가 먼 것은?

① 젤 스컬프처   ② 아크릴릭 스컬프처
③ 실크 익스텐션   ④ 프로트랜스

33 프로트랜스는 종이 위에 인쇄된 사진이나 그림 등을 필름 상태로 만들어 손톱 위에 오려 붙이는 아트 기법이다.

직전 모의고사

28 ①   29 ④   30 ③   31 ④   32 ②   33 ④

34 젤을 굳게 하는 도구 중 자외선 전구나 할로겐 전구가 들어 있는 것은?

① 드릴머신 　　　　 ② 워머기
③ 각탕기 　　　　　 ④ 큐어링 라이트기

34 큐어링 라이트기는 자외선이나 할로겐 전구가 들어 있어 젤 시술을 할 때 젤을 빠른 시간에 굳게 한다.

35 라인스톤에 대한 설명으로 적당한 것은?

① 캐릭터 스티커
② 선을 그리는 돌
③ 손톱에 붙이는 액세서리
④ 길이를 연장하는 인조손톱

35 라인스톤은 여러 가지 컬러와 스톤을 붙여주는 반 입체적 기법으로 손톱에 붙이는 액세서리의 일종이다.

36 아크릴릭 스컬프처를 보수하는 방법으로 옳지 않은 것은?

① 젤이나 글루로 들뜬 부위를 채워준다.
② 새로 자라난 손톱 부분에 프라이머를 도포한다.
③ 들뜬 부분은 뜯어내고 파일로 관리한다.
④ 새로 자라난 손톱과 아크릴의 경계를 아크릴 믹스처 볼로 자연스럽게 한다.

36 들뜬 부위는 뜯어내고 파일링하여 사이에 습기가 차지 않도록 관리해야 한다.

37 UV 젤 시스템의 젤 분자구조 중에서 짧은 체인으로 형성되어 있는 것은 무엇인가?

① 니트로셀룰로오스 　　 ② 올리고머
③ 에나멜리스트 　　　　 ④ 아세트알데히드

37 올리고머(Oligomer)란 UV 젤 시스템의 젤 분자구조 중 하나로 짧은 체인으로 형성되어 있다.

38 파라핀 왁스가 완전히 녹을 때까지 얼마나 걸리는가?

① 30분 정도 　　　　 ② 1~2시간
③ 2~3시간 　　　　　 ④ 3~4시간

38 파라핀 왁스는 완전히 녹으려면 3~4시간 정도가 소요되므로 미리 파라핀 워머를 켜 놓아 녹여야 한다.

34 ④ 　 **35** ③ 　 **36** ① 　 **37** ② 　 **38** ④

39 리무버에 관한 설명으로 잘못된 것은?

① 과다한 리무버의 사용은 손톱 조직의 손상을 유발한다.
② 인화성 물질이므로 사용 후 환기를 해주어야 한다.
③ 리무버는 피부나 손톱을 건조하게 만든다.
④ 에나멜을 제거할 때는 원액으로 빠르게 닦아낸다.

39 에나멜을 제거할 때는 퓨어 아세톤이 아닌 폴리시 전용 리무버를 사용하여 손톱의 손상을 줄여주도록 한다.

40 70% 알코올 소독을 하는 도구가 아닌 것은?

① 푸셔
② 니퍼
③ 클리퍼
④ 우드파일

40 우드파일은 1회용이므로 소독하여 사용하지 않도록 한다.

41 핸드페인팅의 한 기법으로 아크릴물감을 사용하여 꽃이나 나비 등을 손톱에 디자인하는 기법은?

① 포크아트
② 워터데칼
③ 마블
④ 엠보아트

41 워터데칼은 데칼을 물에 불려 그림을 손톱 위에 붙여주는 것이고, 마블은 대리석 무늬를 나타내는 디자인, 엠보아트는 입체적으로 디자인하는 것이다.

42 입체적인 디자인을 만드는 기법인 3D 아트를 할 때 필요한 것이 아닌 것은?

① 아크릴릭 리퀴드
② 컬러 파우더
③ 아크릴릭 브러시
④ UV 젤 램프

42 3D 아트 시 컬러 파우더, 클리어 파우더, 아크릴릭 브러시, 아크릴릭 리퀴드, 디팬디시, 호일, 핀셋, 브러시 클리너 등이 필요하며 UV 젤 램프는 젤을 사용한 시술에서 젤을 건조시킬 때 사용한다.

43 드릴머신으로 시술을 할 때 올바른 비트의 선택 방법이 아닌 것은?

① 고객이 원하는 그릿으로 시술한다.
② 시술자의 기호에 따라 여러 종류의 비트를 사용해도 된다.
③ 시술하기 전 소독해서 사용해야 한다.
④ 기술과 부위에 따라 다른 비트를 사용한다.

43 드릴머신에서 사용되는 비트는 고객의 기호가 아닌, 시술자의 기술과 사용 부위에 따라 고려하여 사용한다.

직전 모의고사

39 ④ **40** ④ **41** ① **42** ④ **43** ①

44 네일 랩 시술을 한 후 리프팅 현상이 일어나는 이유가 아닌 것은?

① 자연손톱의 광택을 제거한 경우
② 손톱을 부딪치거나 파손한 경우
③ 장기간 보수를 받지 않았을 때
④ 손톱보다 큰 랩이 부착된 경우

45 프라이머에 대한 설명 중 옳지 않은 것은?

① 인조 팁에는 바르지 않아도 된다.
② 메타크릴산으로 산성 성분이다.
③ 피부에 다량 묻으면 껍질이 벗겨지거나 가려워질 수 있다.
④ 프라이머는 반드시 한 번만 발라야 한다.

46 라이트 큐어드 젤 시술을 하고 난 후 표면의 끈적임을 닦아내는 클리너의 성분으로 묶인 것은?

① 아세톤 베이스, 알코올
② 아세톤 베이스, 에나멜
③ 워터 베이스, 에나멜
④ 워터 베이스, 알코올

47 전용 드릴로 손톱에 구멍을 내어 장식하며, 여러 가지 모양의 금속이나 스톤으로 디자인하는 것은 무엇인가?

① 댕글   ② 3D
③ 포크아트   ④ 콘페디

48 파일의 그릿 숫자가 낮아질수록 무엇을 뜻하는가?

① 부드러워진다.   ② 거칠어진다.
③ 길이가 짧아진다.   ④ 폭이 좁아진다.

44 리프팅을 줄여주고 랩의 접착력을 높여주기 위하여 자연손톱의 광택을 제거한다.

45 프라이머는 한 번 바르고 우유빛으로 건조되었을 때 다시 한 번 바르면 효과적이다.

46 라이트 큐어드 젤 시술을 하고 난 후 표면의 끈적임을 닦아내는 클리너의 성분은 아세톤 베이스와 알코올이다.

47 3D는 파우더나 리퀴드로 입체적인 모양을 만드는 것이고, 포크아트는 아크릴물감으로 손톱에 그리는 것, 콘페디는 한쪽면이 납작한 반입체적인 디자인을 부착하는 방법이다.

48 파일의 그릿 숫자가 높을수록 부드러우며 낮아질수록 거칠어진다.

44 ①   45 ④   46 ①   47 ①   48 ②

49 실크 익스텐션 시술을 할 때 두께를 완성하기 위한 재료는 무엇인가?

① 글루　　　　　　② 필러파우더
③ 파일　　　　　　④ 디스펜서

49 필러파우더는 표면이 파이거나 매끄럽지 않은 경우 뿌려 채워주고 두께를 완성할 때 사용한다.

50 손톱의 주위 피부나 큐티클을 정리할 때 피부를 자르지 않는 이유가 아닌 것은?

① 출혈이 일어날 수 있다.
② 노출되어 감염될 가능성이 있다.
③ 손톱의 모양이 바뀔 수 있다.
④ 화학물질에 접촉되어 알레르기 반응이 일어날 수 있다.

50 손톱의 주위 피부나 큐티클을 자르면 출혈이 일어나고 그에 감염될 가능성이 생기며 화학물질에 접촉되어 알레르기 반응이 일어날 수 있으므로 정리 시 주의한다.

51 효소 필링제의 사용법으로 가장 적합한 것은?

① 도포한 후 약간 덜 건조된 상태에서 문지르는 동작으로 각질을 제거한다.
② 도포한 후 효소의 작용을 촉진하기 위해 스티머나 온습포를 사용한다.
③ 도포한 후 완전하게 건조되면 젖은 해면을 이용하여 닦아낸다.
④ 도포한 후 피부 근육결 방향으로 문지른다.

51 효소는 도포한 후 작용을 촉진시키기 위해 온도와 습도가 필요하므로 스티머와 온습포를 같이 사용한다.

52 다음 중 UV-A(장파장 자외선)의 파장 범위는?

① 320~400nm　　　② 290~320nm
③ 200~290nm　　　④ 100~200nm

52 • 320~400nm : UV-A, 장파장
• 290~320nm : UV-B, 중파장
• 290nm 이하 : UV-C, 단파장

53 피부미용의 관리 영역이 아닌 것은?

① 신체 각 부위관리　　② 레이저 필링
③ 눈썹정리　　　　　　④ 제모

53 레이저 필링은 의료행위에 속한다.

직전 모의고사

54 공중위생영업자의 위생관리의무 등을 규정한 법령은?

① 대통령령　　　　　　② 국무총리령
③ 보건복지부령　　　　④ 고용노동부령

54 규정에 의하여 공중위생영업자가 준수하여야 할 위생관리기준, 기타 위생관리서비스의 제공에 관하여 필요한 사항으로서 그 각항에 규정된 사항외의 사항 및 감염병환자 기타 함께 출입시켜서는 아니되는 자의 범위와 목욕장내에 둘 수 있는 종사자의 범위 등 건전한 영업질서유지를 위하여 영업자가 준수하여야 할 사항은 보건복지부령으로 정한다.

55 영업소 외의 장소에서 이·미용 업무를 행할 수 있는 경우가 아닌 것은?

① 질병으로 영업소에 나올 수 없는 경우
② 결혼식 등의 의식 직전인 경우
③ 손님의 간곡한 요청이 있을 경우
④ 시장·군수·구청장이 인정하는 경우

55 다음의 사유 외에는 이용 및 미용의 업무는 영업소 외의 장소에서 행할 수 없다.
• 질병이나 그 밖의 사유로 영업소에 나올 수 없는 자에 대하여 이용 또는 미용을 하는 경우
• 혼례나 그 밖의 의식에 참여하는 자에 대하여 그 의식 직전에 이용 또는 미용을 하는 경우
• 사회복지시설에서 봉사활동으로 이용 또는 미용을 하는 경우
• 위 경우 외에 특별한 사정이 있다고 시장·군수·구청장이 인정하는 경우

56 다음 중 이·미용사 면허를 받을 수 없는 경우에 해당하는 것은?

① 전문대학 또는 동등 이상의 학력이 있다고 교육부장관이 인정하는 학교에서 이용 또는 미용에 관한 학과 졸업자
② 교육부장관이 인정하는 인문계 학교에서 1년 이상 이·미용사자격을 취득한 자
③ 국가기술자격법에 의한 이·미용사자격을 취득한 자
④ 교육부장관이 인정한 고등기술학교에서 1년 이상 이·미용에 관한 소정의 과정을 이수한 자

56 이용사 또는 미용사가 되고자 하는 자는 다음에 해당하는 자로서 보건복지부령이 정하는 바에 의하여 시장·군수·구청장의 면허를 받아야 한다.
• 대학 또는 전문대학을 졸업한 자와 동등 이상의 학력이 있는 것으로 인정되어 같은 법 제9조에 따라 이용 또는 미용에 관한 학위를 취득한 자
• 고등학교 또는 이와 동등의 학력이 있다고 교육부장관이 인정하는 학교에서 이용 또는 미용에 관한 학과를 졸업한 자

54 ③　**55** ③　**56** ②

57 이 · 미용업의 영업자는 연간 몇 시간의 위생교육을 받아야 하는가?

① 3시간　　　　② 8시간
③ 10시간　　　　④ 12시간

57 공중위생영업자는 매년 3시간의 위생교육을 받아야 한다.

58 공중위생감시원의 자격에 해당되지 않는 자는?

① 위생사 자격증이 있는 자
② 대학에서 미용학을 전공하고 졸업한 자
③ 외국에서 환경기사의 면허를 받은 자
④ 3년 이상 공중위생행정에 종사한 경력이 있는 자

58 특별시장 · 광역시장 · 도지사 또는 시장 · 군수 · 구청장은 다음에 해당하는 소속공무원 중에서 공중위생감시원을 임명한다.
• 위생사 또는 환경기사 2급 이상의 자격증이 있는 자
• 「고등교육법」에 의한 대학에서 화학 · 화공학 · 환경공학 또는 위생학 분야를 전공하고 졸업한 자 또는 이와 동등 이상의 자격이 있는 자
• 외국에서 위생사 또는 환경기사의 면허를 받은 자
• 3년 이상 공중위생 행정에 종사한 경력이 있는 자

59 위생교육에 대한 내용 중 틀린 것은?

① 위생교육을 받은 자가 위생교육을 받은 날부터 1년 이내에 위생교육을 받은 업종과 같은 업종의 변경을 하려는 경우에는 해당 영업에 대한 위생교육을 받은 것으로 본다.
② 위생교육의 내용은 공중위생관리법 및 관련 법규, 소양교육, 기술교육, 그 밖에 공중위생에 관하여 필요한 내용으로 한다.
③ 위생교육을 실시하는 단체는 보건복지부장관이 고시한다.
④ 위생교육실시 단체는 교육교재를 편찬하여 교육대상자에게 제공하여야 한다.

59 위생교육을 받은 자가 위생교육을 받은 날부터 2년 이내에 위생교육을 받은 업종과 같은 업종의 영업을 하려는 경우에는 해당 영업에 대한 위생교육을 받은 것으로 본다.

60 이 · 미용사가 면허정지 처분을 받고 업무정지 기간 중 업무를 행한 때 1차 위반 시 행정처분 기준은?

① 면허정지 3월　　　　② 면허정지 6월
③ 면허취소　　　　④ 영업장 폐쇄

60 면허정지 처분을 받고 업무 정지 기간 중 업무를 행한 때 1차 위반 시 면허취소가 된다.

57 ①　**58** ②　**59** ①　**60** ③

직전 모의고사

직전 모의고사

01 모세혈관과 지각신경 조직이 있는 곳은 손톱의 어느 부분인가?

① 네일 베드 ② 매트릭스
③ 루눌라 ④ 플레이트

01 네일 베드는 손톱 밑에 위치하여 바디를 받치고 있는데 그 밑 부분에는 모세혈관과 신경세포가 분포하여 신진대사와 수분 공급의 역할을 한다.

02 교조증을 다르게 표현하는 방법은?

① 행 네일 ② 조갑비대증
③ 에그셸 네일 ④ 오니코파지

02 교조증이리 불리는 오니코파지는 불안하거나 초조하여 손톱을 습관적으로 물어뜯는 현상으로 스트레스에 인해 일어나는 현상이다.

03 손목관절을 움직이는 근육으로 요골의 신경지배를 받는 것은?

① 장요측수근신근 ② 척측수근굴근
③ 총지신근 ④ 요측수근굴근

03 • 척측수근굴근 : 손목과 손가락을 구부릴 때 도움을 주는 근육이다.
• 총지신근 : 손가락과 손목을 같이 펴는 근육이다.
• 요측수근굴근 : 손목을 굽히고 벌릴 수 있는 근육으로 정중신경의 지배를 받는다.

04 진피층에 대한 설명으로 잘못된 것은?

① 유두층과 망상층으로 구성된다.
② 감각수용기가 많이 존재한다.
③ 무핵층으로 구성된다.
④ 한선과 피지선, 난포가 존재한다.

04 무핵층은 표피층에 해당된다.

05 근육을 이완시키는 방법이 아닌 것은?

① 열을 이용한다.
② 마사지를 해준다.
③ 화학적 방법으로 한다.
④ 충분한 시간과 여유를 준다.

05 근육이완은 열을 이용하거나 마사지, 화학적 방법 등으로 혈행을 원활하게 해주어야 가능하다.

01 ① **02** ④ **03** ① **04** ③ **05** ④

06 손톱을 구성하고 있는 구조로만 묶인 것은?

① 조체, 조모, 반월
② 조소피, 조모, 자유연
③ 조체, 조근, 자유연
④ 조소피, 반월, 조근

06 손톱은 손톱 자체인 네일 바디를 뜻하는 조체, 네일의 성장이 시작되는 네일 루트인 조근, 네일이 자라나는 프리에지인 자유연으로 되어 있다.

07 완전히 케라틴화되지 않아 백색 반달 모양을 가진 손톱 구조는 어디인가?

① 조상
② 상조피
③ 반월판
④ 조근

07 조근은 손톱이 성장되는 네일 루트, 상조피는 반월을 부분적으로 덮고 있는 피부, 조상은 조체를 받치고 있는 네일 베드를 말한다.

08 퍼로우 손톱 중 고랑파진 곳에 세로줄이 생기는 이유는 무엇인가?

① 습관적으로 손톱을 물어뜯을 때
② 혈액순환이 좋지 못할 때
③ 순환계에 이상이 생겼거나 영양결핍 등일 때
④ 물을 많이 사용하는 직업일 때

08 손톱에 골이 지고 능선이 생기는 퍼로우는 위장장애, 순환계 이상, 영양결핍, 임신, 홍역, 고열 등 건강상태가 좋지 않을 때 나타난다.

09 혈액에 대한 설명과 연결이 옳지 않은 것은?

① 백혈구 - 혈색소가 없고 박테리아를 파괴한다.
② 적혈구 - 혈색소가 있고 이산화탄소와 산소를 운반한다.
③ 혈장 - 혈액의 55%, 10%의 수분과 90%의 단백질을 함유하고 있다.
④ 혈소판 - 혈액을 응고시킨다.

09 혈장은 혈액의 55%로 90%의 수분과 10%의 단백질을 함유하고 있다.

10 멍이 들거나 손톱에 하얀 반점이 나타나는 조백반증을 무엇이라고 하는가?

① 니버스
② 행 네일
③ 루코니키아
④ 오니콕시스

10 니버스는 멜라닌색소가 침착되어 생기는 현상, 행 네일은 거스러미 손톱, 오니콕시스는 손톱이 두꺼워지는 현상을 말한다.

직전 모의고사

06 ③ **07** ③ **08** ③ **09** ③ **10** ③

11 골격을 이루는 요소에 속하지 않는 것은?

① 인대   ② 근육

③ 연골   ③ 뼈

11 골격을 이루는 요소에는 인대와 연골, 뼈가 포함된다.

12 체내에서 혈액이 유지하고 있는 온도는 몇 도인가?

① 34.5°C   ② 35.6°C

③ 36.5°C   ④ 37.1°C

12 혈액은 체중의 약 5~9% 정도를 차지하고 있으며, 체온과 동일한 36.5°C를 유지해야 한다.

13 15세기에 고대 중국에서는 무엇을 발견하여 손톱에 바르기 시작하였는가?

① 헤나   ② 난백

③ 오렌지   ④ 물고기 뼈

13 고대 중국에서는 난백과 벌꿀, 아라비아산 고무나무에서 얻어진 액 등을 사용하여 손톱에 바르기 시작하였다.

14 다른 사람의 손톱이나 발톱으로 옮겨질 수 있는 전염성 곰팡이 균은 무엇인가?

① 살모넬라균   ② 포도상구균

③ 펑거스   ④ 병원성대장균

14 펑거스는 전염성 있는 곰팡이 균으로 고객의 손톱이나 발톱에서 다른 사람에게로 옮겨질 수 있는 질병이다.

15 꽉 끼는 신발을 장시간 신었거나, 손·발톱을 잘못 잘랐을 경우 피부로 파고들어가는 증상은?

① 오니콕시스   ② 오니코크립토시스

③ 교조증   ④ 루코니키아

15 오니콕시스는 과잉성장으로 두꺼워 지는 것, 교조증은 물어뜯은 손톱, 루코니키아는 조백반증이다.

11 ②   **12** ③   **13** ②   **14** ③   **15** ②

16 손·발톱 시술을 할 때 화학물질에 접촉되는 피해를 줄일 수 있는 방법이 아닌 것은?

① 시술소에서 먹거나 마시는 것에 주의한다.
② 보안경을 이용하여 화학적 물질로부터 눈을 보호한다.
③ 환풍기를 설치하고 주기적으로 환기를 실시한다.
④ 용기의 이름표는 전문성이 떨어져 보일 수 있으므로 제거한다.

16 모든 용기에 이름표를 부착하여 시술에 잘못 사용되거나, 화학 물질로부터의 피해를 줄인다.

17 다음 중 네일 아티스트가 시술할 수 없는 상태의 손톱은?

① 조갑염
② 조백반증
③ 조갑비대증
④ 조갑위축증

17 조갑염은 손톱의 기저 부분이 붓고 손톱에 염증이 생겨서 고름이 생기는 현상으로 의사의 처방을 받아야 하는 질환이다.

18 건강한 피부에 속하지 않는 것은?

① 피부에 탄력이 있고 촉촉하다.
② 살결이 부드럽고 매끄럽다.
③ 약알칼리성의 pH 7 정도가 되어야 한다.
④ 세안 후에도 건조하거나 당기지 않는다.

18 건강한 피부의 pH는 5.5 정도로 약산성 피부이다.

19 발바닥과 발등을 구성하는 총 5개의 뼈로 발가락뼈로 연결된 것은?

① 비골
② 수지골
③ 중족골
④ 슬개골

19 비골은 종아리뼈, 수지골은 손가락뼈, 슬개골은 무릎뼈이다.

20 상류층 여성임을 과시하기 위하여 문신바늘로 조모에 물감을 주입하여 신분을 과시한 나라는?

① 미국
② 중국
③ 일본
④ 인도

20 17세기경 인도에서는 상류층 여성임을 과시하기 위하여 문신바늘로 조모에 물감을 주입하여 신분을 과시하였다.

직전 모의고사

16 ④　17 ①　18 ③　19 ③　20 ④

21 전염병 유행지역에서 입국하는 사람이나 동물 또는 식품 등을 대상으로 실시하며 외국질병의 국내 침입방지를 위한 수단으로 쓰이는 것은?

① 격리
② 검역
③ 박멸
④ 병원소 제거

21 감염병의 접촉 위험이 있는 사람은 검역을 통해 더 이상 전파되지 않도록 한다.

22 일광소독과 가장 직접적인 관계가 있는 것은?

① 높은 온도
② 높은 조도
③ 적외선
④ 자외선

22 200~290nm의 단파장인 자외선은 살균, 소독 작용을 하는 일광소독과 관련이 있다.

23 다음 중 도자기류의 소독방법으로 가장 적당한 것은?

① 염소 소독
② 승홍수 소독
③ 자비 소독
④ 저온 소독

23 100℃ 끓는 물에 15~20분간 처리하는 자비 소독은 식기류나 도자기류 소독에 적합하다.

24 다음 중 기생충과 전파 매개체의 연결이 옳은 것은?

① 무구조충 - 돼지고기
② 간디스토마 - 바다회
③ 폐디스토마 - 가재
④ 광절열두조충 - 소고기

24 무구조충은 소고기, 간디스토마는 잉어나 담수어, 광절열두조충은 담수어가 전파 매개체이다.

25 법정감염병 중 제3군 감염병에 속하지 않는 것은?

① B형 간염
② 공수병
③ 렙토스피라증
④ 쯔쯔가무시증

25 B형 간염은 제2군 감염병이다.

21 ② **22** ④ **23** ③ **24** ③ **25** ①

26 피부 표피층 중에서 가장 두꺼운 층으로 세포 표면에는 가시 모양의 돌기를 가지고 있는 것은?

① 유극층   ② 과립층
③ 각질층   ④ 기저층

26 피부 표피층 중에서 가장 두꺼운 층은 유극층이며 데스모좀이라는 가시돌기를 가지고 있어 가시층이라고도 한다.

27 다음 중 바이러스성 피부 질환은?

① 기미   ② 주근깨
③ 여드름   ④ 단순포진

27 단순포진은 바이러스성 피부 질환이며 기미와 주근깨는 과색소 침착 질환이고 여드름은 염증성 질환이다.

28 폐결핵에 관한 설명 중 틀린 것은?

① 호흡기계 전염병이다.
② 병원체는 세균이다.
③ 예방접종은 PPD로 한다.
④ 제3군 법정전염병이다.

28 폐결핵 예방접종은 BCG로 하며, PPD는 결핵에 접촉되었는지 판단한다.

29 다음 중 물리적 소독방법이 아닌 것은?

① 방사선 멸균법   ② 건열 소독법
③ 고압증기 멸균법   ④ 생석회 소독법

29 생석회는 화학적 소독방법으로 배설물과 오수, 하수 등의 소독에 적당하다.

30 다음 중 염소소독의 장점으로 볼 수 없는 것은?

① 경제적이다.   ② 냄새가 없다.
③ 잔류효과가 크다.   ④ 소독력이 강하다.

30 염소소독의 단점은 냄새가 강하고 독성이 강하다는 점이다.

직전 모의고사

26 ①   27 ④   28 ③   29 ④   30 ②

31 인조 팁 시술을 할 때 글루를 바르고 액티베이터를 사용하였을 때의 설명으로 옳은 것은?

① 손톱에 뜨거운 열을 발생시킨다.
② 손톱에 충분한 영양을 공급한다.
③ 인조 팁의 접착력을 높인다.
④ 글루의 강도를 높여줄 수 있다.

31 글루를 바르고 액티베이터를 사용하면 열이 발생되어 빠른 경화가 이루어진다.

32 파우더와 아크릴릭 리퀴드를 혼합하여 단단하게 형성된 것은 무엇인가?

① 프라이머   ② 모노머
③ 폴리머   ④ 카탈리스트

32 프라이머는 자연손톱에 유분과 수분을 제거하여 아크릴릭 볼이 잘 밀착되도록 해주고, 모노머는 아크릴릭 파우더와 섞어서 사용하는 것, 카탈리스트는 빨리 굳게 해주는 촉매제이다.

33 손톱의 길이를 길어 보이게 하는 컬러링 방법은 무엇인가?

① 풀코트   ② 헤어라인팁
③ 프렌치   ④ 프리월

33 슬림라인이라고 불리는 프리월은 손톱의 양쪽 옆면을 1.5mm 정도 남기고 컬러링하기 때문에 손톱이 가늘고 길어 보이는 효과를 준다.

34 아크릴이 들뜨는 현상이 발생하는 이유가 아닌 것은?

① 손톱에 유 · 수분이 남아있을 경우
② 프라이머의 산성이 약화되었을 경우
③ 먼지나 불순물이 들어간 경우
④ 아크릴을 얇게 시술한 경우

34 아크릴을 얇게 시술하였다고 들뜨는 현상이 발생하지는 않는다. 손톱에 유 · 수분이 남아 있거나, 에칭이 미흡하였을 때, 프라이머의 산성성분이 약화되었을 때, 작업 중 먼지 등이 들어간 경우 들뜰 수 있다.

35 다음 중 소독해서 사용 가능한 도구는?

① 푸셔   ② 파일
③ 오렌지 우드스틱   ④ 아크릴 폼

35 푸셔는 70% 알코올에 20분 이상 소독한 후 다시 사용 가능한 도구이다.

31 ①   **32** ③   **33** ④   **34** ④   **35** ①

36 아크릴릭 시술을 할 때 자연손톱에 접착이 잘 되도록 바르는 것은?

① 탑코트   ② 글루

③ 프라이머   ④ 베이스코트

36 프라이머를 바르면 시술 시 자연손톱에 잘 접착되는 효과를 볼 수 있다.

37 스톤아트로 시술하는 설명 중 옳지 않은 것은?

① 라인스톤이라고도 하며 다양한 색과 크고 작은 모양의 인조보석이다.
② 라인스톤만으로는 연출이 불가능하다.
③ 에나멜 위에 다양한 라인스톤으로 장식한다.
④ 디자인 작업 후 탑코트를 발라 잘 떨어지지 않도록 한다.

37 라인스톤만으로도 연출이 가능하지만, 핸드페인팅과 함께 디자인하기도 한다.

38 컴프레셔를 사용하여 압축공기를 만들어 브러시를 통하여 아트를 만드는 방법은?

① 데칼   ② 마블

③ 댕글   ④ 에어브러시

38 에어브러시는 압축공기를 이용해 물감을 분사하여 손톱 위에 디자인하는 방법이다.

39 젤 스컬프처 시술 시 하지 않는 작업은?

① 베이스 젤 바르기   ② 폼 끼우기

③ 탑코트 도포   ④ 에칭하기

39 탑코트는 에나멜 작업 후 마지막에 도포하는데, 젤 시스템에서는 탑젤을 올린다.

40 전기를 이용한 동력으로 파일링을 하기 때문에 사람이 직접 하는 것보다 빠르고 매끈하게 해주는 기기는?

① 워머기   ② 전동드릴

③ 핸드드릴   ④ 컴프레셔

40 워머기는 고체를 따뜻하게 녹이는 기기, 핸드드릴은 인조손톱에 구멍을 내는 기기, 컴프레셔는 공기를 압축시키는 기기이다.

직전 모의고사

36 ③   37 ②   38 ④   39 ③   40 ②

41 에나멜을 흔들었을 때 발생할 수 있는 문제점은?

① 바로 컬러링을 하기 어렵다.
② 에나멜을 바르고 나면 브러시 자국이 남는다.
③ 에나멜이 쉽게 굳는다.
④ 기포처럼 공기방울이 생길 수 있다.

41 에나멜을 흔들면 기포가 들어가 공기방울이 생길 수 있으므로 바를 때 주의한다.

42 C-커브에 대한 설명이 잘못된 것은?

① 대회용으로 30~40%가 적당하다.
② 손톱 위와 아래의 균형감을 말한다.
③ 일반적으로 40~50%가 적당하다.
④ 튼튼한 형태의 손톱을 만들기 위해 필요하다.

42 일반적으로 C-커브를 작업할 때 20~30% 정도가 적당하다.

43 인조 팁에 대한 설명이 옳지 않은 것은?

① 나일론이나 플라스틱, 아세테이트 등으로 만들어졌다.
② 손끝이나 발끝을 보호하는 기능을 한다.
③ 손톱의 길이를 연장하고자 할 때 사용된다.
④ 견고성을 높일 수 있다.

43 손끝이나 발끝을 보호하는 것은 손톱과 발톱의 역할이다.

44 아크릴릭 시스템 시 재료의 설명이 옳지 않은 것은?

① 모노머는 리퀴드이다.
② 폴리머는 파우더와 모노머가 결합된 아크릴릭 네일이다.
③ 모노머는 단독 사용이 가능하다.
④ 폴리머는 중합체로 이루어져 있다.

44 단량제인 모노머는 서로 연결되어 있지 않은 작은 구슬형태로 단독으로 사용하지 못한다.

45 프라이머가 피부에 묻었을 때는 어떻게 해야 하는가?

① 리무버로 닦아준다.
② 안티셉틱으로 닦아준다
③ 흐르는 물에 씻고 알카리수로 중화시킨다.
④ 오일로 중화시킨다.

45 프라이머가 피부에 묻었을 때는 흐르는 물에 씻고 알카리수로 중화시켜야 한다.

41 ④　**42** ③　**43** ②　**44** ③　**45** ③

46 손톱 위에 두 가지 이상의 에나멜을 사용하여 마블 툴로 그림을 그려주는 방법은 무엇인가?

① 에나멜 마블링   ② 워터 마블링
③ 워터데칼   ④ 엠보 디자인젤

46 • 워터 마블링 : 물을 담은 컵에 에나멜을 떨어뜨린 후 핀을 이용해 모양을 만드는 기법이다.
• 워터데칼 : 데칼을 물에 불린 후 분리시켜 손톱 위에 붙여주는 기법이다.
• 엠보 디자인젤 : 젤처럼 흐르지 않아 디자인 후 큐어링하는 기법이다.

47 라인스톤을 붙일 때는 어떤 도구를 사용하는가?

① 푸셔   ② 니퍼
③ 오렌지 우드스틱   ④ 파일

47 라인스톤은 여러 가지 스톤을 붙여주는 반 입체적 기법으로 오렌지 우드스틱을 사용하여 손톱 위에 올린다.

48 자연손톱을 감싸주거나 보강해주는 시술이 불가능한 경우는?

① 손톱을 잘 물어뜯는 경우
② 손톱이 잘 깨지는 경우
③ 손톱이 잘 찢어지는 경우
④ 곰팡이가 생긴 손톱

48 손톱을 잘 물어뜯거나 깨질 때, 잘 찢어지는 경우 자연손톱을 감싸주거나 보강해주는데, 곰팡이가 생긴 손톱은 네일 시술이 불가능하다.

49 남자 손톱에 광택을 내는 적절한 방법은?

① 탑코트를 발라준다.
② 파라핀 매니큐어 시술을 한다.
③ 3-way 파일이나 샤미드 버퍼를 사용한다.
④ 밝은색 에나멜을 발라준다.

49 남자 손톱은 일상생활에서 자연스러워야 하므로 3-way 파일이나 샤미드 버퍼를 사용하여 표면을 정리해준다.

50 아크릴릭 시스템에서 긴 체인모양의 구슬이 연결되어 매우 단단하게 변화되는 것은?

① 모노머   ② 탑코트
③ 프라이머   ④ 폴리머

50 제작 완료된 아크릴릭 스컬프처에서 폴리머는 파우더로 긴 체인모양의 구슬이 연결되어 매우 단단한 완성체인 고분자 화합물이다.

46 ①   **47** ③   **48** ④   **49** ③   **50** ④

직전 모의고사

51 진피에 함유되어 있는 성분으로 우수한 보습능력을 지니고 피부관리 제품에도 많이 함유되어 있는 것은?

① 알코올(Alcohol)
② 콜라겐(Collagen)
③ 판테놀(Panthenol)
④ 글리세린(Glycerine)

51 콜라겐은 진피의 90%를 차지하며 수분을 결합시키고, 보습제로 주름을 예방한다.

52 다음 중 표피층에 존재하는 세포가 아닌 것은?

① 각질형성 세포
② 랑게르한스 세포
③ 멜라닌 세포
④ 비만세포

52 비만세포는 진피층에 존재한다.

53 팩에 대한 설명으로 적합하지 않은 것은?

① 건성피부에는 진흙팩이 적합하다.
② 팩은 사용목적에 따른 효과가 있어야 한다.
③ 팩 재료는 부드럽고 바르기 쉬워야 한다.
④ 팩의 사용에 있어서 안전하고 독성이 없어야 한다.

53 진흙팩은 건성피부보다 지성피부에 적합하다.

54 다음 중 이·미용사 면허를 취득할 수 없는 자는?

① 면허 취소 후 1년 경과자
② 독감환자
③ 마약중독자
④ 전과기록자

54 다음에 해당하는 자는 이용사 또는 미용사의 면허를 받을 수 없다.
• 피성년후견인
• 정신질환자
• 공중의 위생에 영향을 미칠 수 있는 감염병환자
• 마약 기타 대통령으로 정하는 약물 중독자
• 면허가 취소된 후 1년이 경과되지 아니한 자

55 영업소 폐쇄 명령을 받은 후 몇 개월이 지나야 동일한 장소에서 그 폐쇄 명령을 받은 영업과 같은 영업을 할 수 있는가?

① 3월
② 6월
③ 12월
④ 18월

55 시장·군수·구청장은 공중위생영업자가 이 법 또는 이 법에 의한 명령에 위반하여 관계행정기관의 장의 요청이 있는 때에는 6월 이내의 기간을 정하여 영업의 정지 또는 일부 시설의 사용중지를 명하거나 영업소 폐쇄 등을 명할 수 있다.

51 ② **52** ④ **53** ① **54** ③ **55** ③

56 공중위생관리법상의 위생교육에 대한 설명 중 옳은 것은?

① 위생교육 대상자는 이·미용업 영업자이다.
② 위생교육 대상자는 이·미용사이다.
③ 위생교육 시간은 매년 8시간이다.
④ 위생교육은 공중위생관리법 위반자에 한하여 받는다.

57 과태료의 부과·징수 절차로서 틀린 것은?

① 시장·군수·구청장이 부과·징수한다.
② 과태료 처분의 고지를 받은 날부터 30일 이내에 이의를 제기할 수 있다.
③ 과태료 처분을 받은 자가 이의를 제기한 경우 처분권자는 보건복지부장관에게 이를 통보한다.
④ 기간 내 이의제기 없이 과태료를 납부하지 아니한 때에는 지방세 체납, 처분의 예에 따른다.

58 공중위생영업에 속하지 않는 것은?

① 식당조리업   ② 숙박업
③ 이·미용업   ④ 세탁업

59 과태료를 부과하고자 하는 때에는 며칠 이상의 기간을 정하여 과태료 처분 대상자에게 서면 또는 구술로 의견진술의 기회를 주어야 하는가?

① 5일   ② 7일
③ 10일   ④ 15일

60 공중이용시설의 위생관리 기준이 아닌 것은?

① 소독을 한 기구와 소독을 하지 아니한 기구를 각각 다른 용기에 보관한다.
② 1회용 면도날을 손님 1인에 한하여 사용하여야 한다.
③ 업소 내에 요금표를 게시하여야 한다.
④ 업소 내에 화장실을 갖추어야 한다.

56
- 공중위생영업자는 매년 위생교육을 받아야 한다.
- 신고를 하고자 하는 자는 미리 위생교육을 받아야 한다.
- 위생교육을 받아야 하는 자 중 영업에 직접 종사하지 아니하거나 2 이상의 장소에서 영업을 하는 자는 종업원 중 영업장별로 공중위생에 관한 책임자를 지정하고 그 책임자로 하여금 위생교육을 받게 하여야 한다.
- 위생교육은 3시간으로 한다.

57 과태료 처분을 받은 자가 이의를 제기한 때에는 처분권자는 지체 없이 관할법원에 그 사실을 통보하여야 하며, 그 통보를 받은 관할법원은 비송사건절차법에 의한 과태료의 재판을 한다.

58 공중위생영업이라 함은 다수인을 대상으로 위생관리서비스를 제공하는 영업으로서 숙박업·목욕장업·이용업·미용업·세탁업·위생관리용역업을 말한다.

59 과태료를 부과하고자 할 때는 10일 이상의 기간을 정하여 과태료 처분 대상자에게 서면 또는 구술로 의견진술의 기회를 주어야 한다.

60 업소 내 화장실은 필수적인 기준에 속하지 않는다.

직전 모의고사

56 ①   57 ③   58 ①   59 ③   60 ④

4회 직전 모의고사

01 매니큐어 작업에 기구를 사용하기 시작한 시기는?

① 1940년　　　　　　② 1945년
③ 1948년　　　　　　④ 1953년

> **01** 미국의 노린 레호(Noreen Reho)에 의해 1948년부터 매니큐어에 기구를 사용하기 시작하였다.

02 일주일 동안 평균 손톱의 성장 길이는?

① 1mm~1.3mm 정도　　② 0.3mm~0.5mm 정도
③ 0.8mm~1mm 정도　　④ 1.2mm~1.5mm 정도

> **02** 손톱은 하루에 0.1mm 정도 자라며, 일주일에는 평균적으로 0.8mm~1mm 정도 자란다.

03 혈액순환에 대한 설명으로 잘못된 것은?

① 혈액순환은 폐순환과 체순환으로 이루어져 있다.
② 체순환은 동맥 → 정맥 → 좌심방으로 들어간다.
③ 폐순환은 우심실 → 좌심방으로 들어가는 순환경로를 말한다.
④ 체순환은 좌심실에서 나와 우심방으로 순환한다.

> **03** 체순환은 좌심실에서 혈액이 나오고, 폐순환은 우심실에서 혈액이 나온다.

04 한 뉴런의 축삭돌기와 다음 뉴런의 신경원이 만나 접합부를 형성하는 부위를 무엇이라고 하는가?

① 구심성 신경원　　　② 시냅스
③ 원심성 신경원　　　④ 말초신경

> **04** 구심성 신경원은 말초기관에서 감각정보를 중추신경계로 전달하는 신경세포이고, 원심성 신경원은 중추신경계에서 신호가 전달되는 신경세포이다.

05 피부의 신축성과 탄력에 관여하는 곳은?

① 각질층　　　　　　② 망상층
③ 과립층　　　　　　④ 투명층

> **05** 망상층에는 탄력섬유와 교원섬유가 있기 때문에 피부의 신축성과 탄력 작용을 한다.

01 ③　**02** ③　**03** ②　**04** ②　**05** ②

06 손톱과 발톱을 이루고 있는 주성분은?

① 멜라닌　　　　　　② 콜라겐
③ 케라틴　　　　　　④ 엘라스틴

06 손톱과 발톱은 케라틴이라는 단백질이 주성분으로 단단한 구조를 유지하고 있다.

07 건강한 손톱의 특징이 아닌 것은?

① 수분함유량이 12~18% 정도인 손톱
② 탄력이 부족한 손톱
③ 세균감염이 안 된 손톱
④ 선홍색의 손톱

07 건강한 손톱은 수분함유량이 12~18% 정도이며, 단단하고 탄력이 있어야 하며, 세균 감염이 되지 않은 선홍색의 손톱이다.

08 이집트에서의 네일아트 역사에 대한 설명 중 옳지 않은 것은?

① 미라의 손톱에 붉은색을 칠했다.
② 헤나를 사용하여 손톱에 물을 들였다.
③ 신분이 높을수록 손톱을 진한색으로, 낮을수록 연한색으로 했다.
④ 난백과 아라비아산 고무나무를 사용하여 손톱에 칠하였다.

08 난백과 아라비아산 고무나무를 사용하여 손톱에 칠하기 시작한 곳은 고대 중국이다.

09 손톱 질환인 펑거스에 대한 설명으로 옳지 않은 것은?

① 몰드처럼 진균염을 일으키는 곰팡이균이다.
② 손톱 표면에는 변색이 없다.
③ 펑거스를 진단받으면 폴리시나 인조손톱을 제거하고 자연 손톱으로 깨끗하게 관리한다.
④ 의사와의 상담이 필요할 수 있다.

09 펑거스에 감염되면 손톱이 변색되는데, 프리에지에서 큐티클 쪽으로 번지며 색이 점점 진하게 변하는 현상이 생긴다.

10 피부에 이물질이 침입하면 신체 방어 반응을 인지하는 세포로 유극층에 위치하는 것은 무엇인가?

① 각질형성 세포　　　② 랑게르한스 세포
③ 머켈 세포　　　　　④ 멜라닌형성 세포

10 랑게르한스 세포는 대부분 유극층에 위치하며 돌기를 가지고 있으며 외부의 이물질이 침입하였을 경우 신체 방어 인지 기능을 한다.

직전 모의고사

06 ③　**07** ②　**08** ④　**09** ②　**10** ②

11 근육이 하는 기능에 속하지 않는 것은?

① 수축운동　　　　② 팽창운동
③ 심장박동　　　　④ 호흡운동

11 근육의 기능에는 호흡운동, 심장박동, 전신적인 운동, 수축운동, 꿈틀운동 등이 있다.

12 운동신경과 감각신경이 함께 작용하는 신경은 무엇인가?

① 혼합신경　　　　② 운동신경
③ 감각신경　　　　④ 자율신경

12 운동신경과 감각신경이 함께 작용하여 혼합신경이 작용된다.

13 근대적 페티큐어가 등장하여 시행되기 시작한 시기는?

① 1957년　　　　② 1960년
③ 1963년　　　　④ 1970년

13 1957년에 근대적 페디큐어가 등장하였다.

14 손톱과 발톱을 해부학적으로 표현하는 단어는 무엇인가?

① 조모　　　　② 오닉스
③ 조체　　　　④ 네일

14 오닉스(Onyx)는 그리스어로 손톱을 말한다.

15 인체의 피부 중에서 가장 두꺼운 부위는 어디인가?

① 눈썹　　　　② 팔꿈치
③ 등　　　　④ 손바닥

15 인체에서 가장 두꺼운 손바닥과 발바닥은 투명층으로 피지선이 없다.

16 내과적 질환이 있거나 조모가 심하게 손상되었을 때 발생하는 이상 손톱 질환은 무엇인가?

① 조내생증　　　　② 조갑종렬증
③ 조갑비대증　　　　④ 조갑위축증

16 조내생증은 손·발톱이 살을 파고들어가는 것, 조갑종렬증은 세로로 골이 파지는 것, 조갑비대증은 손톱 끝이 과잉 성장하여 두껍게 자라나는 현상이다.

11 ②　**12** ①　**13** ①　**14** ②　**15** ④　**16** ④

17 피부가 하는 기능에 속하지 않는 것은?

① 호흡기능 ② 운반기능
③ 흡수기능 ④ 감각기능

18 영양물질이나 산소, 노폐물 등을 투과시키는 필터 역할을 하고 세포 내부를 보호하는 곳은?

① 세포질 ② 세포막
③ 중심체 ④ 사립체

19 네일 관련 전문가에게 지속적인 관리로 인한 만성통증장애(CTD, Cumulative Trauma Disorder)가 나타나지 않게 하기 위한 예방법이 아닌 것은?

① 시술 중에는 고객이 신경쓰이지 않도록 한 자세로 끝까지 마친다.
② 시술 후에는 손을 흔들거나 몸을 쭉 펴준다.
③ 작업이 끝날 때마다 스트레칭을 해준다.
④ 시술 중에는 필요에 따라 자세를 바꿔가며 실시한다.

20 매니큐어 행위를 처음으로 시작한 나라는?

① 일본 ② 중국
③ 미국 ④ 고대 이집트

21 무구조충은 다음 중 어느 것을 날것으로 먹었을 때 감염될 수 있는가?

① 돼지고기 ② 잉어
③ 게 ④ 소고기

17 피부는 분비기능, 감각기능, 보호기능, 체온조절기능, 배설기능, 흡수기능, 호흡작용 등의 기능을 하고 있다.

18 세포질은 영양물질을 저장하고 성장하는 역할, 중심체는 세포 생식에 영향을 주고, 사립체는 에너지를 생성한다.

19 만성통증장애를 예방하기 위해서는 시술 중 필요에 따라 자세를 바꿔가며 중간에 간단한 손목 돌리기나 스트레칭을 해 주는 것이 좋다.

20 B.C 3000년경 고대 이집트에서는 관목에서 추출한 붉은 오렌지색의 헤나(Henna)라고 하는 물질로 손톱을 염색하기 시작하였다.

21 무구조충은 오염된 풀이나 사료를 먹은 소고기를 날것으로 먹었을 때 감염되며, 돼지고기는 유구조충이다.

직전 모의고사

17 ② **18** ② **19** ① **20** ④ **21** ④

22 출생 후 4주 이내에 기본접종을 실시하는 것이 효과적인 전염병은?

① 볼거리　　　　　　② 홍역
③ 결핵　　　　　　　④ 일본뇌염

22 생후 4주 이내 결핵 예방접종인 BCG 예방접종을 해야 한다.

23 다음 중 포르말린수 소독에 가장 적합하지 않은 것은?

① 고무제품　　　　　② 배설물
③ 금속제품　　　　　④ 플라스틱

23 배설물에는 크레졸이나 생석회 소독이 적당하며, 포르말린수는 적당하지 않다.

24 단위 체적 안에 포함된 수분의 절대량을 중량이나 압력으로 표시한 것으로 현재 공기 1m³ 중에 함유된 수증기량 또는 수증기 장력을 나타낸 것은?

① 절대습도　　　　　② 포화습도
③ 비교습도　　　　　④ 포차

24 1m³ 중에 함유된 수증기의 질량을 나타낸 것을 절대습도라고 한다.

25 한 나라의 보건수준을 측정하는 지표로서 가장 적절한 것은?

① 의과대학 설치 수　　② 국민소득
③ 감염병 발생률　　　④ 영아사망률

25 한 나라의 보건수준을 측정하는 지표로 영아의 사망을 나타내는 영아사망률이 사용된다.

26 비늘모양의 죽은 피부세포가 얇은 회백색 조각으로 되어 떨어져 나가는 피부층은?

① 투명층　　　　　　② 유극층
③ 기저층　　　　　　④ 각질층

26 각질은 죽은 피부세포로 표피의 각질층에서 떨어져 나간다.

27 피부발진 중 일시적인 증상으로 가려움증을 동반하여 불규칙적인 모양을 한 피부현상은?

① 농포　　　　　　　② 팽진
③ 구진　　　　　　　④ 결절

27 농포는 표피에 고름이 있는 여드름이며, 구진은 여드름 초기 증상을 말하고, 결절은 단단한 여드름을 말한다.

22 ③　**23** ②　**24** ①　**25** ④　**26** ④　**27** ②

28 임신 7개월(28주)까지의 분만을 뜻하는 것은?

① 유산   ② 조산
③ 사산   ④ 정기산

28 임신 28주 이후 38주 사이 분만은 조산, 죽은 태아 분만은 사산, 정기산은 39주부터 42주 사이의 4주간의 분만이다.

29 다음 기생충 중 집단감염이 가장 잘되는 것은?

① 요충   ② 십이지장충
③ 회충   ④ 간흡충

29 요충은 흔하게 감염되는 질병으로 기생충이 어린이에게서 유행된다.

30 다음 중 산화작용에 의한 소독법에 속하는 것은?

① 알코올   ② 오존
③ 자외선   ④ 끓는 물

30 산화작용에 의한 소독법으로는 오존, 염소, 과산화수소, 과망간산칼륨 등이 있다.

31 에나멜을 바르는 방법으로 옳지 않은 것은?

① 큐티클에 최대한 가깝게 에나멜을 바른다.
② 컬러링 시 브러시의 각도는 90°로 한다.
③ 자유연 밑 쪽도 꼼꼼하게 바른다.
④ 색상에 따라 얇지만 2~3번 반복하여 바른다.

31 에나멜을 바를 때 브러시의 각도는 45°로 한다.

32 실크 익스텐션 시술을 할 때 적절한 랩 부착 방법을 설명한 것은 무엇인가?

① 큐티클 라인에서 2mm 정도 떨어져 부착한다.
② 실크를 잡아당겨 팽팽하게 해서 붙인다.
③ 손톱 1/3 지점부터 붙인다.
④ 최대한 길게 실크를 재단하여 붙인다.

32 실크 익스텐션 시술을 할 때 실크는 자연스러운 A라인으로 잡고 원하는 길이보다 0.5~1cm 정도 길게 재단하여 큐티클 라인에서 1~2mm 정도 떨어져 부착한다.

직전 모의고사

28 ①   29 ①   30 ②   31 ②   32 ①

33 시술 전에 준비해야 할 사항이 아닌 것은?

① 재료 준비하기   ② 테이블 소독하기

③ 타월 깔기   ④ 폼 만들기

33 폼은 시술 중에 만들어서 사용한다.

34 인조팁을 접착하고자 할 때 크기는 어떤 것을 고르는 것이 좋은가?

① 손톱보다 약간 큰 것을 고른다.

② 손톱보다 약간 작은 것을 고른다.

③ 손톱 크기와 딱 맞는 것을 고른나.

④ 손톱 크기 1/2 정도의 것을 고른다.

34 인조손톱은 손톱보다 조금 큰 것을 고르는 것이 좋다.

35 페디큐어 관리를 할 때 굳은살을 제거해주는 도구는?

① 니퍼   ② 푸셔

③ 패디파일   ④ 콘커터

35 콘커터는 페디큐어 관리를 할 때 굳은살을 제거해주는 도구로 사용된다.

36 페디큐어 시술을 하고자 할 때 발톱의 모양은 어떻게 해야 하는가?

① 라운드   ② 오벌

③ 포인트   ④ 스퀘어

36 페디큐어를 할 때의 발톱은 파고들지 않도록 사각형인 스퀘어로 해야 한다.

37 아크릴릭 시스템에서 네일 제품의 화학적 성분이 아닌 것은?

① 모노머   ② 폴리머

③ 아세톤   ④ 카탈리스트

37 아세톤은 에나멜을 지우는 리무버의 일종을 말한다.

33 ④   **34** ①   **35** ④   **36** ④   **37** ③

38 실크 익스텐션 시술에서 실크를 접착하는 방법이 적당하지 않은 것은?

① 큐티클에서 1~1.5mm 정도 떨어진 부분에 접착한다.
② 스트레이트 포인트는 손톱크기에 딱 맞게 만든다.
③ C-커브를 위해 조금 작은 사각형으로 만든다.
④ 큐티클라인에 맞게 둥글게 만든다.

38 C-커브를 위해 조금 여유 있는 사다리꼴로 재단해야 한다.

39 조소피를 정리하는 적절한 방법은 무엇인가?

① 손톱 표면에 바짝 붙여서 푸셔로 강하게 민다.
② 조소피는 최대한 깨끗하게 하나도 남김없이 정리한다.
③ 조소피는 너무 많이 제거하지 않도록 주의한다.
④ 소형 가위나 날카로운 니퍼 등으로 루즈 스킨을 긁어준다.

39 조소피인 큐티클을 정리할 때는 너무 많이 제거하지 않도록 주의해서 정리한다.

40 인조 팁 없이 UV 젤을 사용하여 손톱의 길이를 연장할 수 있는 방법은?

① 아크릴릭 스컬프처
② 젤 스컬프처
③ 팁 오버레이
④ 실크 익스텐션

40 젤 스컬프처는 UV 젤을 사용하여 손톱의 길이를 연장할 수 있는 방법으로 젤 스컬프처, 프렌치 젤 스컬프처, 젤 디자인 스컬프처 등이 있다.

41 네일 디자인에 관한 설명이 잘못 연결된 것은?

① 스트라이핑 테이프 - 곡선을 나타내는 디자인이다.
② 마블 - 대리석 무늬를 나타내는 디자인이다.
③ 핸드페인팅 - 직접 그림을 그려 완성하는 방법이다.
④ 에어브러시 - 압축된 공기를 이용하여 분사하는 방법이다.

41 스트라이핑 테이프는 얇은 컬러 테이프로 사선이나 직선 모양으로 표현이 가능하다.

42 랩핑한 손톱은 얼마의 기간 후에 보수를 받아야 하는가?

① 3일
② 1주일
③ 10~15일
④ 1달

42 랩핑한 손톱은 시술 후 10~15일 정도면 다시 보수를 받아야 한다.

38 ③　　**39** ③　　**40** ②　　**41** ①　　**42** ③

직전 모의고사

43 에나멜의 주된 필름 형성제는 무엇인가?

① 모노머
② 톨루엔
③ 폴리머네이션
④ 니트로셀룰로오스

43 에나멜의 주된 필름 형성제는 1885년 개발된 니트로셀룰로오스이다.

44 실크 익스텐션을 시술하는 방법이 잘못된 것은?

① C-커브에 각이 생기지 않도록 한다.
② 연장한 프리에지 밑에 투명도를 주기 위해 글루를 도포한다.
③ 필러파우더를 이용하여 자연스럽게 하이포인트를 만든다.
④ 필러는 사용하지 않는다.

44 실크 익스텐션을 연장하고자 할 때는 견과성과 두께를 유지하기 위하여 글루와 필러파우더를 2~3회 번갈아 시술한다.

45 아크릴릭 스컬프처 시술 후 들뜨는 현상이 나타나는 원인이 아닌 것은?

① 프라이머가 오염되었을 때
② 프라이머의 산이 약화되었을 때
③ 자연손톱에 유·수분이 부족한 경우
④ 불순물이 섞인 파우더를 사용한 경우

45 자연손톱 자체에 유·수분이 부족하다고 들뜸 현상이 일어나지 않는다.

46 에어브러시를 사용한 아트작업을 할 때 필요한 재료가 아닌 것은?

① 스톤
② 에어브러시 건
③ 컴프레셔
④ 스텐실

46 에어브러시를 이용한 아트작업을 할 때는 에어브러시 건, 컴프레셔, 스텐실, 물감, 베이스코트, 탑코트 등이 필요하며 스톤은 손톱 위에 붙이는 장식이다.

47 베이스코트에 대한 설명이 잘못된 것은?

① 에나멜을 바르기 전에 바르는 것이다.
② 에나멜을 바른 후에 바르는 것이다.
③ 송진 성분이 함유되어 있다.
④ 자연손톱의 변색을 막아주기 위함이다.

47 에나멜을 바른 후에 보정을 위해 바르는 제품은 탑코트이다.

43 ④ **44** ④ **45** ③ **46** ① **47** ②

48 랩핑 시술 시 글루를 바르고 글루드라이를 가깝게 뿌렸을 때 나타나는 현상이 아닌 것은?

① 손톱 표면에 기포가 생긴다.
② 손톱 표면이 변색된다.
③ 리프팅이 생긴다.
④ 고객이 뜨거움을 느낀다.

48 랩핑 시술을 하고 글루드라이를 가깝게 뿌렸을 때 손톱 표면이 변색되고 기포가 일어나며 고객이 뜨거움을 느낄 수 있다.

49 아크릴릭 스컬프처 시술에서 파일 대신 사용 가능한 도구는?

① 드릴머신   ② 에어브러시
③ 댕글   ④ 컴프레셔

49 드릴머신은 파일 대신 사용 가능한 도구로 직접 손으로 시술할 때보다 조금 더 빠르고 쉽게 진행 가능하다.

50 손상된 손톱에 린넨이나 실크를 씌워 튼튼하게 보강해주며 손톱을 포장한다는 뜻의 오버레이(Over Lays)라고 하는 것은?

① 네일 랩   ② 젤 스컬프처
③ 아크릴 스컬프처   ④ 실크 익스텐션

50 네일 랩은 손톱을 포장한다는 뜻으로 갈라지거나 찢어진 자연손톱 위에 붙여 튼튼하게 유지시켜 주는 것이다.

51 땀샘에 대한 설명으로 틀린 것은?

① 에크린선은 입술뿐만 아니라 전신 피부에 분포되어 있다.
② 아포크린선에서 분비되는 땀은 분비량은 소량이나 나쁜 냄새의 요인이 된다.
③ 에크린선에서 분비되는 땀은 냄새가 거의 없다.
④ 아포크린선에서 분비되는 땀 자체는 무취, 무색, 무균성이나 표피에 배출된 후, 세균의 작용을 받아 부패하여 냄새가 나는 것이다.

51 에크린선은 입술과 음부를 제외한 전신 피부에 분포되어 있다.

직전 모의고사

48 ③   **49** ①   **50** ①   **51** ①

52 건성피부의 관리방법으로 거리가 가장 먼 것은?

① 알칼리성 비누를 이용하여 자주 세안을 한다.
② 화장수는 알코올 함량이 적고 보습기능이 강화된 제품을 사용한다.
③ 클렌징 제품은 부드러운 밀크타입이나 유분기가 있는 크림타입을 선택하여 사용한다.
④ 세라마이드, 호호바 오일, 아보카도 오일, 알로에베라, 히알루론산 등의 성분이 함유된 화장품을 사용한다.

52 건성피부는 알칼리성 세안제를 사용하지 않고 밀크나 크림타입의 제품을 사용하는 것이 좋다.

53 천연보습인자의 설명으로 틀린 것은?

① NMF(Natural Moisturizing Factor)
② 피부수분 보유량을 조절한다.
③ 아미노산, 젖산, 요소 등으로 구성되어 있다.
④ 수소이온농도의 지수유지를 말한다.

53 수용액의 수소이온농도를 측정하여 수치화한 것은 pH로 표시한다.

54 국가기술자격법에 의하여 이·미용사 자격이 취소된 때의 행정처분은?

① 면허취소
② 업무정지
③ 50만 원 이하의 과태료
④ 경고

54 국가기술자격법에 의하여 이·미용사 자격이 취소된 때에는 면허가 취소된다.

55 영업자의 지위를 승계한 자로서 신고를 하지 아니하였을 경우 해당하는 처벌기준은?

① 1년 이하의 징역 또는 1천만 원 이하의 벌금
② 6월 이하의 징역 또는 500만 원 이하의 벌금
③ 200만 원 이하의 벌금
④ 100만 원 이하의 벌금

55 공중위생영업자의 지위를 승계한 자로서 동조 제4항의 규정에 의한 신고를 하지 아니한 자는 6월 이하의 징역 또는 500만 원 이하의 벌금에 처한다.

52 ①　　**53** ④　　**54** ①　　**55** ②

56 이·미용기구의 소독기준 및 방법을 정한 것은?

① 대통령령
② 보건복지부령
③ 환경부령
④ 보건소령

57 영업소의 폐쇄명령을 받고도 영업을 하였을 시에 대한 벌칙기준은?

① 2년 이하의 징역 또는 3천만 원 이하의 벌금
② 1년 이하의 징역 또는 1천만 원 이하의 벌금
③ 200만 원 이하의 벌금
④ 100만 원 이하의 벌금

58 건전한 영업질서를 위하여 공중위생영업자가 준수하여야 할 사항을 준수하지 아니한 자에 대한 벌칙기준은?

① 1년 이하의 징역 또는 1천만 원 이하의 벌금
② 6월 이하의 징역 또는 500만 원 이하의 벌금
③ 3월 이하의 징역 또는 300만 원 이하의 벌금
④ 300만 원의 과태료

59 다음 이·미용업 종사자 중 위생교육을 받아야 하는 자는?

① 공중위생영업에 종사자로 처음 시작하는 자
② 공중위생영업에 6개월 이상 종사자
③ 공중위생영업에 2년 이상 종사자
④ 공중위생영업을 승계한 자

60 면허가 취소된 후 계속하여 업무를 행한 자에게 해당되는 벌칙은?

① 1년 이하의 징역 또는 1천만 원 이하의 벌금
② 6월 이하의 징역 또는 500만 원 이하의 벌금
③ 200만 원 이하의 과태료
④ 300만 원 이하의 벌금

---

56 이·미용기구는 소독을 한 기구와 소독을 하지 아니한 기구로 분리하여 보관하고, 면도기는 1회용 면도날만을 손님 1인에 한하여 사용할 것. 이 경우 이용기구의 소독기준 및 방법은 보건복지부령으로 정한다.

57 영업정지명령 또는 일부 시설의 사용중지명령을 받고도 그 기간 중에 영업을 하거나 그 시설을 사용한 자 또는 영업소 폐쇄명령을 받고도 계속하여 영업을 한 자는 1년 이하의 징역 또는 1천만 원 이하의 벌금에 처한다.

58 건전한 영업질서를 위하여 공중위생영업자가 준수하여야 할 사항을 준수하지 아니한 자는 6월 이하의 징역 또는 500만 원 이하의 벌금에 처한다.

59 공중위생영업을 승계한 자는 위생교육을 받아야 한다.

60 면허가 취소된 후 계속하여 업무를 행한 자 또는 동조동항의 규정에 의한 면허정지기간 중에 업무를 행한 자는 300만 원 이하의 벌금에 처한다.

56 ②   57 ②   58 ②   59 ④   60 ④

직전 모의고사

5회 직전 모의고사

01 네일 시술 도중 고객에게 출혈이 일어났을 때 적절한 응급처치는?

① 알코올 솜으로 닦아낸다.
② 지혈제로 바르고 피가 난 부위을 눌러준다.
③ 손으로 압박한다.
④ 흐르는 물에 씻어준다.

01 시술 중 고객에게 피가 났을 경우 지혈제를 바르고 피가 난 부위를 눌러주는 응급처치를 해준다.

02 다음 중 네일 시술이 가능하지 않은 손톱 유형은?

① 몰드
② 퍼로우
③ 행 네일
④ 에그 셀 네일

02 사상균증인 몰드는 자연손톱과 인조손톱 사이로 습기가 스며들어 균이 번식하면서 발생하는 진균염증으로 시술이 불가능하다.

03 요골동맥은 신체 중 어디에 분포되어 있는가?

① 팔 하부의 엄지쪽과 손등
② 겨드랑이 속
③ 팔꿈치 아래
④ 팔 하부의 소지쪽과 손바닥

03 겨드랑이 속은 액와동맥, 팔꿈치 아래는 상완동맥, 팔 하부의 소지쪽과 손바닥은 척골동맥이다.

04 표피층에 포함되지 않는 것은?

① 투명층
② 과립층
③ 망상층
④ 각질층

04 피부는 표피와 진피로 나누어지며, 표피층은 각질층, 투명층, 과립층, 유극층, 기저층, 진피층에는 유두층과 망상층이 있다.

05 손톱의 성장이 시작되는 곳은 어디인가?

① 조근
② 조체
③ 조모
④ 조상

05 조모는 네일 루트 밑에 위치하면서 각질세포를 생산하고 성장을 조절한다.

---

01 ② **02** ① **03** ① **04** ③ **05** ③

06 네일의 주위를 덮고 있는 피부인 조소피를 다른 말로 무엇이라고 하는가?

① 루눌라　　　　　② 자유연
③ 큐티클　　　　　④ 네일 폴드

06 루눌라는 반월, 자유연은 프리에지, 네일 폴드는 조주름이다.

07 1930년대부터 사용되기 시작한 제품이 아닌 것은?

① 폴리시 리무버　　② 워머로션
③ 큐티클 오일　　　④ 금속파일

07 금속파일과 가위 등은 1900년 대부터 손톱손질에 사용하였고 1930년대 폴리시 리무버, 워머로션, 큐티클 오일이 최초로 등장한다.

08 시술소에서 안전하게 도구와 기구를 소독하는 방법은 무엇인가?

① 도구를 보관하는 서랍에 사용한 도구도 함께 보관한다.
② 모든 도구들은 사용 후 항상 소독 처리하고 보관한다.
③ 1회용 도구들은 최소 2~3회만 사용한다.
④ 니퍼나 메탈 푸셔 등은 마른수건으로 닦은 후 보관한다.

08 깨끗한 도구를 보관하는 서랍에 사용한 도구는 함께 보관하지 않으며, 1회용 도구들은 재사용 하지 않아야 한다. 니퍼나 메탈 푸셔 등은 70% 알코올에 20분 정도 담갔다가 흐르는 물에 씻어 마른수건으로 닦은 후 자외선 소독기에 넣어 보관한다.

09 수근골과 중수골, 수지골을 모두 합한 총 뼈의 수는?

① 20개　　　　　　② 23개
③ 25개　　　　　　④ 27개

09 수근골은 8개, 중수골은 5개, 수지골은 14개로 총 뼈의 수는 27개이다.

10 에너지의 저장고 역할을 하면서 충격을 흡수하고 수분을 조절하는 등 몸의 곡선을 나타내는 곳은?

① 각질층　　　　　② 망상층
③ 피하지방층　　　④ 유극층

10 피하지방층은 지방세포로 이루어져 있으며, 에너지 저장고의 역할과 충격을 흡수하며 수분을 조절하고 보온기능 등 몸의 곡선을 나타낸다.

직전 모의고사

06 ③　07 ④　08 ②　09 ④　10 ③

11 우리 몸에서 혈액순환 작용을 하는 기관은 어디인가?

    ① 심장   ② 간

    ③ 신장   ④ 폐

11 심장은 혈액을 전신으로 순환시켜 생명이 유지될 수 있는 작용을 한다.

12 손톱의 구조와 명칭의 연결이 옳은 것은?

    ① 루눌라 – 백색 반달 모양

    ② 네일 매트릭스 – 조체

    ③ 네일 베드 – 조모

    ④ 네일 루트 – 조상

12 네일 매트릭스는 조모, 네일 베드는 조상, 네일 루트는 조근이다.

13 손톱 밑 구성요소가 아닌 것은?

    ① 네일 베드   ② 루눌라

    ③ 프리에지   ④ 매트릭스

13 자유연이라 불리는 프리에지는 네일 베드 없이 손톱만 자라나는 네일의 끝부분으로 장식을 할 때 사용된다.

14 우리 몸에서 세포를 재생하는 데 가장 중요한 역할을 하는 것은?

    ① 핵   ② 세포질

    ③ 세포막   ④ 혈액

14 핵은 DNA를 함유하고 있는 세포의 조절중추로 세포의 신진대사를 조절하고 생식과 재생에 중요한 역할을 한다.

15 네일 베드인 조상에 대한 설명으로 잘못된 것은?

    ① 신경과 혈관이 분포되어 있다.

    ② 손톱에 수분을 공급하고 신진대사 역할을 한다.

    ③ 조체를 받치고 있다.

    ④ 조근 밑에 위치한다.

15 조상은 조근 위에 위치한다.

11 ①   **12** ①   **13** ③   **14** ①   **15** ④

16 시술소에서 사용되는 화학물질에 관한 안전사항이 가장 적절한 것은?

① 햇빛이 잘 드는 곳에 보관한다.
② 화학물질의 냄새를 직접 맡아 확인한다.
③ 화학물질의 양과 크기를 측정하여 이름표를 붙여 따로 기록한다.
④ 시술자의 경험을 바탕으로 자유롭게 양 조절을 하여 사용한다.

16 화학물질은 폭발 가능성이 있으므로 냉암소에 보관해야 하며, 직접 냄새를 맡으면 인체에 피해를 줄 수 있으므로 피해야 하고 제품 설명서에 맞게 적정 농도를 사용해야 한다.

17 큐티클과 루눌라 사이의 손톱을 덮고 있는 얇은 보호막을 무엇이라고 하는가?

① 조주름   ② 상조피
③ 조구   ④ 조모

17 상조피는 네일의 베이스에 있는 가는 선으로 새롭게 자라난 손톱 바로 위를 덮고 있는 피부를 말한다.

18 미국 식품의약국에서 메틸 메타크릴레이트 사용이 인체에 해를 끼친다고 금지한 시기는?

① 1955년   ② 1960년
③ 1973년   ④ 1975년

18 1975년 미국 식품의약국에서는 인체에 해를 끼친다고 메틸 메타크릴레이트 사용을 금지시켰다.

19 시술소에서의 환기 방법이 잘못된 것은?

① 냄새가 없는 화학물질도 반드시 환기를 한다.
② 마스크 착용은 공기를 완벽 차단하므로 환기가 필요하지 않다.
③ 선풍기나 공기청정기를 활용할 수 있다.
④ 냄새가 좋은 화학물질도 환기에 신경을 써야 한다.

19 마스크 착용은 먼지의 흡입을 막을 수는 있지만 유해공기가 호흡기를 통해 들어가는 것은 막을 수 없기 때문에 환기를 꼭 해야 한다.

20 인체를 구성하는 4개의 조직에 포함되지 않는 것은?

① 순환조직   ② 상피조직
③ 결합조직   ④ 신경조직

20 인체는 세포들이 모여서 조직을 형성한 상피조직, 결합조직, 근육조직, 신경조직 등 4개의 조직으로 구성되어 있다.

직전 모의고사

16 ③   **17** ②   **18** ④   **19** ②   **20** ①

21 잠함병의 직접적인 원인은?

① 혈중 CO_2 농도 증가
② 체액 및 혈액 속의 질소 기포 증가
③ 혈중 O_2 농도 증가
④ 혈중 CO 농도 증가

22 한 나라의 건강수준을 나타내며 다른 나라들과의 보건수준을 비교할 수 있는 세계보건기구가 제시한 지표는?

① 비례사망지수　　② 국민소득
③ 질병이환율　　　④ 인구증가율

23 100%의 알코올을 사용해서 70%의 알코올 400ml를 만드는 방법으로 옳은 것은?

① 물 70ml와 100% 알콜 330ml 혼합
② 물 100ml와 100% 알콜 300ml 혼합
③ 물 120ml와 100% 알콜 280ml 혼합
④ 물 330ml와 100% 알콜 70ml 혼합

24 보균자(Carrier)는 감염병 관리상 어려운 대상이다. 그 이유와 관계가 가장 먼 것은?

① 색출이 어려우므로
② 활동영역이 넓기 때문에
③ 격리가 어려우므로
④ 치료가 되지 않으므로

25 수인성 감염병이 아닌 것은?

① 일본뇌염　　② 이질
③ 콜레라　　　④ 장티푸스

---

21 잠함병은 고기압 상태에서 정상기압으로 갑자기 바뀔 때 발생하며, 체액 및 혈액 속의 질소 기포가 증가되는 것이 원인이다.

22 비례사망지수는 전체 사망자수에 대한 50세 이상의 사망자수의 구성 비율로 한 나라의 보건수준을 나타낸다.

23 농도는 용질/용액×100이다. 용질/용액인 x/400×100 = 70%이다. 용질인 x는 280이므로 소독액 전량인 400 − 280인 120이 물이다.

24 보균자는 감염병을 갖고 있지만 임상적 증상이 나타나지 않기 때문에 확인되기 어려워 치료 단계까지 가기 어렵다.

25 일본뇌염은 모기에 의해 전염되는 질병이다.

21 ②　**22** ①　**23** ③　**24** ④　**25** ①

26 파장이 가장 길고 인공 선탠 시 활용하는 광선은?

① UV-A   ② UV-B

③ UV-C   ④ γ-선

26 UV-A는 320~400nm의 파장이 긴 자외선으로 인공 선탠 시 활용되는 광선이다.

27 피부 색소침착에서 과색소침착 증상이 아닌 것은?

① 기미   ② 백반증

③ 주근깨   ④ 검버섯

27 백반증은 멜라닌 세포가 파괴되어 발생하는 질환으로 저색소로 인해 생긴 것이다.

28 수돗물로 사용할 상수의 대표적인 오염지표는?(단, 심미적 영향물질은 제외한다.)

① 탁도   ② 대장균수

③ 증발잔류량   ④ COD

28 대장균은 인체에 유해하지 않으나 오염원과 공존하므로 상수 오염의 대표적 지표로 사용된다.

29 독소형 식중독을 일으키는 세균이 아닌 것은?

① 포도상구균   ② 보툴리누스균

③ 살모넬라균   ④ 웰치균

29 살모넬라균은 감염형 식중독이다.

30 화학적 소독제의 조건으로 잘못된 것은?

① 독성 및 안전성이 약할 것

② 살균력이 강할 것

③ 융해성이 높을 것

④ 가격이 저렴할 것

30 화학적 소독제는 가격이 저렴하며, 안전성과 용해성이 높아야 하고, 강한 살균력을 가져야 한다.

직전 모의고사

31 발을 관리하는 시술을 할 때 발을 불려주는 적절한 시간은?

① 1~2분   ② 5~10분

③ 10~15분   ④ 15~20분

32 실크 익스텐션 시술에 관한 설명으로 적절한 것은?

① 물어뜯는 손톱은 시술할 수 없다.
② 짧은 손톱은 연장할 수 없다.
③ 가볍고 자연스러운 느낌이다.
④ 시술이 제일 간단하다.

33 네일 에나멜과 띠너에 관한 설명으로 잘못된 것은?

① 굳은 것을 묽게 해주기 위해 첨가하는 것이다.
② 2~3방울 정도 넣어준다.
③ 양 손바닥을 사용하여 돌리면서 혼합한다.
④ 인조 팁을 떼는 데 사용하는 것이다.

34 페이퍼 랩이 임시 랩으로만 사용되는 이유는?

① 조직이 비치기 때문에
② 투명하고 너무 가볍기 때문에
③ 아세톤이나 넌 아세톤에 용해되기 때문에
④ 너무 얇아 일상생활이 힘들기 때문에

35 네일 시술에 사용하는 도구의 냄새를 줄이기 위한 방법으로 적당하지 않은 것은?

① 마스크를 착용한다.
② 환기는 자주 시켜준다.
③ 사용한 재료는 시술 후 한꺼번에 용기 뚜껑을 닫는다.
④ 쓰레기는 뚜껑이 있는 용기에 넣어서 처리한다.

---

31 발을 관리하고자 할 때는 따뜻한 물에 5~10분 정도 불려주어야 한다.

32 실크 익스텐션은 손톱의 길이를 연장해주는 것으로 가볍고 자연스러운 인조네일의 느낌을 연출할 수 있지만 시술 시간이 오래 걸리고 과정이 어려운 단점이 있다.

33 인조 팁을 떼는 데 사용하는 제품은 퓨어아세톤(100%)이다.

34 얇은 종이로 되어있는 페이퍼 랩은 자연스럽고 투명하지만 아세톤이나 넌 아세톤에 용해되기 때문에 임시 랩으로만 사용한다.

35 사용한 재료는 빨리 용기를 닫아 보관하고, 사용 완료된 재료는 신속히 제거하여 바로 해결하도록 한다.

---

31 ②   **32** ③   **33** ④   **34** ③   **35** ③

36 아크릴릭 시스템 시 접착력을 높여줄 수 있는 조력제품으로 묶인 것은?

① 스톤 푸셔, 프라이머
② 라이트 글루 , 프라이머
③ 프라이머, 프리프라이머
④ 프리프라이머, 라이트 글루

36 아크릴릭 시스템에서 프라이머와 프리프라이머는 접착력을 높여주는 조력제품으로 이용된다.

37 에어브러시 건을 사용할 때 노즐의 기능은 무엇인가?

① 공기생산 기능을 갖춘 모터이다.
② 바늘을 보호하기 위해 장착되었다.
③ 그림그리기 위한 페인트를 방출하는 통로이다.
④ 형상이나 여러 모양이 파져 있다.

37 ① 컴프레셔, ② 바늘캡, ④ 스텐실에 대한 설명이다.

38 아크릴릭 시스템 시 아크릴이 갈라지거나 깨지는 원인이 아닌 것은?

① 얇게 연장했을 때
② 관리의 소홀함으로 인해
③ 손톱에 유 · 수분이 남아 있을 때
④ 낮은 온도로 인해

38 아크릴이 갈라지거나 깨지는 원인은 아크릴을 너무 얇게 연장했을 때, 고객이 관리를 소홀하게 했을 때, 시술 시 낮은 온도로 인한 이유 등이다.

39 액티베이터에 관한 올바른 설명은?

① 손톱의 균이 침투하는 것을 방지한다.
② 글루나 젤, 레진 등의 건조를 빠르게 해주는 경화제이다.
③ 손톱의 광택을 높여준다.
④ 손톱을 부식시키는 물질이다.

39 액티베이터는 글루나 젤, 레진 등의 건조를 빠르게 해주는 경화제이다.

40 손톱 전체를 풀코트한 후 손톱 끝 부분을 닦아주는 컬러링 방법은?

① 프리에지   ② 프렌치
③ 헤어라인 팁   ④ 슬림라인

40 프리에지는 손톱의 끝 부분인 자유연을 바르지 않는 방법이고, 프렌치는 자유연 부분만 발라 자연스럽게 연출하는 방법, 슬림라인은 손톱의 양 옆을 남기고 발라 좁고 가늘게 보이는 방법이다.

36 ③   **37** ③   **38** ③   **39** ②   **40** ③

직전 모의고사

41 손톱 위에 다양한 인조보석이나 스톤을 붙여주는 네일 디자인 방법은?

① 라인스톤　　　　② 스팽글
③ 글리터　　　　　④ 글루

41 라인스톤은 크고 작은 다양한 색상의 인조보석이나 스톤을 붙여주는 반 입체적 기법이다.

42 오니코파지 손톱에 아크릴릭 시술을 하고자 할 때 추가되는 과정은?

① 폼을 착용하기 전에 인조손톱으로 길이를 연장한다.
② 프라이머를 여러 번 발라준다.
③ 손톱에 기본 에나멜을 바르고 시작한다.
④ 파일링의 과정이 생략된다.

42 물어뜯는 손톱인 오니코파지는 폼을 착용하기 전에 손톱의 길이를 연장하고 시술을 한다.

43 패브릭 랩을 보관하는 적절한 방법은?

① 소독된 플라스틱 봉투에 넣어 밀폐하여 보관한다.
② 깨끗한 서랍에 넣어 보관한다.
③ 햇빛이 잘 들어오고 통풍이 잘 되는 곳에 보관한다.
④ 플라스틱 봉투에 넣어 냉동실에 보관한다.

43 패브릭 랩은 박테리아균의 오염을 막기 위해 플라스틱 봉투를 소독하여 넣은 후 밀폐하여 깨끗한 정리함에 넣어 보관해야 한다.

44 실크 익스텐션 시술에서 에칭을 주는 이유는 무엇인가?

① 실크가 잘 접착되게 하기 위해서
② 실크가 투명해 보이도록 하려고
③ 하이포인트를 잘 형성하려고
④ C-커브를 잘 잡기 위해서

44 에칭은 자연손톱의 유분과 수분기를 제거함으로써 실크의 접착력을 높여준다.

45 아크릴릭 시스템에서 냄새가 없는 모노머는 무엇인가?

① 아크릴릭 리퀴드　　　② 오더레스 모노머
③ 오더레스 폴리머　　　④ 아크릴릭 띠너

45 오더레스 모노머(Odorless Monomer)는 기화되지 않으며 농도가 짙고 냄새가 없다.

41 ①　　**42** ①　　**43** ①　　**44** ①　　**45** ②

46 에어브러시 건을 사용하고 관리하는 방법으로 알맞은 것은?

① 물감이 마르기 전에 신속하게 세척한다.
② 에나멜으로 깨끗하게 닦는다.
③ 건을 분리하여 물에 20분 이상 담근다.
④ 1주일에 1회 정도 세척으로 사용 가능하다.

46 에어브러시 건은 사용 직후 물감이 마르기 전에 완벽하게 세척해 두어야 다음 번 사용이 용이하다.

47 신부들이 주로 선호하거나 여름철에 인기 있는 매니큐어의 종류는?

① 건식 매니큐어   ② 프렌치 매니큐어
③ 포인트 매니큐어   ④ 핫크림 매니큐어

47 프렌치 매니큐어는 프리에지 부분에 다른 색상의 에나멜을 발라주고 자연스러운 컬러로 풀코트 해주는 방법으로 깨끗하고 깔끔한 느낌을 주기 때문에 신부들이 가장 선호한다.

48 계절별 가장 잘 어울리는 에나멜 색상이 아닌 것은?

① 봄 – 보라색   ② 여름 – 핑크색, 바다색
③ 가을 – 와인색, 갈색   ④ 겨울 – 자주색, 회색

48 봄에는 주로 파스텔톤 계열의 에나멜을 발라주는 것이 잘 어울린다.

49 라이트 큐어드 젤 시스템 시 하드젤의 가장 큰 단점은?

① 색상이 다양하지 않다.
② 광택이 약하다.
③ 잘 찢어진다.
④ 아세톤에 녹지 않는다.

49 라이트 큐어드 젤 시스템에서 하드젤은 아세톤에 잘 녹지 않아 파일링을 통하여 갈아서 제거해야 하는 단점이 있다.

50 아크릴릭 시스템에서 인조손톱의 두께는 어느 정도로 해야 하는가?

① 팁 두께   ② 0.1cm
③ 0.3cm   ④ 0.5cm

50 아크릴릭 스컬프처 시술 시 인조 손톱의 두께는 인조 팁 두께 정도가 적당하다.

51 피부타입과 화장품과의 연결이 옳지 않은 것은?

① 지성피부 – 유분이 적은 영양크림
② 민감피부 – 지성용 데이크림
③ 정상피부 – 영양과 수분 크림
④ 건성피부 – 유분과 수분 크림

51 민감피부는 진정효과 및 유·수분이 적당한 크림을 사용한다.

직전 모의고사

46 ①   **47** ②   **48** ①   **49** ④   **50** ①   **51** ②

52 기초화장품의 사용 목적 및 효과와 가장 거리가 먼 것은?

① 피부의 청결 유지 ② 피부 보습
③ 잔주름, 여드름 방지 ④ 여드름의 치료

52 여드름 등의 치료는 의료행위에 속한다.

53 딥클렌징 시술과정에 대한 내용으로 잘못된 것은?

① 깨끗이 클렌징이 된 상태에서 적용한다.
② 필링제를 중앙에서 바깥쪽, 아래에서 위쪽으로 도포한다.
③ 고마쥐 타입은 팩이 마른 상태에서 근육결대로 가볍게 밀어준다.
④ 딥클렌징 단계에서는 수분 보충을 위해 스티머를 반드시 사용한다.

53 스티머는 효소 사용 시 사용한다.

54 면허의 정지명령을 받은 자가 반납한 면허증은 정지 기간 동안 누가 보관하는가?

① 시 · 도지사 ② 시장 · 군수 · 구청장
③ 보건복지부장관 ④ 관할 경찰서장

54 면허의 정지명령을 받은 자가 규정에 의하여 반납한 면허증은 그 면허정지 기간 동안 관할 시장 · 군수 · 구청장이 이를 보관하여야 한다.

55 공익상 또는 선량한 풍속유지를 위하여 필요하다고 인정하는 경우에 이 · 미용업의 영업시간 및 영업행위에 관한 필요한 제한을 할 수 있는 자는?

① 관련 전문기관 및 단체장 ② 보건복지부장관
③ 시 · 도지사 ④ 시장 · 군수 · 구청장

55 시 · 도지사는 공익상 또는 선량한 풍속을 유지하기 위하여 필요하다고 인정하는 때에는 공중위생영업자 및 종사원에 대하여 영업시간 및 영업행위에 관한 필요한 제한을 할 수 있다.

56 이 · 미용업자의 준수사항 중 틀린 것은?

① 소독한 기구와 하지 아니한 기구는 각각 다른 용기에 넣어 보관할 것
② 조명은 75룩스 이상 유지되도록 할 것
③ 신고증과 함께 면허증 사본을 게시할 것
④ 1회용 면도날은 손님 1인에 한하여 사용할 것

56 면허증 원본을 게시해야 한다.

52 ④ 53 ④ 54 ② 55 ③ 56 ③

57 ( ) 안에 알맞은 것은?

> 시장·군수·구청장은 공중위생영업의 정지 또는 일부 시설의 사용중지 등의 처분을 하고자 하는 때에는( )을/를 실시하여야 한다.

① 위생서비스 수준의 평가
② 공중위생감사
③ 청문
④ 열람

57 시장·군수·구청장은 이용사 및 미용사의 면허취소·면허정지, 공중위생영업의 정지, 일부 시설의 사용중지 및 영업소폐쇄명령 등의 처분을 하고자 하는 때에는 청문을 실시하여야 한다.

58 이·미용 업소 내에 게시하지 않아도 되는 것은?

① 이·미용업 신고증
② 개설자의 면허증 원본
③ 근무자의 면허증 원본
④ 이·미용요금표

58 근무자의 면허증 게시는 해당되지 않는다.

59 다음 중 이·미용사의 면허를 받을 수 있는 사람은?

① 전과기록이 있는 자
② 피성년후견인
③ 마약, 기타 대통령령으로 정하는 약물중독자
④ 정신질환자

59 이용사 또는 미용사의 면허를 받을 수 없는 자
• 피성년후견인
• 정신질환자. 다만, 전문의가 이·미용사로서 적합하다고 인정하는 사람은 예외
• 공중의 위생에 영향을 미칠 수 있는 감염병환자로서 보건복지부령이 정하는 자
• 마약 기타 대통령령으로 정하는 약물 중독자
• 면허가 취소된 후 1년이 경과되지 아니한 자

60 이·미용업의 상속으로 인한 영업자 지위 승계신고 시 구비서류가 아닌 것은?

① 영업자 지위승계 신고서
② 가족관계증명서
③ 양도계약서 사본
④ 상속자임을 증명할 수 있는 서류

60 • 상속의 경우 : 가족관계증명서 및 상속인임을 증명할 수 있는 서류
• 해당 사유별로 영업자의 지위를 승계하였음을 증명할 수 있는 서류

직전 모의고사

57 ③ **58** ③ **59** ① **60** ③

기출문제

자격종목	시험시간	형별	수험번호	성명
네일미용사	1시간	A		

01 세계보건기구에서 규정한 보건행정의 범위에 속하지 않는 것은?

① 보건관계 기록의 보존
② 환경위생과 감염병 관리
③ 보건통계와 만성병 관리
④ 모자보건과 보건간호

❗ 보건행정의 범위 : 보건관계 기록의 보존, 환경위생과 감염병 관리, 모자보건과 보건간호

02 공기의 자정작용 현상이 아닌 것은?

① 산소, 오존, 과산화수소 등에 의한 산화작용
② 태양광선 중 자외선에 의한 살균작용
③ 식물의 탄소동화작용에 의한 CO_2의 생산작용
④ 공기 자체의 희석작용

❗ 공기는 유해가스와 먼지 등의 세정작용 및 식물의 광합성에 의한 O_2의 생산작용을 한다.

03 법정 감염병 중 제4군 감염병에 속하는 것은?

① 콜레라 ② 디프테리아
③ 황열 ④ 말라리아

❗ **제4군감염병**
• 국내에서 새롭게 발생하였거나 발생할 우려가 있는 감염병 또는 국내 유입이 우려되는 해외 유행 감염병으로서 보건복지부령으로 정하는 감염병을 말한다.
• 페스트, 황열, 뎅기열, 바이러스성 출혈열, 두창, 보툴리눔독소증, 중증 급성호흡기 증후군(SARS), 동물인플루엔자 인체감염증, 신종인플루엔자, 야토병, 큐열(Q熱), 웨스트나일열, 신종감염병증후군, 라임병, 진드기매개뇌염, 유비저(類鼻疽), 치쿤구니야열, 중증열성혈소판감소증후군(SFTS)

04 다음 중 감염병 관리상 가장 중요하게 취급해야 할 대상자는?

① 건강보균자 ② 잠복기환자
③ 현성환자 ④ 회복기보균자

❗ 건강보균자란 임상적 증상을 전혀 나타내지 않지만 보균상태를 지속하고 있는 자로 감염병 관리상 가장 중요하게 취급해야 한다.

05 절지동물에 의해 매개되는 감염병이 아닌 것은?

① 유행성 일본뇌염 ② 발진티푸스
③ 탄저 ④ 페스트

❗ • 탄저 : 소 • 유행성 일본뇌염 : 모기
• 발진티푸스 : 이 • 페스트 : 벼룩

06 다음 기생충 중 송어, 연어 등의 생식으로 주로 감염될 수 있는 것은?

① 유구낭충증   ② 유구조충증
③ 무구조충증   ④ 긴촌충증

> ⚠ **광절열두조충(긴촌충)**
> • 제1중간숙주 : 물벼룩
> • 제2중간숙주 : 담수어, 연어, 숭어 등

07 영아사망률의 계산공식으로 옳은 것은?

① (연간 출생아수/인구)×1,000
② (그 해의 1~4세 사망아수/어느 해의 1~4세 인구)×1,000
③ (그 해의 1세 미만 사망아수/어느 해의 연간 출생아수)×1,000
④ (그 해의 생후 28일 이내의 사망아수/어느 해의 연간 출생아수)×1,000

> ⚠ 영아사망률이란 연간 태어난 출생아 1,000명 중에 만 1세 미만에 사망한 영아수의 천분비이다

08 호기성 세균이 아닌 것은?

① 결핵균   ② 백일해균
③ 파상풍균   ④ 녹농균

> ⚠ • 파상풍균은 산소가 있으면 생육에 지장을 받는 편성혐기성균이다.
> • 호기성균은 산소를 필요로 하는 결핵균, 백일해균, 녹농균, 곰팡이, 디프테리아균 등이 있다.

09 석탄산 10% 용액 200mL를 2% 용액으로 만들고자 할 때 첨가해야 하는 물의 양은?

① 200mL   ② 400mL
③ 800mL   ④ 1,000mL

> ⚠ 10% 용액은 $x/200mL×100$이므로 석탄산 x는 20g이 된다.
> 2% 용액을 만드려면 $20g/(200mL+x)×100$이므로 x는 800mL가 필요하게 된다.

10 석탄산 소독에 대한 설명으로 틀린 것은?

① 단백질 응고작용이 있다.
② 저온에서는 살균효과가 떨어진다.
③ 금속기구 소독에 부적합하다.
④ 포자 및 바이러스에 효과적이다.

> ⚠ 석탄산 소독은 화학적 소독으로 1~3% 수용액에 사용한다. 세균포자 및 바이러스에 효과가 없으며 피부점막에 자극을 주고 금속에 부식을 초래한다.

11 자비소독법 시 일반적으로 사용하는 물의 온도와 시간은?

① 150℃에서 15분간
② 135℃에서 20분간
③ 100℃에서 20분간
④ 80℃에서 30분간

> ⚠ **자비소독법**
> • 끓는 물 100℃ 이상에서 15~20분간 처리한다.
> • 아포균이 완전하게 소독되지 않아 완전멸균은 불가능하다.

12 다음 중 이·미용실에서 사용하는 타월을 철저하게 소독하지 않았을 때 주로 발생할 수 있는 감염병은?

① 장티푸스   ② 트라코마
③ 페스트   ④ 일본뇌염

> ⚠ 트라코마는 눈병으로 소독하지 않은 타월로 감염이 된다.

13 소독용 승홍수의 희석 농도로 적합한 것은?

① 10~20%   ② 5~7%
③ 2~5%   ④ 0.1~0.5%

> ⚠ 승홍수는 화학적 소독법으로 0.1~0.5% 수용액으로 사용하며 살균력과 독성이 강하다.

14 세균 증식에 가장 적합한 최적 수소이온농도는?

① pH 3.5~5.5 ② pH 6.0~8.0
③ pH 8.5~10.5 ④ pH 10.5~11.5

❗ 세균은 약 알칼리인 pH 6.0~8.0에서 가장 증식이 잘 된다.

15 피부의 면역에 관한 설명으로 옳은 것은?

① 세포성 면역에는 보체, 항체 등이 있다.
② T 림프구는 항원전달세포에 해당한다.
③ B 림프구는 면역글로불린이라고 불리는 항체를 생성한다.
④ 표피에 존재하는 각질형성세포는 면역 조절에 작용하지 않는다.

❗ T 림프구가 정보를 수집하여 B 림프구에 전달하면, B 림프구는 면역글로불린이라는 항체를 생성한다.

16 멜라노사이트가 주로 분포되어 있는 곳은?

① 투명층 ② 과립층
③ 각질층 ④ 기저층

❗ 기저층에는 각질·색소(멜라노사이트)형성세포, 머켈세포가 존재한다.

17 다음 중 자외선 B(UV–B)의 파장 범위는?

① 100~190nm ② 200~280nm
③ 290~320nm ④ 330~400nm

❗ 자외선 B(UV-B)
• 290~320nm 범위의 중파장이다.
• 일광화상이나 피부홍반 등을 야기한다.
• 기미의 원인이 되며, 비타민 D 합성을 촉진한다.

18 다음 중 원발진에 해당하는 피부질환은?

① 면포 ② 미란
③ 가피 ④ 반흔

❗ • 원발진 : 면포, 여드름, 기미, 주근깨, 구진, 농포, 결절, 낭종, 소수포 등
• 속발진 : 미란, 가피, 반흔, 궤양, 균열, 인설, 태선화, 위축, 찰상 등

19 비타민에 대한 설명 중 틀린 것은?

① 비타민 A가 결핍되면 피부가 건조해지고 거칠어진다.
② 비타민 C는 교원질 형성에 중요한 역할을 한다.
③ 레티노이드는 비타민 A를 통칭하는 용어이다.
④ 비타민 A는 많은 양이 피부에서 합성된다.

❗ 자외선 조사에 의해 피부 내에서 비타민 D를 형성한다.

20 바이러스성 피부질환은?

① 모낭염 ② 절종
③ 용종 ④ 단순포진

❗ 단순포진
피부의 점막이나 경계 부위에 잘 발생하고 단순 헤르페스 (Herpes) 바이러스에 의한 급성수포 질환이다.

21 피부의 기능과 그 설명이 틀린 것은?

① 보호기능 - 피부표면의 산성막은 박테리아의 감염과 미생물의 침입으로부터 피부를 보호한다.

② 흡수기능 - 피부는 외부의 온도를 흡수, 감지한다.

③ 영양분 교환기능 - 프로비타민 D가 자외선을 받으면 비타민 D로 전환된다.

④ 저장기능 - 진피조직은 신체 중 가장 큰 저장기관으로 각종 영양분과 수분을 보유하고 있다.

! 신체 중 가장 큰 저장기관은 피하지방층이다.

22 공중위생관리법상 이·미용업자의 변경신고 사항에 해당되지 않는 것은?

① 업소의 소재지 변경

② 영업소의 명칭 또는 상호 변경

③ 대표자의 성명(법인의 경우에 한함)

④ 신고한 영업장 면적의 2분의 1 이하의 변경

! • 영업소의 명칭 또는 상호
   • 영업소의 소재지
   • 신고한 영업장 면적의 3분의 1 이상의 증감
   • 대표자의 성명(법인의 경우에 한한다)
   • 숙박업 업종 간 변경
   • 미용업 업종 간 변경

23 과징금을 기한 내에 납부하지 아니한 경우에 이를 징수하는 방법은?

① 지방세 체납처분의 예에 의하여 징수

② 부가가치세 체납처분의 예에 의하여 징수

③ 법인세 체납처분의 예에 의하여 징수

④ 소득세 체납처분의 예에 의하여 징수

! 시·군·구청장은 규정에 의한 과징금을 납부하여야 할 자가 납부기한까지 이를 납부하지 아니한 경우에는 「지방세 외 수입금의 징수 등에 관한 법률」에 따라 징수한다.

24 공중위생 영업소의 위생서비스 평가계획을 수립하는 자는?

① 시·도지사

② 안전행정부장관

③ 대통령

④ 시장·군수·구청장

! 시·도지사는 공중위생 영업소(관광숙박업의 경우를 제외한다)의 위생관리수준을 향상시키기 위하여 위생서비스 평가계획을 수립하여 시장·군수·구청장에게 통보하여야 한다.

25 이·미용업 영업과 관련하여 과태료 부과대상이 아닌 사람은?

① 위생관리 의무를 위반한 자

② 위생교육을 받지 않은 자

③ 무신고 영업자

④ 관계공무원 출입, 검사 방해자

! 신고를 하지 아니한 자는 1년 이하의 징역 또는 1천만 원 이하의 벌금에 처한다.

26 이·미용업소 내에 게시하지 않아도 되는 것은?

① 이·미용업 신고증

② 개설자의 면허증 원본

③ 근무자의 면허증 원본

④ 이·미용 요금표

27 다음 중 이·미용사 면허를 받을 수 없는 자는?

① 교육부장관이 인정하는 고등기술학교에서 6개월 이상 이·미용에 관한 소정의 과정을 이수한 자
② 전문대학에서 이·미용에 관한 학과를 졸업한 자
③ 국가기술자격법에 의한 이·미용사의 자격을 취득한 자
④ 고등학교에서 이·미용에 관한 학과를 졸업한 자

!
- 전문대학 또는 이와 동등 이상의 학력이 있다고 교육부장관이 인정하는 학교에서 이용 또는 미용에 관한 학과를 졸업한 자
- 대학 또는 전문대학을 졸업한 자와 동등 이상의 학력이 있는 것으로 인정되어 이용 또는 미용에 관한 학위를 취득한 자
- 고등학교 또는 이와 동등의 학력이 있다고 교육부장관이 인정하는 학교에서 이용 또는 미용에 관한 학과를 졸업한 자
- 교육부장관이 인정하는 고등기술학교에서 1년 이상 이용 또는 미용에 관한 소정의 과정을 이수한 자
- 국가기술자격법에 의한 이용사 또는 미용사의 자격을 취득한 자

28 다음 중 공중위생감시원을 두는 곳을 모두 고른 것은?

㉠ 특별시	㉡ 광역시
㉢ 도	㉣ 군

① ㉡, ㉢
② ㉠, ㉢
③ ㉠, ㉡, ㉢
④ ㉠, ㉡, ㉢, ㉣

!
관계공무원의 업무를 행하게 하기 위하여 특별시·광역시·도 및 시·군·구(자치구에 한한다)에 공중위생감시원을 둔다.

29 피부표면에 물리적인 장벽을 만들어 자외선을 반사하고 분산하는 자외선 차단 성분은?

① 옥틸메톡시신나메이트
② 파라아미노안식향산
③ 이산화티탄
④ 벤조페논

!
이산화티탄의 표면에 조사되는 자외선의 강도에 따라 분해할 수 있는 물질량이 결정된다.

30 다량의 유성 성분을 물에 일정 기간 동안 안정한 상태로 균일하게 혼합시키는 화장품 제조기술은?

① 유화
② 경화
③ 분산
④ 가용화

!
유화란 서로 섞이지 않는 성질의 물질을 섞인 상태로 유지시키도록 만들어주는 과정을 말한다. 분산은 용질 입자들이 용매 속에 불균일하게 퍼져 있는 상태, 가용화는 물에 기름이 작은 집합체로 혼합되어 있는 형태와 같은 것이다.

31 화장품의 원료로 알코올의 작용에 대한 설명으로 틀린 것은?

① 다른 물질과 혼합해서 그것을 녹이는 성질이 있다.
② 소독작용이 있어 화장수, 양모제 등에 사용한다.
③ 흡수작용이 강하기 때문에 건조의 목적으로 사용한다.
④ 피부에 자극을 줄 수도 있다.

!
화장품에서 알코올은 피부에 수렴효과와 시원한 청량감을 주며 살균작용과 소독작용을 한다. 다른 물질과 혼합하여 녹이는 성질이 있으며 피부에 자극을 줄 수 있다.

32 기초 화장품을 사용하는 목적이 아닌 것은?

① 세안　　　　② 피부정돈
③ 피부보호　　④ 피부결점 보완

> ! 기초화장품은 세안을 하고 피부정돈을 하여 보호하는 역할을 한다.

33 네일 에나멜에 대한 설명으로 틀린 것은?

① 손톱에 광택을 부여하고 아름답게 할 목적으로 사용하는 화장품이다.
② 피막 형성제로 톨루엔이 함유되어 있다.
③ 대부분 니트로셀룰로오스를 주성분으로 한다.
④ 안료가 배합되어 손톱에 아름다운 색채를 부여하기 때문에 네일 컬러라고도 한다.

> ! 피막 형성제는 니트로셀룰로오스이다.

34 다음 중 화장품의 4대 요건이 아닌 것은?

① 안전성　　② 안정성
③ 유효성　　④ 기능성

> ! **화장품의 4대 요건**
> • 안전성 : 피부에 무자극, 무알러지, 무독성이어야 한다.
> • 안정성 : 사용 중 변질, 변취, 변색, 미생물 오염, 산화 등이 없어야 한다.
> • 사용성 : 사용감, 편리함, 기호성이 좋아야 한다.
> • 유효성 : 세정, 보습, 미백, 주름개선 등 목적에 맞는 효능 효과가 있어야 한다.

35 다음 중 햇빛에 노출했을 때 색소침착의 우려가 있어 사용 시 유의해야 하는 에센셜 오일은?

① 라벤더　　② 티트리
③ 제라늄　　④ 레몬

> ! 레몬은 시트러스 계열로 해독작용과 이뇨작용이 있지만, 광독성으로 자외선 감착성을 높여 발적, 색소침착, 염증 등을 유발한다.

36 신경조직과 관련된 설명으로 옳은 것은?

① 말초신경은 외부나 체내에 가해진 자극에 의해 감각기에 발생한 신경흥분을 중추신경에 전달한다.
② 중추신경계의 체성신경은 12쌍의 뇌신경과 31쌍의 척수신경으로 이루어져 있다.
③ 중추신경계는 뇌신경, 척수신경 및 자율신경으로 구성된다.
④ 말초신경은 교감신경과 부교감신경으로 구성된다.

> ! 중추신경계는 뇌와 척수, 말초신경계는 체성신경계와 자율신경계로 이루어진다.

37 하이포니키움(하조피)에 대한 설명으로 옳은 것은?

① 네일 매트릭스를 병원균으로부터 보호한다.
② 손톱아래 살과 연결된 끝부분으로 박테리아의 침입을 막아준다.
③ 손톱 측면의 피부로 네일베드와 연결된다.
④ 매트릭스 윗부분으로 손톱을 성장시킨다.

> ! 하조피는 하이포니키움으로 손톱을 세균의 침입으로부터 보호한다.

기출문제

38 손톱의 생리적인 특성에 대한 설명으로 틀린 것은?

① 일반적으로 1일 평균 0.1~0.15mm 정도 자란다.
② 손톱의 성장은 조소피의 조직이 경화되면서 오래된 세포를 밀어내는 현상이다.
③ 손톱의 본체는 각질층이 변형된 것으로 얇은 층이 겹으로 이루어져 단단한 층을 이루고 있다.
④ 주로 경단백질인 케라틴과 이를 조성하는 아미노산 등으로 구성되어 있다.

> ! 피부 밑에 묻혀 있는 루트에서 네일의 성장이 시작되며 새로운 세포가 만들어진다.

39 손톱의 구조에 대한 설명으로 옳은 것은?

① 매트릭스(조모) – 손톱의 성장이 진행되는 곳으로 이상이 생기면 손톱의 변형을 가져온다.
② 네일 베드(조상) – 손톱의 끝부분에 해당되며 손톱의 모양을 만들 수 있다.
③ 루눌라(반월) – 매트릭스와 네일 베드가 만나는 부분으로 미생물 침입을 막는다.
④ 네일 바디(조체) – 손톱 측면으로 손톱과 피부를 밀착시킨다.

> ! • 네일 베드(조상) : 네일 밑에 위치하여 바디를 받치고 있으며, 신경세포와 혈관이 분포되어 신진대사와 수분을 공급하는 역할을 한다.
> • 루눌라(반월) : 케라틴화가 완전하게 되지 않은 바디의 베이스에 있는 반달모양의 백색 부분이다.
> • 네일 바디(조체) : 손톱 자체를 말하며, 아랫부분은 약하고 윗부분으로 갈수록 단단한 보호작용을 해주는 각질세포이다.

40 네일의 길이와 모양을 자유롭게 조절할 수 있는 것은?

① 프리에지(자유연)
② 네일 그루브(조구)
③ 네일 폴드(조주름)
④ 에포키니움(조상피)

> ! • 네일 그루브(조구) : 네일 베드(조상)의 양쪽 측면 패인 곳을 말한다.
> • 네일 폴드(조주름) : 네일루트가 묻혀 있는 네일의 베이스에 피부가 깊게 접혀 있는 것을 말한다.
> • 에포니키움(조상피) : 네일의 베이스에 있는 가는 선의 피부를 말한다.

41 고객을 위한 네일 미용인의 자세가 아닌 것은?

① 고객의 경제 상태 파악
② 고객의 네일 상태 파악
③ 선택 가능한 시술방법 설명
④ 선택 가능한 관리방법 설명

> ! 고객을 만족시키기 위해 관리를 하는데 고객의 경제 상태를 파악하거나 사생활에 다가가면 부담스러움을 느낄 수 있으므로 피하는 것이 좋다.

42 큐티클이 과잉 성장하여 손톱 위로 자라는 질병은?

① 표피조막(테레지움)
② 교조증(오니코파지)
③ 조갑비대증(오니콕시스)
④ 고랑 파진 소톱(퍼로우 네일)

> ! • 오니코파지(교조증) : 심리적으로 불안한 상태일 때 습관적으로 손톱을 심하게 물어뜯어 생기는 현상으로 인조 손톱을 붙이거나 꾸준하게 매니큐어링을 하며 관리한다.
> • 오니콕시스(조갑비대증) : 작은 신발을 장시간 신거나, 손·발톱의 과잉 성장으로 인해 비정상적으로 두꺼워지는 현상으로 부드럽게 파일하고 부석가루로 문지르며 관리한다.
> • 퍼로우(Furrow) : 표면에 가로, 세로로 골이 지고 능선이 생긴 손톱으로 영양결핍, 고열, 아연결핍, 위장장애, 순환계의 이상, 임신, 홍역 등 건강상태가 좋지 않을 때 나타나는데, 불규칙한 손톱표면은 파일로 부드럽게 갈아서 관리해준다.

43 변색된 손톱(Discolored Nails)의 특성이 아닌 것은?

① 네일 바디에 퍼런 멍이 반점처럼 나타난다.

② 혈액순환이나 심장이 좋지 못한 상태에서 나타날 수 있다.

③ 베이스코트를 바르지 않고 유색 네일 폴리시를 바를 경우 나타날 수 있다.

④ 손톱의 색상이 청색, 황색, 검푸른색, 자색 등으로 나타난다.

!
• 조갑변색(변색된 손톱) : 베이스코트를 생략하고 유색 에나멜을 바른 경우나, 빈혈이나 심장질환, 혈액순환이 좋지 못한 경우 손톱의 색깔이 자색이나 황색, 푸른색, 적색 등으로 변하는 것이다.
• 멍든 손톱(혈종) : 외부의 충격에 의하거나, 베드에 어떤 손상을 받았을 때 네일 플레이트 밑에 피가 응결된 상태이므로 손톱에 무리가 가지 않도록 하며 인조 네일은 하지 않는 것이 좋다.

44 건강한 손톱의 특성이 아닌 것은?

① 매끄럽고 광택이 나며 반투명한 핑크빛을 띤다.

② 약 8~12%의 수분을 함유하고 있다.

③ 모양이 고르고 표면이 균일하다.

④ 탄력이 있고 단단하다.

!
건강한 손톱은 약 15~18%의 수분을 함유하고 있다.

45 둘째~다섯째 손가락에 작용을 하며 손허리뼈의 사이를 메워주는 손의 근육은?

① 벌레근(충양근)

② 뒤침근(회의근)

③ 손가락폄근(지신근)

④ 엄지맞섬근(무지대립근)

!
벌레근인 충양근은 제2~5 손허리 손가락 관절을 굽혀주며 손가락뼈 사이 관절을 구부리도록 메워주는 근육이다.

46 젤 램프기기와 관련한 설명으로 틀린 것은?

① LED 램프는 400~700nm 정도의 파장을 사용한다.

② UV 램프는 UV-A 파장 정도를 사용한다.

③ 젤 네일에 사용되는 광선은 자외선과 적외선이다.

④ 젤 네일의 광택이 떨어지거나 경화속도가 떨어지면 램프를 교체함이 바람직하다.

47 매니큐어의 어원으로 손을 지칭하는 라틴어는?

① 패디스(Pedis)

② 마누스(Manus)

③ 큐라(Cura)

④ 매니스(Manis)

!
라틴어에서 손을 뜻하는 마누스(Manus)와 관리를 뜻하는 큐라(Cura)에서 파생된 단어이다.

48 손톱의 특징에 대한 설명으로 틀린 것은?

① 네일 바디와 네일 루트는 산소를 필요로 한다.

② 지각신경이 집중되어 있는 반투명의 각질판이다.

③ 손톱의 경도는 함유된 수분의 함량이나 각질의 조성에 따라 다르다.

④ 네일 베드의 모세혈관으로부터 산소를 공급받는다.

!
네일 바디와 루트의 조체는 산소를 필요로 하지 않지만, 조모와 조소피는 산소를 필요로 한다.

기출문제

49 네일관리의 유래와 역사에 대한 설명으로 틀린 것은?

① 중국에서는 네일에도 연지를 발라 '조홍'이라 하였다.
② 기원전 시대에는 관목이나 음식물, 식물 등에서 색상을 추출하였다.
③ 고대 이집트에서 왕족은 짙은 색으로 낮은 계층의 사람들은 옅은 색만을 사용하게 하였다.
④ 중세시대에는 금색이나 은색 또는 검정이나 흑적색 등의 색상으로 특권층의 신분을 표시했다.

> ! • 중세시대에는 전쟁터에 나가기 전 입술과 손톱에 동일한 색으로 염료를 이용하여 칠하고, 특이한 머리모양을 하였다.
> • 기원전 600년경 중국 귀족들은 금색이나 은색을 발랐고, 15세기쯤에는 명나라 왕조들이 흑색과 적색을 손톱에 발랐다

50 몸쪽 손목뼈(근위 수근골)가 아닌 것은?

① 손배뼈(주상골)
② 알머리뼈(유두골)
③ 세모뼈(삼각골)
④ 콩알뼈(두상골)

> ! 수근골은 8개의 불규칙하고 작은 뼈인데 그중 근위에는 손배뼈(주상골), 세모뼈(삼각골), 콩알뼈(두상골), 반달뼈가 있고 원위에는 알머리뼈(유두골), 갈꼬리뼈, 큰마름뼈, 작은마름뼈가 있다.

51 파고드는 발톱을 예방하기 위한 발톱 모양으로 적합한 것은?

① 라운드형　　② 스퀘어형
③ 포인트형　　④ 오벌형

> ! 발톱이 파고드는 것을 방지하기 위하여 둥근형보다는 일자형으로 자르고 파일링한다.

52 매니큐어 시술에 관한 설명으로 옳은 것은?

① 손톱모양을 만들 때 양쪽 방향으로 파일링한다.
② 큐티클은 상조피 바로 밑 부분까지 깨끗하게 제거한다.
③ 네일 폴리시를 바르기 전에 유분기는 깨끗하게 제거한다.
④ 자연 네일이 약한 고객은 네일 컬러링 후 탑코트를 2회 바른다.

> ! 매니큐어 시술 시 손톱의 유분기를 깨끗하게 제거하여야 발림성이 좋고 발색이 잘 된다.

53 아크릴릭 네일의 시술과 보수에 관련된 내용으로 틀린 것은?

① 공기방울이 생긴 인조 네일은 촉촉하게 젖은 브러시의 사용으로 인해 나타날 수 있는 현상이다.
② 노랗게 변색되는 인조 네일은 제품과 시술하는 과정에서 발생한 것으로 보수를 해야 한다.
③ 적절한 온도 이하에서 시술했을 경우 인조 네일에 금이 가거나 깨지는 현상이 나타날 수 있다.
④ 기존에 시술되어진 인조 네일과 새로 자라나온 자연 네일을 자연스럽게 연결해주어야 한다.

54 자연 네일의 형태 및 특성에 따른 네일 팁 적용 방법으로 옳은 것은?

① 넓적한 손톱에는 끝이 좁아지는 내로우 팁을 적용한다.
② 아래로 향한 손톱에는 커브 팁을 적용한다.
③ 위로 솟아오른 손톱에는 옆선에 커브가 없는 팁을 적용한다.
④ 물어뜯는 손톱에는 팁을 적용할 수 없다.

> ! 네일 팁이란 인조네일을 말하며, 손톱이 부러졌거나 짧은 손톱에 인위적으로 연장하여 시술하는 방법이다.

55 그라데이션 기법의 컬러링에 대한 설명으로 틀린 것은?

① 색상 사용의 제한이 없다.
② 스폰지를 사용하여 시술할 수 있다.
③ UV젤 적용 시에도 활용할 수 있다.
④ 일반적으로 큐티클 부분으로 갈수록 컬러링 색상이 자연스럽게 진해지는 기법이다.

56 아크릴릭 네일 재료인 프라이머에 대한 설명으로 틀린 것은?

① 손톱 표면의 유·수분을 제거해주고 건조시켜 주어 아크릴의 접착력을 강화해 준다.
② 산성 제품으로 피부에 화상을 입힐 수 있으므로 최소량만을 사용한다.
③ 인조 네일 전체에 사용하며 방부제 역할을 해준다.
④ 손톱 표면의 pH 밸런스를 맞춰준다.

> ! 프라이머는 pH의 균형조절 및 방부역할을 하며 인조 네일이 아닌 자연 네일에 소량 도포한다.

57 손톱의 프리에지 부분을 유색 폴리시로 칠해주는 컬러링 테크닉은?

① 프렌치 매니큐어
② 핫오일 매니큐어
③ 레귤러 매니큐어
④ 파라핀 매니큐어

> ! 프렌치(French) 매니큐어는 프리에지 부분에 컬러링하는 방법이다.

58 오렌지 우드스틱의 사용 용도로 적합하지 않은 것은?

① 큐티클을 밀어 올릴 때
② 폴리시의 여분을 닦아낼 때
③ 네일 주위의 굳은살을 정리할 때
④ 네일 주위의 이물질을 제거할 때

> ! 네일 주위의 굳은살을 정리할 때는 니퍼를 사용한다.

59 투톤 아크릴 스컬프처의 시술에 대한 설명으로 틀린 것은?

① 프렌치 스컬프처라고도 한다
② 화이트 파우더 특성상 프리에지가 퍼져 보일 수 있으므로 핀칭에 유의해야 한다.
③ 스트레스 포인트에 화이트 파우더가 얇게 시술되면 떨어지기 쉬우므로 주의한다.
④ 스퀘어 모양을 잡기 위해 파일은 30도 정도 살짝 기울여 파일링한다.

> ! 스퀘어 모양을 잡기 위해 파일은 90도 정도 기울여 파일링한다.

60 젤 네일에 관한 설명으로 틀린 것은?

① 아크릴릭에 비해 강한 냄새가 없다.
② 일반 네일 폴리시에 비해 광택이 오래 지속된다.
③ 소프트 젤은 아세톤에 녹지 않는다.
④ 젤 네일은 하드 젤과 소프트 젤로 구분된다.

> **!** 젤 네일을 제거할 때는 퓨어 아세톤을 이용하여야 한다.

정답   :: 기출문제

01	02	03	04	05	06	07	08	09	10
③	③	③	①	③	④	③	③	③	④
11	12	13	14	15	16	17	18	19	20
③	②	④	②	③	④	③	①	④	④
21	22	23	24	25	26	27	28	29	30
④	모두 답	모두 답	①	③	③	①	④	③	①
31	32	33	34	35	36	37	38	39	40
③	④	②	④	④	①	②	②	①	①
41	42	43	44	45	46	47	48	49	50
①	①	①	②	①	③	②	①	④	②
51	52	53	54	55	56	57	58	59	60
②	③	①	①	④	③	①	③	④	③

기출문제 (2015년 4월 4일 시행)

자격종목	시험시간	형별	수험번호	성명
네일미용사	1시간	A		

01 다음 중 감염병 유행의 3대 요소는?

① 병원체, 숙주, 환경
② 환경, 유전, 병원체
③ 숙주, 유전, 환경
④ 감수성, 환경, 병원체

> ❗ 질병발생의 3대 요인은 병인(병원체), 숙주, 환경이다.

02 일반적으로 이·미용업소의 실내 쾌적 습도 범위로 가장 알맞은 것은?

① 10~20%   ② 20~40%
③ 40~70%   ④ 70~90%

> ❗ 쾌적한 실내온도는 거실 18±2℃, 침실 15±1℃, 병실 21±2℃, 실내습도 40~70%이다.

03 자력으로 의료문제를 해결할 수 없는 생활 무능력자 및 저소득층을 대상으로 공적으로 의료를 보장하는 제도는?

① 의료보험   ② 의료보호
③ 실업보험   ④ 연금보험

> ❗
> • 의료보호 : 생활이 곤란한 자에 대하여 의료보호를 실시하기 위해 제정된 법률이다.
> • 의료보험 : 사회보험의 한 분야로서 상병(傷病)을 보험사고(保險事故)로 하는 제도의 총칭이다.

04 공중보건학의 범위 중 보건관리 분야에 속하지 않는 사업은?

① 보건통계
② 사회보장 제도
③ 보건행정
④ 산업보건

> ❗ **공중보건학의 분야**
> • 환경보건 분야 : 환경위생, 식품위생, 환경보전과 환경오염, 산업보건
> • 질병관리 분야 : 역학, 감염병관리, 기생충질병관리, 만성질병관리
> • 보건관리 분야 : 보건행정, 인구보건, 가족보건, 모자보건, 학교보건, 보건교육, 보건통계
> • 의료보장제도 등

05 다음 중 수인성 감염병에 속하는 것은?

① 유행성 출혈열
② 성홍열
③ 세균성 이질
④ 탄저병

> ❗ **수인성 감염병**
> • 병원성 미생물이 오염된 물에 의해서 전달되는 질병
> • 세균성 이질, 장티푸스, 파라티푸스, 장출혈성 대장균 등

기출문제

06 인공조명을 할 때 고려사항 중 틀린 것은?

① 광색은 주광색에 가깝고, 유해 가스의 발생이 없어야 한다.
② 열의 발생이 적고, 폭발이나 발화의 위험이 없어야 한다.
③ 균등한 조도를 위해 직접조명이 되도록 해야 한다.
④ 충분한 조도를 위해 빛이 좌상방에서 비춰줘야 한다.

> !
> • 직접 조명은 광원에서 빛을 직접 비치게 하는 조명으로 눈에 직접 닿아 눈이 부시고 시력이 약해져 전원, 공장 등에 쓰인다.
> • 조도는 작업상 충분하며, 광색은 주광색에 가깝다.
> • 유해가스가 발생되지 않아야 하고, 조도를 균등히 유지할 수 있도록 고려해야 한다.

07 솔라닌(Solanin)이 원인이 되는 식중독과 관계 깊은 것은?

① 버섯   ② 복어
③ 감자   ④ 조개

> !
> 버섯은 무스카린, 복어는 테트로톡신, 조개는 베네루핀, 삭시톡신이 원인이 된다.

08 미생물의 발육과 그 작용을 제거하거나 정지시켜 음식물의 부패나 발효를 방지하는 것은?

① 방부   ② 소독
③ 살균   ④ 살충

> !
> • 살균 : 세균 자체를 죽이는 것이다.
> • 멸균 : 모든 미생물을 완전히 사멸 또는 제거하여 무균의 상태로 만든다.
> • 소독 : 병원미생물을 사멸 또는 그 수를 감소시키거나 병원성을 약화시켜 감염이 일어나지 않는 안전한 상태로 만든다.

09 물의 살균에 많이 이용되고 있으며 산화력이 강한 것은?

① 포름알데히드(Formaldehyde)
② 오존(O_3)
③ E.O(Ethylene Oxide) 가스
④ 에탄올(Ethanol)

> !
> 수돗물에는 물속의 각종 세균 및 바이러스 등 불순물을 살균처리하기 위하여 소독을 하는데 크게 염소소독법, 오존살균처리법, 자외선살균처리법으로 3종류가 있다.

10 소독제를 수돗물로 희석하여 사용할 경우 가장 주의해야 할 점은?

① 물의 경도   ② 물의 온도
③ 물의 취도   ④ 물의 탁도

> !
> 물은 경도에 따라 경수와 연수로 나뉜다.

11 소독제를 사용할 때 주의사항이 아닌 것은?

① 취급 방법
② 농도 표시
③ 소독제병의 세균오염
④ 알코올 사용

12 다음 중 금속제품 기구소독에 가장 적합하지 않은 것은?

① 알코올
② 역성비누
③ 승홍수
④ 크레졸수

> !
> 승홍수는 금속을 부식시키므로 금속제품 기구소독에 적합하지 않다.

13 다음 중 하수도 주위에 흔히 사용되는 소독제는?

① 생석회
② 포르말린
③ 역성비누
④ 과망간산칼륨

> ! 분변, 하수, 오수, 오물, 토사물 등에 생석회를 사용한다.

14 개달전염(介達傳染)과 무관한 것은?

① 의복　　　② 식품
③ 책상　　　④ 장난감

> ! 개달전염은 오염물질이 전염원으로부터 시간적, 거리적으로 상당히 떨어진 곳에서 감염되는 것을 말한다.

15 피부구조에서 지방세포가 주로 위치하고 있는 곳은?

① 각질층　　　② 진피
③ 피하조직　　④ 투명층

> ! 피하조직은 진피와 근육, 뼈 사이에 지방을 다량 함유하고 있는 조직이다.

16 다음 중 기미의 생성 유발 요인이 아닌 것은?

① 유전적 요인
② 임신
③ 갱년기 장애
④ 갑상선 기능 저하

> ! 기미의 생성 유발 요인은 외적요인(자외선, 습관, 잘못된 화장품 사용)과 내적요인(부신피질 기능저하, 임신, 유산, 간기능저하, 스트레스) 등이 있다.

17 외인성 피부질환의 원인과 가장 거리가 먼 것은?

① 유전인자
② 산화
③ 피부건조
④ 자외선

> ! 유전인자는 내인성 원인이다.

18 다음 중 원발진에 해당하는 피부변화는?

① 가피
② 미란
③ 위축
④ 구진

> ! 가피, 미란, 위축은 속발진, 구진은 원발진에 해당한다.

19 자외선으로부터 어느 정도 피부를 보호하며 진피조직에 투여하면 피부주름과 처짐 현상에 가장 효과적인 것은?

① 콜라겐
② 엘라스틴
③ 무코다당류
④ 멜라닌

> ! 콜라겐은 동물의 피부에서 추출하며, 피부에 수분을 보유시켜 화장품에 사용한다.

기출문제

20 정상피부와 비교하여 점막으로 이루어진 피부의 특징으로 옳지 않은 것은?

① 혀와 경구개를 제외한 입안의 점막은 과립층을 가지고 있다.
② 당김미세섬유사(Tonofilament)의 발달이 미약하다.
③ 미세융기가 잘 발달되어 있다.
④ 세포에 다량의 글리코겐이 존재한다

21 성장기 어린이의 대사성 질환으로 비타민 D 결핍 시 뼈 발육에 변형을 일으키는 것은?

① 석회결석
② 골막파열증
③ 괴혈증
④ 구루병

> ! 비타민 D 결핍시 구루병, 성장불량, 골연화증 등이 나타난다.

22 시·도지사 또는 시장·군수·구청장은 공중위생관리상 필요하다고 인정하는 때에 공중위생영업자 등에 대하여 필요한 조치를 취할 수 있다. 이 조치에 해당하는 것은?

① 보고   ② 청문
③ 감독   ④ 협의

> ! 특별시장·광역시장·도지사 또는 시장·군수·구청장은 공중위생관리상 필요하다고 인정하는 때에는 공중위생영업자 및 공중이용시설의 소유자 등에 대하여 필요한 보고를 하게 하거나 소속공무원으로 하여금 영업소·사무소·공중이용시설 등에 출입하여 공중위생영업자의 위생관리의무이행 및 공중이용시설의 위생관리실태 등에 대하여 검사하게 하거나 필요에 따라 공중위생영업장부나 서류를 열람하게 할 수 있다.

23 법령상 위생교육에 대한 기준으로 (   ) 안에 적합한 것은?

> 공중위생관리법령상 위생교육을 받은 자가 위생교육을 받은 날부터 (   ) 이내에 위생 교육을 받은 업종과 같은 업종의 영업을 하려는 경우에는 해당 영업에 대한 위생 교육을 받은 것으로 본다.

① 2년   ② 2년 6월
③ 3년   ④ 3년 6월

> ! 위생교육을 받은 자가 위생교육을 받은 날부터 2년 이내에 위생교육을 받은 업종과 같은 업종의 영업을 하려는 경우에는 해당 영업에 대한 위생교육을 받은 것으로 본다.

24 미용사에게 금지되지 않는 업무는 무엇인가?

① 얼굴의 손질 및 화장을 행하는 업무
② 의료기기를 사용하는 피부관리 업무
③ 의약품을 사용하는 눈썹손질 업무
④ 의약품을 사용하는 제모

> ! • 미용업(일반): 파마·머리카락 자르기·머리카락 모양내기·머리피부손질·머리카락염색·머리감기, 의료기기나 의약품을 사용하지 아니하는 눈썹손질을 하는 영업
> • 미용업(피부): 의료기기나 의약품을 사용하지 아니하는 피부상태분석·피부관리·제모(除毛)·눈썹손질을 하는 영업
> • 미용업(손톱·발톱): 손톱과 발톱을 손질·화장(化粧)하는 영업
> • 미용업(화장·분장): 얼굴 등 신체의 화장, 분장 및 의료기기나 의약품을 사용하지 아니하는 눈썹손질을 하는 영업
> • 미용업(종합): 위 업무를 모두 하는 영업

25 다음 중 이·미용업에 있어서 과태료 부과대상이 아닌 사람은?

① 위생관리 의무를 지키지 아니한 자
② 영업소 외의 장소에서 이용 또는 미용 업무를 행한 자
③ 보건복지부령이 정하는 중요사항을 변경하고도 변경 신고를 하지 아니한 자
④ 관계 공무원의 출입·검사를 거부·기피 방해한 자

> ! ① 200만원 이하의 과태료
> ② 200만원 이하의 과태료
> ④ 300만원 이하의 과태료

26 손님에게 음란행위를 알선한 사람에 대한 관계행정기관의 장의 요청이 있는 때 1차 위반에 대하여 행할 수 있는 행정처분으로 영업소와 업주에 대한 행정 처분기준이 바르게 짝지어진 것은?

① 영업정지 1월 - 면허정지 1월
② 영업정지 1월 - 면허정지 2월
③ 영업정지 2월 - 면허정지 2월
④ 영업정지 3월 - 면허정지 3월

> ! 손님에게 음란행위를 알선한 사람에 대한 관계행정기관장의 요청이 있는 때 영업소와 업주에 대한 행정처분기준 : 1차 위반 시 영업정지 2월 - 면허정지 2월, 2차 위반 시 영업정지 3월 - 면허정지 3월, 3차 위반 시 영업장 폐쇄명령 - 면허취소

27 이·미용업 영업장 안의 조명도 기준은?

① 50룩스 이상
② 75룩스 이상
③ 100룩스 이상
④ 125룩스 이상

> ! 이·미용업 영업장 안의 조명도 기준은 75룩스 이상이다.

28 이·미용업 영업신고를 하면서 신고인이 확인에 동의하지 아니하는 때에 첨부하여야 하는 서류가 아닌 것은?(단, 신고인이 전자정부법에 따른 행정정보의 공동이용을 통한 확인에 동의하지 아니하는 경우임)

① 영업시설 및 설비개요서
② 교육필증
③ 이·미용사 자격증
④ 면허증

> ! • 교육필증
> • 국유재산 사용허가서
> • 철도사업자와 체결한 철도시설 사용계약에 관한 서류
> • 소방본부장 또는 소방서장이 발급하는 안전시설 등 완비증명서
> • 건축물대장
> • 토지이용계획확인서
> • 전기안전점검확인서
> • 면허증(이용업·미용업의 경우에만 해당한다)

29 동물성 단백질의 일종으로 피부의 탄력유지에 매우 중요한 역할을 하며 피부의 파일을 방지하는 스프링 역할을 하는 것은?

① 아줄렌
② 엘라스틴
③ 콜라겐
④ DNA

> ! 엘라스틴은 수분증발 억제작용으로 피부 파열을 방지한다.

30 식물의 꽃, 잎, 줄기, 뿌리, 씨, 과피, 수지 등에서 방향성이 높은 물질을 추출한 휘발성 오일은?

① 동물성오일
② 에센셜오일
③ 광물성오일
④ 밍크오일

> ! • 에센셜(아로마)오일 : 천연오일로 치유적 효능을 가지고 있으며 인체 적용 시 진정, 혹은 통증완화, 호르몬 밸런스 등의 효능이 있다.
> • 동물성오일 : 밍크오일, 난황오일, 스쿠알란
> • 광물성오일 : 바세린, 유동파라핀

기출문제

31 화장품의 피부흡수에 관한 설명으로 옳은 것은?

① 분자량이 적을수록 피부흡수율이 높다.
② 수분이 많을수록 피부흡수율이 높다.
③ 동물성 오일 〈 식물성 오일 〈 광물성 오일 순으로 피부흡수력이 높다.
④ 크림류 〈 로션류 〈 화장수류 순으로 피부흡수력이 높다.

> **!** 분자량이 적으면 피부 침투력이 뛰어나다.

32 여드름 피부에 맞는 화장품 성분으로 가장 거리가 먼 것은?

① 캄퍼
② 로즈마리 추출물
③ 알부틴
④ 하마멜리스

> **!** 알부틴은 미백용 활성성분으로 월귤나무과에서 추출되며, 하이드로퀴논과 유사한 구조로 활성산소를 억제한다.

33 보습제가 갖추어야 할 조건으로 틀린 것은?

① 다른 성분과 혼용성이 좋을 것
② 모공수축을 위해 휘발성이 있을 것
③ 적절한 보습능력이 있을 것
④ 응고점이 낮을 것

> **!** 휘발성이 없고, 보습력이 환경조건변화(온도, 습도, 바람)의 영향을 쉽게 받지 않아야 한다.

34 메이크업 화장품에 주로 사용되는 제조방법은?

① 유화   ② 가용화
③ 겔화   ④ 분산

> **!**
> • 분산 : 물 또는 오일 성분에 안료 등의 고체입자를 계면활성제에 의해 균일하게 혼합시키는 것. 마스카라, 파운데이션, 아이라이너 등의 제조방법
> • 유화 : 크림, 로션
> • 가용화 : 화장수, 에센스

35 화장품법상 기능성 화장품에 속하지 않는 것은?

① 미백에 도움을 주는 제품
② 여드름 완화에 도움을 주는 제품
③ 주름개선에 도움을 주는 제품
④ 자외선으로부터 피부를 보호하는 데 도움을 주는 제품

> **!** 기능성 화장품은 피부의 미백에 도움을 주는 제품, 피부의 주름개선에 도움을 주는 제품, 피부를 곱게 태워 주거나 자외선으로부터 피부를 보호하는 데 도움을 주는 제품을 말한다.

36 손톱이 나빠지는 후천적 요인이 아닌 것은?

① 잘못된 푸셔와 니퍼사용에 의한 손상
② 손톱 강화제 사용 빈도수
③ 과도한 스트레스
④ 잘못된 파일링에 의한 손상

> **!** 손톱 강화제의 사용빈도는 손톱이 나빠지는 요인과 관계 없다.

37 손톱의 특성이 아닌 것은?

① 손톱은 피부의 일종이며, 머리카락과 같은 케라틴과 칼슘으로 만들어져 있다.
② 손톱의 손상으로 조갑이 탈락되고 회복되는 데 6개월 정도 걸린다.
③ 손톱의 성장은 겨울보다 여름이 잘 자란다.
④ 엄지손톱의 성장이 가장 느리며, 중지 손톱이 가장 빠르다.

> ! 손톱은 머리카락과 같은 단백질과 칼슘으로 만들어져 있다.

38 고객을 응대할 때 네일아티스트의 자세로 틀린 것은?

① 고객에게 알맞은 서비스를 하여야 한다.
② 모든 고객은 공평하게 하여야 한다.
③ 진상고객은 단념하여야 한다.
④ 안전규정을 준수하고 충실히 하여야 한다.

39 손톱에 색소가 침착되거나 변색되는 것을 방지하고 네일 표면을 고르게 하여 폴리시의 밀착성을 높이는데 사용되는 네일미용 화장품은?

① 탑코트
② 베이스 코트
③ 폴리시 리무버
④ 큐티클 오일

> ! • 탑코트 : 폴리시의 유지기간을 길게 하며 광택을 내는 데 사용한다.
> • 폴리시 리무버 : 폴리시를 제거할 때 사용한다.
> • 큐티클 오일 : 매니큐어 시 수분의 증발을 막고, 큐티클을 부드럽게 하기 위해 사용한다.

40 에나멜을 바르는 방법으로 손톱을 가늘어 보이게 하는 것은?

① 프리에지
② 루눌라
③ 프렌치
④ 프리 월

> ! • 프리에지 : 프리에지만 바르지 않는 방법
> • 루눌라 : 루눌라(반월)만 남기고 바르는 방법
> • 프렌치 : 프리에지에만 바르는 방법

41 골격근에 대한 설명으로 틀린 것은?

① 인체의 약 60%를 차지한다.
② 횡문근이라고도 한다.
③ 수의근이라고도 한다.
④ 대부분이 골격에 부착되어 있다.

> ! 골격근은 인체의 약 40~50%를 차지한다.

42 매니큐어를 가장 잘 설명한 것은?

① 네일 에나멜을 바르는 것이다.
② 손톱모양을 다듬고 색깔을 칠하는 것이다.
③ 손 매뉴얼 테크닉과 네일 에나멜을 바르는 것이다.
④ 손톱모양을 다듬고 큐티클 정리, 컬러링 등을 포함한 관리이다.

> ! 매니큐어는 컬러링, 쉐입, 마사지, 큐티클 정리 등 총체적인 손의 관리를 뜻한다.

43 매니큐어의 유래에 관한 설명 중 틀린 것은?

① 중국은 특권층의 신분을 드러내기 위해 홍화를 손톱에 바르기 시작했다.
② 매니큐어는 고대 희랍어에서 유래된 말로 마누와 큐라의 합성어이다.
③ 17세기 경 인도의 상류층 여성들은 손톱의 뿌리 부분에 신분을 나타내는 목적으로 문신을 했다.
④ 건강을 기원하는 주술적 의미에서 손톱에 빨간색을 물들이게 되었다.

❗ 매니큐어는 라틴어에서 유래된 말로 Manus(손)과 Cura(관리)의 합성어이다.

44 다음 중 하지의 신경에 속하지 않는 것은?

① 총비골 신경
② 액와신경
③ 복재신경
④ 배측신경

❗ 액와신경은 겨드랑이 신경으로 손상 시 어깨통증을 유발한다.

45 표피성 진균증 중 네일몰드는 습기, 열, 공기에 의해 균이 번식되어 발생한다. 이때 몰드가 발생한 수분 함유율이 옳게 표기된 것은?

① 2~5%
② 7~10%
③ 12~18%
④ 23~25%

❗ 자연네일의 수분함유량은 12~18%인데, 23~25%의 습한 네일에 균이 번식되어 몰드가 발생한다.

46 손톱의 역할 및 기능과 가장 거리가 먼 것은?

① 물건을 잡거나 성상을 구별하는 기능
② 작은 물건을 들어 올리는 기능
③ 방어와 공격의 기능
④ 몸을 지탱해주는 기능

❗ 몸을 지탱해주는 기능은 뼈의 기능이다.

47 네일 재료에 대한 설명으로 적합하지 않은 것은?

① 네일 에나멜 시너 - 에나멜을 묽게 해주기 위해 사용한다.
② 큐티클 오일 - 글리세린을 함유하고 있다.
③ 네일블리치 - 20볼륨 과산화수소를 함유하고 있다.
④ 네일보강제 - 자연네일이 강한 고객에게 사용하면 효과적이다.

❗ 자연네일이 약한 고객에게 네일보강제를 사용하면 효과적이다.

48 뼈의 기능이 아닌 것은?

① 지렛대 역할
② 흡수기능
③ 보호작용
④ 무기질 저장

❗ 뼈의 기능 : 지지작용, 운동기능, 보호작용, 조절작용, 저장기능 등

49 매니큐어 시술 시에 미관상 제거의 대상이 되는 손톱을 덮고 있는 각질 세포는?

① 네일 큐티클(Nail Cuticle)
② 네일 플레이트(Nail Plate)
③ 네일 프리에지(Nail Free edge)
④ 네일 그루브(Nail Groove)

!
• 네일 플레이트 : 손톱의 본체
• 네일 프리에지 : 손톱의 끝부분, 피부와 떨어져 있으며 모양과 길이 조절 가능
• 네일 그루브 : 손톱을 따라 자라는 네일 베드의 양측면에 패인 홈

50 다음 (　　) 안의 a와 b에 알맞은 단어를 바르게 짝지은 것은?

(a)는 폴리시 리무버나 아세톤을 담아 펌프식으로 편하게 사용할 수 있다.
(b)는 아크릴 리퀴드를 덜어 담아 사용할 수 있는 용기이다.

① a – 다크디쉬, b – 작은종지
② a – 디스펜서, b – 다크디쉬
③ a – 다크디쉬, b – 디스펜서
④ a – 디스펜서, b – 디펜디쉬

51 페디큐어 시술 과정에서 베이스 코트를 바르기 전 발가락이 서로 닿지 않게 하기 위해 사용하는 도구는?

① 액티베이터
② 콘커터
③ 클리퍼
④ 토우 세퍼레이터

!
• 액티베이터 : 활성제
• 콘커터 : 굳은살 제거
• 클리퍼 : 손톱길이 조절

52 큐티클 정리 및 제거 시 필요한 도구로 알맞은 것은?

① 파일, 탑코트
② 라운드 패드, 니퍼
③ 샌딩블럭, 핑거볼
④ 푸셔, 니퍼

!
• 푸셔 : 네일 주위의 굳은살이나 각질을 밀어 올리는 데 사용
• 니퍼 : 네일 주위의 큐티클을 정리할 때 사용

53 네일 팁 접착 방법의 설명으로 틀린 것은?

① 네일 팁 접착 시 자연 네일의 1/2 이상 덮지 않는다.
② 올바른 각도의 팁 접착으로 공기가 들어가지 않도록 유의한다.
③ 손톱과 네일 팁 전체에 프라이머를 도포한 후 접착한다.
④ 네일 팁 접착할 때 5~10초 동안 누르면서 기다린 후 팁의 양쪽 꼬리부분을 살짝 눌러준다.

!
프라이머는 아크릴릭 네일 시 사용한다.

54 UV 젤 네일 시술 시 리프팅이 일어나는 이유로 적절하지 않은 것은?

① 네일의 유수분기를 제거하지 않고 시술했다.
② 젤을 프리에지까지 시술하지 않았다.
③ 젤을 큐티클 라인에 닿지 않게 시술했다.
④ 큐어링 시간을 잘 지키지 않았다.

!
젤 네일 시술 시 큐티클 라인에 닿게 될 경우 리프팅이 쉽게 된다.

기출문제

55 습식매니큐어 시술에 관한 설명 중 틀린 것은?

① 베이스코트를 가능한 얇게 1회 전체에 바른다.
② 벗겨짐을 방지하기 위해 도포한 폴리시를 완전히 커버하여 탑코트를 바른다.
③ 프리에지 부분까지 깔끔하게 바른다.
④ 손톱의 길이 정리는 클리퍼를 사용할 수 없다.

56 아크릴릭 네일의 설명으로 맞는 것은?

① 두꺼운 손톱 구조로만 완성되며 다양한 형태는 만들 수 없다.
② 투톤 스캅춰인 프렌치 스캅춰에 적용할 수 없다.
③ 물어뜯는 손톱에 사용하여서는 안 된다.
④ 네일 폼을 사용하여 다양한 형태로 조형이 가능하다.

> ! 파우더의 종류에 따라서 원톤, 투톤 스캅춰 적용이 가능하다. 네일 폼을 사용하여 다양하게 조형이 가능하며, 내구성이 강하기 때문에 물어뜯는 손톱에도 효과적이다.

57 아크릴릭 스캅춰 시술 시 손톱에 부착해 길이를 연장하는데 받침대 역할을 하는 재료로 옳은 것은?

① 네일 폼
② 리퀴드
③ 모노머
④ 아크릴 파우더

58 다른 쉐입보다 강한 느낌을 주며, 대회용으로 많이 사용되는 손톱모양은?

① 오벌 쉐입
② 라운드 쉐입
③ 스퀘어 쉐입
④ 아몬드형 쉐입

> ! • 스퀘어 : 대회, 시험에서 주로 사용하는 쉐입
> • 라운드 : 남녀노소 누구나 즐겨하며, 짧은 손톱에도 가능
> • 오벌 : 여성들이 선호하는 쉐입, 타원형
> • 아몬드형 : 포인트 쉐입

59 발톱의 쉐입으로 가장 적절한 것은?

① 라운드형
② 오발형
③ 스퀘어형
④ 아몬드형

> ! 파고드는 발톱이 되지 않기 위해서 발톱은 스퀘어로 조형한다.

60 아크릴릭 보수 과정 중 옳지 않은 것은?

① 심하게 들뜬 부분은 파일과 니퍼를 적절히 사용하여 세심히 잘라내고 경계가 없도록 파일링 한다.
② 새로 자라난 손톱 부분에 에칭을 주고 프라이머를 바른다.
③ 적절한 양의 비드로 큐티클 부분에 자연스러운 라인을 만든다.
④ 새로 비드를 얹은 부위는 파일링이 필요하지 않다.

> ! 새로 비드(볼)를 올린 부분의 표면이나 경계를 매끄럽게 하기 위해서는 파일링이 필요하다.

01	02	03	04	05	06	07	08	09	10
①	③	②	④	③	③	③	①	②	①
11	12	13	14	15	16	17	18	19	20
④	③	①	②	③	④	①	④	①	①
21	22	23	24	25	26	27	28	29	30
④	①	①	①	③	③	②	③	②	②
31	32	33	34	35	36	37	38	39	40
①	③	②	④	②	②	①	③	②	④
41	42	43	44	45	46	47	48	49	50
①	④	②	②	④	④	④	②	①	④
51	52	53	54	55	56	57	58	59	60
④	④	③	③	④	④	①	③	③	④

기출문제

			수험번호	성명
자격종목	시험시간	형별		
네일미용사	1시간	A		

01 세계보건기구에서 정의하는 보건행정의 범위에 속하지 않는 것은?

① 산업행정　　② 모자보건
③ 환경위생　　④ 감염병 관리

! 세계보건기구에서 정의하는 보건행정의 범위는 보건 관계 기록의 보존, 환경위생과 감염병 관리, 모자보건 과 보건간호이다.

02 질병발생의 3대 요소는?

① 숙주, 환경, 병명
② 병인, 숙주, 환경
③ 숙주, 체력, 환경
④ 감정, 체력, 숙주

! 질병발생 결정 인자 : 병인, 숙주, 환경

03 상수(上水)에서 대장균 검출의 주된 원인은?

① 소독상태가 불량하다.
② 환경위생의 상태가 불량하다.
③ 오염의 지표가 된다.
④ 전염병 발생의 우려가 있다.

! 음용수의 오염지표로는 오염원과 공존이 가능한 대장 균수가 대표적으로 활용된다.

04 결핵예방접종으로 사용하는 것은?

① DPT　　② MMR
③ PPD　　④ BCG

! BCG는 피내주사로 결핵 예방백신으로 이용한다.

05 폐흡충 감염이 발생할 수 있는 경우는?

① 가재를 생식했을 때
② 우렁이를 생식했을 때
③ 은어를 생식했을 때
④ 소고기를 생식했을 때

! **어패류를 통하여 감염되는 기생충**

기생충	서식지	제1중간숙주	제2중간숙주
간흡충 (간디스토마)	강 유역	왜(쇄)우렁	민물고기(잉어, 참붕어, 모래무지 등)
폐흡충 (폐디스토마)	산간지역	다슬기	게, 가재 등
광절열두조충 (긴촌충)	강 유역	물벼룩	담수어, 연어, 숭어 등
횡천흡충 (요꼬가와흡충)	강 유역	다슬기	민물고기(은어, 잉어, 붕어 등)
아니사키스증 (Anisakis)	바다	갑각류	바다생선

06 한 나라의 건강수준을 다른 국가들과 비교할 수 있는 지표로 세계보건기구가 제시한 것은?

① 인구증가율, 평균수명, 비례사망지수
② 비례사망지수, 조사망율, 평균수명
③ 평균수명, 조사망율, 국민소득
④ 의료시설, 평균수명, 주거상태

! WHO(세계보건기구)에서 지정한 국가나 지역사회 간의 보건수준을 비교 평가하는데 사용되는 대표적 지표는 영아사망률, 비례사망지수, 평균수명이다.

07 장티푸스, 결핵, 파상풍 등의 예방접종으로 얻어지는 면역은?

① 인공 능동면역
② 인공 수동면역
③ 자연 능동면역
④ 자연 수동면역

! **면역의 종류**

자연면역	종속, 인종, 개인차에 따라 다름		
획득면역	능동면역	자연능동 면역	각종 감염병에 감염된 후에 형성되는 면역
		인공능동 면역	예방접종에 의해 획득되는 면역
	수동면역	자연수동 면역	모체로부터 태반이나 수유를 통하여 전달받은 면역
		인공수동 면역	다른 사람이나 동물이 형성한 항체를 투여하여 획득되는 면역

08 계면활성제 중 가장 살균력이 강한 것은?

① 음이온성
② 양이온성
③ 비이온성
④ 양쪽이온성

! **계면활성제의 종류**

종류	특징	제품군
양이온 계면활성제	살균 소독작용, 정전기 방지	헤어 린스, 트리트먼트제 등
음이온 계면활성제	세정작용과 기포형성 우수	비누, 샴푸, 클렌징폼, 치약 등
비이온성 계면활성제	피부자극이 가장 적어 피부의 안전성이 높음	화장수의 가용화제, 크림의 유화제, 클렌징크림의 세제 등
양쪽성 계면활성제	세정작용, 피부자극이 적음	저자극 샴푸, 베이비 샴푸 등

09 미생물의 증식을 억제하는 영양의 고갈과 건조 등의 불리한 환경 속에서 생존하기 위하여 세균이 생성하는 것은?

① 아포
② 협막
③ 세포벽
④ 점질층

! 특정한 세균의 체내에 형성되는 원형 또는 타원형의 구조로서 아포는 고온, 건조, 동결, 방사선, 약품 등 물리적·화학적 조건에 대해서 저항력이 강하고, 악조건하에서 아포가 형성된다고 하였다.

10 물리적 소독법에 속하지 않는 것은?

① 건열 멸균법
② 고압증기 멸균법
③ 크레졸 소독법
④ 자비 소득법

! 크레졸 소독법은 소독제인 크레졸로 화장실 분뇨, 하수도, 진개 등을 소독하며 허용기준은 3% 이내로 피부의 자극성이 약하다.

11 소독제인 석탄산의 단점이라 할 수 없는 것은?

① 유기물 접촉 시 소독력이 약화된다.
② 피부에 자극성이 있다.
③ 금속에 부식성이 있다.
④ 독성과 취기가 강하다.

! 석탄산(Phenol 3%) : 소독력 측정 시 표준 지표로 사용하고, 유기물에도 살균력이 약화되지 않는 안정성이 있어서 환자의 오염의류, 오물, 배설물, 하수도, 진개 등의 소독에 사용 되며 온도 상승에 따라 살균력도 비례하여 증가한다.

기출문제

12 소독제의 구비조건에 해당하지 않는 것은?

① 높은 살균력을 가질 것
② 인체에 해가 없을 것
③ 저렴하고 구입과 사용이 간편할 것
④ 용해성이 낮을 것

> ! **소독약의 구비조건**
> • 살균력이 강할 것
> • 물품의 부식성, 표백성이 없을 것
> • 용해성이 높고, 안정성이 있을 것
> • 경제적이고 사용방법이 간편할 것

13 미생물의 종류에 해당하지 않는 것은?

① 벼룩   ② 효모
③ 곰팡이   ④ 세균

> ! 벼룩은 발진열, 재귀열, 페스트 등의 감염병을 전파하는 위해동물이다.

14 재질에 관계없이 빗이나 브러시 등의 소독방법으로 가장 적합한 것은?

① 70% 알코올 솜으로 닦는다.
② 고압증기 멸균기에 넣어 소독한다.
③ 락스액에 담근 후 씻어낸다.
④ 세제를 풀어 세척한 후 자외선 소독기에 넣는다.

> ! 미용업의 실내환경 위생·소독에서 소독기·자외선살균기 등 미용기구를 소독하는 장비를 갖추어야 한다.

15 표피와 진피의 경계선의 형태는?

① 직선   ② 사선
③ 물결선   ④ 점선

16 건강한 피부를 유지하기 위한 방법이 아닌 것은?

① 적당한 수분을 항상 유지해 주어야 한다.
② 두꺼운 각질층은 제거해 주어야 한다.
③ 일광욕을 많이 해야 건강한 피부가 된다.
④ 충분한 수면과 영양을 공급해 주어야 한다.

> ! 일광에 포함된 자외선은 알레르기나 피부의 건조 노화에 결정적인 역할을 하며 홍반, 색소침착, 광노화, 피부암 등 피부문제를 야기하므로 일광욕은 적당히 해야 한다.

17 다음 중 영양소와 그 최종 분해로 연결이 옳은 것은?

① 탄수화물 – 지방산
② 단백질 – 아미노산
③ 지방 – 포도당
④ 비타민 – 미네랄

> ! **영양소와 최종 분해산물**
> • 탄수화물 : 포도당
> • 단백질 : 아미노산
> • 지방 : 지방산 + 글리세롤

18 자외선차단지수의 설명으로 옳지 않은 것은?

① SPF라 한다.
② SPF 1이란 대략 1시간을 의미한다.
③ 자외선의 강약에 따라 차단제의 효과 시간이 변한다.
④ 색소침착부위에는 가능하면 1년 내내 차단제를 사용하는 것이 좋다.

> ! **SPF (Sun protection factor, 자외선 차단지수)**
> 자외선B(UVB)의 차단효과를 표시하는 단위로 자외선 양이 1일 때 SPF15 차단제를 바르면 피부에 닿는 자외선의 양이 15분의1로 줄어든다는 의미이다. 따라서 SPF는 숫자가 높을수록 차단 기능이 강한 것이다.
> 자외선A(UVA) 차단지수는 'PA'지수다. PA지수는 PA+ PA++ PA+++, 3가지로 '+'가 많을수록 차단이 잘 된다.

19 백반증에 관한 내용 중 틀린 것은?

① 멜라닌 세포의 과다한 증식으로 일어난다.

② 백색반점이 피부에 나타난다.

③ 후천적 탈색소 질환이다.

④ 원형, 타원형 또는 부정형의 흰색반점이 나타난다.

> ! 백반증은 20세 전후로 몸의 한 두군데 혹은 넓게 여러 부위에 멜라닌색소의 감소로 피부가 하얗게 보이는 하얀 반점이 생기는 색소결핍피부질환으로 정확한 원인은 알려져 있지 않으며 자가면역질환과 연관되었을 가능성이 있다.

20 기계적 손상에 의한 피부질환이 아닌 것은?

① 굳은살   ② 티눈

③ 종양   ④ 욕창

> ! • 원발진 : 반점, 홍반, 팽진, 구진, 농포, 결절, 낭종, 면포, 수포, 종양 등
> • 속발진 : 미란, 가피, 반흔, 궤양, 균열, 인설, 태선화, 위축, 찰상 등

21 사람의 피부 표면은 주로 어떤 형태인가?

① 삼각 또는 마름모꼴의 다각형

② 삼각 또는 사각형

③ 삼각 또는 오각형

④ 사각 또는 오각형

> ! 피부 표피는 15~24층 무핵의 각질층으로 10~20%의 수분을 함유하고 있으며, 케라틴 단백질을 주성분으로 이루어진 삼각 또는 마름모꼴의 다각형의 형태를 가진다.

22 이·미용업 영업신고를 하지 않고 영업을 한 자에 해당하는 벌칙기준은?

① 6개월 이하의 징역 또는 100만원 이하의 벌금

② 6개월 이하의 징역 또는 300만원 이하의 벌금

③ 1년 이하의 징역 또는 500만원 이하의 벌금

④ 1년 이하의 징역 또는 1천만원 이하의 벌금

> ! **1년 이하의 징역 또는 1천만원 이하의 벌금**
> • 신고를 하지 아니한 자
> • 영업정지명령 또는 일부 시설의 사용중지명령을 받고도 그 기간 중에 영업을 하거나 그 시설을 사용한 자 또는 영업소 폐쇄명령을 받고도 계속하여 영업을 한 자

23 공중위생관리법상 위생 교육에 관한 설명으로 틀린 것은?

① 위생교육은 교육부장관이 허가한 단체가 실시할 수 있다.

② 공중위생영업의 신고를 하고자 하는 자는 원칙적으로 미리 위생교육을 받아야 한다.

③ 공중위생영업자는 매년 위생교육을 받아야 한다.

④ 위생교육을 받아야 하는 자 중 영업에 직접 종사하지 아니하거나 2인 이상의 장소에서 영업을 하는 자는 종업원 중 영업장별로 공중위생에 관한 책임자를 지정하고 그 책임자로 하여금 위생교육을 받게 해야 한다.

> ! 위생교육은 보건복지부장관이 허가한 단체가 실시할 수 있다.

24 과태료처분에 불복이 있는 자는 그 처분의 고지를 받은 날부터 얼마의 기간 이내에 처분권자에게 이의를 제기 할 수 있는가?

① 10일   ② 20일
③ 30일   ④ 3개월

> ! 과태료처분에 불복이 있는 자는 그 처분의 고지를 받은 날부터 30일 이내에 처분권자에게 이의를 제기할 수 있다.

25 이 · 미용업자는 신고한 영업장 면적을 얼마 이상 증감하였을 때 변경 신고를 하여야 하는가?

① 5분의 1   ② 4분의 1
③ 3분의 1   ④ 2분의 1

> ! 공중위생영업의 변경신고
> 보건복지부령이 정하는 중요사항이란 다음의 사항을 말한다.
> • 영업소의 명칭 또는 상호
> • 영업소의 소재지
> • 신고한 영업장 면적의 3분의 1 이상의 증감
> • 대표자의 성명(법인의 경우에 한한다)
> • 숙박업 업종 간 변경
> • 미용업 업종 간 변경

26 공중위생영업자가 영업소 폐쇄명령을 받고도 계속하여 영업을 하는 때에 대한 조치사항으로 옳은 것은?

① 당해 영업소가 위법한 영업소임을 알리는 게시물 등을 부착
② 당해 영업소의 출입자 통제
③ 당해 영업소의 출입금지구역 설정
④ 당해 영업소의 강제 폐쇄 집행

> ! 시장 · 군수 · 구청장은 공중위생영업자가 영업소폐쇄명령을 받고도 계속하여 영업을 하는 때에는 관계공무원으로 하여금 당해 영업소를 폐쇄하기 위하여 다음의 조치를 하게 할 수 있다.
> • 당해 영업소의 간판 기타 영업표지물의 제거
> • 당해 영업소가 위법한 영업소임을 알리는 게시물 등의 부착
> • 영업을 위하여 필수불가결한 기구 또는 시설물을 사용할 수 없게 하는 봉인

27 공중위생관리법상 이 · 미용업 영업장안의 조명도는 얼마 이상이어야 하는가?

① 50룩스   ② 75룩스
③ 100룩스   ④ 125룩스

> ! 영업장안의 조명도는 75룩스 이상이 되도록 유지하여야 한다.

28 다음 중 이 · 미용사면허를 발급할 수 있는 사람만으로 짝지어진 것은?

(ㄱ) 특별 · 광역시장	(ㄴ) 도지사
(ㄷ) 시장	(ㄹ) 구청장
(ㅁ) 군수	

① (ㄱ), (ㄴ)
② (ㄱ), (ㄴ), (ㄷ)
③ (ㄱ), (ㄴ), (ㄷ), (ㄹ)
④ (ㄷ), (ㄹ), (ㅁ)

> ! 이용사 또는 미용사가 되고자 하는 자는 다음에 해당하는 자로서 보건복지부령이 정하는 바에 의하여 시장 · 군수 · 구청장의 면허를 받아야 한다.

29 일반적으로 많이 사용하고 있는 화장수의 알코올 함류량은?

① 70% 전후   ② 10% 전후
③ 30% 전후   ④ 50% 전후

> ! 화장수의 주요성분
> 정제수 70% 이상, 알코올 10% 전후, 보습제, 유연제, 기타(완충제, 점증제, 향료, 방부제 등)

30 화장품의 분류에 관한 설명 중 틀린 것은?

① 샴푸, 헤어린스는 모발용 화장품에 속한다.
② 팩, 마사지 크림은 스페셜 화장품에 속한다.
③ 퍼퓸(Perfume), 오데코롱(Eau de cologne)은 방향 화장품에 속한다.
④ 자외선차단제나 태닝제품은 기능성 화장품에 속한다.

❗ 팩, 마사지 크림은 기초 화장품에 속한다.

31 AHA에 대한 설명으로 옳은 것은?

① 물리적으로 각질을 제거하는 기능을 한다.
② 글리콜산은 사탕수수에 함유된 것으로 침투력이 좋다.
③ pH 3.5 이상에서 15% 농도가 각질제거의 가장 효과적이다.
④ AHA보다 안전성은 떨어지나 효과가 좋은 BHA가 많이 사용된다.

❗ AHA는 글리콜산, 젖산, 주석산, 능금산, 구연산 등 과일이나 채소에서 추출한 천연산을 말하며 10% 이하의 농도로 화학적 필링을 한다. 미백작용, 피부간접 재생이 뛰어나며 유연기능과 보습기능이 있다.

32 손을 대상으로 하는 제품 중 알코올을 주베이스로 하며, 청결 및 소독을 주된 목적으로 하는 제품은?

① 핸드워시(Hand wash)
② 새니타이저(Sanitizer)
③ 비누(Soap)
④ 핸드크림(Hand cream)

❗ 새니타이저는 건강의 보전과 증진을 도모하고 질병의 예방과 치유에 쓰이는 약제나 물질이다.

33 피부의 미백을 돕는데 사용되는 화장품 성분이 아닌 것은?

① 플라센타, 비타민 C
② 레몬추출물, 감초추출물
③ 코직산, 구연산
④ 캄퍼, 카모마일

❗

구분	활성성분이 포함된 화장품 원료
건성피부용 활성성분	동물의 피부, 진피, 수탉의 벼슬, 정액, 콩, 달걀노른자, 알로에
지성피부용, 여드름용 활성성분	사철나무의 뿌리(캄퍼), 가지, 잎, 황
노화용 활성성분	컴프리 뿌리, 동물의 태반, 산모의 탯줄
예민한 피부용 활성성분	카모마일, 하마멜리스(개암나무)의 껍질과 잎, 금잔화(금송화), 은행잎
미백용 활성성분	비타민 C, 누룩(코직산), 월귤나무(알부틴), 감초 뿌리,

34 라벤더 에센셜 오일의 효능에 대한 설명으로 가장 거리가 먼 것은?

① 재생작용
② 화상치유작용
③ 이완작용
④ 모유생성작용

❗ 에센셜 오일의 종류와 효능

재료	효능
라벤더	항생, 살균방부, 진정, 세포재생, 해독
티트리	항균, 살균방부
페퍼민트	항염증, 살균방부, 소화불량, 헛배부름, 호흡곤란, 감기, 천식, 피부염증, 정맥류, 두통완화
카모마일	항염증, 항균, 살균방부, 소독
유칼립투스	항염증, 살균방부, 이뇨, 진통완화
제라늄	진정과 통증완화, 살균방부, 수렴
로즈마리	육체적, 정신적 근육통 완화
타임	항균, 살균방부, 이뇨작용
레몬	소화기계에 슬리밍 효과와 셀룰라이트 분해로 시너지 효과

기출문제

35 SPF에 대한 설명으로 틀린 것은?

① Sun Protection Factor의 약자로써 자외선 차단지수라 불리어진다.

② 엄밀히 말하면 UV-B 방어효과를 나타내는 지수라고 볼 수 있다.

③ 오존층으로부터 자외선이 차단되는 정보를 알아보기 위한 목적으로 이용된다.

④ 자외선 차단제를 바른 피부에 최소한의 홍반을 일어나게 하는데 필요한 자외선 양을 바르지 않는 피부에 최소한의 홍반을 일어나게 하는데 필요한 사외선 양으로 나눈 값이다.

> SPF(Sun protection factor, 자외선 차단지수)
> 자외선B(UVB)의 차단효과를 표시하는 단위로 자외선 양이 1일 때 SPF 15 차단제를 바르면 피부에 닿는 자외선의 양이 15분의1로 줄어든다는 의미이다. 따라서 SPF는 숫자가 높을수록 차단 기능이 강한 것이다.
>
> $$SPF = \frac{자외선\ 차단제품을\ 바른\ 피부의\ MED}{자외선\ 차단제품을\ 바르지\ 않은\ 피부의\ MED}$$
>
> ※ MED (Minimal Erythma Dosage) : 홍반을 일으키는 최소 자외선 양(시간)

36 마누스(Manus)와 큐라(Cura)라는 말에서 유래된 용어는?

① 네일 팁(Nail Tip)

② 매니큐어(Manicure)

③ 페디큐어(Pedicure)

④ 아크릴릭(Acrylic)

> 매니큐어는 에나멜을 의미하는 것이 아니라 네일의 관리를 의미하며 어원은 라틴어의 마누스(manus/손)와 큐러(cura/관리)에서 파생되었고 손톱의 모양 정리, 큐티클 정리, 손마사지, 컬러링 등의 총체적인 손 관리를 의미한다.

37 손목을 굽히고 손가락을 구부리는데 작용하는 근육은?

① 회내근   ② 회외근

③ 장근   ④ 굴근

> 무지굴근, 소지굴근이 손목을 굽히고 손가락을 구부리는데 작용하는 근육이다.

38 네일 역사에 대한 설명으로 잘못 연결된 것은?

① 1930년대 - 인조네일 개발

② 1950년대 - 패디큐어 등장

③ 1970년대 - 아몬드형 네일 유행

④ 1990년대 - 네일시장의 급성장

> 1976년 미국에 네일아트가 정착하기 시작하면서 스퀘어 손톱 모양이 유행하였다.

39 에포니키움과 관련한 설명으로 틀린 것은?

① 네일 메트릭스를 보호한다.

② 에포니키움 위에는 큐티클이 존재한다.

③ 에포니키움 아래편은 끈적한 형질로 되어 있다.

④ 에포니키움의 부상은 영구적인 손상을 초래한다.

> 에포니키움은 상조피라고도 하며 반달을 덮는 손 · 발톱 위의 얇은 피부조직이다.

40 자율 신경에 대한 설명으로 틀린 것은?

① 복재신경 – 종아리 뒤 바깥쪽을 내려
와 발뒤꿈치의 바깥쪽 뒤에 분포
② 배측신경 – 발등에 분포
③ 요골신경 – 손등에 외측과 요골에 분포
④ 수지골신경 – 손가락에 분포

> **!** **신경계**
> • 중추신경계 : 뇌, 척수
> • 말초신경계
> – 체성신경계 : 뇌신경, 척수신경
> – 자율신경계 : 교감신경, 부교감신경
> 말초신경계에는 감각신경과 운동신경, 자율신경 및
> 혼합신경이 있다. 중추신경계는 뇌와 척수랑 관련이
> 있다.
> 말초신경계에 해당하는 신경계이다.
> • 내분비기관과 함께 신체 내부환경 유지에 필요한 조
> 절기능을 적절하고 광범위하게 한다.
> • 연결신경 세포, 들신경 세포, 날신경 세포로 구성
> 된다.
> • 복재신경은 다리와 발의 안쪽에 분포한다.

41 네일 샵에서 시술이 불가능한 손톱 병변에
해당하는 것은?

① 조갑박리증(오니코리시스)
② 조갑위측증(오니케트로피아)
③ 조갑비대증(오니콕시스)
④ 조갑익상편(테리지움)

> **!** 네일 시술이 불가능한 손톱 : 사상균증, 조갑염, 조갑
> 구만증, 조갑진균증, 조갑박리증, 조갑탈락증, 조갑주
> 위증, 화농성 육아종이 있는 손톱 등이다.

42 다음 중 손톱 밑의 구조에 포함되지 않는
것은?

① 반월(루눌라)
② 조모(매트릭스)
③ 조근(네일루트)
④ 조상(네일베드)

> **!** 조근은 손 · 발톱 뿌리로 조갑 자체를 말한다.
>
> | | | |
> |---|---|---|
> | 조모 | – 손 · 발톱을 만드는 세포를 생성하고 성장
시키는 역할
– 손상 시 기형의 가능성 높아짐 | 손톱 밑 |
> | 조상 | – 손 · 발톱바닥, 지각신경, 모세혈관 등이
존재
– 손 · 발톱의 신진대사와 수분 공급 역할 | |
> | 조반월 | – 반달 모양의 흰색부분
– 네일 베드와 매트릭스, 네일 루트를 연결 | |

43 손톱의 구조에 대한 설명으로 가장 거리가
먼 것은?

① 네일 플레이트(조판)는 단단한 각질
구조물로 신경과 혈관이 없다.
② 네일 루트(조근)는 손톱이 자라나기
시작하는 곳이다.
③ 프리엣지(자유연)는 손톱의 끝부분으
로 네일베드와 분리되어 있다.
④ 네일베드(조상)는 네일플레이트(조
판) 위에 위치하며 손톱의 신진대사를
돕는다.

> **!** 네일의 끝 부분에 베드 없이 네일만 자라는 곳을 자유
> 연(프리에지), 손톱 아래 살과 연결된 끝부분으로 외부
> 에서 침입하는 세균으로부터 피부를 보호하는 하조피
> (하이포니키움)가 있다.

44 다음 중 고객관리카드의 작성 시 기록해야 할 내용과 가장 거리가 먼 것은?

① 손발의 질병 및 이상증상
② 시술시 주의사항
③ 고객이 원하는 서비스의 종류 및 시술 내용
④ 고객의 학력여부 및 가족사항

! 손발의 질병 및 이상증상을 살펴 고객의 네일 상태를 파악하고 고객이 원하는 서비스의 종류 및 시술내용과 선택 가능한 시술방법, 시술시 주의사항을 설명한다.

45 네일의 구조에서 모세혈관, 림프 및 신경조직이 있는 것은?

① 메트릭스   ② 에포니키움
③ 큐티클   ④ 네일바디

! 네일 매트릭스(Nail Matrix, 조모)는 루트 밑에 위치하여 혈관과 신경, 림프관 등이 분포되어 있으며 각질세포를 생산하고 성장을 조절한다.

46 네일 큐티클에 대한 설명으로 옳은 것은?

① 살아있는 각질 세포이다.
② 완전히 제거가 가능하다.
③ 네일 베드에서 자라나온다.
④ 손톱 주위를 덮고 있다.

! 큐티클은 조소피라고도 하며, 네일 주위를 덮고 있는 피부로서 각질세포의 생산과 성장 조절에 관여하며 혈관, 신경, 림프관으로 구성되어 있다.

47 손과 발의 뼈 구조에 대한 설명으로 틀린 것은?

① 한 손은 손목뼈 8개, 손바닥뼈 5개, 손가락뼈 14개로 총 27개의 뼈로 구성되어 있다.
② 한 발은 발목뼈 7개, 발바닥뼈 5개, 발가락뼈 14개로 총 26개의 뼈로 구성되어 있다.
③ 손목뼈는 손목을 구성하는 뼈로 8개의 작고 다른 뼈들이 두 줄로 손목에 위치하고 있다.
④ 빌목뼈는 몸의 무게를 지탱하는 5개의 길고 가는 뼈로 체중을 지탱하기 위해 튼튼하고 길다.

! 족근골(발목뼈, Tarsal Bones)은 발목을 구성하고, 몸무게 지탱에 관여하는 7개의 뼈로 거골, 종골, 주상골, 입방골, 외측설상골, 중간설상골, 내측설상골 등으로 이루어진다.

48 건강한 네일의 조건에 대한 설명으로 틀린 것은?

① 건강한 네일은 유연하고 탄력성이 좋아서 튼튼하다.
② 건강한 네일은 네일베드에 단단하게 잘 부착되어야 한다.
③ 건강한 네일은 연한 핑크빛을 띠며 내구력이 좋아야 한다.
④ 건강한 네일은 25~30%의 수분가 10%의 유분을 함유해야 한다.

! **건강한 손·발톱의 조건**
• 조체의 광택 및 연한 핑크빛에 투명감이 있어야 한다.
• 함몰이나 갈라짐 없이 깨끗한 표면으로 10~16% 수분을 보유한다.

49 다음 중 네일 팁의 재질이 아닌 것은?

① 아세테이트 ② 플라스틱
③ 아크릴 ④ 나일론

> ❗ 네일 팁은 인조 네일을 말하며, 손톱이 부러졌거나 짧은 손톱에 인위적으로 연장하여 시술하는 방법으로 플라스틱, 나일론, 아세테이트 재질의 팁 위에 랩을 사용하여 강도를 높여준다.

50 다음 중 조갑종렬증(오니코렉시스)에 관한 설명으로 옳은 것은?

① 손톱의 색이 푸르스름하게 변하는 증상이다.
② 멜라닌 색소가 착색되어 일어나는 증상이다.
③ 손톱이 갈라지거나 부서지는 증상이다.
④ 큐티클이 과잉 성장하여 네일 플레이트 위로 자라는 증상이다.

> ❗ 조갑종렬증(오니코렉시스)은 큐티클 솔벤트나 폴리시 리무버 과다 사용으로 손톱이 갈라지거나 부서지는 상태를 말하며, 폴리시 리무버 사용을 금하고 인조 네일이나 실크립으로 솔벤트가 닿는 것을 보호해준다.
> ① : 조갑변색(Discolored Nail), ② : 니버스(Nevus, 모반점), ④ : 테리지움(Pterygium, 표피조막)

51 아크릴릭 네일의 제거 방법으로 가장 적합한 것은?

① 드릴머신으로 갈아준다.
② 솜에 아세톤을 적셔 호일로 감싸 30분 정도 불린 후 오렌지 우드스틱으로 밀어서 떼어준다.
③ 100그릿 파일로 파일링하여 제거한다.
④ 솜에 알코올을 적셔 호일로 감싸 30분 정도 불린 후 오렌지 우드스틱으로 밀어서 떼어준다.

> ❗ **아크릴릭 네일의 제거 방법**
> • 에니멜을 제거하고 인조 네일을 클리퍼로 잘라낸다.
> • 인조 네일을 호일로 감싸거나 리무버에 담가 아세톤으로 제거한다.
> • 파일로 갈아주거나, 불린 부분을 우드스틱으로 떼어준다.

52 프렌치 컬러링에 대한 설명으로 옳은 것은?

① 엘로우 라인에 맞추어 완만한 U자 형태로 컬러링한다.
② 프리에지의 컬러링의 너비는 규격화되어 있다.
③ 프리에지의 컬러링 색상은 흰색으로 규정되어 있다.
④ 프리에지 부분만을 제외하고 컬러링한다.

> ❗ 프리에지의 스마일라인에 포인트를 주는 네일 컬러링으로 최근에는 여러 가지 색상을 사용해 U자, 사선, 일자 등으로 칠하는 다양한 시도도 프렌치 컬러링에 속한다.

53 아크릴릭 시술에서 핀칭(pinching)을 하는 주된 이유는?

① 리프팅(Lifting)방지에 도움이 된다.
② C커브에 도움이 된다.
③ 하이 포인트 형성에 도움이 된다.
④ 에칭(Etching)에 도움이 된다.

> ❗ 아크릴이 완전히 건조되기 전에 스트레스 포인트 부분의 전체적인 모양과 C-커브가 형성되도록 핀칭을 한다.

54 네일 종이 폼의 적용 설명으로 틀린 것은?

① 다양한 스컬프처 네일 시술 시에 사용한다.
② 자연스런 네일의 연장을 만들 수 있다.
③ 디자인 UV젤 팁 오버레이 시에 사용한다.
④ 일회용이며 프렌치 스컬프처에 적용한다.

> ❗ 네일 종이 폼은 아크릴릭 네일의 손톱을 연장하거나 손톱이 얇거나 부러진 손톱을 보강하는 등에 응용하는 재료이고, UV젤 팁 오버레이 시에 젤 네일을 바른 후 UV 램프를 쐬면 단단하게 만들 수 있다.
> ※ 아크릴 스컬프처 네일의 종류
> • 팁 아크릴릭 오버레이 스컬프처 : 레귤러 팁이나 화이트 팁 등을 이용하여 손톱의 길이를 연장한 후 그 위를 투명한 핑크 파우더와 클리어 파우더를 사용해 손톱조형을 만들어주는 시술이다.
> • 아크릴릭 원톤 스컬프처 : 종이 폼을 이용해 투명한 핑크 파우더나 클리어 파우더를 사용하여 손톱의 길이를 연장하는 시술이다.

기출문제

55 페디큐어 시술순서로 가장 적합한 것은?

① 소독하기 - 폴리시 지우기 - 발톱 모양 만들기 - 큐티클 오일 바르기 - 큐티클 정리하기

② 폴리시 지우기 - 소독하기 - 발톱 표면 정리하기 - 큐티클 오일 바르기 - 큐티클 정리하기

③ 소독하기 - 발톱 표면 정리하기 - 폴리시 지우기 - 발톱 모양 만들기 - 큐티클 정리하기

④ 폴리시 지우기 - 소독하기 - 발톱 모양 만들기 - 큐티클 오일 바르기 - 큐티클 정리하기

> ❗ **페디큐어 시술의 적용 순서**
> 폴리시 지우기 - 소독하기 - 발톱 표면 정리하기 - 발톱 모양 만들기 - 큐티클 오일 바르기 - 큐티클 정리하기

56 패티큐어 시술시 굳은살을 제거하는 도구의 명칭은?

① 푸셔
② 토우 세퍼레이터
③ 콘커터
④ 클리퍼

> ❗ 콘커터(크레도)와 페디파일은 발바닥의 굳은살을 제거해 주는 도구이다.

57 푸셔로 큐티클을 밀어 올릴 때 가장 적합한 각도는?

① 15도   ② 30도
③ 45도   ④ 60도

> ❗ 푸셔로 큐티클을 45도 각도로 밀어 올릴 때 사용하며, 손톱 표면이 상하지 않도록 힘을 조절한다.

58 팁 위드 랩 시술시 사용하지 않는 재료는?

① 글루 드라이   ② 실크
③ 젤 글루   ④ 아크릴 파우더

> ❗ 팁 위드 랩의 재료는 습식 매니큐어 재료, 네일 팁, 네일 랩(실크), 글루, 젤 글루, 필러 파우더, 랩 가위, 팁 커터기, 글루 드라이 등이 있다.

59 UV젤의 특징이 아닌 것은?

① 올리고머 형태의 분자구조를 가지고 있다.
② 탑 젤의 광택은 인조 네일 중 가장 좋다.
③ 젤은 농도에 따라 묽기가 약간씩 다르다.
④ UV젤은 상온에서 경화가 가능하다.

> ❗ **젤 네일의 특징**
> • 상온에서 모양을 자유자재로 만들 수 있으며 광택이 오래 유지되고 투명도와 지속력이 높다.
> • UV광선에 노출시키거나 물, 젤 활성액을 사용하면 응고된다.
> • 젤 네일 리무버를 묻힌 솜을 손톱위에 올리고 쏙오프 클립으로 고정하고 10분 정도 지나 흐물흐물 해지면 푸셔나 손을 이용해 제거한다.

60 컬러링의 설명으로 틀린 것은?

① 베이스 코트는 폴리시의 착색을 방지한다.
② 폴리시 브러시의 각도는 90도로 잡는 것이 가장 적합하다.
③ 폴리시는 얇게 바르는 것이 빨리 건조되고 색상이 오래 유지된다.
④ 탑 코트는 폴리시의 광택을 더해주고 지속력을 높인다.

> ❗ 폴리시 브러시는 45도로 잡는 것이 적당하다.

01	02	03	04	05	06	07	08	09	10
①	②	③	④	①	②	①	②	①	③
11	12	13	14	15	16	17	18	19	20
①	④	①	④	③	③	②	②	①	③
21	22	23	24	25	26	27	28	29	30
①	④	①	③	③	①	②	④	②	②
31	32	33	34	35	36	37	38	39	40
②	②	④	④	③	②	④	③	②	①
41	42	43	44	45	46	47	48	49	50
①	③	④	④	①	④	④	④	③	③
51	52	53	54	55	56	57	58	59	60
②	①	②	③	①	③	③	④	④	②

기출문제

01 영양소의 3대 작용으로 틀린 것은?

① 신체의 생리기능 조질
② 에너지 열량 감소
③ 신체의 조직구성
④ 열량공급 작용

> **3대 영양소**
> • 단백질 : 피부 구성 성분이며 생체 구성 물질로 세포의 발육, 성장하는 에너지원이 된다.
> • 지방 : 열량을 공급하며 발육 상 중요한 작용을 한다.
> • 탄수화물 : 에너지를 공급하고 혈당을 유지한다.

02 다음 중 식물에게 가장 피해를 많이 줄 수 있는 기체는?

① 일산화탄소   ② 이산화탄소
③ 탄화수소   ④ 이산화황

> 이산화황은 황 또는 황화물을 태울 때 생기는 독성이 있는 무색의 기체로 자극적인 냄새가 나며 표백제나 황산 제조의 원료로 사용되는 공해 물질로 산성비 등의 원인이 되어 식물에게 큰 피해를 준다.

03 ( )안에 들어갈 알맞은 것은?

> ( )(이)란 감염병 유행지역의 입국자에 대하여 감염병 감염이 의심되는 사람의 강제격리로서 "건강격리"라고도 한다.

① 검역   ② 감금
③ 감시   ④ 전파예방

> 건강격리는 검역(Quarantine)이라고 부르는데 아직 증상은 없으나 발병할 위험성이 있는 사람을 법에 따라 잠복기 동안 격리하는 것을 말한다.

04 감염병을 옮기는 질병과 그 매개곤충을 연결한 것으로 옳은 것은?

① 말라리아 - 진드기
② 발진티푸스 - 모기
③ 양충병(쯔쯔가무시) - 진드기
④ 일본뇌염 - 체체파리

> **위해동물에 의해 전파되는 질환**
> • 벼룩 : 발진열, 재귀열, 페스트 등
> • 모기 : 사상충증, 뎅기열, 황열, 말라리아, 일본뇌염 등
> • 파리 : 장티푸스, 파라티푸스, 이질, 콜레라, 결핵 등
> • 바퀴 : 이질, 콜레라, 장티푸스, 폴리오 등
> • 이 : 재귀열, 발진티푸스 등
> • 쥐 : 페스트, 재귀열, 발진열, 신증후군, 유행성 출혈열, 쯔쯔가무시증 등
> • 빈대 : 재귀열 등
> • 진드기 : 양충병, 옴, 재귀열, 로키산홍반열 등

05 사회보장의 종류에 따른 내용의 연결이 옳은 것은?

① 사회보험 - 기초생활보장, 의료보장
② 사회보험 - 소득보장, 의료보장
③ 공적부조 - 기초생활보장, 보건의료서비스
④ 공적부조 - 의료보장, 사회복지서비스

> **사회보장제도의 3가지 주요한 체계**
> • 사회보험 - 의료보험, 고용보험, 산재보험, 특수직 연금보험
> • 사회부조 - 빈곤층을 위한 생활보호사업
> • 사회복지서비스 - 아동복지, 노인복지, 장애인복지, 부녀자복지

06 일명 도시형, 유입형이라고도 하며 생산층 인구가 전체인구의 50% 이상이 되는 인구 구성의 유형은?

① 별형(Star from)
② 항아리형(Pot form)
③ 농촌형(Guitar form)
④ 종형(Bell form)

피라미드형 (인구증가형)	• 출생률은 높고, 사망률은 낮은 형태이다. • 14세의 인구가 50세 이상의 인구의 2배 이상이다.
종형 (인구정지형)	• 가장 이상적인 인구 구성 형태이다. • 출생률과 사망률이 모두 낮고 14세 이하가 50세 이상 인구의 2배 이상이다.
항아리형 (인구감소형)	• 출생률이 사망률보다 더 낮은 형태이다. • 선진국가형으로 14세 이하 인구가 50세 이상 인구의 2배 이하이다.
별형 (도시형- 인구 유입형)	생산층 인구가 전체 인구의 1/2 이상인 경우 생산층 인구가 증가되는 형태이다.
기타(호로)형 (농촌형- 인구유출형)	생산층 인구가 전체 인구의 1/2 미만인 경우 생산층 인구가 감소하는 형이다.

07 다음 감염병 중 호흡기계 전염병에 속하는 것은?

① 발진티푸스   ② 파라티푸스
③ 디프테리아   ④ 황열

급성 감염병
• 소화기계 : 장티푸스, 파라티푸스, 콜레라, 세균성 이질, 폴리오, 유행성 간염
• 호흡기계 : 홍역, 유행성 이하선염, 풍진, 디프테리아, 백일해, 천연두
• 절족동물 : 일본뇌염, 말라리아, 발진티푸스, 페스트, 유행성 출혈열
• 동물 : 광견병, 탄저, 렙토스피라증, 브루셀라증

08 이 · 미용업소에서 공기 중 비말전염으로 가장 쉽게 옮겨질 수 있는 감염병은?

① 인플루엔자   ② 대장균
③ 뇌염   ④ 장티푸스

비말전염은 기침이나 재채기를 할 때 튀어나오는 타액 등에 의해 병이 전염되는 감염병으로 인플루엔자가 있다.

09 소독약의 살균력 지표로 가장 많이 이용되는 것은?

① 알코올   ② 크레졸
③ 석탄산   ④ 포름알데히드

석탄산은 화학적 소독제로 살균력의 지표로 석탄산 계수가 사용되며, 석탄산 계수가 높을수록 소독 효과가 크다.

10 소독제의 구비조건과 가장 거리가 먼 것은?

① 높은 살균력을 가질 것
② 인축에 해가 없어야 할 것
③ 저렴하고 구입과 사용이 간편할 것
④ 냄새가 강할 것

화학적 소독약의 구비조건
• 살균력이 강할 것
• 침투력이 강해야 할 것
• 표백성과 금속부식성이 없을 것
• 용해성이 높을 것
• 안전성이 있을 것
• 사용법이 용이하고 경제적일 것

11 다음 소독 방법 중 완전 멸균으로 가장 빠르고 효과적인 방법은?

① 유통증기법   ② 간헐살균법
③ 고압증기법   ④ 건열소독

• 고압증기멸균법 : 고압증기 멸균솥을 이용하여 약 120℃에서 20분간 살균하는 방법으로, 아포형성 멸균에 사용되며, 통조림 등의 멸균에 사용된다.
• 건열멸균법 : 150~160℃의 건열멸균기에 넣고 30분 이상 가열하는 방법으로 미생물을 완전 사멸시킨다.
• 유통증기법 : 100℃의 유통 수증기속에서 30~60분간 처리하여 미생물을 사멸시키는 방법이다.
• 간헐멸균법 : 3일 동안 1일 1회 100℃에서 30분간 가열하는 방법으로 세균의 아포를 형성하는 내열성 균을 죽일 수 있다.

기출문제

12 인체에 질병을 일으키는 병원체 중 대체로 살아있는 세포에서만 증식하고 크기가 가장 작아 전자현미경으로만 관찰할 수 있는 것은?

① 구균
② 간균
③ 바이러스
④ 원생동물

! 바이러스는 동식물이나 세균세포에 기생하여 증식하며 보통의 현미경으로는 볼 수 없을 정도의 극히 작은 미생물로 유행성 감기·천연두 따위의 질병을 유발한다.

13 다음 중 아포(포자)까지도 사멸시킬 수 있는 멸균 방법은?

① 자외선조사법
② 고압증기멸균법
③ P.O.(Propylene Oxide)가스 멸균법
④ 자비소독법

! P.O.(Propylene Oxide)가스 멸균법은 소독제를 가스 상태나 공기 중에 분무시켜 미생물을 멸균시키는 방법으로 수분이나 열에 의해서 변질되는 물품등과 실내 전체를 소독하는 큰 용적의 물체에 사용한다.

14 이·미용업소 쓰레기통, 하수구 소독으로 효과적인 것은?

① 역성비누액, 승홍수
② 승홍수, 포르말린수
③ 생석회, 석회유
④ 역성비누액, 생석회

! 역성비누액, 승홍수는 침투력과 살균력이 강해 쓰레기통, 하수구 소독으로 효과적이다.

소독제	사용용도	허용기준	특성
석탄산 (Phenol)	환자의 오염의류, 오물, 배설물, 하수도, 진개	3%	소독력 측정 시 표준 지표
크레졸 (Cresol)	화장실 분뇨, 하수도, 진개	3%	피부의 자극성이 약함
승홍수 (HgCl₂)	비금속 기구	0.1%	맹독성, 금속의 부식성이 강함
생석회	분변, 하수, 오수, 오물, 토사물	3%	공기에 장시간 노출되며 효과가 없음
과산화수소 (H₂O₂)	피부와 상처 소독	3%	자극성이 적음
에틸알코올 (Alcohol)	금속 기구, 손과 피부의 소독	70~75%	
역성비누 (양성비누)	손	10% 원액을 200~400배 희석	무미, 무해, 무독, 침투력과 살균력이 강함
	식기, 채소, 과일	0.01~0.1%	
표백분(클로로칼키 혹은 클로르석회)	우물, 수영장, 채소, 식기		
염소 (차아염소산 나트륨)	수돗물 소독 시 잔류 염소	0.2ppm	
	수영장	0.4ppm	
	과일 및 채소와 식기	50~100ppm	
중성세제 (합성세제)	식기	0.1~0.2% 정도	살균력은 없고 세정력만 있음
포르말린	화장실의 분뇨, 하수도 진개	약 35%	플라스틱 용기에서 검출
포름알데히드 (기체)	병원, 도서관, 거실		

15 여드름을 유발하는 호르몬은?

① 인슐린(Insulin)
② 안드로겐(Androgen)
③ 에스트로겐(Estrogen)
④ 티록신(Thyroxine)

! 안드로겐은 사춘기에 신체가 성장하는 과정에서 필요에 의해 분비되는 남성호르몬이고, 생리기간에 분비되는 프로게스테론도 여드름 발생에 영향을 준다.

16 멜라닌 세포가 주로 위치하는 곳은?

① 각질층   ② 기저층
③ 유극층   ④ 망상층

> ❗ 기저층에는 피부색상을 결정짓는데 주요한 요인이 되는 멜라닌 세포, 각질 형성 세포, 머켈 세포(촉각세포)가 존재한다.

17 사춘기 이후 성호르몬의 영향을 받아 분비되기 시작하는 땀샘으로 체취선이라고 하는 것은?

① 소한선   ② 대한선
③ 갑상선   ④ 피지선

> ❗ 대한선은 2차 성징과 함께 사춘기 이후 주로 분비되어 독특한 체취를 발생시키며, 소한선은 태어날 때부터 전신에 분포된다.

18 일광화상의 주된 원인이 되는 자외선은?

① UV-A   ② UV-B
③ UV-C   ④ 가시광선

> ❗ 자외선 B(UV-B)
> • 290~320nm 범위의 중파장이다.
> • 일광화상이나 피부홍반 등을 야기한다.
> • 기미의 원인이 되며, 비타민 D 합성을 촉진한다.

19 노화 피부에 대한 전형적인 증세는?

① 피지가 과다 분비되어 번들거린다.
② 항상 촉촉하고 매끈하다.
③ 수분이 80% 이상이다.
④ 유분과 수분이 부족하다.

> ❗ 노화 피부는 표피와 진피의 구조적인 변화로 세포와 조직에 탈수현상과 건조로 유분과 수분이 부족하여 잔주름을 발생시킨다.
> ① - 지성 피부, ② - 정상 피부의 증세이다.

20 다음 중 뼈와 치아의 주성분이며, 결핍되면 혈액의 응고현상이 나타나는 영양소는?

① 인(P)   ② 요오드(I)
③ 칼슘(Ca)   ④ 철분(Fe)

> ❗ 칼슘은 우유, 유제품, 뼈째 먹는 생선류에 많이 들어 있고 골격 및 치아 구성, 근육의 수축과 이완, 혈액응고 등에 관여하며 비타민 D, 유당, 비타민 C와 함께 섭취 시 '칼슘 : 인'의 비율이 '1~2 : 1'일 때 흡수가 잘된다.

21 피지, 각질세포, 박테리아가 서로 엉겨서 모공이 막힌 상태를 무엇이라 하는가?

① 구진   ② 면포
③ 반점   ④ 결절

> ❗ 얼굴, 이마, 콧등에 가장 자주 나타나는 나사 모양의 굳어진 피지덩어리로 13~20세 사춘기에는 지방선의 활동이 왕성해지므로 모낭(follicle)의 지방선에서 지나치게 분비된 지방 성분으로 가득 차면 면포(black head)가 형성되고, 모낭 입구가 막힌다.

22 과태료의 부과·징수 절차에 관한 설명으로 틀린 것은?

① 시장·군수·구청장이 부과·징수한다.
② 과태료 처분의 고지를 받은 날부터 30일이내에 이의를 제기할 수 있다.
③ 과태료 처분을 받은 자가 이의를 제기한 경우 처분권자는 보건복지장관에게 이를 통보한다.
④ 기간 내 이의제기 없이 과태료를 납부하지 아니한 때에는 지방세 체납 처분의 예에 따른다.

> ❗ **과태료의 부과·징수 절차**
> • 과태료는 대통령령이 정하는 바에 의하여 시장·군수·구청장이 부과·징수한다.
> • 과태료처분에 불복이 있는 자는 그 처분의 고지를 받은 날부터 30일 이내에 처분권자에게 이의를 제기할 수 있다.
> • 과태료처분을 받은 자가 이의를 제기한 때에는 처분권자는 지체 없이 관할법원에 그 사실을 통보하여야 하며, 그 통보를 받은 관할법원은 비송사건절차법에 의한 과태료의 재판을 한다.
> • 기간 내에 이의를 제기하지 아니하고 과태료를 납부하지 아니한 때에는 지방세체납처분의 예에 의하여 이를 징수한다.

기출문제

23 면허의 정지명령을 받은 자가 반납한 면허증은 정지기간 동안 누가 보관하는가?

① 관할 시 · 도지사
② 관할 시장 · 군수 · 구청장
③ 보건복지부장관
④ 관할 경찰서장

> **면허증의 반납**
> • 면허가 취소되거나 면허의 정지명령을 받은 자는 지체 없이 관할 시장 · 군수 · 구청장에게 면허증을 반납하여야 한다.
> • 면허의 정지명령을 받은 자가 반납한 면허증은 그 면허정지기간 동안 관할 시장 · 군수 · 구청장이 이를 보관하여야 한다.

24 공중위생업자가 매년 받아야 하는 위생교육 시간은?

① 5시간   ② 4시간
③ 3시간   ④ 2시간

> 위생교육은 3시간으로 한다.

25 다음 중 청문의 대상이 아닌 때는?

① 면허취소 처분을 하고자 하는 때
② 면허정지 처분을 하고자 하는 때
③ 영업소 폐쇄명령의 처분을 하고자 하는 때
④ 벌금으로 처벌하고자 하는 때

> 시장 · 군수 · 구청장은 이용사 및 미용사의 면허취소 · 면허정지, 공중위생영업의 정지, 일부 시설의 사용중지 및 영업소 폐쇄명령 등의 처분을 하고자 하는 때에는 청문을 실시하여야 한다.

26 신고를 하지 아니하고 영업소의 소재지를 변경한 때에 1차 위반 시 행정처분 기준은?

① 영업장 폐쇄명령
② 영업정지 6월
③ 영업정지 3월
④ 영업정지 2월

> 영업신고를 하지 아니하고 영업소의 소재지를 변경한 때에는 영업장 폐쇄명령을 받게 된다.

27 이 · 미용업 영업신고 신청 시 필요한 구비서류에 해당하는 것은?

① 이 · 미용사 자격증 원본
② 면허증 원본
③ 호적등본 및 주민등록등본
④ 건축물 대장

> **이 · 미용업 영업신고 구비서류**
> • 개인 방문 시
> ① 임대차계약서
> ② 위생교육필증(미리 교육을 받은 경우)
> – 영업신고 후 6개월 이내 교육수료 가능
> ③ 시설 및 설비개요서(방문작성 가능)
> ④ 신분증
> ※ 면허증의 경우 행정성보공동이용으로 확인가능신청인이 동의하지 않을시 사본 첨부해야함
>
> • 대리방문시 추가서류
> – 위임자 인감증명서(3개월이내), 인감도장, 인감날인 위임장, 대리인 신분증

28 공중위생관리법상 이 · 미용 기구의 소독기준 및 방법으로 틀린 것은?

① 건열멸균소독 : 섭씨 100℃ 이상의 건조한 열에 10분 이상 쐬어준다.
② 증기소독 : 섭씨 100℃ 이상의 습한 열에 20분 이상 쐬어준다.
③ 열탕소독 : 섭씨 100℃ 이상의 물속에 10분 이상 끓여준다.
④ 석탄산수소독 : 석탄산수(석탄산 3%, 물 97%의 수용액)에 10분 이상 담가둔다.

> 건열멸균법 : 150~160℃의 건열멸균기에 넣고 30분 이상 가열하는 방법으로 미생물을 완전 사멸시킨다.

29 다음 중 미백 기능과 가장 거리가 먼 것은?

① 비타민 C   ② 코직산
③ 캠퍼   ④ 감초

> 캠퍼는 지성피부용, 여드름용 활성성분의 원료이고 비타민 C, 코직산, 알부틴, 감초는 미백용 활성성분의 원료이다.

30 린스의 기능으로 틀린 것은?

① 정전기를 방지한다.
② 모발 표면을 보호한다.
③ 자연스러운 광택을 준다.
④ 세정력이 강하다.

> 린스는 샴푸에 의해 감소된 모발의 유분을 공급하여 모발에 윤기를 제공한다.

31 화장수에 대한 설명 중 올바르지 않은 것은?

① 수렴화장수는 아스트린젠트라고 불린다.
② 수렴화장수는 지성, 복합성 피부에 효과적으로 사용된다.
③ 유연화장수는 건성 또는 노화피부에 효과적으로 사용된다.
④ 유연화장수는 모공을 수축시켜 피부결을 섬세하게 정리해준다.

> 화장수(Toner) – 피부의 정돈효과와 수분 밸런스를 유지한다.
> • 유연화장수(Tonic) : 보습제와 유연제가 함유되어 피부의 각질층을 촉촉하고 부드럽게 하며 건성 또는 노화피부에 효과적으로 사용된다.
> • 수렴화장수(Astringent) : 수분을 공급하고 모공을 수축시켜 피부결을 정리하며, 세균으로부터 피부를 보호, 소독하여 지성, 복합성 피부에 효과적으로 사용된다.

32 화장품의 4대 요건에 속하지 않는 것은?

① 안전성   ② 안정성
③ 치유성   ④ 유효성

> 화장품의 4대 요건
> • 안전성 : 피부에 무자극, 무알러지, 무독성이어야 한다.
> • 안정성 : 사용 중 변질, 변취, 변색, 미생물 오염, 산화 등이 없어야 한다.
> • 사용성 : 사용감, 편리함, 기호성이 좋아야 한다.
> • 유효성 : 세정, 보습, 미백, 주름개선 등 목적에 맞는 효능과 효과가 있어야 한다.

33 아줄렌(Azulene)은 어디에서 얻어지는가?

① 카모마일(Camomile)
② 로얄젤리(Royal Jelly)
③ 아르니카(Arnica)
④ 조류(Algae)

> 아줄렌(Azulene)은 카모마일의 스팀, 증류작용에 의해 제조되는 암청색 휘발성 오일로, 항염증, 진정작용이 탁월하다.

34 화장품 성분 중 기초화장품이나 메이크업 화장품에 널리 사용되는 고형의 유성성분으로 화학적으로는 고급지방산에 고급알코올이 결합된 에스테르이며, 화장품의 굳기를 증가시켜주는 원료에 속하는 것은?

① 왁스(Wax)
② 폴리에틸렌글리콜(Polyethylene glycol)
③ 피마자유(Caster oil)
④ 바셀린(Vaseline)

> 왁스는 실온에서 고체의 유성성분이며 고급지방산과 고급알코올이 결합된 에스테르를 말하며 식물성, 동물성 오일에 비해 변질이 적고 안정성이 높아 립스틱, 크림, 파운데이션에 사용되며, 광택이나 사용감을 향상시킨다.

기출문제

35 향수에 대한 설명으로 옳은 것은?

① 퍼퓸(Perfume extract) : 알코올 70% 와 향수원액을 30% 포함하며, 향이 3일 정도 지속된다.
② 오드 퍼퓸(Eau de perfume) : 알코올 95% 이상, 향수원액 2~3%로 30분 정도 향이 지속된다.
③ 샤워 코롱(Shower cologne) : 알코올 80%와 물 및 향수원액 15%가 함유된 것으로 5시간 정도 향이 지속된다.
④ 헤어 토닉(Hair tonic) : 알코올 85 ~ 95%와 향수원액 8% 가량이 함유된 것으로 향이 2~3시간 정도 지속된다.

! **농도에 따른 향수의 구분**

유 형	부향률 (농도)	지속시간	특징 및 용도
퍼퓸 (Perfume)	10~30%	6~24시간 이상	향기가 풍부하고 완벽해서 가격이 비싸다.
오드퍼퓸 (Eau de Perfume)	9~10%	5~6시간	향의 강도가 약해서 부담이 적고 경제적이다.
오데토일렛 (Eau de Toilet)	6~9%	3~5시간	고급스러우면서도 상쾌한 향이다.
오데코롱 (Eau de Cologne)	3~5%	1~2시간	가볍고 신선한 효과로, 향수를 처음 접하는 사람에게 적당하다.
샤워코롱 (Shower Cologne)	1~3%	1시간	전신용 방향제품으로 가볍고 신선하다.

36 네일 샵(Shop)의 안전관리를 위한 대처방법으로 가장 적합하지 않은 것은?

① 화학물질을 사용할 때는 반드시 뚜껑이 있는 용기를 이용한다.
② 작업시 마스크를 착용하여 가루의 흡입을 막는다.
③ 작업공간에서는 음식물이나 음료, 흡연을 금한다.
④ 가능하면 스프레이 형태의 화학물질을 사용한다.

! 스프레이 형태의 화기성 제품은 화재에 노출되지 않도록 주의해야 하며 가능하면 찍어 바르거나 솔로 바르는 제품을 선택한다.

37 손톱의 구조 중 조근에 대한 설명으로 가장 적합한 것은?

① 손톱 모양을 만든다.
② 연분홍의 반달모양이다.
③ 손톱이 자라기 시작하는 곳이다.
④ 손톱의 수분공급을 담당한다.

! **손톱의 구조**

조근	– 손 · 발톱 뿌리	조갑 자체 (외부)
조갑	– 손 · 발톱	
조기질	– 손 · 발톱을 만들고 있는 형질	
조모	– 손 · 발톱을 만드는 세포를 생성하고 성장시키는 역할 – 손상 시 기형의 가능성 높아짐	손톱 밑
조상	– 손 · 발톱바닥, 지각신경, 모세혈관 등이 존재 – 손 · 발톱의 신진대사와 수분 공급 역할	
조반월	– 반달 모양의 흰색부분 – 네일 베드와 매트릭스, 네일 루트를 연결	
조소피	– 손 · 발톱을 덮고 있는 피부	손톱을 둘러싼 피부
조곽피	– 손 · 발톱 옆의 피부로 손톱모양을 유지, 외부감염 차단	
조하피	– 조곽과 손 · 발톱 사이의 홈 부분	
이포니키움 (상조피)	– 반달을 덮는 손 · 발톱 위의 얇은 피부조직	

38 네일 질환 중 교조증(오니코파지, Onychophagy)의 원인과 관리방법 중 가장 적합한 것은?

① 유전에 의하여 손톱의 끝이 두껍게 자라는 것이 원인으로 매니큐어나 페디큐어가 증상을 완화시킨다.
② 멜라닌 색소가 착색되어 일어나는 증상이 원인이며 손톱이 자라면서 없어지기도 한다.
③ 손톱을 심하게 물어뜯을 경우 원인이 되며 인조손톱을 붙여서 교정할 수 있다.
④ 식습관이나 질병에서 비롯된 증상이 원인이며 부드러운 파일을 사용하여 관리한다.

> ! 오니코파지는 심리적으로 불안한 상태일 때 습관적으로 손톱을 심하게 물어뜯어 생기는 현상으로 인조 네일을 붙이거나 꾸준하게 매니큐어링을 하며 관리한다.
> ① : 루코니키아(Leuconychia, 조백반증), ② : 니버스(Nevus, 모반점), ④ : 퍼로우(Furrow, Corrugation)에 관한 설명이다.

39 네일미용 관리 중 고객관리에 대한 응대로 지켜야 할 사항이 아닌 것은?

① 시술의 우선 순위에 대한 논쟁을 막기 위해서 예약 고객을 우선으로 한다.
② 고객이 도착하기 전에 필요한 물건과 도구를 준비해야 한다.
③ 관리 중에는 고객과 대화를 나누지 않는다.
④ 고객에게 소지품과 옷 보관함을 제공하고 바뀌는 일이 없도록 한다.

> ! 네일 아티스트는 관리 중에 고객과 적절한 대화로 부드러운 분위기를 유도한다.

40 다음 중 손톱의 역할과 가장 거리가 먼 것은?

① 손끝과 발끝을 외부 자극으로부터 보호한다.
② 미적 · 장식적 기능이 있다.
③ 방어와 공격의 기능이 있다.
④ 분비기능이 있다.

> ! **손톱의 역할**
> - 물건을 잡거나 긁을 수 있다.
> - 악기를 연주할 수 있다.
> - 심미적, 장식적인 기능이 있다.
> - 민감한 손가락 끝을 보호해준다.
> - 물체의 성상을 구별한다.
> - 방어와 공격을 한다.

41 한국의 네일미용의 역사에 관한 설명 중 틀린 것은?

① 우리나라 네일 장식의 시작은 봉선화 꽃물을 들이는 것이라 할 수 있다.
② 한국의 네일 산업이 본격화되기 시작한 것은 1960년대 중반으로 미국과 일본의 영향으로 네일산업이 급성장하면서 대중화되기 시작했다.
③ 1990년대부터 대중화되어 왔고, 1998년에는 민간자격증이 도입되었다.
④ 화장품 회사에서 다양한 색상의 폴리시를 판매하면서 일반인들이 네일에 대해 관심을 갖기 시작했다.

42 다음 중 네일미용 시술이 가능한 경우는?

① 사상균증 　　　② 조갑구만증
③ 조갑탈락증 　　④ 행네일

> ! 행네일은 건조한 손톱 주변의 큐티클이 갈라지고 거스러미가 일어나는 상태로 핫크림 매니큐어나 파라핀 매니큐어로 시술하면 효과적이다.
> • 네일 시술이 불가능한 손톱 : 사상균증, 조갑염, 조갑구만증, 조갑진균증, 조갑박리증, 조갑탈락증, 조갑주위증, 화농성 육아종이 있는 손톱 등이다.

기출문제

43 화학물질로부터 자신과 고객을 보호하는 방법으로 틀린 것은?

① 화학물질은 피부에 닿아도 되기 때문에 신경쓰지 않아도 된다.
② 통풍이 잘되는 작업장에서 작업을 한다.
③ 공중 스프레이 제품보다 찍어 바르거나 솔로 바르는 제품을 선택한다.
④ 콘택트 렌즈의 사용을 제한한다.

> **! 화학물질 취급 시 안전관리**
> • 작업장의 공기를 자주 환기시켜 냄새가 머물지 않도록 한다.
> • 피부에 직접 닿지 않도록 주의하며 호흡 중 흡입되지 않도록 한다.
> • 라벨링을 통해 제품을 혼동하지 않고, 사용 후 마개를 닫아서 보관한다.
> • 화기성 제품이 화재에 노출되지 않도록 주의한다.
> • 사용방법과 주의사항을 반드시 확인하고 유해정보를 숙지한다.

44 손가락과 손가락 사이가 붙지 않고 벌어지게 하는 외향에 작용하는 손등의 근육은?

① 외전근　　② 내전근
③ 대립근　　④ 회외근

45 고객관리에 대한 설명으로 옳은 것은?

① 피부 습진이 있는 고객은 처치를 하면서 서비스한다.
② 진한 메이크업을 하고 고객을 응대한다.
③ 네일제품으로 인한 알레르기 반응이 생길 수 있으므로 원인이 되는 제품의 사용을 멈추도록 한다.
④ 문제성 피부를 지닌 고객에게 주어진 업무수행을 자유롭게 한다.

> **!** 고객의 네일 상태를 파악하고, 선택 가능한 시술방법과 관리방법을 설명하여 안전하고 만족도 높은 서비스를 제공한다.

46 네일미용의 역사에 대한 설명으로 틀린 것은?

① 최초의 네일미용은 기원전 3000년경에 이집트에서 시작되었다.
② 고대 이집트에서는 헤나를 이용하여 붉은 오렌지색으로 손톱을 물들였다.
③ 그리스에서는 계란 흰자와 아라비아산 고무나무 수액을 섞어 손톱에 칠하였다.
④ 15세기 중국의 명 왕조에서는 흑색과 적색으로 손톱에 칠하여 장식하였다.

> **!** 중국에서 달걀흰자나 벌꿀, 고무나무에서 얻은 액으로 손톱을 물들이는데 사용했다.

47 손톱의 구조에서 자유연(프리에지) 밑부분의 피부를 무엇이라 하는가?

① 하조피(하이포니키움)
② 조구(네일 그루브)
③ 큐티클
④ 조상연(페리오니키움)

> **!** 네일의 끝 부분에 베드 없이 네일만 자라는 곳을 자유연(프리에지), 손톱 아래 살과 연결된 끝부분으로 외부에서 침입하는 세균으로부터 피부를 보호하는 하조피(하이포니키움)가 있다.

48 다음 중 발의 근육에 해당하는 것은?

① 비복근　　② 대퇴근
③ 장골근　　④ 족배근

> **!** • 발의 근육 : 족배근, 족척근
> • 다리의 근육 : 비복근(장단지근육), 대퇴이두근(슬와근), 장비골근

49 네일도구의 설명으로 틀린 것은?

① 큐티클 니퍼 : 손톱 위에 거스러미가 생긴 살을 제거할 때 사용한다.

② 아크릴릭 브러시 : 아크릴릭 파우더로 볼을 만들어 인조손톱을 만들 때 사용한다.

③ 클리퍼 : 인조팁을 잘라 길이를 조절할 때 사용한다.

④ 아크릴릭 폼지 : 팁 없이 아크릴릭 파우더만을 가지고 네일을 연장할 때 사용하는 일종의 받침대 역할을 한다.

> ! 클리퍼는 절단 전용의 대형 펜치와 같은 기능을 가지고 있는 공구이고, 인조팁을 잘라 길이를 조절할 때 사용하는 도구는 팁 커터기이다.

50 다음 중 손가락의 수지골 뼈의 명칭이 아닌 것은?

① 기절골   ② 밀절골
③ 중절골   ④ 요골

> ! 수지골(Phalange, 손가락뼈)은 손가락을 이루는 뼈로 첫마디 기절골, 중간마디 중절골, 끝마디 말절골로 각각 3개씩 이루어져 있다.

51 폴리시를 바르는 방법 중 손톱이 길고 가늘게 보이도록 하기 위해 양쪽 사이드 부위를 남겨두는 컬러링 방법은?

① 프리에지(Free edge)
② 풀코트(Full coat)
③ 슬림 라인(Slim line)
④ 루눌라(Lunula)

> ! **컬러링 타입**
> • 슬림라인/프리월 : 손톱의 옆면 1.5mm 정도 남기고 컬러링하는 방법으로, 손톱이 길고 가늘어 보인다.
> • 프리에지 : 손톱 끝 부분은 비워두고 컬러링하는 방법으로 컬러가 벗겨지는 것을 방지한다.
> • 풀코트 : 손톱 전체에 가득 채운 컬러링 방법이다.
> • 루눌라/하프문 : 손톱의 반달 부분을 남기고 바르는 컬러링 방법이다.

52 UV−젤 네일의 설명으로 옳지 않은 것은?

① 젤은 끈끈한 점성을 가지고 있다.
② 파우더와 믹스되었을 때 단단해진다.
③ 네일 리무버로 제거되지 않는다.
④ 투명도와 광택이 뛰어나다.

> ! 아크릴릭 리퀴드와 아크릴릭 파우더를 혼합시켜 만들어진 아크릴 볼로 손톱에 얹어서 형태를 만들고 시간이 지나 굳으면 아크릴릭 네일이 된다.
>
> **젤 네일의 특징**
> • 상온에서 모양을 자유자재로 만들 수 있으며 광택이 오래 유지되고 투명도와 지속력이 높다.
> • UV광선에 노출시키거나 물, 젤 활성액을 사용하면 응고된다.
> • 젤 네일 리무버를 묻힌 솜을 손톱위에 올리고 쏙오프 클립으로 고정하고 10분정도 지나 흐물흐물 해지면 푸셔나 손을 이용해 제거한다.

53 페디큐어의 시술방법으로 맞는 것은?

① 파고드는 발톱의 예방을 위하여 발톱의 모양(shape)은 일자형으로 한다.
② 혈압이 높거나 심장병이 있는 고객은 마사지를 더 강하게 해 준다.
③ 모든 각질 제거에는 콘커터를 사용하여 완벽하게 제거한다.
④ 발톱의 모양은 무조건 고객이 원하는 형태로 잡아준다.

> ! 발의 혈액순환 촉진효과를 위해 하는 마사지는 혈압이 높거나 심장병이 있는 고객에게는 삼간다. 콘커터와 패디파일을 용도에 맞게 사용하여 각질 제거를 한다.

54 습식매니큐어 시술에 관한 설명으로 틀린 것은?

① 고객의 취향과 기호에 맞게 손톱 모양을 잡는다.
② 자연손톱 파일링시 한 방향으로 시술한다.
③ 손톱 질환이 심각할 경우 의사의 진료를 권한다.
④ 큐티클은 죽은 각질피부이므로 반드시 모두 제거하는 것이 좋다.

> ! 큐티클은 조소피라고도 하며, 네일 주위를 덮고 있는 피부로서 각질세포의 생산과 성장 조절에 관여하며 혈관, 신경, 림프관으로 구성되어 있다.

55 페디파일의 사용방향으로 가장 적합한 것은?

① 바깥쪽에서 안쪽으로
② 왼쪽에서 오른쪽으로
③ 족문 방향으로
④ 사선 방향으로

> ! 패디 파일에 로션을 바르고 족문 방향, 안쪽에서 바깥쪽으로, 습기가 마르지 않도록 중간 중간 스프레이로 물을 뿌려주면서 각질을 제거한다.

56 네일 팁에 대한 설명으로 틀린 것은?

① 네일 팁 접착시 손톱의 1/2 이상 커버해서는 안 된다.
② 네일 팁은 손톱의 크기에 너무 크거나 작지 않은 가장 잘 맞는 사이즈의 팁을 사용한다.
③ 웰 부분의 형태에 따라 풀 웰(Full well)과 하프 웰(Half well)이 있다.
④ 자연 손톱이 크고 납작한 경우 커브타입의 팁이 좋다.

> ! 넓적한 손톱에는 끝이 좁아지는 내로우 팁을 적용한다.

57 큐티클을 정리하는 도구의 명칭으로 가장 적합한 것은?

① 핑거볼   ② 니퍼
③ 핀셋   ④ 클리퍼

> ! **네일 도구**
> • 니퍼 : 손톱 주변의 굳은살 및 거스러미를 제거하는 도구이다.
> • 핑거볼 : 습식 시술 시 큐티클을 빨리 제거하기 위해 미온수에 손을 담가 불리는 도구이다.
> • 클리퍼 : 손톱의 길이를 조절할 때 사용하며, 일자형과 둥근형이 있다.

58 네일 팁 오버레이의 시술과정에 대한 설명으로 틀린 것은?

① 네일 팁 접착시 자연손톱 길이의 1/2 이상 덮지 않는다.
② 자연 손톱이 넓은 경우, 좁게 보이게 하기 위하여 작은 사이즈의 네일 팁을 붙인다.
③ 네일 팁의 접착력을 높여주기 위해 자연손톱의 에칭 작업을 한다.
④ 프리프라이머를 자연손톱에만 도포한다.

> ! 네일 팁은 자연 손톱과 넓이가 맞는 팁을 선택하여 손톱의 양쪽 사이드가 모두 커버되어야 한다.

59 아크릴릭 시술 시 바르는 프라이머에 대한 설명 중 틀린 것은?

① 단백질을 화학작용으로 녹여준다.
② 아크릴릭 네일이 손톱에 잘 부착되도록 도와준다.
③ 피부에 닿으면 화상을 입힐 수 있다.
④ 충분한 양으로 여러 번 도포해야 한다.

> ! **아크릴릭 네일 작업 시 바르는 프라이머의 역할**
> – 손톱 표면의 유·수분을 제거해주고 건조시켜 주어 아크릴의 접착력을 강화해준다.
> – 산성 제품으로 피부에 화상을 입힐 수 있으므로 최소량만을 사용한다.
> – 손톱 표면의 pH 밸런스를 맞춰준다.

60 아크릴릭 네일의 보수 과정에 대한 설명으로
가장 거리가 먼 것은?

① 들뜬 부분의 경계를 파일링 한다.
② 아크릴릭 표면이 단단하게 굳은 후에
　파일링 한다.
③ 새로 자라난 자연 손톱 부분에 프라이
　머를 바른다.
④ 들뜬 부분에 오일 도포 후 큐티클을 정
　리한다.

> ❗ 자연 손톱의 유·수분기를 말끔히 제거하지 않으면 리
> 프팅의 원인이 되며 큐티클은 오일을 바르지 않은 상태
> 에서 적당히 제거하고 큐티클 아래 부분의 아크릴을 더
> 묽게 해야 들뜸 현상을 방지할 수 있다.

정답   :: 기출문제

01	02	03	04	05	06	07	08	09	10
②	④	①	③	②	①	③	①	③	④
11	12	13	14	15	16	17	18	19	20
③	③	②	③	②	②	②	②	④	③
21	22	23	24	25	26	27	28	29	30
②	③	②	③	④	①	②	①	③	④
31	32	33	34	35	36	37	38	39	40
④	③	①	①	①	④	③	③	③	②, ④
41	42	43	44	45	46	47	48	49	50
②	④	①	①	③	③	①	④	③	④
51	52	53	54	55	56	57	58	59	60
③	②	①	④	③	④	②	②	④	④

기출문제

기출문제 (2016년 1월 4일 시행)

			수험번호	성명
자격종목	시험시간	형별		
네일미용사	1시간	A		

01 야채를 고온에서 요리할 때 가장 파괴되기 쉬운 비타민은?

① 비타민 A   ② 비타민 C
③ 비타민 D   ④ 비타민 K

> ! 비타민 C는 열, 빛, 물, 산소 등에 쉽게 파괴되는 민감한 물질로 가능한 한 식품을 공기와 접촉하지 않은 상태로 찬 곳에 보관하며, 조리할 때는 식품을 잘게 썰지 않는 것이 좋으며, 짧은 시간에 조리를 끝내야 영양소 파괴를 방지할 수 있다.

02 다음 중 병원소에 해당하지 않는 것은?

① 흙   ② 물
③ 가축   ④ 보균자

> ! 병원소는 생물(동·식물), 토양, 유기물 등에서 병원체가 생육하며 전파될 수 있는 상태로 저장되는 장소를 말한다.

03 일반폐기물 처리방법 중 가장 위생적인 방법은?

① 매립법   ② 소각법
③ 투기법   ④ 비료화법

> ! 소각법은 침출수 유출 및 지하수 오염,2차 환경오염 등에 관한 문제를 해결할 수 있는 친환경적이며 위생적인 처리방식

04 인구통계에서 5~9세 인구란?

① 만4세 이상 ~ 만8세 미만 인구
② 만5세 이상 ~ 만10세 미만 인구
③ 만4세 이상 ~ 만9세 미만 인구
④ 4세 이상 ~ 9세 이하 인구

05 모유수유에 대한 설명으로 옳지 않은 것은?

① 수유 전 산모의 손을 씻어 감염을 예방하여야 한다.
② 모유수유를 하면 배란을 촉진시켜 임신을 예방하는 효과가 없다.
③ 모유에는 림프구, 대식세포 등의 백혈구가 들어 있어 각종 감염으로부터 장을 보호하고 설사를 예방하는 데 큰 효과를 갖고 있다.
④ 초유는 영양가가 높고 면역체가 있으므로 아기에게 반드시 먹이도록 한다.

> ! 모유수유 시 옥시토신이 분비되어 자궁을 수축시켜 산후 출혈을 줄이고, 배란이 억제되어 자연 피임이 되어 산모에게 긍정적 영향을 준다.

06 감염병 감염 후 얻어지는 면역의 종류는?

① 인공능동면역　② 인공수동면역
③ 자연능동면역　④ 자연수동면역

07 다음 중 출생 후 아기에게 가장 먼저 실시하게 되는 예방접종은?

① 파상풍　　　② B형 간염
③ 홍역　　　　④ 폴리오

08 바이러스의 특성으로 가장 거리가 먼 것은?

① 생체 내에서만 증식이 가능하다.
② 일반적으로 병원체 중에서 가장 작다.
③ 황열바이러스가 인간질병 최초의 바이러스이다.
④ 항생제에 감수성이 있다.

09 소독제의 적정 농도로 틀린 것은?

① 석탄산 1~3%　② 승홍수 0.1%
③ 크레졸수 1~3%　④ 알코올 1~3%

10 병원성·비병원성 미생물 및 포자를 가진 미생물 모두를 사멸 또는 제거하는 것은?

① 소독　　　　② 멸균
③ 방부　　　　④ 정균

11 다음 중 이·미용업소에서 가장 쉽게 옮겨질 수 있는 질병은?

① 소아마비　　② 뇌염
③ 비활동성 결핵　④ 전염성 안질

기출문제

12 다음 중 음용수 소독에 사용되는 소독제는?

① 석탄산 ② 액체염소
③ 승홍 ④ 알코올

❗ 문제9번의 해설 참조

13 다음 중 미생물학의 대상에 속하지 않는 것은?

① 세균 ② 바이러스
③ 원충 ④ 원시동물

❗ 미생물은 육안으로 식별이 불가능하며 광학현미경으로 관찰이 가능한 단일세포 또는 균사로 된 생물로 원생동물류(Protozoa), 조류(Algae), 균류(Bacteria), 사상균류(Mold), 효모류(Yeast)와 바이러스(Virus) 등이 이에 속한다.

14 소독제의 사용 및 보존상의 주의 점으로 틀린 것은?

① 일반적으로 소독제는 밀폐시켜 일광이 직사되지 않는 곳에 보존해야 한다.
② 부식과 상관이 없으므로 보관 장소의 제한이 없다.
③ 승홍이나 석탄산 같은 것은 인체에 유해하므로 특별히 주의하여 취급하여야 한다.
④ 염소제는 일광과 열에 의해 분해되지 않도록 냉암소에 보존하는 것이 좋다.

❗ 승홍수는 맹독성, 금속 부식성이 강하여 피부소독에는 0.1%의 수용액을 사용하고, 염화칼륨을 첨가하면 자극성이 완화된다. 석탄산은 피부에 흡수되어 중추신경 계전반의 흥분 후 억제를 일으킨다.

15 리보플라빈이라고도 하며, 녹색 채소류, 밀의 배아, 효모, 계란, 우유 등에 함유되어 있고 결핍되면 피부염을 일으키는 것은?

① 비타민 B_2 ② 비타민 E
③ 비타민 K ④ 비타민 A

❗ 비타민 B_2(리보플라빈)는 노란색 결정체로 수용성이며 세포가 탄수화물, 지방, 단백질로부터 에너지를 공급받는 물질대사에 참여하며 결핍 증세는 구각염, 구순염, 설염, 지루성 피부염, 안구건조증, 안구출혈, 백내장, 빈혈 등이고 열, 빛, 술, 피임약 등이 비타민 B_2를 파괴하는 요소들이다.

16 다음 태양광선 중 파장이 가장 짧은 것은?

① UV - A ② UV - B
③ UV - C ④ 가시광선

❗ 파장 범위
• 380~780nm : 가시광선
• 320~400nm : UV - A, 장파장
• 290~320nm : UV - B, 중파장
• 290nm이하 : UV - C, 단파장

17 멜라닌 색소 결핍의 선천적 질환으로 쉽게 일광화상을 입는 피부병변은?

① 주근깨
② 기미
③ 백색증
④ 노인성 반점(검버섯)

❗ 백색증은 알비노라고도 하며, 멜라닌 합성 결핍으로 눈이나 피부, 털 등에 색소가 부족한 선천성 유전 질환으로 햇빛에 취약하다.

18 진균에 의한 피부병변이 아닌 것은?

① 족부백선   ② 대상포진
③ 무좀   ④ 두부백선

> ❗ 대상포진은 바이러스성 피부질환으로 신경 세포에 잠복해 있던 바이러스가 시간이 흐른 후 다시 활성화되어 발병하는 질환으로 피부 위에 작은 물집이 띠 모양으로 분포하는 피부 병변이다.
> *진균성 피부질환
> • 무좀(족부백선) : 피부사상균이라는 곰팡이가 원인인 매우 흔한 족부 감염 질환이다.
> • 조갑백선 : 손·발톱이 곰팡이에 감염되는 경우로 균종에 따라 침범되는 부위가 다를 수 있다.
> • 완선 : 가랑이 사이에 발생되는 피부 곰팡이 병으로 주로 남자에게 많이 발생한다.
> • 전풍(어루러기) : 온도 및 습도가 높은 여름에 자주 발생하고 발한이 발병의 원인이며 별 증상이 없지만 피부색의 변화로 알게 된다.

19 피부에 대한 자외선의 영향으로 피부의 급성 반응과 가장 거리가 먼 것은?

① 홍반반응   ② 화상
③ 비타민 D 합성   ④ 광노화

> ❗ 광노화는 초기에 일시적으로 피부가 두껍고 거칠게 변하며 탄력섬유가 손상되어 건조, 주름, 거친 피부, 색소가 침착되고, 심할 경우 발병하는 피부암까지 살아오면서 자외선에 노출된 만성적인 흔적이다.

20 얼굴에서 피지선이 가장 발달된 곳은?

① 이마 부분   ② 코 옆 부분
③ 턱 부분   ④ 뺨 부분

> ❗ 지질을 만들어내는 분비샘으로 손바닥과 발바닥을 제외한 몸 전체에 존재하는데 얼굴과 두피에 가장 많으며 얼굴의 T존중 코 옆 부분의 피지선 관리를 위한 전용팩도 나와 있다.

21 에크린 땀샘(소한선)이 가장 많이 분포된 곳은?

① 발바닥   ② 입술
③ 음부   ④ 유두

> ❗ * 발바닥에 에크린 땀샘(소한선)이 많이 분포되어 있으며 겨드랑이, 유두, 외음부, 배꼽, 항문 주위에는 아포크린선(대한선)이 분포되어 있다.
> * 에크린선(소한선)은 전신에 분포하며 무색, 무취로서 99%가 pH 4.5~6.5의 약산성(세균의 번식을 억제)수분으로 노폐물 배설 및 체온 조절을 하며 피부 건조 방지한다.

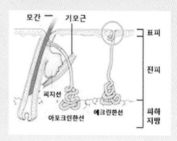

22 이·미용업소 내에 반드시 게시하지 않아도 무방한 것은?

① 이·미용업 신고증
② 개설자의 면허증 원본
③ 최종지불요금표
④ 이·미용사 자격증

> ❗ 영업소 내부에 미용업 신고증 및 개설자의 면허증 원본을 게시하여야 하며 최종지불요금표를 게시 또는 부착하여야 한다.

23 다음 중 이·미용업의 시설 및 설비기준으로 옳은 것은?

① 소독기, 자외선 살균기 등의 소독장비를 갖추어야 한다.
② 영업소 안에는 별실, 기타 이와 유사한 시설을 설치할 수 있다.
③ 응접장소와 작업장소를 구획하는 경우에는 커튼, 칸막이 기타 이와 유사한 장애물의 설치가 가능하며 외부에서 내부를 확인할 수 없어야 한다.
④ 탈의실, 욕실, 욕조 및 샤워기를 설치하여야 한다.

> **!** 이·미용업의 시설 및 설비기준
> 작업 장소, 응접장소, 상담실 등을 분리하기 위해 칸막이를 설치할 수 있으나, 설치된 칸막이에 출입문이 있는 경우 출입문의 3분의 1 이상을 투명하게 하여야 한다. 다만, 탈의실의 경우에는 출입문을 투명하게 하여서는 아니 된다.

24 풍속관련법령 등 다른 법령에 의하여 관계행정기관의 장의 요청이 있을 때 공중위생영업자를 처벌할 수 있는 자는?

① 시·도지사
② 시장·군수·구청장
③ 보건복지부장관
④ 행정자치부장관

> **!** 영업소 패쇄
> 시장·군수·구청장은 공중위생영업자가 이 법 또는 이 법에 의한 명령에 위반하거나 또는 「성매매알선 등 행위의 처벌에 관한 법률」·「풍속영업의 규제에 관한 법률」·「청소년 보호법」·「의료법」에 위반하여 관계행정기관의 장의 요청이 있는 때에는 6월 이내의 기간을 정하여 영업의 정지 또는 일부 시설의 사용중지를 명하거나 영업소폐쇄 등을 명할 수 있다.

25 1차 위반 시의 행정처분이 면허취소가 아닌 것은?

① 국가기술자격법에 따라 이·미용사 자격이 취소된 때
② 이중으로 면허를 취득한 때
③ 면허정저처분을 받고 그 정지 기간 중 업무를 행 한 때
④ 국가기술자격법에 의하여 이·미용사 자격정지 처분을 받을 때

> **!** 미용사의 면허에 관한 규정
> 국가기술자격법에 의하여 이·미용사 자격정지 처분을 받을 때는 면허정지를 명한다.
> • 1차 위반 시 면허취소-국가기술자격법에 따라 이 미용사 자격이 취소된 때, 이중으로 면허를 취득한 때, 면허정저처분을 받고 그 정지 기간 중 업무를 행 한 때

26 다음 중 영업소 외에서 이용 또는 미용업무를 할 수 있는 경우는?

> ㉠ 중병에 걸려 영업소에 나올 수 없는 자의 경우
> ㉡ 혼례 기타 의식에 참여하는 자에 대한 경우
> ㉢ 이용장의 감독의 받은 보조원이 업무를 하는 경우
> ㉣ 미용사가 손님 유치를 위하여 통행이 빈번한 장소 에서 업무를 하는 경우

① ㉢
② ㉠, ㉡
③ ㉠, ㉡, ㉢
④ ㉠, ㉡, ㉢, ㉣

> **!** 영업소 외에서의 이용 및 미용 업무-보건복지부령
> • 질병이나 그 밖의 사유로 영업소에 나올 수 없는 자의 경우
> • 혼례나 그 밖의 의식에 참여하는 자의 경우
> • 사회복지시설에서 봉사활동의 경우
> • 방송 등의 촬영 직전에 하는 경우
> • 특별한 사정이 있다고 시장·군수·구청장이 인정하는 경우

27 공중위생영업의 승계에 대한 설명으로 틀린 것은?

① 공중위생영업자가 그 공중위생영업을 양도하거나 사망한 때 또는 법인의 합병이 있는 때에는 그 양수인·상속인 또는 합병 후 존속하는 법인이나 합병에 의하여 설립되는 법인은 그 공중위생 영업자의 지위를 승계한다.

② 이용업 또는 미용업의 경우에는 규정에 의한 면허를 소지한 자에 한하여 공중위생영업자의 지위를 승계할 수 있다.

③ 민사집행법에 의한 경매, 채무자 회생 및 파산에 관한 법률에 의한 환가나 국제징수법·관세법 또는 지방세기본법에 의한 압류재산의 매각, 그 밖에 이에 준하는 절차에 따라 공중위생영업 관련시설 및 설비의 전부를 인수한 자는 이 법에 의한 그 공중위생영업자의 지위를 승계한다.

④ 공중위생영업자의 지위를 승계한 자는 1월 이내에 보건복지부령이 정하는 바에 따라 보건복지부장관에게 신고하여야 한다.

> ❗ 공중위생영업을 하고자 하는 자는 공중위생영업의 종류별로 보건복지부령이 정하는 시설 및 설비를 갖추고 시장·군수·구청장에게 신고하여야 한다.

28 처분기준이 2백만 원 이하의 과태료가 아닌 것은?

① 규정을 위반하여 영업소 이외 장소에서 이·미용 업무를 행한 자

② 위생교육을 받지 아니한 자

③ 위생 관리 의무를 지키지 아니한 자

④ 관계 공무원의 출입·검사·기타 조치를 거부·방해 또는 기피한 자

> ❗ 관련법 제9조 제1항에 관계공무원의 출입검사를 거부 기피하거나 방해한 때는 1차 위반 시 영업정지 10일, 2차 위반 시 영업정지 20일, 3차 위반 시 영업정지 1월, 4차 위반 시 영업장 폐쇄명령을 한다.
> * 과태료 : 200만원 이하의 과태료에 처한다.
> • 미용업소의 위생관리 의무를 지키지 아니한 자
> • 영업소 외의 장소에서 이용 또는 미용업무를 행한 자
> • 위생교육을 받지 아니한 자

29 향수의 부향률이 높은 순에서 낮은 순으로 바르게 정렬된 것은?

① 퍼퓸(Perfume) 〉 오데 퍼퓸(Eau de Perfume) 〉 오데 토일렛(Eau de Toilet) 〉 오데 코롱(Eau de Cologne)

② 퍼퓸(Perfume) 〉 오데 토일렛(Eau de Toilet) 〉 오데 퍼퓸(Eau de Perfume) 〉 오데 코롱(Eau de Cologne)

③ 오데 코롱(Eau de Cologne) 〉 오데 퍼퓸(Eau de Perfume) 〉 오데 토일렛(Eau de Toilet) 〉 퍼퓸(Perfume)

④ 오데 코롱(Eau de Cologne) 〉 오데 토일렛(Eau de Toilet) 〉 오데 퍼퓸(Eau de Perfume) 〉 퍼퓸(Perfume)

> ❗ 퍼퓸(부향률 15~30%) 〉 오데퍼퓸(부향률 9~12%) 〉 오데토일렛(부향률 6~8%) 〉 오데코롱(부향률 3~5%) 〉 샤워코롱(부향률 1~3%)

30 화장품의 요건 중 제품이 일정기간 동안 변질되거나 분리되지 않는 것을 의미하는 것은 무엇인가?

① 안전성   ② 안정성
③ 사용성   ④ 유효성

> ! 화장품의 4대 요건
> • 유효성 : 사용목적에 따른 기능이 우수해야 한다.
> • 사용성 : 손놀림이 쉽고 잘 펴 발라져야 한다.
> • 안전성 : 피부에 대한 자극, 알레르기, 독성이 없어야 한다.
> • 안정성 : 보관에 따른 변질, 변색, 변취, 미생물 오염이 없어야 한다.

31 자외선 차단 성분의 기능이 아닌 것은?

① 노화를 막는다.
② 과색소를 막는다.
③ 일광화상을 막는다.
④ 미백작용을 한다.

> ! 기능성 화장품 중 미백 화장품의 원리는 자외선을 받은 뒤 멜라닌이 만들어지지 않게 하지만 이미 만들어진 멜라닌을 분해해 피부를 하얗게 만들어주지는 않는다.

32 다음 중 화장수의 역할이 아닌 것은?

① 피부의 수렴작용을 한다.
② 피부 노폐물의 분비를 촉진시킨다.
③ 각질층에 수분을 공급한다.
④ 피부의 pH 균형을 유지시킨다.

> ! • 화장수(Toner) : 피부의 정돈효과와 수분 밸런스를 유지한다.
> • 유연화장수(Tonic) : 보습제와 유연제가 함유되어 피부의 각질층을 촉촉하고 부드럽게 한다.
> • 수렴화장수(Astringent) : 수분을 공급하고 모공을 수축시켜 피부결을 정리하며, 세균으로부터 피부를 보호, 소독한다.

33. 양모에서 추출한 동물성 왁스는?

① 라놀린   ② 스쿠알렌
③ 레시틴   ④ 리바이탈

> ! 라놀린(Lanolin)은 양모에서 추출하며, 유연성과 피부 친화성이 높은 동물성 왁스로 크림, 립스틱, 모발 화장품 등에 사용되지만 접촉성 피부염, 알레르기를 유발할 수 있다.

34 세정제에 대한 설명으로 옳지 않은 것은?

① 가능한 한 피부의 생리적 균형에 영향을 미치지 않는 제품을 사용하는 것이 바람직하다.
② 대부분의 비누는 알칼리성의 성질을 가지고 있어서 피부의 산, 염기 균형에 영향을 미치게 된다.
③ 피부노화를 일으키는 활성산소로부터 피부를 보호하기 위해 비타민 C, 비타민 E를 사용한 기능성 세정제를 사용할 수도 있다.
④ 세정제는 피지선에서 분비되는 피지와 피부장벽의 구성요소인 지질성분을 제거하기 위하여 사용된다.

> ! 세정제의 세정력에 따라 피부의 피지 성분이나 피부 각질층에 있는 자연함습인자가 제거되어 정상적인 각질세포와 각질세포 사이에 있는 지질의 구조에 이상을 초래하게 된다.

35 바디샴푸가 갖추어야 할 이상적인 성질과 거리가 먼 것은?

① 각질의 제거 능력
② 적절한 세정력
③ 풍부한 거품과 거품의 지속성
④ 피부에 대한 높은 안정성

> ! 바디샴푸는 기포세정제 함유로 거품의 질과 지속성이 우수하고 피부 보습기능과 피부에 대한 자극이 적어야 한다. 바디스크럽, 바디솔트로 전신, 팔, 뒤꿈치의 노화된 각질을 부드럽게 제거할 수 있다.

36 파일의 거칠기 정도를 구분하는 기준은?

① 파일의 두께   ② 그릿 숫자
③ 소프트 숫자   ④ 파일의 길이

> ❗ 그릿은 파일의 거칠기를 말하는데 숫자가 낮을수록 파일의 거칠기가 세고, 높을수록 파일의 거칠기가 부드럽다.

37 부드럽고 가늘며 하얗게 되어 네일 끝이 굴곡진 상태의 증상으로 질병, 다이어트, 신경성 등에서 기인되는 네일 병변으로 옳은 것은?

① 위축된 네일(onychatrophia)
② 파란 네일(onychocyanosis)
③ 계란껍질 네일(onychomalacia)
④ 거스러미 네일(hang nail)

> ❗ 오니코아트로피(위축된 네일)는 네일 매트릭스가 손상되거나 내과적 질병에 의해 손톱이 부서져 없어지는 증상, 오니코시아노시스(파란 네일)는 혈액순환 불량으로 파랗게 된 손톱을 말하고, 행 네일(거스러미 네일)은 건조한 손톱 주변에 큐티클이 갈라지고 거스러미가 일어나는 상태이다.

38 인체를 구성하는 생태학적 단계로 바르게 나열한 것은?

① 세포 - 조직 - 기관 - 계통 - 인체
② 세포 - 기관 - 조직 - 계통 - 인체
③ 세포 - 계통 - 조직 - 기관 - 인체
④ 인체 - 계통 - 기관 - 세포 - 조직

> ❗ 동물체의 구성 단계
> 세포→조직→기관→기관계→개체

39 네일의 역사에 대한 설명으로 틀린 것은?

① 최초의 네일 관리는 기원전 3,000년경에 이집트와 중국의 상류층에서 시작되었다.
② 고대 이집트에서는 헤나라는 관목에서 빨간색과 오렌지색을 추출하였다.
③ 고대 이집트에서는 남자들도 네일 관리를 하였다.
④ 네일 관리는 지금까지 5,000년에 걸쳐 변화되어 왔다.

> ❗ 고대 이집트에서는 신분별 차이를 두어 상류층은 짙은 색, 하류층은 옅은 색만을 허용하였다.

40 고객의 홈케어 용도로 큐티클 오일을 사용 시 주된 사용 목적으로 옳은 것은?

① 네일 표면에 광택을 주기 위해서
② 네일과 네일 주변의 피부에 트리트먼트 효과를 주기 위해서
③ 네일 표면에 변색과 오염을 방지하기 위해서
④ 찢어진 손톱을 보강하기 위해서

> ❗ 큐티클 오일은 손톱과 큐티클에 유·수분을 공급하고 부드럽게 해주어 굳은살 제거를 용이하게 한다.

41 폴리시 바르는 방법 중 네일을 가늘어 보이게 하는 것은?

① 프리에지   ② 루눌라
③ 프렌치   ④ 프리월

> ❗
> • 프리월(Free wall, 슬림라인)은 손톱의 옆면 양쪽을 1.5mm정도 남기고 컬러링하여 손톱이 길고 가늘어 보이게 하는 방법이다.
> • 프리에지(Free edge)는 손톱 끝 부분은 비워두고 컬러링하는 방법, 프렌치(French)sms 프리에지 부분에 컬러링하는 방법, 루눌라(Lunula)sms 손톱의 반달 부분을 남기고 바르는 컬러링 방법이다.

기출문제

42 다음 중 네일의 병변과 그 원인의 연결이 잘못된 것은?

① 모반점(니버스) – 네일의 멜라닌 색소 작용
② 과잉성장으로 두꺼운 네일 – 유전, 질병, 감염
③ 고랑 파진 네일 – 아연 결핍, 과도한 푸셔링, 순환계 이상
④ 붉거나 검붉은 네일 – 비타민, 레시틴 부족, 만성질환 등

> ! 조갑변색은 베이스코드를 생략하고 유색 에나멜을 바른 경우, 빈혈이나 심장질환, 혈액순환이 좋지 못한 경우 손톱의 색깔이 자색, 황색, 푸른색, 적색 등으로 변하는 병변이다.

43 네일 매트릭스에 대한 설명 중 틀린 것은?

① 손·발톱의 세포가 생성되는 곳이다.
② 네일 매트릭스의 세로 길이는 네일 플레이트의 두께를 결정한다.
③ 네일 매트릭스의 가로 길이는 네일 베드의 길이를 결정한다.
④ 네일 매트릭스는 네일 세포를 생성시키는 데 필요한 산소를 모세혈관을 통해서 공급받는다.

> ! 네일 매트릭스(조모)의 가로길이가 네일 베드의 길이를 결정하지는 않으며, 네일 베드는 네일 루트에서 손톱 끝까지의 부분 또는 조체/네일 보디를 바치고 있는 손톱의 밑 부분이고, 네일 매트릭스는 조모라고도 하며 루트 밑에 위치하여 혈관과 신경, 림프관 등이 분포되어 있으며 각질세포를 생산하고 성장을 조절하는 곳으로 이상이 생기면 손톱의 변형을 가져온다.

44 다음 중 손의 중간근(중수근)에 속하는 것은?

① 엄지맞섬근(무지대립근)
② 엄지모음근(무지내전근)
③ 벌레근(충양근)
④ 작은원근(소원근)

> ! 손 근육의 구성
> • 중수근(Intermediate Muscle) : 충양근, 장측골간근, 배측골간근으로 손바닥을 이루는 작은 근육으로 구성
> • 무지굴근(Tenar Muscle) : 단무지외전근, 장무지굴근, 무지대립근, 무지내전근의 4개 근으로 구성
> • 소지굴근(Hypothenar Muscle) : 소지외전근, 단소지굴근, 소지대립근으로 구성

45 다음 중 뼈의 구조가 아닌 것은?

① 골막   ② 골질
③ 골수   ④ 골조직

> ! 뼈의 구조
> 골막((Periosteum), 내·외원주층판(Inner, Outer Circumferential Lamella), 하버스계(Haversian System), 골수(Bone Marrow),골소주(Trabecula)로 이루어져 있다.
> 골기질(Bone Matrix)
> 골조직에서 골세포를 제외한 뼈를 형성하는 기질이다.

46 건강한 손톱의 조건으로 틀린 것은?

① 12~18%의 수분을 함유하여야 한다.
② 네일 베드에 단단히 부착되어 있어야 한다.
③ 루눌라(반월)가 선명하고 커야 한다.
④ 유연성과 강도가 있어야 한다.

> ! 루눌라는 흰색의 반달 모양으로 아직 케라틴화가 덜 된 아주 여리고 여린 부분으로 손톱이 각질로 변화하는 과정에서 생기는 현상일 뿐 손톱 건강의 척도는 아니다.

47 일반적인 손·발톱의 성장에 관한 설명 중 틀린 것은?

① 소지 손톱이 가장 빠르게 자란다.
② 여성보다 남성의 경우 성장 속도가 빠르다.
③ 여름철에 더 빨리 자란다.
④ 발톱의 성장 속도는 손톱의 성장 속도보다 1/2 정도 늦다.

> ！ 나이·성별·임신 여부 등에 따라 손발톱의 성장 속도는 차이가 있는데 손톱이 발톱보다 빨리 자라며(성인의 손톱은 한 달 평균 3.5mm쯤 자라는 데 비해, 발톱은 절반도 못 미치는 1.2mm 정도에 불과하다.) 많이 사용하여 혈류의 흐름이 활발한 검지와 중지의 손톱이 빠르게 자란다. 노출이 빈번한 봄, 여름철에 더 빨리 자란다.

48 다음 중 소독방법에 대한 설명으로 틀린 것은?

① 과산화수소 3% 용액을 피부 상처의 소독에 사용한다.
② 포르말린 1~1.5% 수용액을 도구 소독에 사용한다.
③ 크레졸 3% 물 97% 수용액을 도구 소독에 사용 한다.
④ 알코올 30%의 용액을 손, 피부 상처에 사용한다.

> ！ 이용기구 및 미용기구의 소독기준 및 방법(일반기준)
> • 석탄산 3%, 물 97%의 수용액에 10분 이상 담가두어 환자의 오염의류, 오물 소독
> • 에탄올(에틸알코올)이 70%인 수용액에 10분 이상 담가두거나 에탄올수용액을 머금은 면 또는 거즈로 닦아 금속기구나 손과 피부를 소독 한다.

49 한국 네일 미용의 역사와 가장 거리가 먼 것은?

① 고려시대부터 주술적 의미로 시작하였다.
② 1990년대부터 네일 산업이 점차 대중화되어 갔다.
③ 1998년 민간자격시험 제도가 도입 및 시행되었다.
④ 상류층 여성들은 손톱 뿌리부분에 문신 바늘로 색소를 주입하여 상류층임을 과시하였다.

> ！ • 17세기 인도에서 조모에 문신 바늘로 색소를 주입하여 상류층 여성임을 과시하였다.
> • 2014년[한국] 국가자격시험에 네일 부분이 신설되었다.

50 네일 도구를 제대로 위생처리하지 않고 사용했을 때 생기는 질병으로 시술할 수 없는 손톱의 병변은?

① 오니코렉시스(조갑종렬증)
② 오니키아(조갑염)
③ 에그쉘 네일(조갑연화증)
④ 니버스(모반점)

> ！ 오니키아(Onychia, 조갑염)
> 손톱 밑의 살이 붉어지거나 고름이 생기는 질병으로 위생적이지 않은 네일 도구 사용 시 생긴다.
> 오니코파지(교조증)
> 습관적으로 손톱을 심하게 물어뜯어 생기는 증상, 에그쉘 네일(조갑연화증)은 질병이나 신경계통 이상, 다이어트 등으로 손톱이 굴곡지고, 가늘고 하얗게 달걀껍질처럼 되는 증상, 니버스(모반점)는 질이 떨어지는 네일 제품을 사용하였을 때 큐티클이 과잉 성장하여 손톱 위로 자라는 것이다.

51 젤 큐어링 시 발생하는 히팅 현상과 관련한 내용으로 가장 거리가 먼 것은?

① 손톱이 얇거나 상처가 있을 경우에 히팅 현상이 나타날 수 있다.
② 젤 시술이 두껍게 되었을 경우에 히팅 현상이 나타날 수 있다.
③ 히팅 현상 발생 시 경화가 잘 되도록 잠시 참는다.
④ 젤 시술 시 얇게 여러 번 발라 큐어링하여 히팅 현상에 대처한다.

> ! 젤이 큐어링되면서 뜨겁게 느껴지는걸 히팅이라고 하는데 보통 손톱손상으로 손톱이 얇아졌을 때, 젤이 너무 두꺼울때 나타날 수 있어서 젤을 바를 때 양을 조금씩 여러번 나누어 바르면 히팅 현상이 조금 덜하다.

52 스마일 라인에 대한 설명 중 틀린 것은?

① 손톱의 상태에 따라 라인의 깊이를 조절할 수 있다.
② 깨끗하고 선명한 라인을 만들어야 한다.
③ 좌우 대칭의 밸런스보다 자연스러움을 강조해야 한다.
④ 빠른 시간에 시술해서 얼룩지지 않도록 해야 한다.

> ! 프렌치 젤 스컬프처 시술에서 프리에지 부분에 젤을 사용하여 스마일 라인이 대칭되도록 만든다.

53 프라이머의 특징이 아닌 것은?

① 아크릴릭 시술 시 자연손톱에 잘 부착되도록 돕는다.
② 피부에 닿으면 화상을 입힐 수 있다.
③ 자연손톱 표면의 단백질을 녹인다.
④ 알칼리 성분으로 자연손톱을 강하게 한다.

> ! 손톱의 유·수분을 제거해주고 건조시켜주어 아크릴의 접착력을 강화해주며, 손톱 표면의 pH 밸런스를 맞춰주고, 산성 제품으로 피부에 화상을 입힐 수 있으므로 최소량만을 사용한다.

54 가장 기본적인 네일 관리법으로 손톱모양 만들기, 큐티클 정리, 마사지, 컬러링 등을 포함하는 네일 관리법은?

① 습식매니큐어 ② 페디아트
③ UV 젤네일 ④ 아크릴 오버레이

> ! 습식매니큐어는 물을 사용하여 손톱 관리 및 손 관리, 마사지와 컬러링 등 전체적 관리방법 중 가장 기본적인 방법이다.

55 다음 중 원톤 스캅춰 제거에 대한 설명으로 틀린 것은?

① 니퍼로 뜯는 행위는 자연손톱에 손상을 주므로 피한다.
② 표면에 에칭을 주어 아크릴 제거가 수월하도록 한다.
③ 100% 아세톤을 사용하여 아크릴을 녹여준다.
④ 파일링만으로 제거하는 것이 원칙이다.

> ! 에나멜은 솜에 리무버를 적셔 호일로 감싼 뒤 긁어서 제거한다.

56 페디큐어 과정에서 필요한 재료로 가장 거리가 먼 것은?

① 니퍼 ② 콘커터
③ 액티베이터 ④ 토우 세퍼레이터

> ! 습식 매니큐어 재료는 콘커터, 패디파일, 각탕기 또는 족탕기, 토 세퍼레이터, 페디큐어 슬리퍼, 살균비누, 스크럽 크림 등이 있으며, 매니큐어 재료와 혼용해서 사용하지 않고 전용 재료로 사용해야 한다.

57 자연손톱에 인조 팁을 붙일 때 유지하는 가장 적합한 각도는?

① 35°　　　　　② 45°
③ 90°　　　　　④ 95°

> ❗ 인조 팁을 붙일 때는 45°로 손톱에 대고 공기가 들어가지 않도록 밀착시키며 붙인다.

58 원톤 스컬프처의 완성 시 인조네일의 아름다운 구조 설명으로 틀린 것은?

① 옆선이 네일의 사이드 월 부분과 자연스럽게 연결되어야 한다.
② 컨벡스와 컨케이브의 균형이 균일해야 한다.
③ 하이포인트의 위치가 스트레스 포인트 부근에 위치해야 한다.
④ 인조네일의 길이는 길어야 아름답다.

> ❗ 기존에 시술되어진 인조 네일과 새로 자라나온 자연네일을 자연스럽게 연결해주어야 한다.

59 네일 폼의 사용에 관한 설명으로 옳지 않은 것은?

① 측면에서 볼 때 네일 폼은 항상 20° 하향하도록 장착한다.
② 자연 네일과 네일 폼 사이가 멀어지지 않도록 장착한다.
③ 하이포니키움이 손상되지 않도록 주의하며 장착한다.
④ 네일 폼이 틀어지지 않도록 균형을 잘 조절하여 장착한다.

> ❗ 네일 폼은 일회용의 종이폼을 사용하며, 시술 시 양손으로 C-커브가 잡힐 수 있도록 손톱 밑 하조피에 끼워 모양을 잡아주는 틀로 손톱 종류에 따라 라운드령, 스퀘어형, 오벌형 등의 모양이 있다.

60 페디큐어의 정의로 옳은 것은?

① 발톱을 관리하는 것을 말한다.
② 발과 발톱을 관리, 손질하는 것을 말한다.
③ 발을 관리하는 것을 말한다.
④ 손상된 발톱을 교정하는 것을 말한다.

> ❗ 페디큐어(Pedicure)는 신체의 발과 발톱을 대상으로 관리, 손질하며, 건강하게 가꾸고 개성을 표현하는 것을 말한다.

정답　　　　　　　　　　　　　　　　　　　:: 기출문제

01	02	03	04	05	06	07	08	09	10
②	②	②	②	②	③	②	④	④	②
11	12	13	14	15	16	17	18	19	20
④	②	④	②	①	③	③	②	④	②
21	22	23	24	25	26	27	28	29	30
①	④	①	②	④	②	④	②	①	②
31	32	33	34	35	36	37	38	39	40
④	②	①	④	①	②	③	①	③	②
41	42	43	44	45	46	47	48	49	50
④	④	③	③	②	③	①	④	④	②
51	52	53	54	55	56	57	58	59	60
③	③	③	①	③	③	②	④	①	②

자격종목	시험시간	형별	수험번호	성명
네일미용사	1시간	A		

01 자연적 환경요소에 속하지 않는 것은?

① 기온　　　　　② 기습
③ 소음　　　　　④ 위생시설

> **!** 환경위생에 영향을 미치는 환경요인의 분류
> • 자연적 환경요인 : 기후(기온, 기습, 기류, 기압, 복사열), 일광, 공기, 소리, 물 등
> • 인위적 환경요인 : 채광, 냉방, 조명, 환기, 상하수도, 오물처리, 곤충의 구제, 공해, 의복 등
> • 사회적 환경요인 : 문화, 인구, 교통, 종교, 정치, 경제, 교육 등

02 역학에 대한 내용으로 옳은 것은?

① 인간 개인을 대상으로 질병 발생 현상을 설명하는 학문 분야이다.
② 원인과 경과보다 결과 중심으로 해석하여 질병 발생을 예방한다.
③ 질병 발생 현상을 생물학과 환경적으로 이분하여 설명한다.
④ 인간 집단을 대상으로 질병 발생과 그 원인을 탐구하는 학문이다.

> **!** 역학은 인간집단을 대상으로 질병의 발생요인을 파악하고 요인관계를 규명하며, 그 빈도와 분포를 파악하여 예방대책을 세우는 학문이다.

03 파리가 매개할 수 있는 질병과 거리가 먼 것은?

① 아메바성 이질　　② 장티푸스
③ 발진티푸스　　　　④ 콜레라

> **!** 위해동물에 의해 전파되는 질환
> • 파리 : 장티푸스, 파라티푸스, 이질, 콜레라, 결핵 등
> • 벼룩 : 발진열, 재귀열, 페스트 등
> • 모기 : 사상충증, 뎅기열, 황열, 말라리아, 일본뇌염 등
> • 바퀴 : 이질, 콜레라, 장티푸스, 폴리오 등
> • 쥐 : 페스트, 재귀열, 발진열, 신증후군, 유행성 출혈열, 쯔쯔가무시증 등

04 인구구성 중 14세 이하가 65세 이상 인구의 2배 정도이며 출생률과 사망률이 모두 낮은 형은?

① 피라미드형　　② 종형
③ 항아리형　　　④ 별형

> **!** 가장 이상적인 인구구성의 형태인 종형은 출생률과 사망률이 모두 낮고 14세 이하가 65세 이상 인구의 2배 정도 이다.

05 식생활이 탄수화물이 주가 되며, 단백질과 무기질이 부족한 음식물을 장기적으로 섭취함으로써 발생되는 단백질 결핍증은?

① 펠라그라(pellagra)
② 각기병
③ 콰시오르코르증(kwashiorkor)
④ 괴혈병

> ! 콰시오르코르증(kwashiorkor)은 주로 유아의 경우에 단백질 섭취량이 극히 적은 상태가 오랜 기간 계속되었을 때 나타나는 단백질 결핍증
> * 펠라그라(pellag) 또는 홍반병 (紅斑病)은 나이아신 (비타민 B₃)의 만성적인 부족으로 인하여 나타나는 비타민 결핍증

06 제1군 감염병에 해당하는 것은?

① 콜레라, 장티푸스
② 파라티푸스, 홍역
③ 세균성 이질, 폴리오
④ A형 간염, 결핵

> ! 제1군 감염병은 마시는 물 또는 식품을 매개로 발생하고 집단 발생의 우려가 커서 발생 또는 유행 즉시 방역대책을 수립하여야 하는 감염병으로 콜레라, 장티푸스, 파라티푸스, 세균성이질, 장출혈성대장균감염증, A형 간염이 이에 속한다.

07 흡연이 인체에 미치는 영향으로 가장 적합한 것은?

① 구강암, 식도암 등의 원인이 된다.
② 피부 혈관을 이완시켜서 피부 온도를 상승시킨다.
③ 소화촉진, 식욕증진 등에 영향을 미친다.
④ 폐기종에는 영향이 없다.

> ! 흡연은 암을 유발하고, 피부의 표피를 얇아지게 해서 피부의 잔주름 생성을 증가시키고, 비타민 C를 파괴한다.

08 대장균이 사멸되지 않는 경우는?

① 고압증기멸균   ② 저온소독
③ 방사선멸균   ④ 건열멸균

> ! 대장균은 열에 대한 저항성이 약하여 60℃에서 약 20분간 가열하면 멸균된다.

09 다음 중 자외선 소독기의 사용으로 소독효과를 기대할 수 없는 경우는?

① 여러 개의 머리빗
② 날이 열린 가위
③ 염색용 볼
④ 여러 장의 겹쳐진 타월

> ! 자외선램프에서 나오는 자외선의 살균력을 이용하여 소독을 해주는 원리로 오래 두면 플라스틱을 경화시켜서 딱딱하게 만들고, 색도 변색시키지만 가위나 금속 날 등은 오래 사용해도 무방하다.

10 다음 중 가위를 끓이거나 증기소독한 후 처리방법으로 가장 적합하지 않은 것은?

① 소독 후 수분을 잘 닦아낸다.
② 수분 제거 후 엷게 기름칠을 한다.
③ 자외선 소독기에 넣어 보관한다.
④ 소독 후 탄산나트륨을 발라둔다.

11 다음 중 미생물의 종류에 해당하지 않는 것은?

① 진균   ② 바이러스
③ 박테리아   ④ 편모

> ! • 편모는 세균의 운동기관으로 현재까지 알려져 있는 세균의 80%가 편모로 유영운동을 한다.
> • 미생물은 육안으로 식별이 불가능하며 광학현미경으로 관찰이 가능한 단일세포 또는 균사로 된 생물로 원생동물류(Protozoa), 조류(Algae), 균류(Bacteria), 사상균류(Mold), 효모류(Yeast)와 바이러스(Virus) 등이 이에 속한다.

12 금속성 식기, 면 종류의 의류, 도자기의 소독에 적합한 소독방법은?

① 화염멸균법   ② 건열멸균법
③ 소각소독법   ④ 자비소독법

> ! 자비 소독은 열탕 소독이라고도 하는데 100℃의 끓는 물에 30분간 소독한다.

13 100℃에서 30분간 가열하는 처리를 24시간마다 3회 반복하는 멸균법은?

① 고압증기멸균법   ② 건열멸균법
③ 고온멸균법   ④ 간헐멸균법

> ! 가열 살균법 중 간헐멸균법은 100℃의 증기로 1일 1회, 30분간 3일 동안 반복하는 멸균법으로 소독대상은 유리그릇, 금속제품이다.

14 여러 가지 물리화학적 방법으로 병원성 미생물을 가능한 한 제거하여 사람에게 감염의 위험이 없도록 하는 것은?

① 멸균   ② 소독
③ 방부   ④ 살충

> ! • 소독 : 병원성 미생물의 생활력을 파괴시켜 감염 및 증식력을 없애는 것
> • 살균 : 미생물을 사멸 또는 불활성화 시키는 것
> • 멸균 : 강한 살균력을 작용시켜 모든 미생물뿐만 아니라 균, 아포, 독소 등을 완전 사멸시켜 무균상태로 하는 조작
> • 방부 : 병원 미생물의 증식을 억제해서 식품의 부패 및 발효를 억제시키는 것

15 피지선에 대한 설명으로 틀린 것은?

① 피지를 분비하는 선으로 진피 중에 위치한다.
② 피지선은 손바닥에는 없다.
③ 피지의 1일 분비량은 10~20g 정도이다
④ 피지선이 많은 부위는 코 주위이다.

> ! 피지의 1일 분비량은 1~2g 정도이다.

16 다음 중 입모근과 가장 관련 있는 것은?

① 수분 조절   ② 체온 조절
③ 피지 조절   ④ 호르몬 조절

> ! 입모근은 교감신경의 지배를 받아 피부에 소름을 돋게 하는 근육을 말하며, 체온 조절과 관련 있다.

17 적외선이 피부에 미치는 작용이 아닌 것은?

① 온열 작용
② 비타민 D 형성 작용
③ 세포증식 작용
④ 모세혈관 확장 작용

> ! 비타민 D 형성은 자외선이 피부에 미치는 긍정적 영향으로 결핍 시 생기는 구루병을 예방한다.
> * 적외선의 효과
> • 인체의 혈관을 팽창시켜 혈액순환을 용이하게 함.
> • 피부 깊숙이 영양분을 침투시킴.
> • 피지선이나 한선 기능을 활성화하여 피부 노폐물 배출시킴.
> • 신진대사 촉진 및 세포 내 화학적 변화를 증가시킴

18 얼굴에 있어 T존 부위는 번들거리고, 볼 부위는 당기는 피부 유형은?

① 건성피부   ② 정상(중성)피부
③ 지성피부   ④ 복합성피부

> ! 복합성 피부는 볼 부위는 당기는 건성피부의 특징과 T존 부위는 번들거리는 지성피부의 특징을 모두 가지고 있는 피부 타입이다.

19 다음 중 기미의 유형이 아닌 것은?

① 표피형 기미   ② 진피형 기미
③ 피하조직형 기미   ④ 혼합형 기미

> ! 색소침착의 깊이에 따라 병변의 색깔이 달라지는데 색소침착이 표피에 있을 때는 갈색, 진피에 있을 때는 청회색, 혼합형일 때는 갈회색으로 나타나며 혼합형이 가장 흔하다.

20 지용성 비타민이 아닌 것은?

① Vitamin D　　② Vitamin A
③ Vitamin E　　④ Vitamin B

21 단순포진이 나타나는 증상으로 가장 거리가 먼 것은?

① 통증이 심하여 다른 부위로 통증이 퍼진다.
② 홍반이 나타나고 곧이어 수포가 생긴다.
③ 상체에 나타나는 경우 얼굴과 손가락에 잘 나타난다.
④ 하체에 나타나는 경우 성기와 둔부에 잘 나타난다.

22 공중위생관리법에서 사용하는 용어의 정의로 틀린 것은?

① "공중위생영업"이라 함은 다수인을 대상으로 위생관리서비스를 제공하는 영업으로서 숙박업, 목욕장업, 이용업, 미용업, 세탁업, 위생관리용역업을 말한다.
② "숙박업"이라 함은 손님이 잠을 자고 머물 수 있도록 시설 및 설비 등의 서비스를 제공하는 영업을 말한다.
③ "위생관리용역업"이라 함은 공중이 이용하는 건축물, 시설물 등의 청결유지와 실내공기정화를 위한 청소 등을 대행하는 영업을 말한다.
④ "미용업"이라 함은 손님의 머리카락 또는 수염을 깎거나 다듬는 등의 방법으로 손님의 용모를 단정하게 하는 영업을 말한다.

23 공중위생관리법상의 규정에 위반하여 위생교육을 받지 아니한 때 부과되는 과태료의 기준은?

① 300만 원 이하　　② 500만 원 이하
③ 400만 원 이하　　④ 200만 원 이하

24 이·미용사의 면허가 취소되거나 면허의 정지명령을 받은 자는 누구에게 면허증을 반납하여야 하는가?

① 보건복지부장관
② 시·도지사
③ 시장·군수·구청장
④ 보건소장

> ❗ 이·미용사가 명령을 위반하거나 면허증을 다른 사람에게 대여했을 경우 시장·군수·구청장은 면허를 취소하거나 6월 이내의 기간을 정해 면허 정지를 명한다.

25 개선을 명할 수 있는 경우에 해당하지 않는 사람은?

① 공중위생영업의 종류별 시설 및 설비기준을 위반한 공중위생영업자
② 위생관리의무 등을 위반한 공중위생영업자
③ 공중위생영업자의 지위를 승계한 자로서 이에 관한 신고를 하지 아니한 자
④ 위생관리의무를 위반한 공중위생시설의 소유자 등

> ❗ 개선명령
> 시설 및 설비기준을 위반한 때, 신고를 하지 아니하고 영업소의 명칭 및 상호 또는 영업장 면적의 3분의 1 이상을 변경한 때, 영업자의 지위를 승계한 후 1월 이내에 신고하지 아니한 때, 공중위생영업자의 위생관리의무 등을 위반한 때, 음란한 물건을 관람 열람하게 하거나 진열 또는 보관한 때이다.

26 이·미용업자의 위생관리 기준에 대한 내용 중 틀린 것은?

① 요금표 외의 요금을 받지 않을 것
② 의료행위를 하지 않을 것
③ 의료용구를 사용하지 않을 것
④ 1회용 면도날은 손님 1인에 한하여 사용할 것

> ❗ 위생관리 기준
> • 의료기구와 의약품을 사용하지 아니하는 순수한 화장 또는 피부미용을 할 것
> • 미용기구는 소독을 한 기구와 소독을 하지 아니한 기구로 분리하여 보관할 것
> • 면도기는 1회용 면도날만을 손님 1인에 한하여 사용할 것

27 위생서비스 평가 결과 위생서비스의 수준이 우수하다고 인정되는 영업소에 대하여 포상을 실시할 수 있는 자에 해당하지 않는 것은?

① 구청장   ② 시·도지사
③ 군수   ④ 보건소장

> ❗ 업소 위생등급
> 시·도지사 또는 시장·군수·구청장은 위생서비스가 우수한 영업소에 대하여 포상을 실시할 수 있다.

28 손님에게 도박 그 밖에 사행행위를 하게 한 때에 대한 1차 위반 시 행정처분기준은?

① 영업정지 1월   ② 영업정지 2월
③ 영업정지 3월   ④ 영업장 폐쇄명령

> ❗ 「풍속영업의 규제에 관한 법률」 제11조 제1항에 의거하여 1차 위반 시 영업정지 1월, 2차 위반 시 영업정지 2월, 3차 위반 시 영업장 폐쇄 명령을 한다.

29 에멀전의 형태를 가장 잘 설명한 것은?

① 지방과 물이 불균일하게 섞인 것이다
② 두 가지 액체가 같은 농도의 한 액체로 섞여있다.
③ 고형의 물질이 아주 곱게 혼합되어 균일한 것처럼 보인다.
④ 두 가지 또는 그 이상의 액상물질이 균일하게 혼합되어 있는 것이다.

> ! 에멀전(유화제)는 섞일 수 없는 두 가지의 물질이 혼합되어 그 상태를 변함없이 유지하는 혼합물로 물과 오일 성분이 계면활성제에 의해 우윳빛으로 걸쭉하게 백탁화된 상태의 제품이다.

30 다음 중 피부 상재균의 증식을 억제하는 항균기능을 가지고 있고, 발생한 체취를 억제하는 기능을 가진 것은?

① 바디샴푸   ② 데오도란트
③ 샤워코롱   ④ 오데토일렛

> ! 바디 관리 화장품 중 데오도란트로션, 데오도란트스틱, 데오도란트스프레이 등은 몸 냄새를 예방하거나 냄새의 원인이 되는 땀 분비 억제하는 기능이 있다.

31 기능성화장품에 사용되는 원료와 그 기능의 연결이 틀린 것은?

① 비타민 C - 미백효과
② AHA(Alpha - hydroxy acid) - 각질 제거
③ DHA(dihydroxy acetone) - 자외선 차단
④ 레티노이드(retinoid) - 콜라겐과 엘라스틴의 회복을 촉진

> ! DHA(dihydroxy acetone) - 피부의 아미노산을 갈색의 색소로 만들어 주는 태닝 기능이 있다.

32 방부제가 갖추어야 할 조건이 아닌 것은?

① 독특한 색상과 냄새를 지녀야 한다.
② 적용 농도에서 피부에 자극을 주어서는 안 된다.
③ 방부제로 인하여 효과가 상실되거나 변해서는 안 된다.
④ 일정 기간 동안 효과가 있어야 한다.

> ! 변질을 막고 화장품을 사용하거나 보존하는 동안에 그 순도를 유지시키기 위해서 첨가하는 것으로 인체에 해가 없어야 하고, 그 첨가로 인해 품질을 손상시키지 않아야 한다.

33 화장품법상 화장품이 인체에 사용되는 목적 중 틀린 것은?

① 인체를 청결하게 한다.
② 인체를 미화한다.
③ 인체의 매력을 증진시킨다.
④ 인체의 용모를 치료한다.

> ! 인체를 청결 또는 미화하여 매력을 더하고 용모를 밝게 변화시키거나 피부, 모발의 건강을 유지 또는 증진하기 위해 인체에 사용되는 물품으로, 인체에 미치는 작용이 경미한 것을 말한다.
>
> * 화장품, 의약외품, 의약품의 비교

구 분	대상	사용목적	사용기간	부작용
화장품	일반인	청결, 미화	장기간	없어야 함
의약외품	일반인	위생, 미화	장기간	없어야 함
의약품	환자	치료	단기간	어느 정도 있음

기출문제

34 에센셜 오일의 보관 방법에 관한 내용으로 틀린 것은?

① 뚜껑을 닫아 보관해야 한다.
② 직사광선을 피하는 것이 좋다.
③ 통풍이 잘되는 곳에 보관해야 한다.
④ 투명하고 공기가 통할 수 있는 용기에 보관해 여야 한다.

> ! 시트러스 계열의 레몬 에센셜 오일은 광독성으로 자외선 감착성을 높여 발적, 색소침착, 염증 등을 유발하므로 직사광선을 피하고, 캐리어오일은 공기 중에 오래 노출하면 산패가 일어날 수가 있기 때문에 반드시 밀봉하여 냉장고에 보관하여 두어야 한다.

35 기초화장품의 기능이 아닌 것은?

① 피부 세정
② 피부 정돈
③ 피부 보호
④ 피부결점 커버

> ! 기초화장품의 기능
> • 피부청결 : 표면의 더러움, 메이크업 찌꺼기, 노폐물 제거
> • 피부정돈 : pH를 정상적인 상태로 돌아오게 하고, 유・수분 공급
> • 피부보호 : 피부표면의 건조함을 방지하고 매끄러움을 유지시키며, 공기 중의 유해한 성분이 침입방지
> • 피부영양 : 피부에 수분 및 영양을 공급

36 발허리뼈(중족골) 관절을 굴곡 시키고, 외측 4개 발가락의 지골간관절을 신전시키는 발의 근육은?

① 벌레근(충양근)
② 새끼벌림근(소지외전근)
③ 짧은새끼굽힘근(단소지굴근)
④ 짧은엄지굽힘근(단무지굴근)

> ! 벌레근인 충양근은 제2~5 손허리 손가락 관절을 굽힘 시키며 손가락 뼈 사이 관절을 구부리도록 메워주는 근육이다.

37 한국네일미용에서 부녀자와 처녀들 사이에서 염지갑화라고 하는 봉선화 물들이기 풍습이 이루어졌던 시기로 옳은 것은?

① 신라시대
② 고구려시대
③ 고려시대
④ 조선시대

> ! 고려시대의 아름다운 풍습으로 여성들이 봉선화과의 한해살이 풀인 지갑화(봉선화)를 이용하여 물들이기 시작하였다.

38 네일 매트릭스에 대한 설명으로 옳은 것은?

① 네일 베드를 보호하는 기능을 한다.
② 네일 바디를 받쳐주는 역할을 한다.
③ 모세혈관, 림프, 신경조직이 있다.
④ 손톱이 자라기 시작하는 곳이다.

> ! 네일 매트릭스는 조모라고도 하며 루트 밑에 위치하여 혈관과 신경, 림프관 등이 분포되어 있으며 네일 베드를 보호하고 각질세포를 생산하고 성장을 조절하는 곳으로 이상이 생기면 손톱의 변형을 가져온다.

39 손톱의 성장과 관련한 내용 중 틀린 것은?

① 겨울보다 여름이 빨리 자란다.
② 임신기간 동안에는 호르몬의 변화로 손톱이 빨리 자란다.
③ 피부유형 중 지성피부의 손톱이 더 빨리 자란다.
④ 연령이 젊을수록 손톱이 더 빨리 자란다.

> ! 나이・성별・임신 여부 등에 따라 손발톱의 성장 속도는 차이가 있는데 손톱이 발톱보다 빨리 자라며(성인의 손톱은 한 달 평균 3.5mm쯤 자라는 데 비해, 발톱은 절반도 못 미치는 1.2mm 정도에 불과하다.) 많이 사용하여 혈류의 흐름이 활발한 검지와 중지의 손톱이 빠르게 자란다. 노출이 빈번한 봄, 여름철에 더 빨리 자란다.

40 손톱의 특성에 대한 설명으로 가장 거리가 먼 것은?

① 조체(네일 바디)는 약 5% 수분을 함유하고 있다.

② 아미노산과 시스테인이 많이 함유되어 있다.

③ 조상(네일 베드)은 혈관에서 산소를 공급받는다.

④ 피부의 부속물로 신경, 혈관, 털이 없으며 반투명의 각질판이다.

! 네일 베드는 네일 밑에 위치하여 바디를 받치고 있으며, 신경세포와 혈관이 분포되어 신진대사와 수분을 공급한다.

41 손톱과 발톱을 너무 짧게 자를 경우 발생할 수 있는 것은?

① 오니코렉시스

② 오니코아트로피

③ 오니코파이마

④ 오니코크립토시스

! 오니코렉시스는 큐티클 솔벤트나 폴리시 리무버 과다 사용으로 손톱이 갈라지거나 부서지는 증상, 오니코아트로피는 네일 매트릭스가 손상되거나 내과적 질병에 의해 손톱이 부서져 없어지는 증상, 오니코크립토시스는 작은 신발을 신거나 잘못된 파일링으로 손톱이나 발톱이 그루브 사이를 파고 자라는 증상, 오니코파이마는 네일이 부어올라 손톱이 갈라지는 증상이다.

42 다음 중 손의 근육이 아닌 것은?

① 바깥쪽뼈사이근(장측골간근)

② 등쪽뼈사이근(배측골간근)

③ 새끼맞섬근(소지대립근)

④ 반힘줄근(반건양근)

! 손 근육의 구성
- 중수근(Intermediate Muscle) : 충양근, 장측골간근, 배측골간근으로 손바닥을 이루는 작은 근육으로 구성
- 무지굴근(Tenar Muscle) : 단무지외전근, 장무지굴근, 무지대립근, 무지내전근의 4개 근육으로 구성
- 소지굴근(Hypothenar Muscle) : 소지외전근, 단소지굴근, 소지대립근으로 구성

43 자연네일이 매끄럽게 되도록 손톱 표면의 거칠음과 기복을 제거하는 데 사용하는 도구로 가장 적합한 것은?

① 100그릿 네일 파일

② 에머리보드

③ 네일 클리퍼

④ 샌딩 파일

! 샌딩 파일, 샌딩블록은 손톱 표면을 매끄럽게 정리해 주는 도구, 네일 클리퍼는 손톱의 길이를 조절하는 도구, 파일, 에머리보드는 손톱 모양을 다듬는 도구이다.

44 네일 미용관리 후 고객이 불만족할 경우 네일 미용인이 우선적으로 해야 할 대처 방법으로 가장 적합한 것은?

① 만족할 수 있는 주변의 네일 샵 소개

② 불만족 부분을 파악하고 해결방안 모색

③ 샵 입장에서의 불만족 해소

④ 할인이나 서비스 티켓으로 상황 마무리

! 고객관리 카드를 작성하여 시술내용이나 부작용 등을 관리하고, 고객이 불만족할 경우 불만족 부분을 파악하고 해결방안을 모색한다.

45 손톱의 주요한 기능 및 역할과 가장 거리가 먼 것은?

① 물건을 잡거나 긁을 때 또는 성상을 구별하는 기능이 있다.
② 방어와 공격의 기능이 있다.
③ 노폐물의 분비기능이 있다.
④ 손끝을 보호한다.

> ! 피부와 내분비계 기관에 노폐물의 분비기능이 있다.

46 외국의 네일미용 변천과 관련하여 그 시기와 내용의 연결이 옳은 것은?

① 1885년 : 폴리시의 필름형성제인 니트로셀룰로즈가 개발되었다.
② 1892년 : 손톱 끝이 뾰족한 아몬드형 네일이 유행하였다.
③ 1917년 : 도구를 이용한 케어가 시작되었으며 유럽에서 네일관리가 본격적으로 시작되었다.
④ 1960년 : 인조손톱 시술이 본격적으로 시작되었으며 네일관리와 아트가 유행하기 시작하였다.

> ! 외국의 네일미용의 발전
> • 1892년 : 발 전문 의사 시트의 조카에 의해 여성들의 직업으로 네일 관리사가 미국에 도입되었다.
> • 1917년 : 도구와 기구를 사용하지 않고 행하는 네일 홈케어 제품 소개되었다.
> • 1960년 : 약한 손톱을 강하게 하기 위해 실크(Silk)와 린넨(Linen)을 이용하기 시작하였다.

47 손톱 밑의 구조가 아닌 것은?

① 조근(네일 루트)   ② 반월(루눌라)
③ 조모(매트릭스)   ④ 조상(네일 베드)

> ! 반월(루눌라)는 네일 바디의 베이스에 있는 반달모양의 백색 부분이다.
> * 손톱 밑의 구조
> 조근(네일 루트)은 네일의 성장이 시작되는 곳, 조모(매트릭스)는 손톱의 성장이 진행되는 곳, 조상(네일 베드)은 바디를 받치고 있으며, 신진대사와 수분을 공급한다.

48 손톱의 이상증상 중 손톱을 심하게 물어뜯어 생기는 증상으로 인조손톱 관리나 매니큐어를 통해 습관을 개선할 수 있는 것은?

① 고랑진 손톱   ② 교조증
③ 조갑위축증   ④ 조내성증

> ! * 오니코파지라고 하는 교조증은 습관적으로 손톱을 심하게 물어뜯어 생기는 증상으로 인조 네일을 붙이거나 꾸준하게 매니큐어링을 하며 관리한다.
> * 오니콕시스는 작은 신발을 장시간 신거나, 손발톱의 과잉 성장으로 인해 비정상적으로 두꺼워지는 증상, 오니코아트로피는 네일 매트릭스가 손상되거나 내과적 질병에 의해 손톱이 부서져 없어지는 증상, 오니코크립토시스는 작은 신발을 신거나 잘못된 파일링으로 손톱이나 발톱이 그루브 사이를 파고 자라는 증상을 말한다.

49 손가락 마디에 있는 뼈로서 총 14개로 구성되어 있는 뼈는?

① 손가락뼈(수지골) ② 손목뼈(수근골)
③ 노뼈(요골)   ④ 자뼈(척골)

> ! 수지골(손가락뼈)는 손가락과 발가락을 구성하는 뼈들로서 첫마디 뼈, 중간마디뼈, 끝마디 뼈로 구성된다.

50 손톱에 대한 설명 중 옳은 것은?

① 손톱에는 혈관이 있다.
② 손톱의 주성분은 인이다.
③ 손톱의 주성분은 단백질이며, 죽은 세포로 구성 되어 있다.
④ 손톱에는 신경과 근육이 존재한다.

❗ 손톱은 경단백질인 케라틴과 이를 조성하는 아미노산 등으로 구성되어 있으며, 피부의 부속물로 신경이나 혈관, 털 등이 없다.

51 인조네일을 보수하는 이유로 틀린 것은?

① 깨끗한 네일 미용의 유지
② 녹황색균의 방지
③ 인조네일의 견고성 유지
④ 인조네일의 원활한 제거

52 페디큐어 컬러링 시 작업 공간 확보를 위해 발가락 사이에 끼워주는 도구는?

① 페디파일　　② 푸셔
③ 토우세퍼레이터　④ 콘커터

❗ 푸셔는 큐티클을 밀어 올릴 때 사용하며, 콘커터로 발 바닥의 굳은살을 제거한 후 페디파일로 부드럽게 해준 다.

53 자연 네일을 오버레이하여 보강할 때 사용할 수 없는 재료는?

① 실크　　② 아크릴
③ 젤　　④ 파일

❗ 파일은 손톱 모양을 다음을 때 사용하는 도구로 자연 네일에는 부드러운 파일을 사용한다.

54 남성 매니큐어 시 자연 네일의 손톱모양 중 가장 적합한 형태는?

① 오발형　　② 아몬드형
③ 둥근형　　④ 사각형

❗ 둥근형은 가장 보수적인 모양으로 남자들과 짧은 손톱을 원하는 사람에게 알맞다.

55 페디큐어 작업과정 중 ( )에 해당하는 것은?

> 손 · 발 소독 − 폴리시 제거 − 길이 및 모양잡기 − (　　) − 큐티클 정리 − 각질 제거하기

① 매뉴얼테크닉
② 족욕기에 발 담그기
③ 페디파일링
④ 탑코트 바르기

❗ 페디큐어 작업과정
손 · 발 소독 − 폴리시 제거 − 길이 및 모양잡기 − 족욕기에 발 담그기 − 큐티클 정리 − 각질 제거하기 − 컬러링하기−마무리하기

56 라이트 큐어드 젤에 대한 설명이 옳은 것은?

① 공기 중에 노출되면 자연스럽게 응고된다.
② 특수한 빛에 노출시켜 젤을 응고시키는 방법이다.
③ 경화 시 실내온도와 습도에 민감하게 반응한다.
④ 글루 사용 후 글루드라이를 분사시켜 말리는 방법이다.

❗ 젤은 특수 광선이나 할로겐 램프의 빛을 이용한 '라이트 큐어드 젤(light cured gel)'과 빛을 사용하지 않고 별도의 카탈리스트(응고제)를 바르거나 담군 후 굳이는 '노 라이트 큐어드 젤(no light cured gel)'이 있다.

57 네일 팁 작업에서 팁을 접착하는 올바른 방법은?

① 자연네일보다 한 사이즈 정도 작은 팁을 접착 한다.
② 큐티클에 최대한 가깝게 부착한다.
③ 45° 각도로 네일 팁을 접착한다.
④ 자연네일의 절반 이상을 덮도록 한다.

> ! 손톱과 어울리는 팁 모양을 고르며, 자연 손톱의 1/2 이상을 덮어서는 안 되며, 팁을 붙일 때는 공기가 들어가지 않도록 45° 각도로 밀착시켜 붙여 손톱의 손상을 줄인다.

58 베이스코트와 탑코트의 주된 기능에 대한 설명으로 가장 거리가 먼 것은?

① 베이스코트는 손톱에 색소가 착색되는 것을 방지한다.
② 베이스코트는 폴리시가 곱게 발리는 것을 도와준다.
③ 탑코트는 폴리시에 광택을 더하여 컬러를 돋보이게 한다.
④ 탑코트는 손톱에 영양을 주어 손톱을 튼튼하게 해준다.

> ! 베이스코트는 에나멜을 바르기 전에 먼저 손톱을 보호하고 건강하게 만들기 위해 바르는 것이고, 탑코트는 에나멜을 바른 후 그 위에 바르는 것으로 광택 효과가 있고 지속적으로 보호해준다.

59 습식매니큐어 작업 과정에서 가장 먼저 해야 할 절차는?

① 컬러 지우기
② 손톱 모양 만들기
③ 손 소독하기
④ 핑거볼에 손 담그기

> ! 습식 매니큐어의 시술 과정
> 소독하기(인티셉틱, 알코올) – 네일 폴리시 지우기(폴리시 리무버) – 네일 모양 잡기(네일 파일) – 거스러미 제거하기(라운드패드) – 핑거볼 담그기 – 큐티클 정리하기(네일 푸셔, 네일 니퍼)

60 아크릴 프렌치 스컬프처 시술 시 형성되는 스마일 라인의 설명으로 틀린 것은?

① 선명한 라인 형성
② 일자 라인 형성
③ 균일한 라인 형성
④ 좌우 라인 대칭

> ! 스마일 라인
> 손톱의 상태에 따라 라인의 깊이를 조절할 수 있고, 빠른 시간에 시술해서 얼룩지지 않도록 주의하며 깨끗하고 선명한 라인을 대칭되도록 만들어야 한다.

정답   :: 기출문제

01	02	03	04	05	06	07	08	09	10
④	④	③	②	③	①	①	②	④	④
11	12	13	14	15	16	17	18	19	20
④	④	④	②	③	②	④	④	③	④
21	22	23	24	25	26	27	28	29	30
①	④	④	③	③	①	④	①	④	②
31	32	33	34	35	36	37	38	39	40
③	①	④	④	④	①	④	④	④	①
41	42	43	44	45	46	47	48	49	50
④	④	④	②	③	①	①	②	①	③
51	52	53	54	55	56	57	58	59	60
④	③	④	③	②	②	③	④	③	②

자격종목	시험시간	형별	수험번호	성명
네일미용사	1시간	A		

---

01 다음 중 제2군 감염병이 아닌 것은?

① 홍역   ② 성홍열

③ 폴리오   ④ 디프테리아

> ! 제2군 감염병은 예방접종을 통하여 예방 및 관리가 가능하여 국가예방접종사업의 대상이 되는 감염병으로 디프테리아, 백일해, 파상풍, 홍역, 유행성이하선염, 풍진, 폴리오, B형 간염, 일본뇌염, 수두, b형헤모필루스인플루엔자, 폐렴구균이 있고, 성홍열은 제3군 감염병에 속한다.

02 다음 5대 영양소 중 신체의 생리기능조절에 주로 작용하는 것은?

① 단백질, 지방

② 비타민, 무기질

③ 지방, 비타민

④ 탄수화물, 무기질

> ! 비타민은 피지와 땀의 분비를 원활하게 하며 조혈작용, 체내의 칼슘과 인의 흡수를 촉진(뼈, 성장에 도움)하고, 무기질은 체조직을 형성하며 혈액응고, 인체의 구성성분, 기능조절, 세포기능 활성화에 필요하다.

03 다음 중 감염병이 아닌 것은?

① 폴리오   ② 풍진

③ 성병   ④ 당뇨병

> ! 당뇨병은 인슐린 부족으로 혈액 중 포도당이 높아져 소변으로 포도당이 배출되는 만성질환이다. 폴리오는 소화기계 급성 감염병, 풍진은 호흡기계 급성 감염병, 성병은 만성 감염병이다.

04 다음 중 실내공기 오염의 지표로 널리 사용되는 것은?

① CO_2 ② CO

③ Ne   ④ NO

> ! CO_2는 실내공기오염의 판정기준에 이용되고 있어 실내공기오염지표라고하며, 실내에 1,000ppm(0.1%)이 CO_2의 실내 쾌적 농도이다.

05 보건행정의 특성과 거리가 먼 것은?

① 공공성과 사회성   ② 과학성과 기술성

③ 조장성과 교육   ④ 독립성과 독창성

> ! 공공의 책임으로 국민보건향상을 위하여 시행하는 활동의 총칭으로 보건지식과 기술을 하나로 묶은 기술행정으로 독립성이나 독창성과는 거리가 멀다.

06 출생 시 모체로부터 받는 면역은?

① 인공능동면역   ② 인공수동면역

③ 자연능동면역   ④ 자연수동면역

> ! **④ 자연수동면역**
>
> | 선천적 면역 | | 종속, 인종, 개인 특이성 등 |
> |---|---|---|
> | | 자연능동면역 | 질병에 감염된 후에 형성된 면역 |
> | | 인공능동면역 | 예방접종 후에 얻어지는 면역 |
> | 후천적 면역 | 자연수동면역 | 모체로부터 태반이나 수유를 통해 얻어지는 면역 |
> | | 인공수동면역 | 면역혈청, 항독성, 항체 등 접종으로 얻어지는 면역 |

07 오늘날 인류의 생존을 위협하는 대표적인 3요소는?

① 인구 – 환경오염 – 교통문제
② 인구 – 환경오염 – 인간관계
③ 인구 – 환경오염 – 빈곤
④ 인구 – 환경오염 – 전쟁

❗ 인류의 양적 문제로 대표되는 3P는 인구(population), 환경오염(pollution), 빈곤(poverty)이다.

08 다음 중 이학적(물리적) 소독법에 속하는 것은?

① 크레졸 소독　② 생석회 소독
③ 열탕 소독　④ 포르말린 소독

❗ 이학적(물리적) 소독법에는 일광소독, 방사능 살균법, 여과법이 속하는 무가열 살균법과 화염멸균법, 건열멸균법, 자비소독(열탕소독), 간헐멸균법, 고압증기멸균법, 저온소독법, 고온단시간소독법, 초고온순간 살균법이 속하는 가열 살균법이 있다.

09 다음 중 살균효과가 가장 높은 소독 방법은?

① 염소소독　② 일광소독
③ 저온소독　④ 고압증기멸균

❗ 포자균 멸균에 가장 좋은 방법으로 121.5°C의 고압증기로 20분간 살균 처리한다.

10 이·미용 작업 시 시술자의 손 소독 방법으로 가장 거리가 먼 것은?

① 흐르는 물에 비누로 깨끗이 씻는다.
② 락스액에 충분히 담갔다가 깨끗이 헹군다.
③ 시술 전 70% 농도의 알코올을 적신 솜으로 깨끗이 씻는다.
④ 세척액을 넣은 미온수와 솔을 이용하여 깨끗하게 닦는다.

❗ 락스액은 차아염소산나트륨이라고도 하며 식품의 부패균이나 병원균을 사멸하기 위해 음료수, 채소 및 과일, 용기·기구·식기 등에 사용하는 살균제로 손 소독에 적합하지 않다.

11 소독용 과산화수소(H_2O_2) 수용액의 적당한 농도는?

① 2.5 ~ 3.5%　② 3.5 ~ 5.0%
③ 5.0 ~ 6.0%　④ 6.5 ~ 7.5%

❗ 과산화수소(H_2O_2) 3%수용액은 자극이 적어 피부와 상처를 소독하는데 사용한다.

12 세균의 단백질 변성과 응고작용에 의한 기전을 이용하여 살균하고자 할 때 주로 이용하는 방법은?

① 가열　② 희석
③ 냉각　④ 여과

❗ 세균의 단백질 변성과 응고작용에 의한 기전을 이용하여 살균하고자 할 때는 가열을 이용하며, 그 외 가열에는 화염 및 소각법, 자비소독, 간헐멸균법 등이 있다.

13 이·미용실의 기구(가위, 레이저) 소독으로 가장 적합한 소독제는?

① 70~80%의 알코올
② 100~200배 희석 역성비누
③ 5% 크레졸비누액
④ 50%의 페놀액

❗ 소독방법
• 과산화수소 3% 용액 – 피부 상처의 소독
• 포르말린 1~1.5% 수용액 – 의류, 도자기, 목제품 등의 소독
• 크레졸 3% 물 97% 수용액 – 손, 오물, 객담 등의 소독
• 알코올 70%의 용액 – 기구소독, 손, 피부 상처 소독

14 살균작용의 기전 중 산화에 의하지 않는 소독제는?

① 오존
② 알코올
③ 과망간산칼륨
④ 과산화수소

> ! 소독약 살균기전
> • 산화작용 : 염소, 오존, 과산화수소, 과망간산칼륨
> • 균체 단백응고 : 석탄산, 알코올, 크레졸, 포르말린, 승홍
> • 효소불활작용 : 석탄산, 알코올, 중금속염, 역성비누
> • 가수분해 : 강산, 강알칼리, 열탕수
> • 탈수작용 : 식염, 설탕, 알코올, 포르말린

15 흡연이 인체에 미치는 영향에 대한 설명으로 적절하지 않은 것은?

① 간접흡연은 인체에 해롭지 않다.
② 흡연은 암을 유발할 수 있다.
③ 흡연은 피부의 표피를 얇아지게 해서 피부의 잔주름 생성을 증가시킨다.
④ 흡연은 비타민 C를 파괴한다.

> ! 흡연자 주위에서의 간접흡연도 폐암이나 허혈성 심질환, 호흡기질환, 유유아(乳幼兒) 돌연사증후군 등의 위험인자가 되는 것으로 보고되고 있다.

16 피부 관리가 가능한 여드름의 단계로 가장 적절한 것은?

① 결절
② 구진
③ 흰면포
④ 농포

> ! • 여드름이 노랗게 곪기 전, 좁쌀여드름이라고 불리는 면포(comedo)는 여드름치료 약물, 레이저 등으로 면포가 만들어지는 기전인 과각화증과 피지분비의 증가를 차단하고 예방할 수 있다.
> • 흰 면포 〈 농포 〈 결절 〈 낭종 (여드름의 기전단계)

17 다음 중 체모의 색상을 좌우하는 멜라닌이 가장 많이 함유되어 있는 곳은?

① 모표피
② 모피질
③ 모수질
④ 모유두

> ! 멜라닌 세포
> • 표피의 기저층(모피질)에 존재하며, 피부색을 결정한다.
> • 자외선으로 피부를 보호하며, 세포 수는 일정하나 인종에 따라 멜라닌의 양과 크기가 다르다.

18 다음에서 설명하는 피부병변은?

> 신진대사의 저조가 원인으로 중년 여성 피부의 유핵층에 자리하며, 안면의 상반부에 위치한 기름샘과 땀구멍에 주로 생성하며 모래알 크기의 각질세포로서 특히 눈 아래 부분에 생긴다.

① 매상 혈관종
② 비립종
③ 섬망성 혈관종
④ 섬유종

> ! 비립종에 관한 설명이다.
> • 매상 혈관종은 모세혈관의 결합조직이 약화되어 피부조직이 확장·변형된 것으로서 주로 코와 뺨 부위에 붉은 혈색이 자리 잡는 병변
> • 섬망성 혈관종은 혈관종은 간기능 질환에 의하여 진피의 유두층에 생성되며, 피부 위로 약간 돌출된 거미줄 모양의.작은 빨간점 형태의 병변
> • 섬유종은 쥐젖이라고 하며 진피에 생기며 자잘하게 번진다.

19 피부 상피세포조직의 성장과 유지 및 점막손상방지에 필수적인 비타민은?

① 비타민 A
② 비타민 B
③ 비타민 E
④ 비타민 K

> ! 비타민 A는 피부재생을 돕고 상피조직의 신진대사에 관여하며 노화방지에 효과적이며, 비타민 K는 혈액 응고와 관련 있고, 비타민 C는 콜라겐 합성 촉진, 비타민 E는 항산화제이다.

20 다한증과 관련한 설명으로 가장 거리가 먼 것은?

① 더위에 견디기 어렵다.
② 땀이 지나치게 많이 분비된다.
③ 스트레스가 악화요인이 될 수 있다.
④ 손바닥의 다한증은 악수 등의 일상생활에서 불편함을 초래한다.

> ! 다한증이란 신경전달의 과민반응에 의하여 생리적으로 필요한 이상의 땀을 분비하는 자율신경계의 이상 현상이다.

21 인체에 있어 피지선이 존재하지 않는 곳은?

① 이마   ② 코
③ 귀   ④ 손바닥

> ! 피지선의 종류
> • 큰 피지선 : 얼굴의 T존, 목, 등, 가슴
> • 작은 피지선 : 전신
> • 독립 피지선 : 입술, 대음순, 성기, 유두, 귀두
> • 무(無) 피지선 : 손바닥, 발바닥

22 이·미용업 영업자가 시설 및 설비기준을 위반한 경우 1차 위반에 대한 행정처분 기준은?

① 경고   ② 개선명령
③ 영업정지5일   ④ 영업정지 10일

> ! 관련법 제3조 제1항에 의거하여 1차 위반 시 개선명령, 2차 위반 시 영업정지 15일, 3차 위반 시 영업정지 1월, 4차 위반 시 영업장 패쇄 명령을 한다.

23 공중위생감시원의 업무에 해당하지 않는 것은?

① 공중위생영업 신고 시 시설 및 설비의 확인에 관한사항
② 공중위생영업자 준수사항 이행 여부의 확인에 관한사항
③ 위생지도 및 개선명령 이행 여부의 확인에 관한사항
④ 세금납부 걱정 여부의 확인에 관한사항

> ! 공중위생감시원의 업무범위
> • 시설 및 설비의 확인
> • 공중위생영업 관련 시설 및 설비의 위생상태 확인·검사, 공중위생영업자의 위생관리의무 및 영업자준수사항 이행여부의 확인
> • 공중이용시설의 위생관리상태의 확인·검사
> • 위생지도 및 개선명령 이행여부의 확인
> • 공중위생영업소의 영업의 정지, 일부 시설의 사용중지 또는 영업소 폐쇄명령 이행여부의 확인
> • 위생교육 이행여부의 확인

24 법에 따라 이·미용업 영업소 안에 게시하여야 하는 게시물에 해당하지 않는 것은?

① 이·미용업 신고증
② 개설자의 면허증 원본
③ 최종 지불 요금표
④ 이·미용사 국가기술자격증

> ! 영업소 내부에 미용업 신고증 및 개설자의 면허증 원본을 게시하여야 하며 최종지불요금표를 게시 또는 부착하여야 한다.

25 과태료 처분에 불복이 있는 자는 그 처분의 고지를 받은 날부터 며칠 이내에 처분권자에게 이의를 제기할 수 있는가?

① 7일 이내   ② 10일 이내

③ 15일 이내   ④ 30일 이내

> **!** 과태료의 부과·징수절차
> - 과태료는 대통령령이 정하는 바에 의하여 시장·군수·구청장이 부과·징수한다.
> - 과태료처분에 불복이 있는 자는 그 처분의 고지를 받은 날부터 30일 이내에 처분권자에게 이의를 제기할 수 있다.

26 이·미용업 위생교육에 관한 내용이 맞는 것은?

① 위생교육 대상자는 이·미용업 영업자이다.

② 이·미용사의 면허를 받은 사람은 모두 위생교육을 받아야한다.

③ 위생교육은 시·군·구청장이 실시한다.

④ 위생교육 시간은 매년 4시간으로 한다.

> **!** 영업자 위생교육
> - 공중위생영업자는 매년 위생교육을 받아야 한다.
> - 위생교육을 받아야 하는 자 중 영업에 직접 종사하지 아니하거나 2 이상의 장소에서 영업을 하는 자는 종업원 중 영업장별로 공중위생에 관한 책임자를 지정하고 그 책임자로 하여금 위생교육을 받게 하여야 한다.
> - 위생교육의 방법·절차 등에 관하여 필요한 사항은 보건복지부령으로 정한다.
> - 위생교육은 3시간으로 한다.
> - 위생교육의 내용은 「공중위생관리법」 및 관련 법규, 소양교육, 기술교육, 그 밖에 공중위생에 관하여 필요한 내용으로 한다.

27 이·미용사의 면허를 받을 수 없는 자는?

① 전문대학에서 이용 또는 미용에 관한 학과를 졸업한자

② 교육부장관이 인정하는 이·미용 고등학교에서 이용 또는 미용에 관한 학과를 졸업한자

③ 교육부장관이 인정하는 고등기술학교에서 6개월 과정의 이용 또는 미용에 관한 소정의 과정을 이수한 자

④ 국가기술자격법에 의한 이·미용사의 자격을 취득한자

> **!** 이용사 및 미용사의 면허 발급 자격
> - 전문대학 또는 이와 동등 이상의 학력이 있다고 교육부장관이 인정하는 학교에서 이용 또는 미용에 관한 학과를 졸업한 자
> - 대학 또는 전문대학을 졸업한 자와 동등 이상의 학력이 있는 것으로 인정되어 이용 또는 미용에 관한 학위를 취득한 자
> - 고등학교 또는 이와 동등의 학력이 있다고 교육부장관이 인정하는 학교에서 이용 또는 미용에 관한 학과를 졸업한 자
> - 교육부장관이 인정하는 고등기술학교에서 1년 이상 이용 또는 미용에 관한 소정의 과정을 이수한 자
> - 국가기술자격법에 의한 이용사 또는 미용사의 자격을 취득한 자

28 영업정지처분을 받고 그 영업정지기간 중 영업을 한때, 1차 위반 시 행정처분기준은?

① 경고 또는 개선명령

② 영업정지 1월

③ 영업장 폐쇄명령

④ 영업정지 2월

> **!** 관련법 제11조 제1항에 의거하여 1차 위반 시 바로 영업장 패쇄 명령을 한다.

29 다음 중 립스틱의 성분으로 가장 거리가 먼 것은?

① 색소 ② 라놀린
③ 알란토인 ④ 알코올

> ! * 알코올
> 소독작용과 피부 자극작용을 하는 휘발성 액체로, 향유, 희석제용으로 많이 사용된다.
> * 립스틱 성분
> • 염료 : 물 또는 오일에 녹는 색소로, 화장품 자체에 시각적인 생활효과를 부여하기 위해 사용한다.
> • 라놀린 : 양모에서 추출하며, 유연성과 피부 친화성이 높다. 접촉성 피부염, 알레르기를 유발할 수 있고, 크림, 립스틱, 모발 화장품 등에 사용된다.
> • 알란토인 : 립스틱의 염료에 의한 자극과 알레르기를 억제하고 또 입술의 틈과 갈라진 피부의 유연성 부여이다.

30 화장품 제조와 판매 시 품질의 특성으로 틀린 것은?

① 효과성 ② 유효성
③ 안전성 ④ 안정성

> ! • 안전성: 피부자극성, 경구독성, 이물혼입, 파손 등이 없을 것
> • 안정성: 변질, 변색, 변취, 미생물 오염 등이 없을 것
> • 사용성: 사용감, 사용편리성, 기호성
> • 유용성: 보습효과, 자외선 방어효과, 세정효과, 색체 효과 등

31 다음에서 설명하는 것은?

> 비타민 A 유도체로 콜라겐 생성을 촉진, 케라티로사이트의 증식촉진, 표피의 두께증기, 히아루론산 생성을 촉진하여 피부 주름을 개선시키고 탄력을 증대시키는 성분이다.

① 코엔자임Q10 ② 레티놀
③ 알부틴 ④ 세라마이트

> ! 레티놀은 비타민 A,의 화학명으로, 순수비타민 A라고도 하며 피부의 표피세포가 원래의 기능을 유지하는데 중요한 역할을 한다.

32 화장품의 사용목적과 가장 거리가 먼 것은?

① 인체를 청결, 미화하기 위하여 사용한다.
② 용모를 변화시키기 위하여 사용한다.
③ 피부, 모발의 건강을 유지하기 위하여 사용한다.
④ 인체에 대한 약리적인 효과를 주기 위해 사용한다.

> ! 인체를 청결 또는 미화하여 매력을 더하고 용모를 밝게 변화시키거나 피부, 모발의 건강을 유지 또는 증진하기 위해 인체에 사용되는 물품으로, 인체에 미치는 작용이 경미한 것을 말한다.

33 향수의 구비 요건으로 가장 거리가 먼 것은?

① 향에 특징이 있어야 한다.
② 향은 적당히 강하고 지속성이 좋아야 한다.
③ 향은 확산성이 낮아야 한다.
④ 시대성에 부합되는 향이어야 한다.

> ! 향수의 구비 요건
> • 향에 특징이 있어야 한다.
> • 향의 확산성이 좋아야 한다.
> • 향이 적당히 강하고 지속성이 좋아야 한다.
> • 시대성에 부합되는 향이어야 한다(패션성).
> • 향의 조화가 잘 이루어져야 한다.

34 계면활성제에 대한 설명으로 옳은 것은?

① 계면활성제는 일반적으로 둥근 머리모양의 소수성기와 막대꼬리모양의 친수성기를 가진다.
② 계면활성제의 피부에 대한 자극은 양쪽성 〉 양이온성 〉 음이온성 〉 비이온성의 순으로 감소한다.
③ 비이온성 계면활성제는 피부에 대한 안전성이 높고 유화력이 우수하여 에멀전의 유화제로 사용된다.
④ 양이온성 계면활성제는 세정작용이 우수하여 비누, 샴푸 등에 사용 된다.

> ! 계면 활성제의 구조는 친수기와 친유기를 동시에 가지고 있는 양친매성으로 물에 용해될 경우 이온에 따라 음이온, 양이온, 양성이온으로 해리하며 계면활성제 중 자극이 가장 적은 비이온 계면 활성제는 화장품에 주로 이용된다.

35 자외선 차단제의 올바른 사용법은?

① 자외선 차단제는 아침에 한 번만 바르는 것이 중요하다.
② 자외선 차단제는 도포 후 시간이 경과되면 덧바르는 것이 좋다.
③ 자외선 차단제는 피부에 자극이 됨으로 되도록 사용 하지 않는다.
④ 자외선 차단제는 자외선이 강한 여름에만 사용하면 된다.

> 자외선 차단제의 사용은 차단제의 효과가 떨어지는 3~4 시간마다 덧발라주어 효과를 지속시켜야 하고, 광물 성분의 자외선산란제는 피부 안전성이 높아 민감성 피부나 어린아이에게 사용된다.

36 마누스(Manus)와 큐라(Cura)라는 단어에서 유래된 용어는?

① 네일 팁(Nail Tip)
② 매니큐어(Manicure)
③ 페디큐어(Pedicure)
④ 아크릴(Arcylic)

> 매니큐어(Manicure)란 라틴어의 Manus(손)과 Cura(관리)의 합성어로 큐티클 정리, 손 마사지, 컬러링 등의 총체적인 손 관리(Hand care)를 의미한다.

37 각 나라 네일 미용 역사의 설명으로 틀리게 연결된 것은?

① 그리스, 로마 - 네일 관리로써 '마누스 큐라' 라는 단어가 시작 되었다.
② 미국 - 노크 행위는 예의에 어긋난 행동으로 여겨 손톱을 길게 길러 문을 긁도록 하였다.
③ 인도 - 상류 여성들은 손톱의 뿌리 부분에 문신바늘로 색소를 주입하여 상류층임을 과시하였다.
④ 중국 - 특권층의 신분을 드러내기 위해 '홍화' 의 재배가 유행하였고, 손톱에도 바르며 이를 '홍조'라 하였다.

> 바로크 시대에 프랑스의 베르사유 궁전에서는 한쪽 손의 손톱을 길러 문을 긁도록 하였다. 이는 노크가 예의에 어긋난 행위라고 보았기 때문이다.

38 네일미용 작업 시 실내 공기 환기 방법으로 틀린 것은?

① 작업장 내에 설치된 커튼은 장기적으로 관리한다.
② 자연환기와 신선한 공기의 유입을 고려하여 창문을 설치한다.
③ 공기보다 무거운 성분이 있으므로 환기구를 아래쪽에도 설치한다.
④ 겨울과 여름에는 냉·난방을 고려하여 공기청정기를 준비한다.

> 작업장 내에 설치된 커튼은 정기적으로 세탁하여 관리한다.

39 손, 발톱 함유량이 가장 높은 성분은?

① 칼슘   ② 철분
③ 케라틴   ④ 콜라겐

> 피부, 모발, 손톱, 발톱의 구성성분인 케라틴은 유황을 함유한 경단백질인 동물성 단백질로 세포 골격을 이루는 주요 구성성분이다.

40 네일 기본 관리 작업과정으로 옳은 것은?

① 손 소독 → 프리에지 모양 만들기 → 네일 폴리시 제거 → 큐티클 정리하기 → 컬러도포하기 → 마무리하기
② 손 소독 → 네일 폴리시 제거 → 프리에지모양 만들기→ 큐티클 정리하기 → 컬러도포하기→ 마무리하기
③ 손 소독 → 프리에지모양 만들기 → 큐티클 정리하기 → 네일 폴리시 제거 → 컬러도포하기 → 마무리하기
④ 프리에지모양 만들기 → 네일 폴리시 제거 → 마무리하기 → 손 소독

> 네일 기본 관리 작업과정
> 소독하기(인티셉틱, 알코올) - 네일 폴리시 지우기(폴리시 리무버) - 네일 모양 잡기(네일 파일) - 거스러미 제거하기(라운드패드) - 핑거볼 담그기 - 큐티클 정리하기(네일 푸셔, 네일 니퍼) - 컬러도포하기 - 마무리하기

41 손의 근육과 가장 거리가 먼 것은?

① 벌림근(외전근) ② 모음근(내전근)
③ 맞섬근(대립근) ④ 엎침근(회내근)

> **!** 손 근육의 구성
> • 중수근(Intermediate Muscle) : 충양근, 장측골간
>   근, 배측골간근으로 손바닥을 이루는 작은 근육으로
>   구성
> • 무지굴근(Tenar Muscle) : 단무지외전근, 장무지굴
>   근, 무지대립근, 무지내전근의 4개 근으로 구성
> • 소지굴근(Hypothenar Muscle) : 소지외전근, 단소
>   지굴근, 소지대립근으로 구성

42 매니큐어 작업 시 알코올 소독 용기에 담가 소독하는 기구로 적절하지 못한 것은?

① 네일파일
② 네일 클리퍼
③ 오렌지 우드스틱
④ 네일 더스트 브러시

> **!** • 네일 파일은 더스트 브러시로 떨어낸 후 소독약으로
>   닦아준다
> • 오렌지 나무로 제작된 스틱으로 항균처리가 되어있
>   지만 고객에게 사용한 것은 반드시 폐기해야 한다.

43 네일숍에서의 감염 예방 방법으로 가장 거리가 먼 것은?

① 작업 장소에서 음식을 먹을 때는 환기에 유의해야 한다.
② 네일 서비스를 할 때는 상처를 내지 않도록 항상 조심해야 한다.
③ 감기 등 감염 가능성이 있거나 감염이 된 상태에서는 시술하지 않는다.
④ 작업 전, 후에는 70% 알코올이나 소독용액으로 작업자와 고객의 손을 닦는다.

> **!** 작업 장소에서는 가능한 한 음식을 먹지 않고, 음식을
>   먹어야할 때는 고객에게 불쾌감을 주지 않도록 충분히
>   환기시켜 냄새가 머물지 않도록 한다.

44 손 근육의 역할에 대한 설명으로 틀린 것은?

① 물건을 잡는 역할을 한다.
② 손으로 세밀하고 복잡한 작업을 한다.
③ 손가락을 벌리거나 모으는 역할을 한다.
④ 자세를 유지하기 위해 지지대 역할을 한다.

> **!** 발과 다리의 근육은 몸이 균형을 잡아 주며, 인체가 움
>   직일 수 있는 힘과 부드러움, 편안한 자세를 취할 수 있
>   게 한다.

45 잘못된 습관으로 손톱을 물어뜯어 손톱이 자라지 못하는 증상은?

① 교조증(Onychophagy)
② 조갑비대증(Onychauxis)
③ 조갑위축증(Onychatrophy)
④ 조내생증(Onyshocryptosis)

> **!** • 오니코파지라고 하는 교조증은 습관적으로 손톱을
>   심하게 물어뜯어 생기는 증상으로 인조 네일을 붙이
>   거나 꾸준하게 매니큐어링을 하며 관리한다.
> • 오니콕시스는 작은 신발을 장시간 신거나, 손발톱의
>   과잉 성장으로 인해 비정상적으로 두꺼워지는 증상,
>   오니코아트로피는 네일 매트릭스가 손상되거나 내
>   과적 질병에 의해 손톱이 부서져 없어지는 증상, 오
>   니코크립토시스는 작은 신발을 신거나 잘못된 파일
>   링으로 손톱이나 발톱이 그루브 사이를 파고 자라는
>   증상을 말한다.

46 건강한 손톱에 대한 조건으로 틀린 것은?

① 반투명하며 아치형을 이루고 있어야 한다.
② 반월(루눌라)이 크고 두께가 두꺼워야 한다.
③ 표면이 굴곡이 없고 매끈하며 윤기가 나야 한다.
④ 단단하고 탄력 있어야 하며 끝이 갈라지지 않아야 한다.

> **!** 루눌라는 흰색의 반달 모양으로 아직 케라틴화가 덜 된
>   아주 여리고 여린 부분으로 손톱이 각질로 변화하는 과
>   정에서 생기는 현상일 뿐 손톱 건강의 척도는 아니다.

47 네일 기기 및 도구류의 위생관리로 틀린 것은?

① 타월은 1회 사용 후 세탁 · 소독한다.
② 소독 및 세제용 화학제품은 서늘한 곳에 밀폐 보관한다.
③ 큐티클 니퍼 및 네일 푸셔는 자외선 소독기에 소독할 수 있다.
④ 모든 도구는 70% 알코올을 이용하며 20분 동안 담근 후 건조시켜 사용한다.

> ! 큐티클 니퍼 및 네일 푸셔와 같은 금속성 도구들은 반드시 소독수가 담긴 용기에 담궈 소독해야 한다.

48 네일숍 고객관리 방법으로 틀린 것은?

① 고객의 질문에 경청하며 성의 있게 대답한다.
② 고객의 잘못된 관리방법을 제품판매로 연결한다.
③ 고객의 대화를 바탕으로 고객 요구사항을 파악한다.
④ 고객의 직무와 취향 등을 파악하여 관리방법을 제시한다.

> ! 시술과 함께 홈케어 방법과 정보를 제공하면서 고객과 친밀감을 형성하면 자연스럽게 제품구입으로 유도할 수 있다.

49 손가락 뼈의 기능으로 틀린 것은?

① 지지기능   ② 흡수기능
③ 보호작용   ④ 운동기능

> ! 흡수 기능은 소화기관의 기능이다.

50 네일서비스 고객관리카드에 기재하지 않아도 되는 것은?

① 예약 가능한 날짜와 시간
② 손톱의 상태와 선호하는 색상
③ 은행 계좌정보와 고객의 월수입
④ 고객의 기본인적 사항

> ! 고객의 취향이나 특징 등도 함께 파악해서 차별화된 서비스를 제공한다.

51 큐티클 정리 시 유의사항으로 가장 적합한 것은?

① 큐티클 푸셔는 90°의 각도를 유지해 준다.
② 에포니키움의 밑 부분까지 깨끗하게 정리한다.
③ 큐티클은 외관상 지저분한 부분만을 정리한다.
④ 에포니키움과 큐티클 부분은 힘을 주어 밀어준다.

> ! 큐티클은 손톱을 세균과 유해성분에서 보호해주는 역할을 하므로 외관상 지저분한 부분만 정리하고, 큐티클 푸셔는 45°의 각도로 밀어 올릴 때 사용하는 도구이다.

52 UV 젤 스컬프쳐 보수 방법으로 가장 적합하지 않은 것은?

① UV젤과 자연네일의 경계 부분을 파일링 한다.
② 투웨이 젤을 이용하여 두께를 만들고 큐어링 한다.
③ 파일링 시 너무 부드럽지 않은 파일을 사용 한다.
④ 거친 네일 표면 위에 UV젤 탑코트를 바른다.

> ! 젤이 큐어링되면서 뜨겁게 느껴지는걸 히팅이라고 하는데 젤이 너무 두꺼울 때 나타날 수 있어서 젤을 바를 때 양을 조금씩 여러번 나누어 바르면 히팅 현상이 조금 덜하다.

53 네일 팁의 사용과 관련하여 가장 적합한 것은?

① 팁 접착부분에 공기가 들어갈수록 손톱의 손상을 줄일 수 있다.
② 팁을 부착할 시 유지력을 높이기 위해 모든 네일에 하프웰팁을 적용한다.
③ 팁을 부착할 시 네일팁이 자연손톱의 1/2 이상 덮어야 유지력을 높이는 기준이다.
④ 팁을 선택할 때에는 자연손톱의 사이즈와 동일하거나한 사이즈 큰 것을 선택한다.

> ! 자연손톱의 사이즈와 동일하거나한 사이즈 큰 것을 선택하며, 자연 손톱의 1/2 이상을 덮어서는 안 되며, 팁은 공기가 들어가지 않도록 밀착시켜 붙여 손톱의 손상을 줄인다.

54 내추럴 프렌치 스컬프처의 설명으로 틀린 것은?

① 자연스러운 스마일라인을 형성한다.
② 네일 프리에지가 내추럴 파우더로 조형된다.
③ 네일 바디 전체가 내추럴 파우더로 오버레이 된다.
④ 네일 베드는 핑크 파우더 또는 클리어 파우더로 작업한다.

> ! 완성할 프리에지의 길이를 숙지하여 내추럴 파우더 혼합 볼의 크기를 조정한 후 옐로우 라인에 맞춘 자연스러운 스마일 라인을 형성한다.

55 손톱에 네일 폴리시가 착색 되었을 때 착색을 제거하는 제품은?

① 네일 화이트너   ② 네일 표백제
③ 네일 보강제   ④ 폴리시리무버

> ! 네일 표백제(Nail bleach)는 과산화수소와 레몬산이 주성분이며 자연 손톱이 누렇게 변했을 때 희게 표백시키는 용도로 사용한다.

56 자외선램프 기기에 조사해야만 경화되는 네일 재료는?

① 아크릴릭 모노머
② 아크릴릭 폴리머
③ 아크릴릭 올리고머
④ UV젤

> ! • 젤 네일은 화학적으로 아크릴릭 네일과 흡사하지만 응고를 도와주는 자외선램프가 필요하다.
> • 아크릴릭 네일에 쓰이는 화학 물질
> • 모노머(단량제) : 단분자, 리퀴드 형태
> • 올리고머(소중합체) : 저분자, 리퀴드 형태
> • 폴리머(중합체) : 고분자, 파우더 형태

57 새로 성장한 손톱과 아크릴 네일 사이의 공간을 보수하는 방법으로 옳은 것은?

① 들뜬 부분은 니퍼나 다른 도구를 이용하여 강하게 뜯어낸다.
② 손톱과 아크릴 네일 사이의 턱을 거친 파일로 강하게 파일링한다.
③ 아크릴 네일 보수 시 프라이머를 손톱과 인조 네일 전체에 바른다.
④ 들뜬 부분을 파일로 갈아내고 손톱 표면에 프라이머를 바른 후 아크릴 화장물을 올려준다.

> ! 에나멜은 솜에 리무버를 적셔 호일로 감싼 뒤 긁어서 제거하고, 들뜬 부분은 파일로 갈아내고 새로 자란 손톱은 애칭 후 프라이머를 바르고, 아크릴릭 믹스한 것을 올려 자연스럽게 연결되도록 한다.

58 매니큐어 과정으로 ( ) 안에 들어 갈 가장 적합한 작업과정은?

> 소독하기 – 네일 폴리시 지우기 – ( ) – 샌딩 파일 사용하기 – 핑거볼 담그기 – 큐티클 정리하기

① 손톱 모양 만들기
② 큐티클 오일 바르기
③ 거스러미 제거하기
④ 네일 표백하기

> ! 습식 매니큐어의 시술 과정
> 소독하기(인티셉틱, 알코올) – 네일 폴리시 지우기(폴리시 리무버) – 네일 모양 잡기(네일 파일) – 거스러미 제거하기(라운드패드) – 핑거볼 담그기 – 큐티클 정리하기(네일 푸셔, 네일 니퍼)

59 네일 폴리시 작업 방법으로 가장 적합한 것은?

① 네일 폴리시는 1회 도포가 이상적이다.
② 네일 폴리시를 섞을 때는 위, 아래로 흔들어준다.
③ 네일 폴리시가 굳었을 때는 네일 리무버를 혼합한다.
④ 네일 폴리시는 손톱 가장자리 피부에 최대한 가깝게 도포한다.

> ! 네일 폴리시는 뭉치지 않게 잘 펴바르도록 2~3번 도포하고, 프리에지 부분까지 꼼꼼히 발라준다.

60 매니큐어와 관련한 설명으로 틀린 것은?

① 일반 매니큐어와 파라핀 매니큐어는 함께 병행할 수 없다.
② 큐티클 니퍼와 네일 푸셔는 하루에 한 번 오전에 소독해서 사용한다.
③ 손톱의 파일링은 한 방향으로 해야 자연 네일의 손상을 줄일 수 있다.
④ 과도한 큐티클 정리는 고객에게 통증을 유발하거나 출혈이 발생함으로 주의한다.

> ! 사용한 큐티클 니퍼와 네일 푸셔는 더스트 브러쉬로 털어준 후 소독용 에탄올로 소독한 후 보관한다.

정답

01	02	03	04	05	06	07	08	09	10
②	②	④	①	④	④	③	③	④	②
11	12	13	14	15	16	17	18	19	20
①	①	①	②	①	③	②	②	①	①
21	22	23	24	25	26	27	28	29	30
④	②	④	④	④	①	③	③	④	①
31	32	33	34	35	36	37	38	39	40
②	④	③	③	②	②	②	①	③	②
41	42	43	44	45	46	47	48	49	50
④	①	①	④	①	②	③	②	②	③
51	52	53	54	55	56	57	58	59	60
③	②	④	③	②	④	④	①	④	②

2019년 4월 10일 개정판 1쇄 인쇄
2019년 4월 20일 개정판 1쇄 발행

편 저 자 마수진, 강혜영, 박수정
발 행 인 이미래

발 행 처 씨마스
등록번호 제301-2011-214호
주   소 서울특별시 중구 서애로 23 통일빌딩 4층
전   화 (02)2274-1590
팩   스 (02)2278-6702
홈페이지 www.cmass21.net
E-mail licence@cmass.co.kr

기   획 정춘교
진   행 강원경
편   집 양병수, 김지은, 이민영
디 자 인 표지_이기복, 내지_이선주
마 케 팅 장 석, 김동영, 김진주

ISBN | 979-11-5672-325-7

정가 25,000원